AUTOMOTIVE REPAIR PAINTING AND AUTOMOTIVE DRESS UP TUNING Ⅱ

김현열
김동교

자동차 보수도장 및 드레스업 튜닝 Ⅱ

저자 약력 | 김현열

- 오산대학교 자동차튜닝과 교수

김동교

- 한국폴리텍대학 강릉캠퍼스 스마트자동차과 교수

자동차 보수도장 및 드레스업 튜닝 II

초판 인쇄 | 2025년 6월 20일
초판 발행 | 2025년 6월 30일

저　　자 | 김현열 · 김동교
발 행 인 | **조규백**
발 행 처 | 도서출판 **구민사**
(07293) 서울특별시 영등포구 문래북로 116, 604호(문래동 3가 46, 트리플렉스)
전　　화 | (02) 701-7421
팩　　스 | (02) 3273-9642
홈페이지 | www.kuhminsa.co.kr

신고번호 | 제2012-000055호 (1980년 2월 4일)
I S B N | 979-11-6875-568-0 (93550)

값 | **32,000원**

Preface

머리말

본 책자는 자동차 보수도장기능사 필기시험에 응시할 수 있도록 보수도장에 대하여 각 단원마다 요약을 하고 필기문제를 수록하였으며, 드레스업 튜닝(Dress up Tuning) 작업에 대해서도 수록하였다.

자동차 보수도장은 제품의 내구성을 향상시키고, 소재를 보호하며, 미관을 아름답게 하고, 제품의 상품가치를 높인다. 따라서 보수도장은 고객의 요구나 컬러를 맞추기 위한 현장조색과 신차 도장 공정에 부합되는 표준 도장 공정을 거쳐 내구성과 자동차 외관의 광택화로 품질을 향상시키는 공정으로 이루어진다.

자동차의 튜닝(Car Tuning)은 기존의 차량이 가진 성능을 끌어올리거나, 외관상 변화를 주기 위해 자동차에 가하는 모든 작업으로, 특히 남보다 안전하고 빠르고 돋보이는 차를 만들고 싶은 욕구가 반영되어 자동차 튜닝이 시작되었다고 해도 과언이 아니다. 자동차 튜닝은 엔진, 배기구와 기타 외부 장착품, 도색 및 랩핑은 물론이고 차량 인테리어나 사제 내비게이션 매립, 블랙박스 장착, 틴팅과 같은 작업들 또한 자동차 튜닝의 범주 내에 들어간다.

자동차의 튜닝은 취미의 하나로 작업할 정도로 많은 관심을 가지고 있다. 평소 스스로 할 수 있는 자가정비 항목과 공업사 등의 전문업체에 의뢰할 항목이 있다.

자동차의 튜닝은 차량의 출력과 안정성을 높이기 위한 메커니즘 튜닝(Mechanism Tuning)과 멋지고 화려한 겉모습을 추구하는 드레스업 튜닝(Dress up Tuning)으로 나누어지는데, 그중에서도 드레스업 튜닝(Dress up Tuning)은 차량 소유주 개인 취향에 맞게 차량의 외관을 변경・색을 바꾸거나 부착물 등을 추가하는 튜닝으로 자동차 안전기준을 위반하지 않는 범위에서 튜닝이 기능하고, 별도의 승인이나 검사가 필요하지 않아 가장 대중적인 튜닝이라고 알려져 있다.

특히 본 책자에는 드레스업 튜닝에서 각광 받는 자동차유리에 자외선 차단, 열 차단 및 개인 프라이버시 보호 등을 목적으로 특수하게 제작된 필름을 유리에 시공하는 작업인 윈도우틴팅(Window Tinting), 자동차 외관 표면을 도색하는 대신 차량 전용 시트지(필름)를 이용하여 차량의 색상을 바꿔주거나 꾸미는 작업인 자동차 랩핑(Car Skin) 등이 있다. 그래서 본 책자는 자동차 보수도장과 드레스업 튜닝에 대해서 기술하였다.

앞으로 자동차 보수도장과 자동차 드레스업 튜닝을 한 층 더 향상시키는데 있어 일조할 것을 다짐하며, 잘못된 점과 미비한 점은 독자 여러분의 많은 지도와 조언을 해주시면 수정 보완할 것을 약속드린다.

끝으로 이 한 권의 교재가 완성되도록 도와주신 모든 분들에게 감사드리며, 교재가 완성될 때까지 성심성의로 본 원고를 다듬어준 도서출판 구민사 조규백 대표님과 편집부 여러분들에게 깊은 감사를 드린다.

Contents

Part 01

자동차 보수도장

Part 01

자동차 보수도장

CHAPTER 05 마스킹 작업

CHAPTER 06 일반 조색 작업

CHAPTER 07 우레탄 도장 작업

CHAPTER 08 베이스·클리어 도장 작업

Contents

Part 01

자동차 보수도장

Part 02

드레스업 튜닝

CHAPTER 01 자동차 튜닝

CHAPTER 02 드레스업 튜닝

CHAPTER 03 랩핑 작업

자동차 보수도장

PART 01

CHAPTER 01

구도막 작업

1 구도막

1.1 개요

구도막은 도료가 물체 표면에 칠해져 건조된 얇은 막으로, 도막의 특성에 따라 도장의 품질이 달라질 수 있다.

1.1.1 구도막의 특성

① 구도막이 들떠 있거나 쵸킹 현상이 심하면 페인트가 떨어질 수 있다.

② 재도장 시 물을 과잉 희석하면 도막이 얇게 만들어져 탈색되고 내구성이 떨어질 수 있다.

③ 아크릴 수지 페인트는 용제가 휘발되면서 건조되고 도막을 형성하는 타입으로, 강한 용제를 함유하는 에폭시나 우레탄계로 후속 도장 시 녹아 위로 베어 올라오거나 주름이 생길 수 있다.

1.1.2 손상부위 확인법

[1] 육안으로 확인하기

육안 확인법은 형광등 빛이나 태양빛 등의 패널에 빛이 반사되는 선상에서 손상위치, 손상정도 진행방향을 확인하고, 수성펜 등을 이용하여 손상부위를 마킹하여 손상부위를 눈으로 보고 판단하는 방법이다.

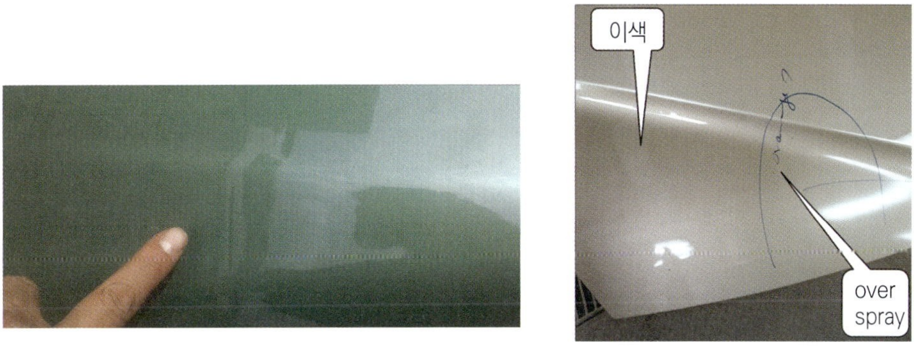

그림 1-1 손상정도를 육안으로 확인 및 마킹하기

(1) 탈지작업을 실시한다.

패널을 깨끗한 상태로 유지한다. 패널이 오염되어 있을 경우에는 패널에 발생되어 있는 손상부위를 정확하게 찾아내기 어렵기 때문에 작업에 앞서 세차 및 세정작업을 한다.

(2) 빛을 이용하여 패널의 끝단에서부터 스캔한다.

형광등 빛 등을 이용하여 패널 끝에서 끝으로 빛이 반사되는 선상에서 이동하며 스캐닝하는 것과 같이 패널에 발생된 손상부위를 찾아낸다. 손상부위를 발견할 때에는 색연필 또는 수성펜을 이용하여 마킹을 해 둔다.

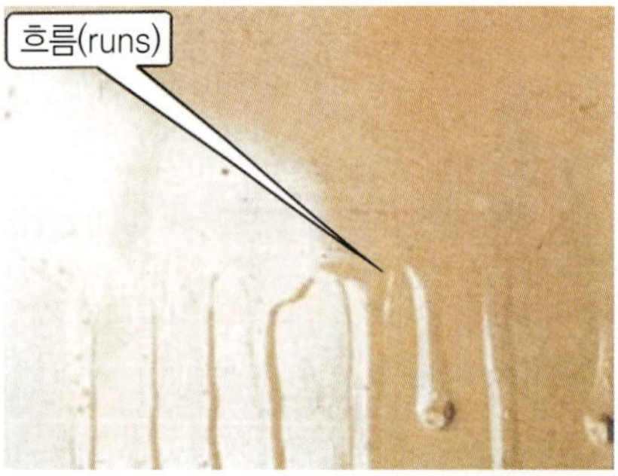

(a)

(b)

그림 1-2 패널의 상태를 마킹한다.

[2] 감촉으로 확인하기

손의 촉감을 이용하는 방법으로 손상 부위를 찾는 확인법이다. 손의 촉감으로는 스크래치 등 아주 작은 미세손상까지 찾을 수 있는 확인법이다. 특히, 눈으로 발견하기 어려운 미세 스폿(spot) 등의 손상까지 손의 감촉으로 느껴지는 미세한 차이를 찾아내야 하기 때문에 많은 훈련과 노하우가 필요하다.

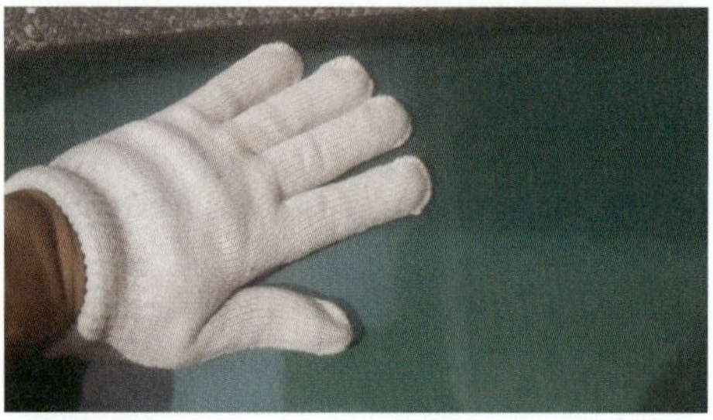

그림 1-3 촉감으로 손상부위 확인하기

패널과 손바닥이 미끄러지듯 부드럽게 움직여야 미세한 손상을 찾기 쉬우며, 맨 손바닥으로 감지하지 않고 면장갑을 끼거나 가루(가이드코트)를 묻혀 감지하면 효과적이다.

[3] 눈금자를 이용하여 확인하기

눈금자 확인법이란 철자나 플라스틱 자를 이용하여 손상이 예상되는 부분과 없는 부분을 빛에 반사되는 부분에 접촉시켜 손상이 어느 정도인지를 파악하는 것이다.

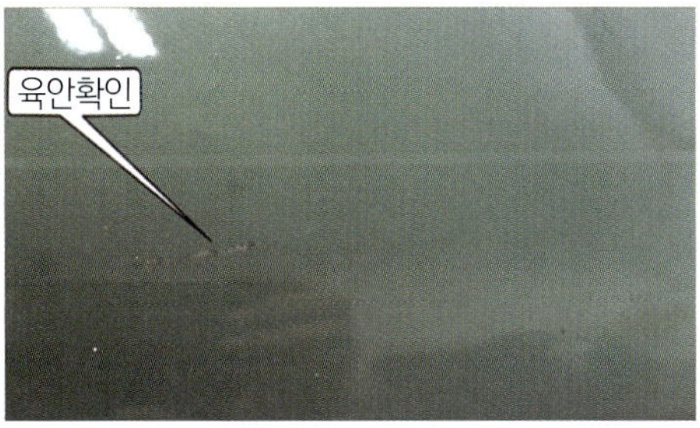

(a)

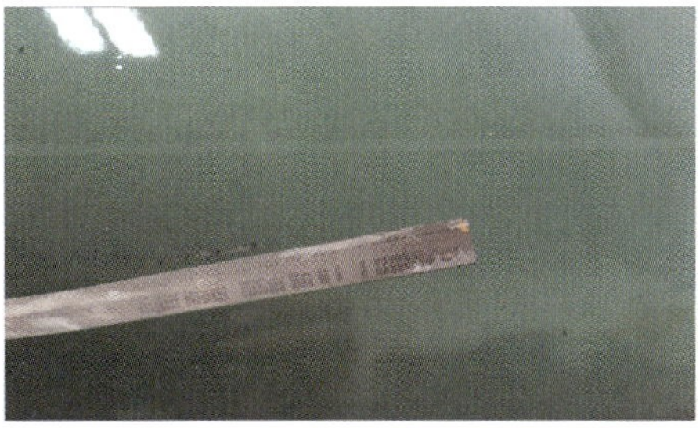

(b)

그림 1-4 육안확인 및 눈금자를 이용한 손상 파악

[4] 용제 판별법

도장 면에 래커시너를 묻힌 흰 걸레로 문질러서 걸레에 녹아 묻는 상태를 확인한다.

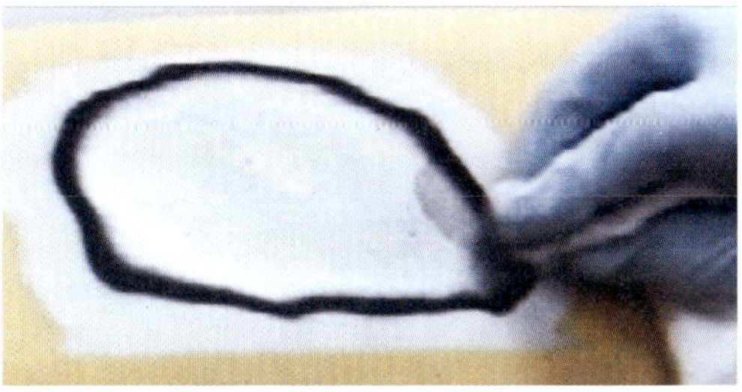

그림 1-5 시너 반응검사

1.2 도막 결함상태

신차 구입 시에 발견 못하였거나 구입 후 퇴색, 벗겨짐, 광택 저하 등의 외부적인 요인이 다양한 결함으로 발생된다.

① 변색 : 장기간 옥외에 방치한 경우 발생하고 본래의 색도 변색된다. 변색은 도료의 전색제 및 안료가 불량한 경우에 자주 발생한다.

② 백화 : 응축 수나 습도 막에 높은 습도에 의해 상도에 나타나는 우윳빛 현상, 이것은 열을 가하면 제거된다.

③ 균열 : 균열은 건조 불량, 도료를 너무 두껍게 했을 때, 강한 자외선 광선 또는 서리나 얼음에 노출시켰을 때, 도막에 부착된 불순물의 침수로 생긴 화학적 변화가 있을 때 치킹과 클라킹 현상이 발생한다.

㉮ 치킹 : 도막 표면에 선상(線狀), 다각형 부정형의 갈라짐이 생김

㉯ 클라킹 : 하도 또는 육안으로 보일 정도로 생긴 균열로서 치킹이 진행되어 발생함

④ 박락(벗겨져 떨어짐) : 박락은 소지 조성이 불완전할 때나 수 연마가 부족할 때 일어난다.

㉮ 소지(素地)와 하도 사이에 접착력이 약한 상태

㉯ 노화 등으로 접착력을 상실하여 벗겨지는 상태

⑤ 백악화(석회분화) : 백악화는 안료의 자외선 흡수가 크게 되었을 때, 전색제와 윤활성이 적은 도료를 사용할 때, 중성 안료 등을 포함한 도료를 사용할 때 발생한다.

㉮ 도색한 바닥이 흰 가루와 뿌려진 상태가 되었을 때 광택이 사라지고 꺼칠꺼칠해진다.

㉯ 틈새의 흰 면으로부터 현재 도장한 막이 마모됨

㉰ 자외선과 습기에 따라 진행됨

⑥ 부푸는 것 : 집락장(集落狀) 또는 부정형을 이루면서 부풀어 오르는데 주로 전처리 불량으로 건조 부족, 소재 자체에 드문드문 녹과 같은 이물질이 있을 때 발생한다.

㉮ 도막의 일부분이 부풀어서 돌기 현상이 일어나는 것

㉯ 도막을 밀어 올리는 현상으로 중고차에 가장 많이 발생함

⑦ 황변 현상 : 황변의 이유는 도료의 선택 잘못, 도색작업공정의 오류, 세차방법의 오류, 관리의 소홀함 등 이러한 원인에 자외선이 가중되어 도장을 한 도막이 시간이 흐를수록 본래의 색이 아닌 노랗거나 갈색의 색으로 변하는 것이다.

⑧ 칩핑 : 보통 돌멩이의 충격에 의해 발생하는 도막의 벗겨짐

2 구도막 제거 재료

2.1 연마지

연마지는 쉽게 말해 사포를 의미한다. 금강사나 유리가루, 규석 등을 입자를 고르게 갈아내어 천이나 종이에 붙인 것을 의미한다. 경도가 높은 재료이므로 쇠붙이의 녹을 없애거나 표면을 매끄럽게 필요한 작업인 자동차 수리, 자동차 광택, 산업현장 등에서 주로 사용된다.

2.1.1 연마재 종류

연마지는 베이크라는 밑 종이를 베이스로 접착성 물질(본드)을 도포하고 종이 위에 연마 입자를 부착하는 형태이다.

① 산화 알루미늄 : 보수도장 시 가장 많이 사용되는 연마재로 시중 컴파운드에 주로 함유하며, 목재, 플라스틱, 금속, 벽체에 사용된다.

② 규산화 질코늄 : 광택 작업에서 주로 사용

③ 세라믹 알루미나 : 파워툴용 벨트나 디스크용으로 목재연마에 적합하며 특수용품으로 취급되며, 산화 알루미늄보다 내구성이 좋다.

④ 실리콘 카바이트 : 내마모성이 우수하여 연마재로 적합하다. 열충격과 부식에도 우수한 특성을 보이며, 거친 연마, 페인트, 녹 제거 및 마감 시 사용한다.

⑤ 큐빅 보론 질화물 : 다이아몬드 다음으로 경도가 높고 절삭공구, 연삭 휠의 연마재로 사용된다.

2.1.2 백킹(backing)의 종류

종이형, 필름형, 직물, 스펀지 등이 있으며 작업자의 스타일에 따라 선호하는 타입이 다르지만, 보편적으로 원형의 필름 연마지는 내구성보다는 연마력에, 종이 연마지는 연마력보다는 내구성에 초점을 맞추는 경향이 있다.

2.1.3 부착방식

연마지 두 폭을 한데 떼었다 붙였다 하는 벨크로 방식과 합성수지 등이 있다.

2.1.4 연마지 공정별 규격

[1] 입방수

입방수(입도)란 단위면적당 가루의 수를 말하는 것이며, 가로×세로 1cm 안에 들어가는 산 입자의 수를 나타내는 것이다. 그러므로 숫자가 클수록 입자의 크기는 작아진다. 입자가 작아지면 그만큼 곱다는 의미가 된다.

연마지 뒷부분에는 일정 숫자가 적혀있다(예 : 120G, 220G, 320G 등). 그 숫자의 의미는 등급으로 입방수를 의미하는 숫자를 말하며, 기본적으로 연마입자(입도 : Grain size)의 크기에 따라 P000 또는 #000으로 표기하며 000방(Grit)이라고도 한다.

[2] 연마지에 따른 작업범위

입방수	사용용도
40~80방	금속 표면의 녹을 제거하는 등의 초기 연마
80~100방	육송이나 아주 거친 목재를 연마
100~180방	집성목, 미송 따위 목재와 금속의 중간 작업 또는 곱게 다듬는 연마
220방	MDF, 원목, 집성목등 등을 연마하거나 기존 제품을 리폼할 때 연마
220~400방	초벌 페인팅 후 면을 곱게 연마하거나 마무리할 때
600~2,000방	아주 고운 면이 요구되거나 워싱 또는 스테인 작업 후 부드러운 면을 요구할 때

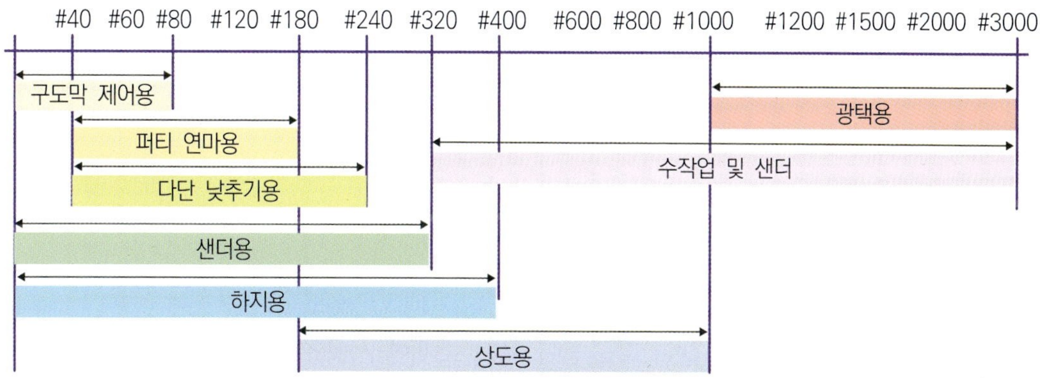

그림 1-6 연마지에 따른 작업범위 및 연마지

2.1.5 연마입자의 부착 형태

연마지의 종류는 연마방법에 따라서 건식연마지와 습식연마지로 나뉘는데, 이것은 연마지의 백킹에 연마입자가 부착되는 형태에 따라서 나뉜다.

건식연마지는 연삭재의 입자를 기재 표면의 면적비 대비 50~70%의 밀도로 도포한 것으로, 연마입자가 비교적 듬성듬성 붙어있게 되는데 연마입자 사이가 넓어야 연마된 가루들이 잘 흘러내리게 된다. 이런 연마지는 주로 거친 번호의 샌더 연마지의 형태로 제공되며 이를 오픈 코트(open coat)라고 한다.

습식연마지는 연마입자가 비교적 조밀하게 붙어있게 되는데 이를 클로즈 코트(cose coat)라고 한다. 연마입자 사이는 좁지만 물이 흘러내림으로 인하여 연마된 가루를 강제로 흘러내리게 한다.

연마지의 수명이 다한다는 것은 다음과 같다.

① 연마지의 탈락

② 연마지의 마모

③ 연마입자의 끼임

2.2 구도막 박리제

2.2.1 특징

① 철재 및 비 금속면과 같이 다공성이 아닌 소재에 사용하여 건조도막을 제거한다.

② 도막 내부에 침투력이 강하다.

③ 염화메틸렌, 아세톤 등의 용제로 구성되어 있으며, 용제의 휘발을 막기 위해 왁스 등이 포함되어 있다.

2.2.2 도장사양

① 표면처리 : 도장면의 먼지, 기름때, 물기, 녹 및 기타 이물질을 완전히 제거해야 한다.

② 도장조건 : 온도는 5℃~35℃, 상대습도 85% 이하에서 직사광선, 강풍을 피해서 도장한다.

③ 도장방법 : 붓, 롤러, 스프레이 등으로 2회 정도 두껍게 칠하고 5~10분간 방치 후 스크레이퍼로 제거한다.

④ 도장면적 : 도막 상태에 따라 이론 도포량이 변하며, 약 3~5㎡/ℓ 정도의 도로율로 도장한다. 작업 시 손실량과 재질로 인해 스며드는 정도에 따라 다를 수 있다.

⑤ 사용 후 처리 : 목재, 철재는 묽은 암모니아수로 완전히 닦아낸 후 깨끗한 물로 세척하고 붓, 롤러 등은 깨끗한 물로 헹구어 보관한다.

2.2.3 사용 시 주의사항

① 화기 및 직사광선을 피하여 상온(5℃~35℃)의 건조한 냉암소에 보관하고 반드시 뚜껑을 닫아 세워서 보관한다.

② 우천 시나 습도가 높은 날(상대습도 85% 이상), 또는 기온이 5℃ 이하 되는 날

에는 작업을 피한다.

③ 항상 보호구를 착용하고 작업 전·후에는 환기를 충분히 하고 밀폐된 공간에서 작업을 금지한다.

④ 타 도료와 혼합하여 사용하지 말아야 한다.

⑤ 사용 전에 반드시 흔들어 주거나 교반한 후 사용한다.

⑥ 너무 두껍게 도장하는 것보다 얇게 여러 번에 나누어 도포하는 것이 효과적이다.

⑦ 도막을 제거하지 않는 부분은 마스킹테이프로 마스킹한다.

⑧ 작업 도중 피부나 눈에 접촉되지 않도록 보호 장구를 착용한 후 작업하고, 눈에 들어갔을 경우 맑은 물로 장시간 씻은 후 의사의 지시를 따른다.

⑨ 의류에 묻을 시 즉시 비누나 세제로 세척하고, 작업 완료 후 노출된 피부는 깨끗이 씻는다.

⑩ 사용 제품의 물질안전보건자료(MSDS)를 숙지하고 사용한다.

⑪ 장기간 보관 시 화학제품이므로 변질될 수 있으므로 유효기간 내에 사용해야 한다.

⑫ 도막이 제거되면 물로 충분히 씻어준다.

⑬ 제품 도포 후 도막을 제거하지 않은 상태에서 30분~1시간 이상 방치하면 굳어서 긁어내기 어렵다.

⑭ 모서리나 홈이진 부분은 다시 한 번 작업하여 제거한다.

⑮ 세척 시 물의 사용이 용이하지 않을 경우 알코올계 용제나 에나멜 신나로 세척한다.

⑯ 폐 도료는 환경부에서 지정한 폐기물처리업체를 통해 폐기한다.

2.3 구도막 제거 공구

2.3.1 싱글 액션 샌더

단순 원운동만 하는 가장 원조적인 샌더로 모터의 회전이 패드에 그대로 전달되며, 연마력이 강하므로 도막 제거, 녹 제거, 금속면의 미세한 수정 등에 사용된다. 표준 회전속도는 매분 8,000~15,000회전이지만 도막제거 전용으로 사용되는 1,500~3,000회전의 저속형도 있다. 패드 형상은 원형이며 딱딱한 패드를 사용하고, 5~15° 정도 기울여서 패드의 바깥 부분으로 연마한다.

(a) 싱글 액션 샌더

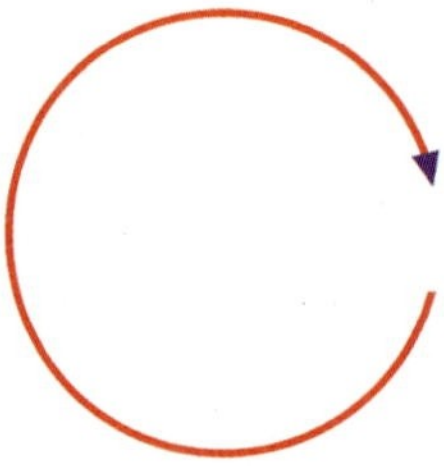

(b) 싱글 액션 샌더 연마모양

그림 1-7 싱글 액션 샌더 및 싱글 액션 샌더 연마모양

2.3.2 더블 액션 샌더(듀얼 액션 샌더)

퍼티 연마, 단 낮추기, 전면 연마 등 기초 도막 작업에 가장 광범위하게 사용된다. 패드의 회전축은 본체의 중심축으로부터 어긋나 있어서 패드가 자전하면 본체 중심축의 주위를 공전하는 복잡한 운동을 한다.

기종에 따라 편심축 반경(본체의 중심축에서 엇갈림의 크기)이 3~10mm 사이로 여러 종류가 설정되어 있다. 편심축 반경이 크면 클수록 연마력은 높으나 연마자국이 거칠기 때문에 거친 번호의 연마지 사용에는 편심축 반경이 큰 연마기를 선택하고, 고운 번호의 연마지 사용에는 편심축 반경이 적은 연마기를 선택해 사용하는 것이 바람직하다.

(a) 더블 액션 샌더

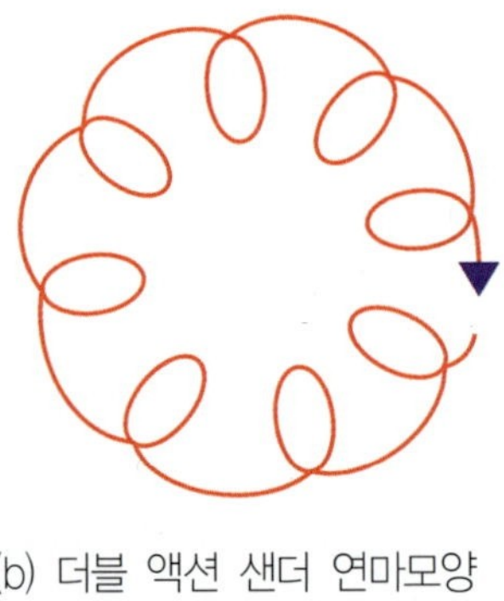

(b) 더블 액션 샌더 연마모양

그림 1-8 더블 액션 샌더 및 더블 액션 샌더 연마모양

2.3.3 오비탈 샌더

오비탈 샌더는 사각형인 것이 특징으로 패드의 운동은 타원형과 궤적을 이룬다. 패드의 형상은 사각으로 연마력은 약하지만 연마 면에 대하는 패드의 크기가 크고, 평면인 까닭에 퍼티 연마 등 기초 도막 작업에 적당하다. 종류는 패드의 사이즈에 따라 더욱 세분된다.

그림 1-9 오비탈 샌더

2.3.4 기어 액션 샌더

기본적으로 더블 액션 샌더와 사용방법 및 용도가 비슷하다. 운동이 기어에 의해 이루어지기 때문에 연마력이 대단히 높고 작업속도가 빠르며, 접지성이 우수하여 작업 능률은 높으나 오랜 숙련 기간을 필요로 한다. 퍼티연마 작업에 적당하다.

그림 1-10 기어 액션 샌더

2.3.5 스트레이트 샌더

전후 직선으로 움직이는 샌더로 연마하고자 하는 형태에 따라 여러 가지 패드가 있으며, 굴곡이 일정하게 흐르는 면 등에 연마하기 좋다.

그림 1-11 스트레이트 샌더

2.3.6 벨트 샌더

손으로 잡고 사용하는 벨트 샌더는 연속 벨트 형태의 교환식 연마지를 사용한다. 가장 일반적으로 사용하는 것이 3인치, 4인치 정도이고 둘레가 20인치 혹은 24인치다. 벨트는 주로 넓은 면을 연마할 때 유용하다. 두 개의 축에 고속으로 벨트가 돌아가면서 면을 빠르고 강하게 연마하므로 벨트 샌더는 표면을 빠르게 마모시키기 때문에 조절하기가 어려워 골이 지거나 패이기 쉽다.

고정식 벨트 샌더는 벨트가 큰 것이 많으며, 작은 표면을 판판하게 만들 때 그리고 볼록한 면을 곡면으로 혹은 매끈하게 다듬을 때 사용한다.

그림 1-12 벨트 샌더

2.3.7 디스크 샌더

손에 들고 사용하는 디스크 샌더를 핸드 그라인더라고도 한다. 지름 100~230mm

의 원형 연마지를 사용한다. 디스크 샌더는 원형으로 돌기 때문에 결 방향으로 작업하는 것은 불가능하다. 따라서 항상 결을 가로지르는 방향으로 자국이 남는다.

그림 1-13 디스크 샌더

2.3.8 집진기

연마기와 일체로 사용하며 연마기의 연마용 공기 공급과 연마 작업 중 발생된 연마 가루를 진공으로 흡입하여 모으는 장비이다.

그림 1-14 집진기

2.3.9 샌딩 룸

연마 작업 중 비산되는 분진을 공기 중으로 날아가지 않도록 강력한 흡입으로 필터를 통해 포집하고 깨끗한 공기를 배출하는 시설이다.

그림 1-15 샌딩 룸

3 구도막 제거(박리)

3.1 구도막 제거 방법

구도막 박리(제거)작업은 도막이 노화되어 벗겨지거나 크랙(Crack : 갈라짐)이 발생하거나, 도장 공정 중 초킹(Choking : 도막이 묻는)현상을 발생하는 것을 방지하기 위하여 구도막을 제거하고, 도장품질을 향상시키기 위한 공정이다.

박리작업은 재도장 시 도막결함이 발생될 우려가 있는 부분에 실시하며 구도막 상태에 따라 박리공정을 결정한다. 박리공정은 그라인더 및 디스크샌더와 같은 기계식 샌더를 이용하는 방법과 페인트 제거제(리무버 : Remover)를 이용한 화학적 방법이 있다.

그림 1-16 구도막 부식

3.1.1 연마에 의한 구도막 제거방법

핸드 파일(hand file)이란 수공구를 사용하는 수 연마(hand sanding)를 말하며, 손(手샌딩)으로 작업하는 방법과 기계식 샌더를 이용한 방법이 있다.

(a)

(b)

그림 1-17 수(hand) 샌딩 구도막 제거작업

① 싱글 또는 더블 액션 샌더에 연마지를 부착한다. : 싱글 액션 샌더(진동 및 회전)에 연마지(P40 또는 P80 정도)를 부착한다.

② 샌더와 패널의 각도를 대략 15~20° 정도를 유지하면서 샌딩(연마)한다. : 샌더와 패널과의 각도를 유지하면서 깊은 홈을 만들지 않도록 한다. 또한 철판 면이 드러나지 않도록 연마하는 것이 좋으며, 서페이서(하도도장) 도막이 보일 때, 싱글 액션 샌더의 연마를 멈추고 더블 액션 샌더를 사용하여 P80~P180 연마지를 사용하여 잔여 도막을 제거한다.

③ 샌더기의 작업은 육안검사와 손바닥의 촉감 검사를 병행하면서 시행한다. 구도막 제거 작업이 완료되면 면에 붙어있는 도막 가루를 에어 호스로서 불어낸다. 솔벤을 종이타월에 묻혀 퍼티 작업 시 부착성이 좋도록 면을 깨끗이 닦아낸다.

그림 1-18 샌더기를 이용한 구도막 제거

3.1.2 도막 리무버(Remover)에 의한 구도막 제거방법(화학적 제거법)

화학약품을 이용하여 구도막을 제거하는 방법으로 페인트 리무버(제거제)를 이용하여 도막을 제거한다.

[1] 마스킹으로 패널을 보호한다.

리무버가 묻어서는 안 되는 곳은 종이나 비닐을 이용(마스킹작업)하여 패널을 보호한다. 또한 리무버가 바닥으로 떨어지는 것을 방지하기 위해 바닥에 종이나 비닐을 깔아 놓고 작업한다.

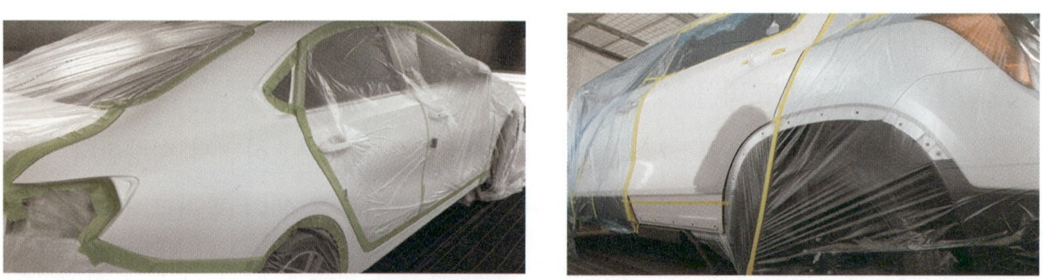

그림 1-19 마스킹작업

[2] 붓으로 도막 박리제를 도포한다.

리무버 도포 시 내용제성 장갑 및 방독마스크 그리고 보안경을 반드시 착용한 후 작업해야 하며, 페인트 붓을 이용하여 도막 박리제를 구도막에 두껍게 도포 후 2~5

분 정도 지나면 비닐로 덮어 리무버가 공기 중으로 증발하지 못하도록 하여 도막을 제거하는 것이 좋다. 리무버를 붓으로 도포하여 15~20분 정도 기다린다. 도포한 후 20분 이상 방치하면 녹아 버린 페인트가 다시 굳어 제거하기 어렵다.

도막이 완전히 부풀어 오르면 주걱이나 스크레퍼를 사용하여 용해된 구도막을 제거한다.

(a) 박리제

(b) 붓으로 박리제 도포

(c) 스크레퍼를 이용하여 용해된 구도막 제거

그림 1-20 도막 리무버(Remover)에 의한 방법(화학적 제거방법)

[3] 플라스틱 스크레이퍼로 도막을 제거한다.

기포가 발생한 도장면의 페인트를 제거 시 철제로 된 스크레이퍼보다는 퍼티 칼과 같은 플라스틱 제품을 사용하여 철판손상을 방지한다.

[4] 녹아 있는 페인트를 깨끗하게 제거한다.

리무버에 의해 녹아 있는 잔여 페인트는 시너를 사용하여 깨끗하게 제거한 후 탈지제로 불순물을 완전하게 제거한다.

그림 1-21 탈지작업

4 단 낮추기

4.1 단 낮추기 범위

단 낮추기 작업이란 패널의 손상부분을 보수도장할 때 후속공정에서 퍼티의 부착력을 향상시키고, 프라이머 또는 서페이서 등의 도료와 부착력을 증진시키기 위해 계단모양의 턱을 없애고 테이퍼 형태로 단위 표면적을 넓게 만들어 주는 작업으로 턱(단)을 없애는 작업이라고도 한다.

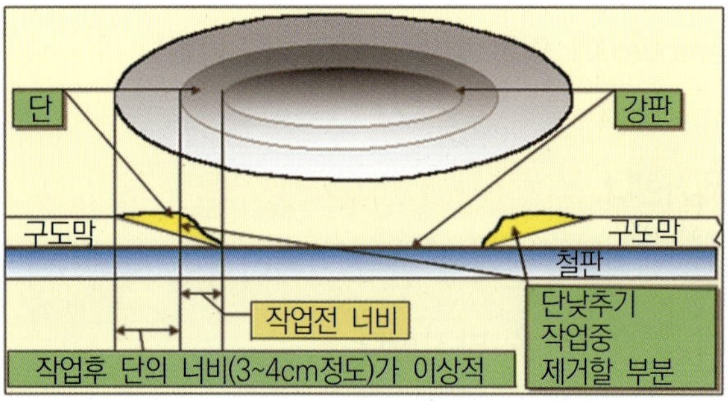

(a)

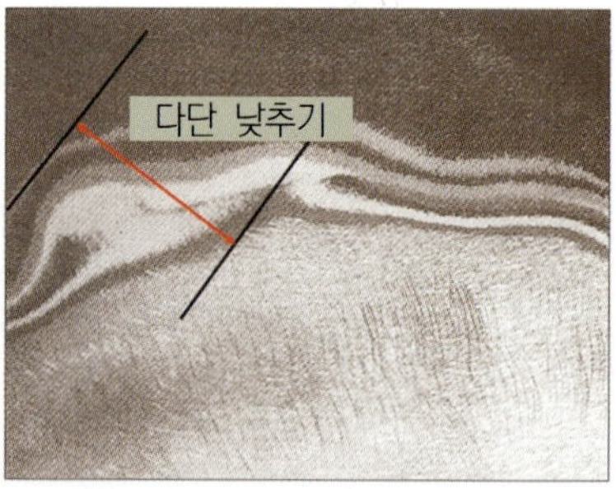

(b)

그림 1-22 다단 낮추기 작업방법

4.2 단 낮추기 방법

4.2.1 손상부위 및 주변을 탈지한다.

손상부분 및 패널 전체를 탈지제로 깨끗하게 탈지한다.

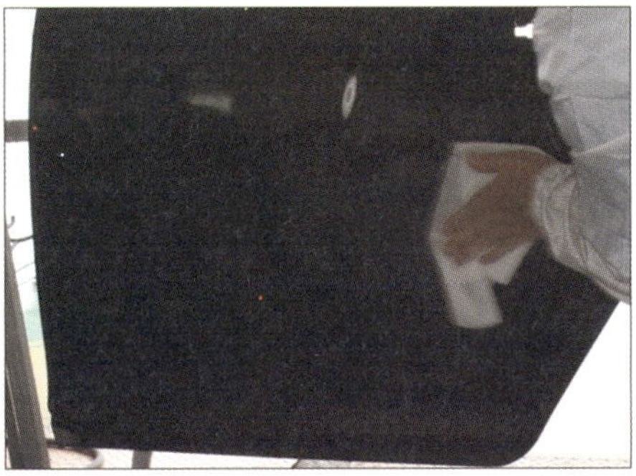

그림 1-23 손상부위 및 주번 탈지작업

4.2.2 금속면과 구도막의 경계부위(턱)를 완만하게 연마한다.

손상부위는 더블 액션 샌더(Double Action Sander) 연마지 P80~P180를 부착하여 연마한다. 도막상태에 따라 P180~P320으로 마무리한다. 이렇게 단계별 연마지를 선택하여 손상부위와 구도막 경계부위 단차를 완만하게 연마한다.

단차의 너비는 넓을수록 좋으며, 신차도막일 경우 2~3cm 이상, 구도막의 경우는 3~5cm 이상으로 가능한 넓게 작업하는 것이 좋다. 턱을 낮추고자 할 때 초기에는 손상부위의 바깥쪽에서 안쪽으로 연마하고, 마무리 시에는 샌더기와 패널의 접촉압력을 낮추어 안쪽에서 바깥쪽으로 샌더기를 움직여 작업하는 것이 좋다.

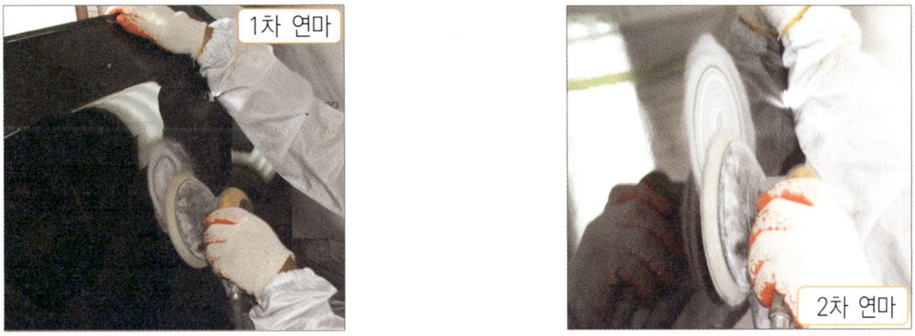

그림 1-24 구도막 제거 및 샌딩작업(1차 #80, 2차 #180)

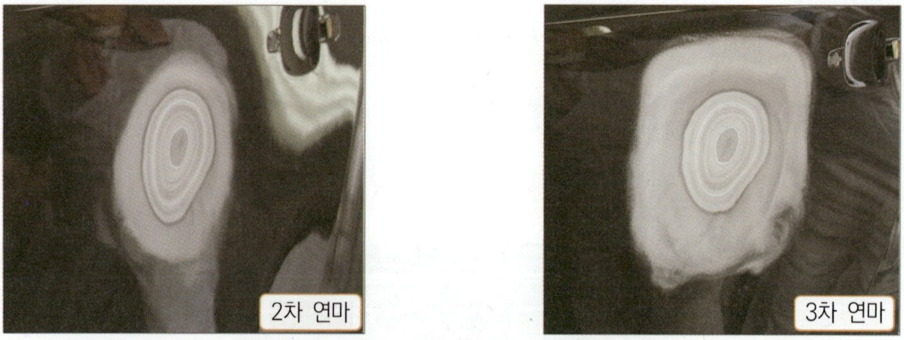

그림 1-25 구도막 제거 및 샌딩작업(2차 #180, 3차 #240~320)

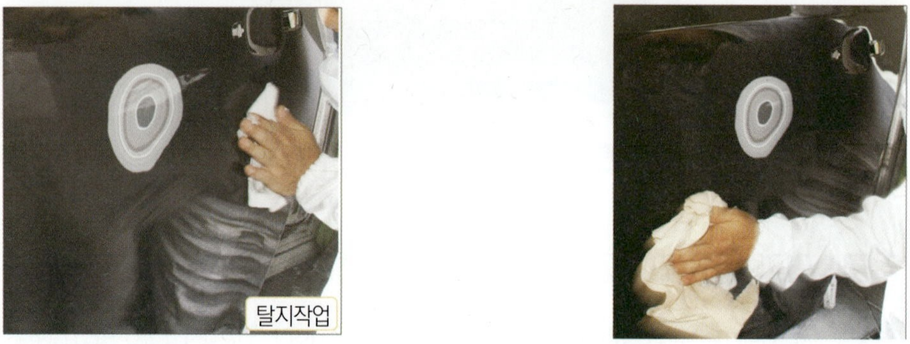

(a) (b)

그림 1-26 연마 후 탈지작업

4.2.3 에어 더스트 건으로 먼지를 제거한 후 탈지제로 깨끗하게 세정한다.

연마작업으로 발생된 분진 및 먼지를 에어 더스트 건으로 완전하게 제거한 후 탈지제로 표면에 묻은 유분과 이물질을 깨끗하게 제거한다. 다단 낮추기 공정이 불량하면 퍼티자국, 연마자국 등이 발생한다.

4.3 단 낮추기 공구 및 설비

① 더블 액션 샌더

② 오비탈 샌더

③ 집진기

④ 샌딩 룸

기출 문제

001 구도막의 판별시 용제에 녹고 면 타원에 색상이 묻어 나오는 도료는?

① 고온 건조형 아미노알키드
② 아크릴 우레탄
③ 속건성 우레탄
④ 아크릴 래커

구도막을 판별할 때 용제 검사 방법인 경우 래커 시너를 걸레에 묻혀 천천히 문질러 보았을 때 용해되어 색이 묻어나는 도료는 래커계 도료이다.

002 갈색이며 연마제가 단단하며 날카롭고 연마력이 강해서 금속면의 수정 녹제거, 구도막 제거용에 주로 적합한 연마입자는?

① 실리콘 카바이트
② 산화알루미늄
③ 산화티탄
④ 규조토

003 박리제(리무버)에 의한 구도막 제거작업에 대한 설명으로 틀린 것은?

① 박리제가 묻지 않아야 할 부위는 마스킹 작업으로 스며들지 않도록 한다.
② 박리제를 도포하기 전에 P80 연마지로 구도막을 샌딩하여 박리제가 도막 내부로 잘 스며들도록 돕는다.
③ 박리제를 스프레이 건에 담아 조심스럽게 도포한다.
④ 박리제 도포 후 약 10~15분 정도 공기 중에 방치하여, 구도막이 부풀어 오를 때 스크레이퍼로 제거한다.

구도막 박리제인 리무버는 붓을 사용하여 작업하며 피부나 눈에 묻지 않도록 주의해서 작업해야 한다.

| 정 | 답 | 001 ④ 002 ② 003 ③

004 자동차 바디 부품에 샌드 브라스트 연마를 하고자 한다. 이에 관한 설명으로 적절하지 않은 것은?

① 샌드 브라스트는 퍼티 적청의 연마에 적합하다.
② 샌드 브라스트는 이동 설치가 용이하다.
③ 샌드 브라스트는 제청 정도를 임의로 할 수 있다.
④ 샌드 브라스트는 소재인 철판의 형태에 구해를 받지 않는다.

퍼티 연마는 평활성을 확보해야 하기 때문에 핸드블록을 이용하여 손바닥으로 감지하고, 구도막과의 평활성을 확보해야 한다.

005 구도막 제거 시 샌더와 도막 표면이 일반적인 유지 각도는?

① 30°~35° ② 25°~30°
③ 15°~20° ④ 35°~45°

006 다음 중 더블 액션 샌더 운동 방향은?

①
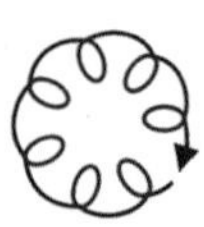
②
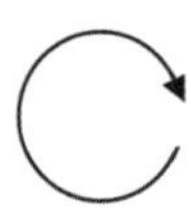
③

④
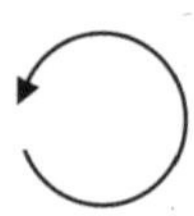

②번은 싱글 액션 샌더 운동 방향이다.

007 자동차보수용 에어 원형 샌더의 일반적인 회전수에 해당하는 것은?

① 4000~8000rpm
② 9000~12000rpm
③ 13000~15000rpm
④ 16000~20000rpm

008 구도막 제거를 위해 싱글 액션 샌더를 사용하고자 한다. 이때 가장 중요한 안전 용구는?

① 소화기 ② 고무장갑
③ 손전등 ④ 보호안경

009 손상부의 구도막 제거를 하고 단 낮추기 작업을 할 때 사용하는 연마지로 가장 적합한 것은?

① #80 ② #180
③ #320 ④ #400

구도막 제거 시에는 #60~#80 연마지를 이용하여 연마한다.

010 보수도장 중 구도막 제거 시 안전상 가장 주의해야 할 것은?

① 보안경과 방진 마스크를 꼭 사용한다.
② 안전을 위해서 습식 연마를 시행한다.
③ 분진이 손에 묻는 것을 방지하기 위해 내용제성 장갑을 착용한다.
④ 보안경 착용은 필수적이지 않다.

| 정 | 답 | 004 ① 005 ③ 006 ① 007 ① 008 ④ 009 ① 010 ①

011 자동차 소지철판에 도장하기 전 행하는 전 처리로 적당한 것은?

① 쇼트 블라스팅
② 크로메이트 처리
③ 인산아연 피막처리
④ 플라즈마 화염처리

012 박리제(romover) 사용 중 유의사항으로 틀린 것은?

① 표면이 넓은 면적의 구도막 제거 시 사용한다.
② 가능한 밀폐된 공간에서 작업한다.
③ 보호 장갑과 보호안경을 착용한다.
④ 구도막 제거 시 제거하지 않은 부분은 마스킹 용지로 보호한다.

013 도장 작업 시 안전에 필요한 사항 중 관련이 적은 것은?

① 보안경 ② 고무장갑
③ 방독 마스크 ④ 그라인더

014 보수도장에서 전처리 작업에 대한 목적으로 틀린 것은?

① 피도물에 대한 산화물 제거로 소지면을 안정화하여 금속의 내식성 증대에 그 목적이 있다.
② 피도면에 부착되어 있는 유분이나 이물질 등의 불순물을 제거함으로써 도료와의 밀착력을 좋게 한다.
③ 피도물의 요철을 제거하여 도장면의 평활성을 향상시킨다.
④ 도막 내부에 포함된 수분으로 인해 도료와의 내수성을 향상시킨다.

015 다음 중 구도막의 제거작업 순서로 맞는 것은?

① 탈지작업–세차작업–손상부위 점검 및 표시작업–손상부위 구도막 제거작업–단낮추기(표면조정작업)–탈지작업–화성피막작업
② 세차작업–탈지작업–손상부위 점검 및 표시작업–손상부위 구도막 제거작업–단낮추기(표면조정작업)–탈지작업–화성피막작업
③ 손상부위 구도막 제거작업–세차작업–탈지작업–손상부위 점검 및 표시작업–단낮추기(표면조정작업)–탈지작업–화성피막작업
④ 단낮추기(표면조정작업)–탈지작업–화성피막작업–손상부위 구도막 제거작업–세차작업–탈지작업–손상부위 점검 및 표시작업

016 다음 중 리무버에 대한 설명으로 맞는 것은?

① 건조를 촉진시키는 것이다.
② 도면을 평활하게 하는데 사용하는 것이다.
③ 오래된 구도막 박리에 사용한다.
④ 광택을 내는데 사용하는 것이다.

철재 및 비금속 면과 같이 다공성이 아닌 소재에 사용하여 건조도막을 제거한다.

| 정 | 답 | 011 ③ 012 ② 013 ② 014 ② 015 ① 016 ①

017 싱글 액션 샌더 연마작업 중 가장 주의해야 할 신체 부위는?

① 팔목
② 발
③ 손
④ 머리

018 싱글 액션 샌더의 용도에 적합하게 사용되는 연마지는?

① #40, #60
② #180, #240
③ #320, #400
④ #600, #800

싱글 액션 샌더는 구도막을 박리시킬 때 사용하므로 연마지는 #40~60 정도의 연마지를 사용한다.

019 자동차 보수도장에서 표면 조정 작업의 안전 및 유의사항으로 틀린 것은?

① 연마 후 세정 작업은 면장갑과 방독마스크를 사용한다.
② 박리제를 이용하여 구도막을 제거할 경우에는 방독마스크와 내화학성 고무장갑을 착용한다.
③ 작업범위가 아닌 경우에는 마스킹을 하여 손상을 방지한다.
④ 연마 작업은 알맞은 연마지를 선택하고 샌딩 마크가 발생하지 않도록 주의한다.

020 다음 중 디스크 샌더 작업 후 가장 좋은 연마 자국은?

① 
② 
③ 
④ 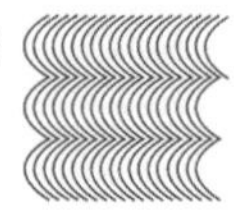

①은 정상적인 스프레이 패턴이고, ②는 디스크 샌더의 나쁜 연마자국의 모양이며, ③은 도료의 토출량이 부족으로 생긴 스프레이 건의 패턴 모양이다.

021 구도막 제거를 위해 싱글 액션 샌더를 사용하고자 한다. 이때 가장 중요한 안전 용구는?

① 보호안경
② 소화기
③ 손전등
④ 고무장갑

022 더블 액션 샌더의 기능이 아닌 것은?

① 거친 퍼티 연마에 적합하고 효율이 좋다.
② 종류가 많고 용도가 넓어 사용 빈도가 높다.
③ 패드가 2중 회전하므로 페이퍼 자국이 작다.
④ 연삭력이 좋아 구도막 제거하는데 효과적이다.

| 정 | 답 | 017 ③ 018 ① 019 ① 020 ④ 021 ① 022 ④

023 손상 부위 구도막 제거를 하고 단 낮추기 작업할 때 사용하는 연마지로 가장 적합한 것은?

① #80
② #180
③ #320
④ #400

구도막 제거시 #60~#80 연마지를 이용하여 연마한다.

024 다음 중 도막제거의 방법이 아닌 것은?

① 샌더에 의한 제거
② 리무버에 의한 제거
③ 샌드 블라스터에 의한 제거
④ 에어 블로잉에 의한 제거

구도막 제거 방법

연마기(샌더)에 의한 제거, 박리제(리무버)에 의한 제거, 블라스터에 의한 제거, 용제를 사용한 제거

025 표면 조정의 목적과 가장 거리가 먼 것은?

① 도막에 부풀음을 방지하기 위해서이다.
② 피도면의 오염물질 제거 및 조도를 형성시켜 줌으로써 후속도장 도막의 부착성을 향상시키기 위해서이다.
③ 용제를 절약할 수 있기 때문이다.
④ 도장의 기초가 되기 때문이다.

026 그라인더 작업 시 안전 및 주의사항으로 틀린 것은?

① 숫돌의 받침대가 3mm 이상 열렸을 때에는 사용하지 않는다.
② 그라인더 작업에는 반드시 보호 안경을 착용하여야 한다.
③ 숫돌의 교체 및 시험운전은 담당자만 하여야 한다.
④ 숫돌 작업은 정면에서 작업하여야 한다.

숫돌 작업은 안전을 위하여 정면을 피한 위치에서 한다.

027 세정작업에 대한 설명으로 틀린 것은?

① 몰딩 및 도어 손잡이 부분의 틈새, 구멍 등에 낀 왁스 성분을 깨끗이 제거한다.
② 탈지제를 이용할 때는 마르기 전에 깨끗한 마른 타월로 닦아내야 유분 및 왁스 성분 등을 깨끗하게 제거할 수 있다.
③ 세정작업은 연마 전·후에 하는 것이 바람직하다.
④ 타르 및 광택용 왁스는 좀처럼 제거하기 어려우므로 강용제를 사용하여 제거한다.

세정작업을 할 때에는 세정액이 묻어 있는 타월로 오염물을 제거하고 즉시 깨끗한 타월을 이용하여 세정액이 마르기 전 남아있는 오염물을 제거한다. 또한 세정작업은 연마 전·후에 하는 것이 바람직하다.

| 정 | 답 | 023 ① 024 ④ 025 ③ 026 ④ 027 ④

CHAPTER 02

프라이머 작업

1 프라이머 선택

프라이머는 페인트 등을 바르기 전에 대상의 표면에 펴바르는 액체류의 도장재이다. 도장재(塗裝材) 중에서 물체 표면의 부식이나 물리적인 충격으로부터 보호하며, 도장 대상의 표면을 고르게 하고 접착성을 높여 페인트 등이 부착력을 향상하며, 추가로 부식 및 침수 등을 막는 최초의 역할을 한다.

그림 2-1 프라이머

1.1 프라이머 종류

1.1.1 에폭시 프라이머

① 2액형 타입으로 혼합물에는 에폭시 수지와 아민계열 경화제가 포함되어 있다.
② 경화되면 프라이머는 바니시 없이도 온도에 강한 조밀한 부식 방지층을 생성한다.
③ 건조 후(약 10~15분) 재료를 특수 용지로 샌딩하고 아크릴로 프라이밍할 수 있다.
④ 에폭시 프라이머는 폴리에스테르 퍼티 아래에 도포할 수 있다. 또한 젖은 혼합물을 칠하거나 경화제를 사용할 때 칠할 수 있다.
⑤ 녹방지 효과가 아주 좋아 바닷물이나 극한의 온도와 같은 열악한 환경에 노출되는 차량에 자주 사용된다.
⑥ 에폭시 프라이머는 금속, 유리 섬유 및 플라스틱을 포함한 다양한 표면에 대한 우수한 접착력으로도 알려져 있다.
⑦ 건조시간은 보수용 60℃에서 20분, OEM 도료는 150℃에서 30분 건조한다.

1.1.2 아크릴 XNUMX액형 프라이머

① 연마 후 차체 판넬의 기공을 메우고 결점을 가려주는 필러이다.
② 모재와 경화제의 혼합비(3~5~1)에 따라 점도와 층 두께가 다르다.
③ 아크릴 수지와의 혼합물은 도장을 적용하기 전에 중간 재료로 사용된다.
④ 실런트이며 우수한 접착 특성을 가지고 있다.
⑤ 페인트 소비를 줄이기 위해 사용되는 주요 필러 색상은 회색, 검정색 및 흰색이다.

1.1.3 플라스틱 프라이머

① 자동차 부품 대부분의 플라스틱 유형(범퍼, 휀더, 후드)에 사용되는 프라이머 이다. 소재 특성상 부착이 어려운 ABS, 폴리프로필렌(P.P) 등의 소지와 후속도장되는 도료와의 부착성 및 접착성을 향상시키기 위해서이다.
② 혼합물은 일반적으로 1개의 투명 또는 황색 성분으로 구성된다.
③ 방청효과는 없으며 플라스틱 재질 도장 시 부착력을 향상시키기 위해 적용한다.

④ 가급적 얇은 도막이 좋으며 건조도막 두께는 10μm 정도이다.

⑤ 건조시간은 20℃에서 자연건조 상태에서 10분 정도이다.

⑥ 일반도료와 도장 시 부착이 어려운 ABS, 폴리프로필렌(PP) 등의 소지와 후속도장되는 도료와의 부착력이 증가한다. 일부 제형은 폴리프로필렌과 호환되지 않는다.

1.1.4 에칭 프라이머

① 에칭 프라이머는 베어 메탈 표면에 사용하도록 설계되었다.

② 매우 산성이며 금속과 강한 결합을 만들어 녹 및 기타 부식이 형성되는 것을 방지한다.

③ 에칭 프라이머는 다른 유형의 프라이머와 페인트가 부착될 수 있는 좋은 기반을 제공한다.

④ 에칭 프라이머는 이미 칠해진 표면에 사용해서는 안 된다는 점에 유의해야 한다.

1.1.5 워시 플라이머

워시 프라이머는 금속 표면에 도장하는 전처리용 프라이머로, 방청성과 부착력이 우수하다. 엣칭 프라이머라고도 불리며, 철재, 아연도금판, 경금속 등에 사용되며 금속 면에 내식성을 향상시킨다.

① 1액형, 2액형이 있다.

② 폴리비닐부티랄, 크롬산아염, 인산이 주성분이다.

③ 금속의 표면처리와 녹 방지를 동시에 하며, 소재와의 부착력 향상, 비철금속류와 부착력이 우수하고, 주름 및 연마자국 방지 기능이 있다.

④ 가급적 얇은 도막이 좋으며, 건조도막 두께는 7~15μm로 두껍게 도장하면 부착성이 저하된다.

⑤ 신차 도장 라인에서의 인산아연 피막처리 대용으로 도장

⑥ 습도에 민감하므로 습도가 높은 날은 주의해서 작업해야 한다.

1.1.6 우레탄 프라이머

① 2액형 타입으로 주제인 알키드 수지와 이소시아네이트가 포함된 경화제로 부착력, 녹 방지가 우수하다.

② 우레탄 프라이머는 내구성과 내약품성 및 자외선에 강한 것으로 알려진 고품질 프라이머이다.

③ 우레탄 프라이머는 페인트를 위한 좋은 기반을 제공하며 탑 코트를 적용하기 전에 종종 최종 코트로 사용된다.

④ 우레탄 프라이머는 샌딩이 용이하고 금속, 유리 섬유 및 플라스틱을 포함한 다양한 표면에 사용할 수 있다.

1.2 프라이머 특성

① 도장 전 하도작업으로 사용되는 프라이머는 내수성, 내알칼리성, 작업성이 우수하다.

② 페인트 선에 바르는 프라이머는 페인트의 접착력을 향상시켜 시공 후 페인트의 갈라짐과 부서짐을 최소화한다.

③ 금속 면에 내식성을 향상시킨다.

④ 도색하려는 면의 밑 바탕색을 가려주는 역할을 한다.

⑤ 거친 바탕면의 표면을 매끄럽게 정리하는 역할을 한다.

⑥ 신차 도장 라인에서의 인산 아연 피막처리 대용으로 도장된다.

⑦ 알루미늄, 아연도금 강판과 같은 비철금속류와 부착력을 향상시킨다.

2 프라이머 혼합 방법

① 프라이머를 혼합할 때는 처음 개봉했을 때 침전물이 바닥에 가라앉아 있기 때문에 스틱을 이용해 고르게 섞어준다.

② 혼합하기 전 도장 범위를 파악하고 범위에 따라 정확하게 사용량을 산출한다. 혼합 시 부피비, 무게비를 선택한다.

③ 끊어가면서 바르면 추후 페인트 색상 차이가 발생할 수 있으므로 가능한 한 번에 쭉 이어서 발라주는 것이 중요하다.

④ 또한 작업 완료 후 최소 3~4시간 정도는 건조시간을 줘야 하며, 1회 칠만으로도 충분하지만 필요에 따라 1~2회 더 반복적으로 발라줘도 무방하다.

⑤ 2액형 도료는 혼합 후 가사시간 내에 사용하지 못하면 폐기처분해야 한다.

참고 CMR 물질

① 가사시간 : 다액형(2액형 이상) 이상의 도료를 사용하기 위해 혼합했을 때 겔화, 경화 등이 일어나지 않고 사용하기에 적합한 유동성을 유지하고 있는 시간으로 사용가능 시간이 경과하면 겔화 상태로 변하므로 정상적으로 사용이 불가능하고, 사용가능 시간은 외부 온도, 작업장 온도에 따라 변한다.

② 플래시 오프 타임 : 도장 중 소재를 도장한 후 다시 도장하기 전 사이에 용제가 자연 상태에서 증발하는 시간으로 도막 외부만 살짝 건조된 지촉건조 상태로 플래시 오프 타임을 주지 않으면 건조시간이 늦어지고 흘러내리기 쉽고, 광택 감소나 핀홀 같은 여러 하자발생의 원인이 된다. 일반적으로 도막이 2배 두꺼우면 신너의 증발이 4배 느려진다. 따라서 스프레이 후 항상 적정한 중간 건조시간을 주어 용제가 충분히 증발 후 작업이 진행되도록 해야 한다.

③ 세팅타임 : 스프레이한 직후의 도막에서는 용제가 급속히 증발한다. 20℃일 때 최초 10분에 80~90% 가까운 용제가 증발한다. 이것은 락카나 우레탄계 모두 동일하다. 용제의 증발이 활발할 때 열을 가하게 되면 더욱 급격하게 증발되어, 용제가 빠진 흔적이 구멍으로 남아(핀 홀) 하자를 발생시킬 수 있다. 따라서 강제 건조 시에는 스프레이 후 5~10분 정도 자연건조시키고 나서 열을 가한다. 이때의 시간을 세팅타임이라 한다.

3 프라이머 도장 방법

3.1 워시 프라이머

3.1.1 워시 프라이머 도장방법

① 도장용 무진작업복, 방독마스크, 보안경, 내용제성 장갑 등 안전보호구를 착용한다.

② 탈지된 PP 재질의 새 범퍼와 플라스틱 전용 PP프라이머를 준비한다.

③ 탈지된 범퍼 표면을 P600 연마지를 사용하여 연마한다.

④ 스프레이 건에 에어호스를 연결하고 시험 분무하면서 공기압 게이지 확인으로 공기압력 조정과 도장 부위의 사이즈에 알맞게 패턴 조정 및 도료 분출량을 조정한다.

⑤ 도장 직전에 스프레이 건의 공기를 불어내면서 송진포(tack cloth)를 사용하여 도장할 면의 미세먼지를 제거한다.

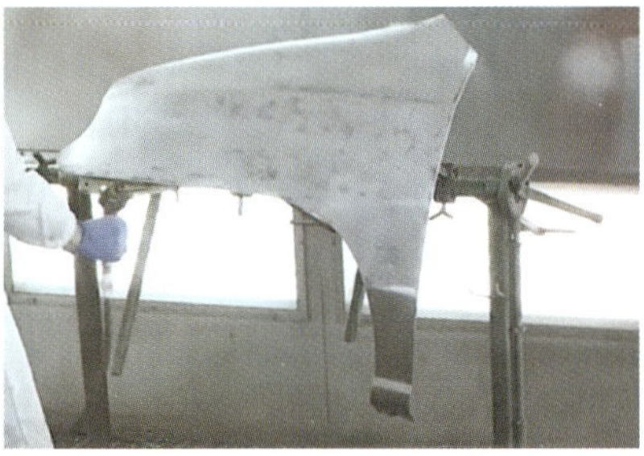

그림 2-2 스프레이 건으로 도장면 미세먼지 제거

⑥ 워시 프라이머를 노출된 철판 표면에 가볍게 광택이 나지 않을 정도로 1차로 얇게 도장한다. 워시 프라이머는 철판에 에칭이 목적이므로 1회 도장으로 철판 표면을 덮은 상태로 균일하게 도포되었다면 1회로 마무리하여도 좋다. 중도나 상도 도료와 달리 도막 두께를 두껍게 올려 도장하는 도료가 아니기 때문에 철판 표면이 비칠 정도로 도장하는 것이 효과적이다.

⑦ 플래쉬 오프 타임을 3~5분 정도 부여한다.

⑧ 1차 도장과 같은 방법으로 균일하게 2차 도장한다.

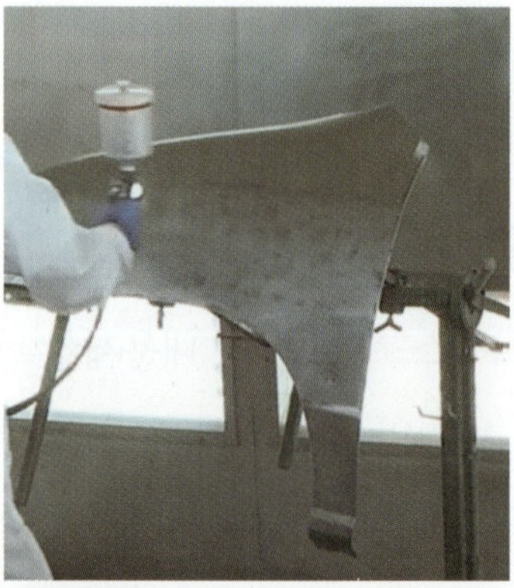

그림 2-3 워시 프라이머 도장

3.1.2 워시 프라이머 도장 시 주의사항

① 래커계 구도막 위에는 적용하지 않도록 한다.

② 워시 프라이머를 도장한 후 퍼티를 도포하지 않도록 한다.

③ 워시 프라이머를 경화제와 혼합할 경우 플라스틱 또는 유리 용기를 사용한다.

④ 도료 메이커별 제품 사양에 따라 가사시간 이내에 사용한다.

⑤ 너무 두껍게 도장되면 부착력이 저하된다.(추천 건조 도막 두께 : 7~15μm)

⑥ 워시 프라이머를 도장한 후 8시간 이상 방치한 경우에는 고운 연마지(P800 이상)로 연마한 다음 후속 작업한다.

⑦ 워시 프라이머를 도장 후 상온(20℃)에서 15~20분 정도 건조시킨 다음 중도 도료를 반드시 도장한다.

⑧ 워시 프라이머 도막 위에 상도 도료를 도장하지 않도록 한다.

⑨ 습기에 민감하므로 습도가 높은 날에는 습도 조정이 가능한 곳에서 도장한다.

3.2 플라스틱 프라이머 도장방법

① 스카치 브라이트를 이용해서 굴곡진 면을 연마한다.

② 넓은 면은 더블 액션 샌더에 중간 패드를 부착하고 연마지 P600을 부착하여 연마한다.

③ 에어 더스트 건으로 압축 공기를 불어 연마 가루와 먼지를 완전히 불어내고 깨끗이 탈지한다. 플라스틱은 재질 특성상 연마 등의 마찰을 가하면 정전기가 발생하여 주변의 먼지나 이물질을 끌어당기는 성질이 있으므로 주의하여 탈지해야 한다.

그림 2-4 에어 더스트 건으로 먼지 제거

④ PP프라이머 전용 스프레이 건의 도료 용기에 PP프라이머를 여과지로 여과하여 담는다.

⑤ 스프레이 건에 에어 호스를 연결하고 시험 분무하면서 공기압 게이지 확인으로 공기압력 조정과 도장 부위의 사이즈에 알맞게 패턴 조정 및 도료 분출량을 조정한다.

⑥ 도장 직전에 스프레이 건의 공기를 불어내면서 송진포(tack cloth)를 사용하여 도장할 면의 미세먼지를 제거한다.

⑦ PP프라이머를 가볍게 1차로 얇게 도장한다.

⑧ 플래쉬 오프 타임을 1~5분 정도 부여한다.

⑨ PP프라이머를 2차 도장한다.

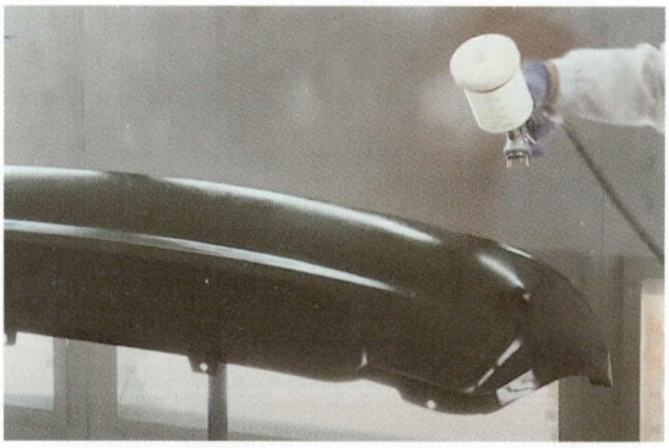

그림 2-5 PP프라이머 도장

4 프라이머 건조

4.1 건조 방법

① 자연 건조(air drying) : 도료가 상온의 공기 속에서 건조되는 것으로 먼지 및 이물질이 없고 직사광선을 피하고 통풍이 잘되는 실내 또는 건조기 내부에서 온도는 21~32℃로 유지된 상태에서 건조하는 것

② 강제 건조(forced drying) : 자연 건조형의 도료를 60~80℃의 온도에서 도료의 건조를 촉진시키기 위하여 열처리하는 것

③ 가열 건조(baking drying) : 100℃ 이상에서 가열하여 경화시키는 건조방법

4.2 도료의 건조 판단법

① 지촉 건조(set to touch) : 건조는 손가락 끝을 도막에 가볍게 대었을 때 점착성이 있지만 도료가 손가락 끝에 묻어나지 않는 상태

② 점착 건조(dust free) : 손가락 끝에 힘을 주지 않고 도막 면을 가볍게 좌우로 스칠 때 손끝 자국이 심하게 나타나지 않는 상태이거나, 솜을 약 3cm 높이에서 도막 면에 떨어뜨린 다음 입으로 불어 솜이 쉽게 떨어져 완전히 제거될 때의 상태

③ 고착 건조(tack free) : 손끝이 닿는 부분이 약 1.5cm가 되도록 가볍게 눌렀을 때 도막 면에 지문 자국이 남지 않는 상태

④ 고화 건조(dry hard) : 엄지와 인지 사이에 시험판을 물려 힘껏 눌렀다가 떼어내어 부드러운 헝겊으로 가볍게 문질렀을 때 도막에 지문 자국이 없는 상태

⑤ 경화 건조(dry through) : 힘껏 엄지손가락으로 눌러 90° 각도로 비틀었을 때 도막이 늘어나거나 주름이 생기지 않고 다른 이상도 발생되지 않은 상태

⑥ 완전 건조(full hardness) : 손톱이나 칼끝으로 긁었을 때 흠이 잘 나지 않고 힘이 든다고 느껴지는 상태

4.3 워시 및 에폭시 프라이머의 건조

① 워시 프라이머의 건조 : 10~20분 정도 자연 건조 후 Wet on Wet 도장 방식으로 프라이머 서페이서를 도장

② 에폭시 프라이머의 건조 : 80℃에서 30분 열처리한 다음 후속 도장

4.4 플라스틱 프라이머의 건조

① 플라스틱의 재질이 열가소성인 폴리프로필렌의 교환 파트인 경우 : 자연 건조시킨 다음 연마 작업하지 않고 바로 상도 베이스 코트와 클리어 코트를 도장

② 플라스틱의 재질이 열경화성인 PUR(폴리우레탄)의 교환 파트인 경우 : 80℃에서 20~30분 열처리한 다음 후속 도장

기출 문제

001 다음은 워시프라이머의 특징을 설명한 것이다. 틀린 것은?

① 수분이나 오염물 등에서 철판을 보호하기 위한 부식방지 기능을 가지고 있는 하도용 도료이다.
② 습도에 민감하므로 습도가 높은 날에는 도장을 하지 않는 것이 좋다.
③ 경화제 및 시너는 전용제품을 사용해야 한다.
④ 물과 희석하여 사용할 때에는 P.P(폴리프로필렌)컵을 사용하여야 한다.

워시프라이머의 특징
㉮ 1액형 type과 2액형 type이 있고, 거의 모든 금속에 적용가능하다.
㉯ 후속 도장에 부착력과 방청력이 우수하다.
㉰ 1회 도장으로 최적의 도막을 얻을 수 있고, 너무 두껍게 도장하면 부착력이 저하된다.
㉱ 습도에 민감하여, 습도가 높을 때에는 사용을 하지 않는다.
㉲ 제품에 따라서 스프레이 건의 노즐을 부식시키므로, 사용 후 즉시 세척한다.

002 다음 중 워시 프라이머에 대한 설명이 틀린 것은?

① 경화제 및 신너는 워시 프라이머 전용 제품을 사용한다.
② 주제, 경화제 혼합 시 경화제는 규정량만 혼합한다.
③ 건조 도막은 내후성 및 내수성이 약하므로 가능한 빨리 후속도장을 한다.
④ 주제, 경화제 혼합 후 일정 가사시간이 경과한 경우에는 희석제를 혼합한 후 작업한다.

2액형 우레탄 도료의 경우 가시시간이 지나 경과한 경우에는 도료가 경화를 일으켜 희석제를 혼합하여도 점도가 떨어지지 않는다.

003 워시 프라이머에 대한 설명으로 틀린 것은?

① 아연 도금한 패널이나 알루미늄 그리고 철판면에 적용하는 하도용 도료이다.
② 일반적으로 폴리비닐 합성수지와 방청안료가 함유된 하도용 도료이다.

| 정 | 답 | 001 ④ 002 ④ 003 ④

③ 추천 건조도막 두께(dft : 8~10μm)를 준수하도록 해야 한다. 너무 두껍게 도장되면 부착력이 저하된다.
④ 습도에는 전혀 반응을 받지 않기 때문에 장마철과 같이 다습한 날씨에도 도장이 쉽다.

습도에 약하므로 습도가 높은 날에는 도장을 금한다.

004 다음 도료 중 하도 도료에 해당하지 않는 것은?

① 워시 프라이머
② 에칭 프라이머
③ 래커 프라이머
④ 프라이머-서페이서

프라이머 서페이서는 중도 도료이며, 기능으로는 차단성, 평활성 등이 있다.

005 다음 중 맨 철판에 대한 방청기능을 위해 도장하는 도료는?

① 워시 프라이머
② 실러 및 서페이서
③ 베이스 코트
④ 클리어 코드

006 다음 중 워시 프라이머에 대한 설명이 틀린 것은?

① 경화제 및 시너는 워시 프라이머 전용제품을 사용한다.
② 주제, 경화제 혼합 시 경화제는 규정량만 혼합한다.
③ 건조 도막은 내후성 및 내수성이 약하므로 가능한 빨리 후속도장을 한다.
④ 주제 경화제 혼합 후 일정 가사시간이 경과한 경우에는 희석제를 혼합한 후 작업한다.

2액형 우레탄 도료의 경우 가사시간이 경과한 경우에는 도료가 경화를 일으켜 희석제를 혼합하여도 점도가 떨어지지 않는다.

007 자동차 도료와 관련된 설명 중 틀린 것은?

① 전착도료에 사용되는 수지는 에폭시 수지이다.
② 최근에 신차용 투명에 사용되는 수지는 아크릴 멜라민 수지이다.
③ 최근에 자동차보수용 투명에 사용되는 수지는 아크릴 우레탄 수지이다.
④ 자동차보수용 수지는 천연수지를 사용한다.

자동차보수용 수지는 대부분 합성수지를 사용한다.

| 정 | 답 | 004 ④ 005 ① 006 ④ 007 ④

008 하도도장의 워시 프라이머 도장 후 점검 사항으로 옳지 않은 것은?

① 구도막에 도장되어 있지 않는가?
② 균일하게 분무하였는가?
③ 두껍게 도장하지 않았는가?
④ 거친 연마자국이 있는가?

009 도료의 부착성과 차체패널의 내식성 향상을 위해 도장면의 표면처리에 사용하는 화학약품은?

① 인산아연
② 황산
③ 산화티타늄
④ 질산

인산아연은 화학식 $Zn_3(PO_4)_2$의 무기화합물이다. 이 백색 분말은 전기도금 공정의 일부로 금속 표면의 부식 방지 코팅으로 널리 사용되거나 프라이머 안료로 적용된다.

010 작업성이 뛰어나고 휘발건조에 의해 도막을 형성하는 수지타입의 도료는?

① 우레탄 도료
② 1액형 도료
③ 가교형 도료
④ 2액형 도료

1액형 도료는 별도의 경화제 없이 시간이 경과함에 따라 건조되면서 피도면을 미려하게 꾸미거나 보호하는 기능을 하는 도료로 락카나 에나멜 수성페인트 등이 있다.

011 워시 프라이머 사용에 대한 설명으로 맞는 것은?

① 워시 프라이머 건조 시 수분이 침투되면 부착력이 급속히 상승하기 때문에 바닥에 물을 뿌려 양호한 상태로 만든 다음 도장한다.
② 건조도막은 내후성 및 내수성이 약하므로 도장 후 8시간 이내에 후속 도장을 해야 한다.
③ 2액형 도료의 경우 혼합된 도료는 가사 시간이 지나면 점도가 낮아져 부착력이 향상된다.
④ 경화제와 시너는 프라이머–서페이서 도료의 경화제와 혼용하여 사용해도 무방하다.

012 보수도장 시 탈지가 불량하여 발생하는 도막의 결함은?

① 오렌지 필　② 크레터링
③ 메탈릭 얼룩　④ 흐름

013 다음 중 도장할 장소에 의한 분류에 해당되지 않는 것은?

① 내부용 도료
② 하도용 도료
③ 바닥용 도료
④ 지붕용 도료

하도용 도료는 도장 공정별 분류로 하도용 도료, 중도용 도료, 상도용 도료 등으로 나뉜다.

| 정 | 답 | 008 ④　009 ①　010 ②　011 ②　012 ②　013 ②

014 자동차 보수용 하도용 도료의 사용방법에 대한 내용이다. 가장 적합한 것은?

① 하도 도료는 베이스 코트보다 용제(시너)를 많이 사용하는 편이다.
② 포오드컵 NO#4(20℃) 기준으로 20초 이상의 점도로 사용된다.
③ 포오드컵 NO#4(20℃) 기준으로 10초 이하의 점도로 사용된다.
④ 점도와 무관하게 사용해도 살오름성이 좋다.

015 다음 중 워시 프라이머의 도장작업에 대한 설명으로 적합하지 않는 것은?

① 추천 건조도막 두께로 도장하기 위해 4~6회 도장
② 2액형 도료인 경우, 주제와 경화제의 혼합 비율을 정확하게 지켜 혼합
③ 혼합된 도료인 경우, 가사시간이 지나면 점도가 상승하고 부착력이 떨어지기 때문에 재사용은 불가능
④ 도막을 너무 두껍게도 얇게도 도장하지 않도록 한다.

워시 프라이머는 녹 방지와 부착성을 위해서 작업한다. 도료에 따라 도막 두께는 다르지만 1액형의 경우 30μm, 2액형은 10μm 정도 도장한다.

016 신차용 자동차 도료에 사용되며 에폭시 수지를 원료로 하여 방청 및 부착성 향상을 위해 사용하는 도료는?

① 전착 도료　② 중도 도료
③ 상도 베이스　④ 상도 투명

도료의 역할

㉮ 중도 도료 : 하도로 상도 도료가 흡습되는 것을 방지한다.
㉯ 상도 베이스 : 미려한 색상을 만드는 도료
㉰ 상도 투명 : 외부의 오염물이나 자외선 등을 차단하고 광택이 나도록 한다.

017 완전한 도막 형성을 위해 여러 단계로 나누어서 도장을 하게 되고 그때마다 용제가 증발할 수 있는 시간을 주는데 이를 무엇이라 하는가?

① 플래쉬 타임(Flash Time)
② 세팅타임(Setting Time)
③ 사이클 타임(Cycle Time)
④ 드라이 타임(Dry Time)

플래쉬 오프 타임과 세팅타임

㉮ 플래쉬 오프 타임(Flash off Time) : 동일한 도료를 여러 번 겹쳐 도장할 때 아래의 도막에서 용제가 증발되어 지촉 건조 상태가 되기까지의 시간을 말하며, 약 3~5분 정도의 시간이 필요하다.
㉯ 세팅타임(Setting Time) : 도장을 완료한 후부터 가열 건조의 열을 가할 때까지 일정한 시간 동안 방치하는 시간, 일반적으로 약 5~10분 정도의 시간이 필요하다. 세팅타임 없이 바로 본 가열에 들어가면 도장이 끓게 되어 핀 홀(pin hole) 현상이 발생한다.

| 정 | 답 | 014 ② 015 ① 016 ① 017 ①

018 도장 용제에 대한 설명 중 틀린 것은?

① 수지를 용해시켜 유동성을 부여한다.
② 점도 조절 기능을 가지고 있다.
③ 도료의 특정 기능을 부여한다.
④ 희석제, 시너 등이 사용된다.

도료의 특정 기능을 부여하는 요소는 첨가제이다.

019 다음 중 워시 프라이머에 대한 설명이 틀린 것은?

① 경화제 및 시너는 워시 프라이머 전용제품을 사용한다.
② 주제, 경화제 혼합 시 경화제는 규정량만 혼합한다.
③ 건조도막은 내후성 및 내수성이 약하므로 가능한 빨리 후속도장을 한다.
④ 주제 경화제 혼합 후 일정 가사시간이 경과한 경우에는 희석제를 혼합한 후 작업한다.

2액형 우레탄 도료의 경우 가사시간이 경과한 경우에는 도료가 경화를 일으켜 희석제를 혼합하여도 점도가 떨어지지 않는다.

020 플라스틱 도장 시 프라이머 도장 공정의 목적은?

① 기름 및 먼지 등의 부착물을 제거한다.
② 변형 및 주름 등의 표면 결함을 제거한다.
③ 소재와 후속 도장의 부착성을 강화한다.
④ 적외선 및 자외선을 차단하고 내광성을 향상시킨다.

①은 탈지공정, ②는 중도공정, ④는 상도공정이다.

021 도료가 완전 건조된 후에도 용제의 영향을 받는 것은?

① NC 래커
② 아미노 알키드
③ 아크릴
④ 표준형 우레탄

022 상도 작업에서 컴파운드, 왁스 등이 묻거나 손의 화장품, 소금기 등으로 인하여 발생하기 쉬운 결함을 제거하기 위한 목적으로 실시하는 작업은?

① 에어 블로잉
② 탈지 작업
③ 송진포 작업
④ 수세 작업

작업의 용도
㉮ 에어 블로잉 : 압축 공기로 먼지나 수분 등을 제거
㉯ 탈지 작업 : 도장 표면에 있는 유분이나 이형제 등을 제거
㉰ 송진포 작업 : 도장 표면에 있는 먼지를 제거

| 정 | 답 | 018 ③ 019 ④ 020 ③ 021 ① 022 ②

023 오염 물질의 영향으로 발생된 분화구형 결함을 무엇이라 하는가?

① 크레터링
② 주름
③ 쵸킹
④ 크레이징

024 프라이머 건조방법이 아닌 것은?

① 자연 건조
② 강제 건조
③ 가열 건조
④ 수중 건조

025 도료의 건조 판단 방법 중 틀린 것은?

① 지촉 건조(set to touch) : 건조는 손가락 끝을 도막에 가볍게 대었을 때 점착성이 있지만 도료가 손가락 끝에 묻어나지 않는 상태
② 점착 건조(dust free) : 손가락 끝에 힘을 주지 않고 도막 면을 가볍게 좌우로 스칠 때 손끝 자국이 심하게 나타나지 않는 상태이거나, 솜을 약 3cm 높이에서 도막 면에 떨어뜨린 다음 입으로 불어 솜이 쉽게 떨어져 완전히 제거될 때의 상태
③ 고착 건조(tack free) : 손끝이 닿는 부분이 약 3cm가 되도록 가볍게 눌렀을 때 도막 면에 지문 자국이 남지 않는 상태
④ 완전 건조(full hardness) : 손톱이나 칼끝으로 긁었을 때 흠이 잘 나지 않고 힘이 든다고 느껴지는 상태

도료의 건조 판단법

㉮ 지촉 건조(set to touch) : 건조는 손가락 끝을 도막에 가볍게 대었을 때 점착성이 있지만 도료가 손가락 끝에 묻어나지 않는 상태
㉯ 점착 건조(dust free) : 손가락 끝에 힘을 주지 않고 도막 면을 가볍게 좌우로 스칠 때 손끝 자국이 심하게 나타나지 않는 상태이거나, 솜을 약 3cm 높이에서 도막 면에 떨어뜨린 다음 입으로 불어 솜이 쉽게 떨어져 완전히 제거될 때의 상태
㉰ 고착 건조(tack free) : 손끝이 닿는 부분이 약 1.5cm가 되도록 가볍게 눌렀을 때 도막 면에 지문 자국이 남지 않는 상태
㉱ 고화 건조(dry hard) : 엄지와 인지 사이에 시험판을 물려 힘껏 눌렀다가 떼어내어 부드러운 헝겊으로 가볍게 문질렀을 때 도막에 지문 자국이 없는 상태
㉲ 경화 건조(dry through) : 힘껏 엄지손가락으로 눌러 90° 각도로 비틀었을 때 도막이 늘어나거나 주름이 생기지 않고 다른 이상도 발생되지 않은 상태
㉳ 완전 건조(full hardness) : 손톱이나 칼끝으로 긁었을 때 흠이 잘 나지 않고 힘이 든다고 느껴지는 상태

| 정 | 답 | 023 ① 024 ④ 025 ③

CHAPTER 03

퍼티 작업

1 퍼티 선택

1.1 퍼티의 특성

퍼티(Putty : 접착제)는 차량 접촉사고나 패널이 찌그러져 깊이 패인 홈이나 스크래치를 메우고 원래의 곡면이나 패널 복원 시 사용한다. 퍼티는 패널의 재질에 따라 일반강판용, 아연도금 강판용, 알루미늄용, 플라스틱용으로 그 종류와 용도가 달라진다.

1.2 퍼티의 종류

1.2.1 폴리에스테르 퍼티(폴리퍼티)

폴리에스테르 퍼티는 폴리퍼티라고도 하며 보수도장 시 가장 보편적으로 사용된다. 2액형 제품으로 판금 퍼티작업 후에 발생되는 작은 굴곡이나 연마 시 발생되는 스크래치 자국 또는 작은 기공 등을 제거하기 위해 사용된다.

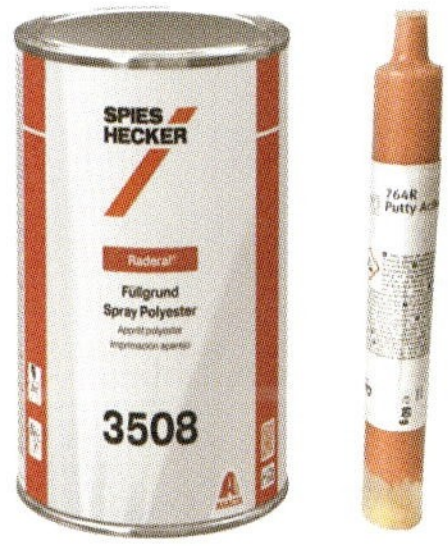

그림 3-1 폴리에스테르 퍼티

[1] 조성

조성주제는 불포화 폴리에스텔르 수지로 되어 있으며, 이것은 불포화기를 가진 폴리에스테르와 비닐 단량체의 혼성 중합으로 얻어진다.

[2] 경화제

경화제는 과산화벤조일(Benzoyl Peroxide)로 된 끈끈한 황색 또는 핑크색의 유체로서 중합금지제를 넣어 보관 후 반응 개시제(과산화물)를 가해서 가교결합 구조를 이룬다. 경화제 혼합비율은 100 : 1~3 정도이다.

(a) (b)

그림 3-2 퍼티 및 경화제와 퍼티 혼합

[3] 사용 시 주의사항

① 주체와 경화제가 혼합되면 가사시간이 있기 때문에 적정량을 혼합하여 사용해야 한다.

② 아연도금 강판에는 사용해서는 안 된다.

③ 구도막이 침식되면 도포 부위에 주름이나 균열 등이 발생한다.

[4] 특성

① 보수용 소지면의 요철 메꿈용으로 사용하며 경화가 빠르고 연마가 쉽다.

② 두껍게 도포할 경우에는 유연성이 떨어지고 점착성이 저하되며, 충격에 깨어지기 쉬우므로 주의해야 한다. 따라서 2mm 이하로 도포하는 것이 좋다.

③ 용제 휘발이 없어 100% 도막 형성하나 건조 화학반응을 일으킬 때 5~7% 정도의 자체 수축하면서 도막이 형성되므로 도포할 때 수축되는 양까지 감안해서 도포하는 것이 효과적이다.

1.2.2 아연도금 강판용 퍼티(EGI 퍼티)

그림 3-3 아연도금 강판용 퍼티

아연도금 강판용 퍼티는 일반 강판이나 아연도금 강판에 적용이 가능하며, 특히 일반강판(CR)의 후드패널과 같이 기관 열이 많이 발생되는 패널에 적합하다.

1.2.3 플라스틱수지 퍼티

그림 3-4 플라스틱수지 퍼티

주로 범퍼와 같은 플라스틱류에 적용하는 퍼티를 플라스틱수지 퍼티라 하며, 폴리에스테르 퍼티와 달리 수지 타입으로 되어 있다는 것이 특징이다.

도장업체에서는 철판 바디에 사용하는 판금퍼티나 폴리에스테르 퍼티를 플라스틱 소재에 적용하고 있는 추세이며, 철판과 플라스틱은 충격에 대한 복원력에서 큰 차이가 있기 때문에 퍼티 재료도 재질에 따라 구별하여 사용되어야 한다.

1.2.4 판금 퍼티

큰 요철, 접합부위의 1차 퍼티로 사용한다. 일반강판뿐만 아니라 아연도금 강판에 사용이 가능하며, 화학반응 후 수축현상이 없어 두껍게 3cm 정도의 두께까지 도포하여도 철판과의 부착성이 좋고 유연성이 우수하여 갈라지거나 잘 깨지지 않는다. 연마성이 좋지 않기 때문에 거친 연마지로 연마해야 하며, 두껍게 작업이 가능하기 때문에 건조가 느리게 보일 수 있다.

그림 3-5 판금 퍼티

1.2.5 래커 퍼티(마무리 퍼티, 기스 빠데, 레드 퍼티)

래커 퍼티는 보통 빨간색으로 되어있는 제품이 많아 레드 퍼티(Red putty)라고도 하며, 래커타입으로 별도의 경화제가 필요 없다.

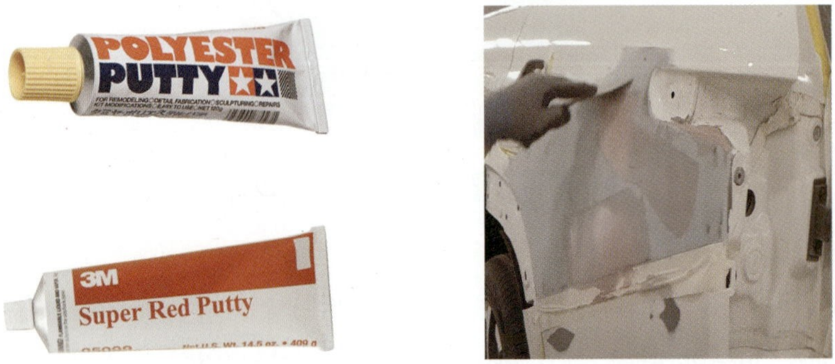

그림 3-6 래커 퍼티 및 래커 퍼티 작업

[1] 조성

래커 수지에 아연화, 카올린(고령토), 변성 말레인산 혼합

[2] 용도

판금퍼티나 폴리에스테르 퍼티를 사용하고 난 후 발생된 퍼티기공을 메우거나 연마작업으로 인해 발생된 굵은 스크래치 자국(0.1mm 이하)을 메울 때 사용한다. 퍼티는 액체를 흡수하는 성질이 있어 후속 공정인 프라이머 서페이서 등을 도포해야 한다.

(a) (b)

그림 3-7 퍼티 기공 및 래커 퍼티작업 후

[3] 특징

① 내후성, 부착성이 좋지 않고, 유연성이 적고 수축이 있다.
② 건조가 빠르지만 두껍게 도장하면 건조 시간이 길어진다.
③ 건조 후 용제에 용해가 되고, 연마 시 수(水)연마하여야 한다.

2 퍼티 작업

2.1 퍼티 도포 목적

자동차 퍼티는 자동차 범퍼나 휀다, 본네트 등의 찌그러진 부분을 원래 모양으로 복원하고, 후속도장에 우수한 방청성을 준다.

2.2 퍼티 작업공구

① 퍼티 혼합판(이김판) : 금속, 코팅된 종이 퍼티를 혼합할 때 사용한다.
② 스크레이퍼 : 퍼티 혼합판 정리 및 주걱에 붙어있는 퍼티 잔여물을 제거한다.
③ 믹싱바(퍼티 혼합봉) : 퍼티 주제를 작업 전 균일하게 혼합할 때 사용한다.
④ 주걱 : 플라스틱 주걱은 유연성이 좋고 경화제의 혼합과 굴곡진 부분에 도포할 때 사용하며, 고무 주걱은 도어 안쪽같이 굴곡이 심한 부위 또는 마무리 도포용으로 사용한다. 쇠 주걱은 평편하고 넓은 부분에 사용하며, 스프레터는 플라스틱으로 된 퍼티 도포 도구로 퍼티가 건조된 다음 쉽게 제거가 가능한 제품이다.

(a) 퍼티 혼합판　　(b) 스크레이퍼　　(c) 믹싱바

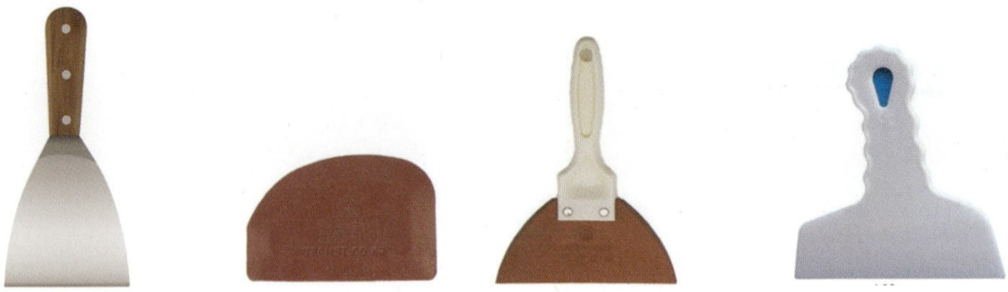

(d) 쇠 주걱　　(e) 고무 주걱　　(f) 플라스틱 주걱

그림 3-8 **퍼티 작업공구**

2.3 퍼티 도포 방법

퍼티작업은 퍼티혼합, 퍼티도포, 퍼티건조, 퍼티연마 순으로 이루어진다. 퍼티면적과 손상의 정도에 따라 작업시간이 소요되며, 도장현장에서는 퍼티면의 품질을 향상시키기 위해 두 번 이상 작업이 진행되는 경우가 일반적이다.

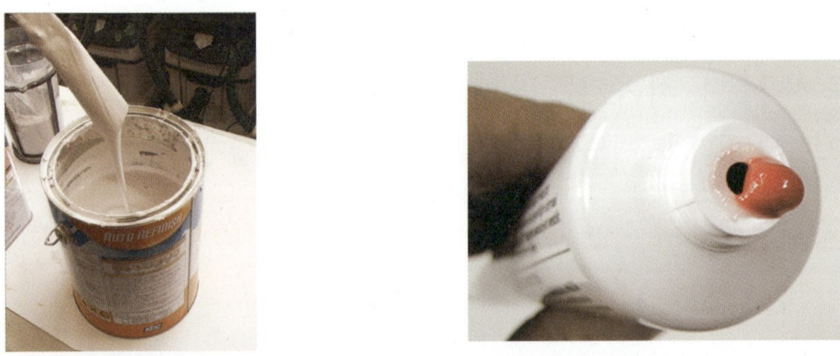

(a) 퍼티 및 퍼티 경화제 혼합　　(b) 경화제

그림 3-9 **퍼티 및 퍼티 경화제(혼합비율 – 주제 100g : 경화제 1~3g)**

2.3.1 작업준비

더블 액션 샌더, 디스크 샌더, 탈지제, 종이 타월, 연마지(#80, #180, #320), 핸드블록(아데방), 목장갑, 내용제 장갑, 일회용 비닐장갑, 마스크(분진용), 작업복, 세척시너, 퍼티주걱(플라스틱)과 퍼티 혼합판(철판), 퍼티 혼합봉, 퍼티(주제, 경화제) 및 전자저울

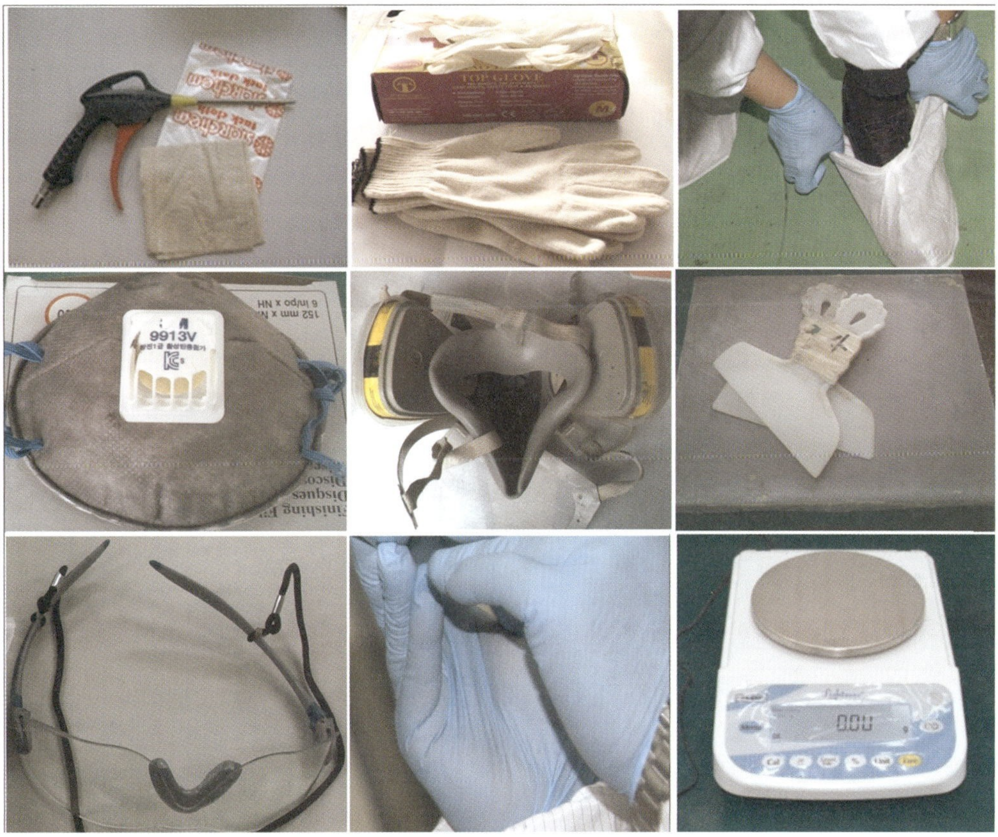

그림 3-10 안전장비 및 준비물

2.3.2 퍼티 혼합

① 퍼티의 주제와 경화제를 준비한다.

② 퍼티 주제 뚜껑을 열어 퍼티 혼합봉으로 퍼티 주제를 골고루 저어준 다음 경화제 튜브를 주물러서 혼합할 준비를 한다.

③ 전자저울에 퍼티 혼합판을 올려놓고 “0”점을 세팅한다.

④ 사용할 만큼의 퍼티 주제를 적당량 퍼티 혼합판에 올려놓고 저울 눈금을 읽는다(예 : 100g). 그리고 다시 “0”세팅을 맞춘다.

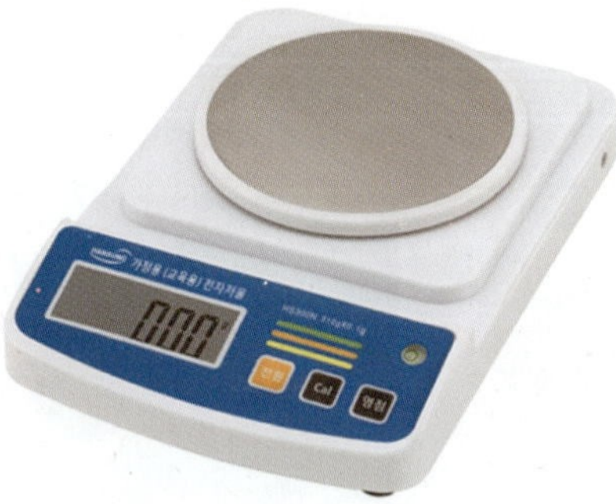

(a)

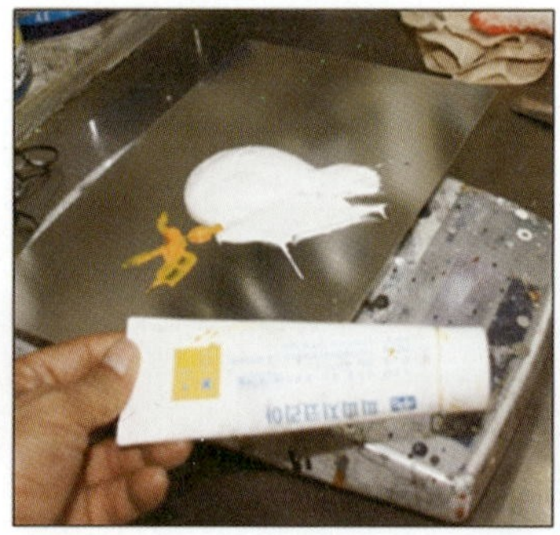

(b)

그림 3-11 전자저울 “0”세팅

⑤ 주제에 맞는 경화제의 양을(주제에 대한 3~5% – 예 : 3g) 주제 옆 부분에 정확하게 올려놓는다.

⑥ 혼합비율과 퍼티양이 많거나 적을 경우 저울에 가감하여 퍼티를 버리는 일이 없도록 한다.

⑦ 정확한 양이 혼합되었다면 플라스틱 주걱을 사용하여 주제와 경화제를 골고루 혼합하여 주제와 경화제가 완전히 섞여 균일한 색상이 나타날 때까지 혼합한다.

⑧ 혼합된 퍼티를 혼합판의 중앙에 모아둔다.

퍼티를 혼합할 때에는 공기가 퍼티 속에 포함되지 않도록 하고, 바깥쪽에서 안쪽으로 모아 절반 정도 뒤집어 놓으며, 퍼티 주걱의 넓은 면으로 퍼티를 부수듯 압착한다. 흰색(주제)이 노란색으로 변화해 가며, 경화제 양이 많은 경우 진한 노란색을 띠며, 연한 노란색일 경우 퍼티경화제 양이 적은 경우이다.

(a)

(b)

그림 3-12 퍼티 및 퍼티경화제 혼합작업

2.3.3 퍼티 도포

① 처음 퍼티 도포는 퍼티 양을 적게 발라 얇게 도포한다.

② 손상부위와 밀착력을 높이기 위해 퍼티 도포면에 주걱을 60~70° 정도로 세워 연마자국, 기공 등에 퍼티가 들어가도록 힘을 주어 도포한다.

③ 처음보다 퍼티의 양을 늘려 2~3회에 걸쳐 패널 형상과 맞도록 두께를 형성한다.

④ 퍼티주걱은 처음보다 더 눕힌 상태 60°에서 시작하여 15° 정도로 각도를 작게 하여 도포한다.

⑤ 주걱의 각도가 낮으면 두툼하게 남게 되고 주걱의 각도가 크면 퍼티는 깎이게 된다.

⑥ 퍼티는 얇게 여러 번 도포하는 것이 원칙이며 마지막에 요철의 주변보다 두툼하게 채워진 퍼티를 패널 형성에 맞게 퍼티를 제거하듯이 평평하게 도포한다.

⑦ 퍼티도포를 여러 번 작업하여 부착력과 밀도를 높이고 철판형상보다 약간 두껍게 도포되는 느낌으로 도포한다.

⑧ 퍼티 주변의 경계부분은 얇고, 턱은 최소가 되도록 도포하고 그 주변을 깨끗하게 마무리한다.

(a) 얇게 도포

(b) 두껍게 도포

그림 3-13 **퍼티 도포작업**

2.3.4 작업시 주의사항

① 도포면의 온도는 20℃ 정도, 습도는 75% 이하에서 도포한다.

② 두껍게 도포할 경우 퍼티 내의 기공이 발생하므로 얇게 여러 번 도포한다.

③ 주제, 경화제 이외 시너, 안료 등을 넣지 않는다.

④ 경화제는 규정량을 초과하면 반응하지 못한 경화제 성분이 상도작업 시 시너 성분에 용해되어 변색될 수 있다.

⑤ 주제와 경화제 교반이 불충분할 경우 건조불량, 갈라짐 등이 발생한다.

⑥ 건조된 퍼티에 수분이 묻으면 소재의 표면에 녹이 생기므로 건식 연마를 한다.

⑦ 주제에 맞는 경화제를 사용한다.

⑧ 연마가 안 된 부분에 퍼티를 도포하고 건조 후 연마하면 경계면의 단 낮추기가 되질 않고 벗겨지기 때문에 연마된 부분만 퍼티를 도포한다.

2.4 퍼티 건조

① 퍼티 도포 후 적외선 건조기를 이용하여 60~90cm을 유지한다.

② 강제 건조온도는 일반적으로 60℃~80℃에서 10분을 유지하도록 하며, 자연건조는 계절에 따라 차이는 있으나 30분 내외로 건조해야 연마가 가능하다.

③ 강제 건조 시 온도가 너무 높지 않도록 주의해야 하며, 퍼티도포 주위의 패널 온도를 적외선 온도측정기를 이용하여 측정하거나, 손으로 접촉하여 패널온도를 느끼며 퍼티가 타지 않도록 주의해야 한다.

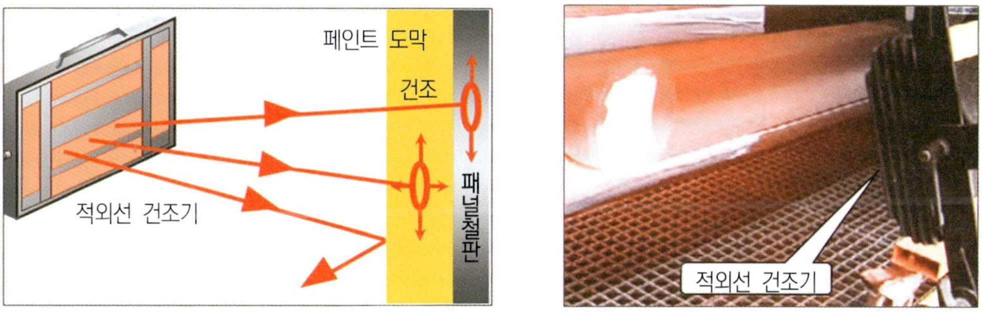

(a) (b)

그림 3-14 적외선 건조기 및 건조방법

3 퍼티 연마

3.1 퍼티 연마 공구

더블 액션 샌더, 기어 액션 샌더, 오비탈 샌더, 가이드 샌더, 집진기

3.2 퍼티 연마 재료

① 연마지
② 해드블럭
③ 대패 : 초벌 퍼티 작업 후 대략적인 평활성을 확보하고 퍼티도포 산을 제거할 때 효과적이며, 완전히 건조되지 않았을 때 작업해야 쉽게 연마가 가능하다.

3.3 퍼티 연마 방법

① 분진 마스크 및 안전용품을 착용한다.
② 흡진기 및 더블 액션 샌더를 설치한다.
③ 더블 액션 샌더에 #80 연마지를 부착한다.

(a) (b)

(c)

그림 3-15 연마지 P80, P180, P320, P600과 부직포(수세미) 및 연마지 부착

④ 샌더기의 회전수(rpm)를 적절히 조절한다.

⑤ 퍼티의 처음 연마 시, 두껍게 도포된 곳과 주걱자국으로 겹쳐있는 곳을 우선 연마하며, 샌더는 상, 하, 좌, 우 및 대각선 방향으로 연마한다.

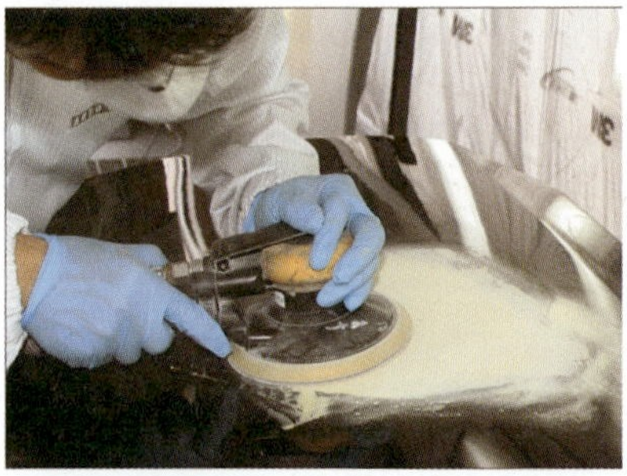

그림 3-16 퍼티 기계 연마작업

⑥ 샌더로 어느 정도 평활성(#80, #120, #180)을 확보한 후 핸드 블록(#180, #320) 연마지로 마무리 연마한다.

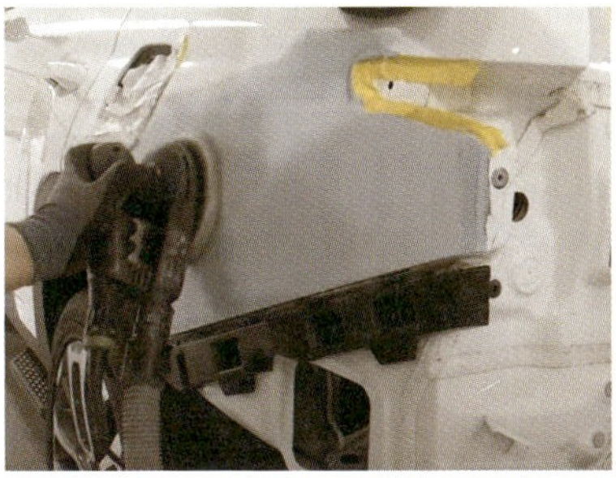

(a)

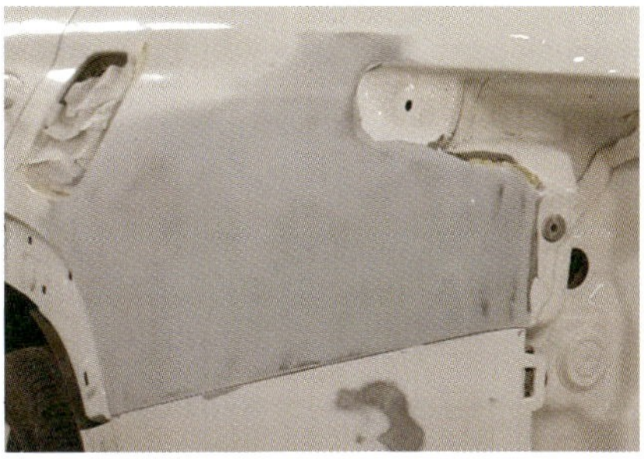

(b)

그림 3-17 퍼티 연마작업(수 연마)

⑦ 퍼티 연마 시 발생한 연마가루와 먼지는 흡진기(진공청소기)로 제거한다. 퍼티부분의 세정은 탈지제를 사용할 경우 수분과 유체를 흡수하는 성질이 있어 건조하는데 오랜 작업시간이 소요되며, 완전건조가 되지 않을 경우 도장결함을 유발시킬 수 있다. 특히, 물을 이용하는 습식 샌딩 방법으로 수(水)연마를 할 경우 물에 의한 도장결함을 발생시키므로 완전건조 후 다음 공정을 하여야 한다.

⑧ 연마부위와 연마하지 않은 부위를 구분하기 위하여 가이드 코트를 도포하고, 퍼티 연마 시 기공이 발생되면 검정색 가이드 코트가 남아 육안으로 찾아내기가 용이하다.

(a)

(b)

그림 3-18 가이드 코트 작업

자동차 보수도장

기출 문제

001 자동차 보수도장에 일반적으로 가장 많이 사용하는 퍼티는?

① 오일 퍼티
② 폴리에스테르 퍼티
③ 에나멜 퍼티
④ 래커 퍼티

002 퍼티 및 프라이머 서페이서의 연마작업 등에서 반드시 사용하는 안전보호구는?

① 내용제성 장갑
② 방진 마스크
③ 도장 부스북
④ 핸드 클리너 보호 크림

003 자동차 표면의 굴곡 및 요철에 도포하여 평활성을 주는데 가장 적합한 퍼티는?

① 폴레에스테르 퍼티
② 아미노알키드 퍼티
③ 오일 퍼티
④ 래커 퍼티

004 다음 연마지 중 가장 고운 연마지는?

① P80
② P180
③ P400
④ P1000

005 퍼티 샌딩작업 시 분진의 위험을 차단하는 인체의 방어기전으로 틀린 것은?

① 섬모
② 콧털
③ 호흡
④ 점액층

006 자동차 보수도장 공정에 사용되는 퍼티가 아닌 것은?

① 에나멜 퍼티
② 아연 퍼티
③ 폴리에스테르 퍼티
④ 래커 퍼티

| 정 | 답 | 001 ② 002 ② 003 ① 004 ④ 005 ③ 006 ①

007 연마재의 구조에서 연마입자의 접착 강도를 높이는 것은?

① 메이크 코트(Make coat)
② 오픈 코트(Open coat)
③ 크로즈 코트(Close coat)
④ 사이즈 코트(Size coat)

008 최근 자동차 보수용에 사용되는 퍼티로 거리가 가장 먼 것은?

① 오일 퍼티
② 폴리에스테르 퍼티
③ 스무스(판금) 퍼티
④ 래커(레드) 퍼티

자동차 보수도장에 사용하는 퍼티는 판금 퍼티, 폴리 퍼티, 래커 퍼티, 스프레이 퍼티가 있다. 이 중 사용 빈도로 보면 폴리 퍼티>래커 퍼티>판금 퍼티>스프레이 퍼티 순이다.

009 자동차 보수도장에서 동력공구를 사용한 폴리에스테르 퍼티 연마에 적합한 연마지는?

① P24~p60
② P80~p320
③ P400~p500
④ P600~p1200

연마지 번호에 따른 용도
㉮ P24~P60 : 구도막 제거
㉯ P400~P500 : 중도 연마(후속도장 솔리드 색상계열)
㉰ P600~P200 : 상도 연마 및 광택작업

010 다음 중 도막표면에 연마자국이나 퍼티 자국이 생기는 원인은?

① 플래시 타임을 적게 주었을 때
② 페더 에지(Feather edge) 작업 불량일 때
③ 용제의 양이 너무 많을 때
④ 서페이서를 과다하게 분사했을 때

011 불포화 폴리에스테르 퍼티 연마 시 평활성 작업에 가장 적합한 연마지는?

① #80~#320
② #400~#600
③ #800~#1000
④ #1200~#1500

	작업 공정	사용 연마지
하도	1차 퍼티	P80
	2차 퍼티	P180
	중도 도장면 연마	P320
중도	솔리드(블랙제외)	P400
	메탈릭 컬러	P600
	펄 컬러(블랙컬러)	P800
상도	크리어도장	P1000~1200
	광택연마	P1200~

012 전동식 샌더기의 설명이 잘못된 것은?

① 회전력과 파워가 일정하고 힘이 좋다.
② 도장용으로는 사용하지 않는다.
③ 요철 굴곡 제거가 쉬우며 연삭력이 좋다.
④ 에어 샌더에 비해 다소 무거운 편이다.

도장용, 목공용으로 사용한다.

| 정 | 답 | 007 ④ 008 ① 009 ② 010 ② 011 ① 012 ②

013 래커퍼티(레드퍼티)의 용도로 가장 적합한 것은?

① 중도 연마 후 적은 수의 핀 홀 등이 있을 때 도포한다.
② 하도 도장 후 깊은 굴곡현상이 있을 때 도포한다.
③ 가이드 코트 도장하기 전에 먼지 및 티끌 등이 심할 때 도포한다.
④ 클리어(투명) 도장 후 핀 홀이 발생했을 때 도포한다.

래커퍼티는 퍼티 면이나 프라이머 서페이서 면의 작은 구멍, 작은 상처를 수정하기 위해 도포한다. 0.1~0.5mm 이하 정도로 패인 부분에 사용하며, 보정 부위만 사용이 되기 때문에 스폿퍼티 또는 마찰시켜 메우므로 그레이징 퍼티라고도 한다.

014 퍼티 자국의 원인이 아닌 것은?

① 퍼티작업 후 불충분한 건조
② 단 낮추기 및 평활성이 불충분할 때
③ 도료의 점도가 높을 때
④ 지건성 시너 혼합량의 과다로 용제 증발이 늦을 때

도료의 점도가 낮을 때 발생한다.

015 퍼티를 한 번에 두껍게 도포를 하면 발생할 수 있는 문제점으로 틀린 것은?

① 부풀음이 발생할 수 있다.
② 핀홀, 균열 등이 생기기 쉽다.
③ 연마 및 작업성이 좋아진다.
④ 부착력이 떨어진다.

퍼티 도포 방법
퍼티 도포는 얇게 여러 번에 나누어서 도포하며, 두껍게 도포할 경우 퍼티 내부에 기공이 생겨 기공에 잔존해 있던 공기 중의 수분이나 이물질 등이 금속면에 침투하여 부풀음이 발생할 수 있고, 갈라지거나 깨지는 현상이 발생할 수 있다.

016 도막을 연마하기 위한 공구로 가장 거리가 먼 것은?

① 싱글 액션 샌더(single action sander)
② 핸드 파일(hand file)
③ 벨트식 샌더(belt sander)
④ 스크레퍼(scraper)

017 연마에 사용하는 샌더기 중 타원형의 일정한 방향으로 궤도를 그리며 퍼티면의 거친 연마나 프라이머 서페이서 연마에 사용되며, 사각모양이 많은 샌더기는?

① 더블 액션 샌더(Double Action Sander)
② 싱글 액션 샌더(Single Action Sander)
③ 오비탈 샌더(Obital Sander)
④ 스트레이트 샌더(Straight Sander)

| 정 | 답 | 013 ① 014 ③ 015 ③ 016 ④ 017 ③

018 자동차 보수용 에어 원형 샌더의 일반적인 회전수에 해당하는 것은?

① 4000~8000rpm
② 9000~12000rpm
③ 13000~15000rpm
④ 16000~20000rpm

019 퍼티도포용 주걱(스푼)으로 부적합한 것은?

① 나무주걱
② 고무주걱
③ 플라스틱주걱
④ 함석주걱

020 폴리에스테르 퍼티 초벌 도포 후 조기 연마 시 연마지 선택으로 가장 적합한 것은?

① #80
② #320
③ #400
④ #600

021 판금 퍼티의 경화제 성분은?

① 과산화물
② 폴리스티렌
③ 우레탄
④ 휘발성 타르

022 퍼티도포작업에서 제2단계 나누기 작업(살붙이기 작업) 시 주걱과 피도면의 일반적인 각도로 가장 적합한 것은?

① 10°
② 15°
③ 45°
④ 60°

023 습식연마의 장점이 아닌 것은?

① 연마 흔적이 미세하다.
② 건식연마에 비하면 페이퍼의 사용량이 절약된다.
③ 차량 표면의 오염 물질의 세척이 동시에 이루어진다.
④ 건식 연마에 비해 작업 시간을 단축시킬 수 있다.

	건식 연마	습식 연마
장점	– 작업이 빠르다. – 하자 발생률이 줄어든다.(퍼티 완전건조 후 연마시작) – 힘이 적게 든다.(연마기 사용)	– 분진이 날리지 않는다. – 연마한 표면이 매끄럽다. – 별도의 공구가 필요 없다.
단점	– 분진을 발생시킨다. – 연마시 사용 숙달 시간이 필요하다. – 연마 면이 날카롭다.	– 수분에 의한 도장 결함이 발생할 수 있다. – 연마 후에 물기를 완전히 건조시켜야 한다.

| 정 | 답 | 018 ① 019 ④ 020 ① 021 ① 022 ③ 023 ④

024 도막표면에 연마자국이나 퍼티자국이 생기는 원인은?

① 플래쉬 타임을 적게 주었을 때
② 페더 에지 및 연마 작업 불량일 때
③ 용제의 양이 너무 많을 때
④ 서페이서를 과다하게 분사했을 때

025 주걱(헤라)과 피도면의 각도로 가장 적합한 것은?

① 15°　② 30°
③ 45°　④ 60°

시작은 약 60°에서 시작하여 45° 정도에서 면을 만들고 60° 정도에서 도포면의 끝을 만든다.

026 수연작업에서 작업 방법이 부적합한 것은?

① 힘과 속도는 일정해야 할 필요가 없다.
② 힘을 균일하게 주지 않을 경우 도막 연마 상태에 영향을 주게 된다.
③ 손에 힘을 너무 많이 주면 균일한 속도와 힘을 유지할 수 없다.
④ 연마지를 잡은 손의 힘은 균일하여야 한다.

힘과 속도는 일정해야 한다.

027 조착연마에 대한 설명으로 맞는 것은?

① 조착연마는 후속도장의 도료와 피도면의 부착력을 증대시키기 위해 연마하는 작업을 말한다.
② 부착이 쉽게 되는 것을 막기 위해 약간의 여유 시간을 마련하기 위한 연마작업을 말한다.
③ 도료의 표면장력을 낮춰 피도물과의 부착이 어렵도록 하기 위해 하는 연마작업을 말한다.
④ 퍼티의 조착연마는 #240부터 한다.

028 전동식 샌더기의 설명이 잘못된 것은?

① 회전력과 파워가 일정하고 힘이 좋다.
② 도장용으로는 사용하지 않는다.
③ 요철 굴곡 제거가 쉬우며 연삭력이 좋다.
④ 에어 샌더에 비해 다소 무거운 편이다.

전동식 샌더기는 도장용, 목공으로도 사용한다.

029 습식연마 작업용 공구로서 적절하지 않는 것은?

① 받침목
② 구멍 뚫린 패드
③ 스펀지 패드
④ 디스크 샌더

| 정 | 답 | 024 ② 025 ③ 026 ① 027 ① 028 ② 029 ④

030 다음 설명 중 옳은 것은?

① P400 연마지로 금속 면과의 경계부를 경사지게 샌딩한다.
② 샌딩 작업에 의해 노출된 철판면은 인산아연피막처리제로 방청처리한다.
③ 단 낮추기의 폭은 1(cm) 정도가 적당하다.
④ 연마지 방수는 고운 것에서 거친 것 순서로 한다.

㉮ 금속 면과의 경계부를 경사지게 샌딩은 P80~120 정도 연마지로 샌딩한다.
㉯ 단 낮추기 폭은 신차도막의 경우 2~3cm, 보수도막의 경우에는 3~5cm 정도로 넓게 한다.
㉰ 연마지는 거친 것부터 고운 것 순서로 한다.

031 연마작업 시 사용되는 에어 샌더의 취급상 주의사항 중 틀린 것은?

① 모터 부분에는 엔진오일을 주유한다.
② 샌더를 떨어뜨리면 패드가 변형되므로 조심한다.
③ 이물질이 포함된 압축공기를 사용하면 고장의 원인이 된다.
④ 샌더의 사양에 맞는 공기압력을 조절하여 사용한다.

032 연삭작업 시 안전사항으로 틀린 것은?

① 보안경을 반드시 착용해야 한다.
② 숫돌 차의 회전은 규정 이상을 넘어서는 안 된다.
③ 숫돌과 받침대 간격은 가급적 멀리 유지한다.
④ 스위치를 넣고, 연삭하기 전에 공전상태를 확인 후 작업해야 한다.

숫돌과 받침대 간격은 3mm 이내이어야 한다.

| 정 | 답 | 030 ② 031 ① 032 ③

CHAPTER

04

서페이서 작업

1 서페이서(Surfacer) 선택

서페이서는 돌가루 같은 입자가 들어있는 도료이다. 표면 정리 기능을 가진 프라이머의 한 종류이며 색상이 있어 밑 색을 은폐하는 역할도 한다. 프라이머 서페이서라고도 하며 플라스틱, 금속, 레진 등 모든 소재에 사용할 수 있다. 기능성과 작업성면에서 하도와 중도기능을 동시에 할 수 있는 도료이며, 하도도막과 상도도막의 중간에 위치하고 있으면서, 하도에 대한 기능과 상도도막에 대한 보조기능을 동시에 한다. 신차 생산라인에서는 하도 도장공정(Primer)과 중도(Surfacer) 도장공정이 정확하게 구분되어 사용한다.

1.1 서페이서 종류

그림 4-1 서페이서

1.1.1 1액형

[1] 래커계 서페이서

① 적용범위 : 작은 부분 보수 및 신차도막 보수용

② 장점 : 도포 후 자연건조가 가능하고 건조가 빠르고 연마성이 좋아 작업 시간이 빠르다.

③ 단점 : 퍼티 작업 차단이 잘 안되고, 2액형과 비교하여 도막 형성이 낮다. 시너에 녹거나 갈라짐 현상이 생길 가능성이 크다. 연마기를 활용한 연마가 어렵다.

1.1.2 2액형

[1] 우레탄 서페이서

① 적용범위 : 신차도막, 보수도막 등

② 장점 : 퍼티 작업 차단을 확실히 해주고, 내용제성과 방청성 및 내수성이 좋으며, 살오름성과 퍼티 구멍 메꿈성이 좋다.

③ 단점 : 가사시간이 있으며, 사용 후 세척을 해야 하며 건조가 느려 작업자 사용이 불편하다. 도포 후 필히 열처리 시간이 필요하다.

[2] 에폭시계

① 적용범위 : 신차도막, 보수도막 등

② 장점 : 내용제성, 방청성, 내구성, 도막 살오름성, 내화학성, 내약품성이 좋다.

③ 단점 : 가사시간이 있으며, 사용 후 세척을 해야 하며 건조가 느려 작업자 사용이 불편하다.

1.2 서페이서 기능

① 차단성 : 상도도료가 하도도료로 침투되는 것을 차단한다.

② 도색조건 균일화 : 기본사출색상을 변경할 때 베이스에 동일 조건을 제공한다.

③ 은폐력 : 서페이서는 우수한 은폐력을 가지고 있다.

④ 표면정리 : 서페이서 도색 시 도색된 표면은 1,000~1,200방의 표면을 얻는다.

⑤ 도료안착 내구성 향상 : 서페이서는 우수한 도료 안착성(접지)을 가지고 있다.

⑥ 표면정리 기능 : 서페이서 도색 시 킷의 표면이 노출된다(데미지, 표면상태).

⑦ 부식 방지기능(방청성) : 서페이서는 철판의 부식을 억제하는 방청안료가 포함되어 있어 녹을 방지하며, 워시 프라이머를 도장하지 않고 서페이서를 단독으로 철판 면에 도장하는 것이 가능하다.

⑧ 자외선 차단 : 상도를 통과하여 하도로 들어오는 자외선을 차단한다.

2 서페이서 도장

2.1 서페이서 도장 방법

2.1.1 서페이서 적용

[1] 맨 철판작업

판금 굴곡 작업 시 그라인더를 이용하다 맨 철판이 드러나는 경우와 리무버를 이용하여 구도막을 제거하는 경우가 있으며, 이러한 맨 철판이 드러난 경우는 부식을 일으키기 쉽기 때문에 빠른 시간 내에 철판부분을 연마한 후 서페이서를 도장하여야 한다.

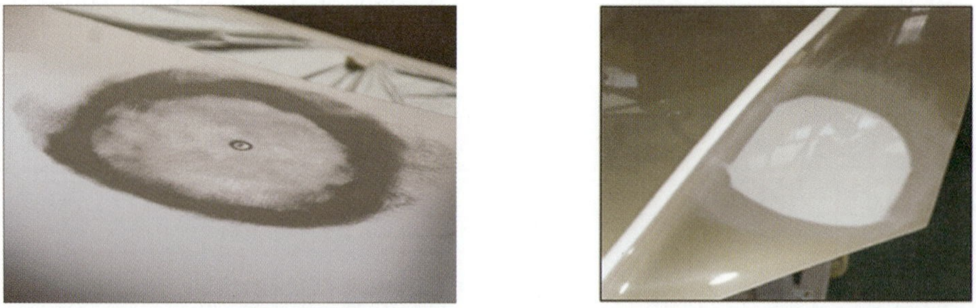

(a) (b)

그림 4-2 맨 철판 위에 서페이서 적용

[2] 퍼티 도막 위에 적용

퍼티는 철판 면과 구도막 사이를 평활하게 만들거나, 오목한 부분을 메우는데 사용된다. 패널 표면조성을 위해 퍼티를 연마하면 퍼티표면은 작은 기공들이 발생하는데, 이러한 표면은 서페이서 공정으로 미세한 기공이 없는 평활한 표면을 확보할 수 있다.

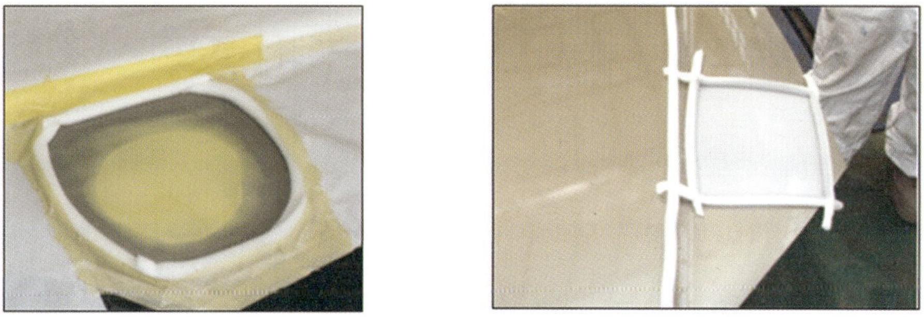

(a) (b)

그림 4-3 퍼티 도막 위에 서페이서 적용

[3] 래커 도막에 적용

래커계 도료는 용제가 증발하면 도막(자연 건조형)이 형성되지만, 완전건조가 되었더라도 후속도장을 할 경우에는 용재의 침투로 인해 쉽게 도막이 팽윤되거나 주름현상이 발생하므로 도막 위에 상도도막이 하도에 스며들지 않도록 래커계 도막 위에 적용한다.

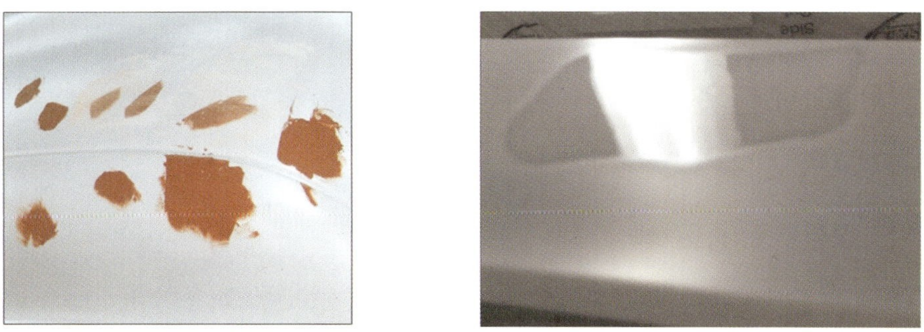

(a) (b)

그림 4-4 래커 도막(락카계 퍼티 포함) 위에 서페이서 적용

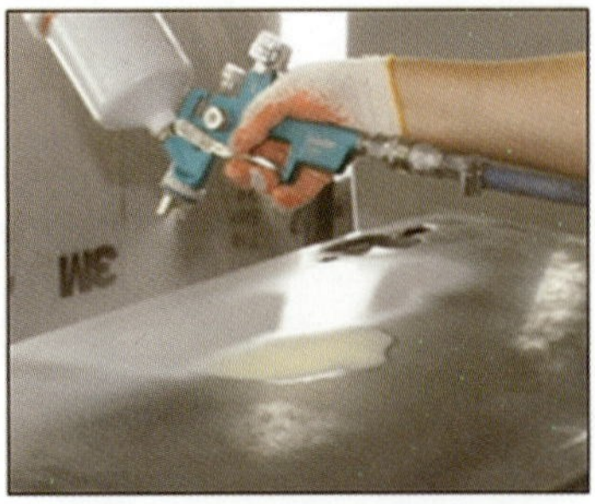

(a)

(b)

그림 4-5 서페이서 도장 후 퍼티자국(1회 다량 분사)

[4] 교환부품에 적용

새 패널은 전착도막(평균 도막두께 : 20~25μm 정도)이 도장된 상태로 공급되며, 연마 작업 시 철판이 드러나지 않게 P600 이상의 고운 연마지로를 사용하여야 한다. 서페이서를 도장하여 적당한 도막을 형성시켜 외력에 대한 충격완화 기능과 철판 면에 대한 내 부식성을 확보한 후 상도도장을 하도록 한다.

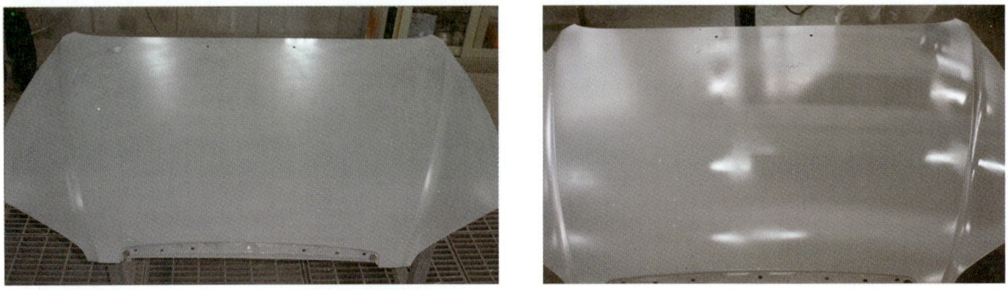

그림 4-6 신품 패널 위에 적용

2.1.2 서페이서 도장

[1] 중도 색상 적용

(1) 신 교환부품 중도 색상

① 단일 중도 : 다양한 상도 색상에 한 가지의 중도를 적용한다.

② 그룹 중도 : 상도 색상을 3~4가지 그룹으로 만들어 도장하는 방법으로 흰색, 진한 회색, 적색, 청색 중도를 도장한다.

③ 유색 중도 : 상도 베이스코트가 완전히 은폐가 되지 않더라도 은폐가 쉽도록 상도색상과 유사한 색상으로 도장한다.

(2) 부분 도장 중도 색상

① 그레이컬러 중도 : 다양한 상도 색상에 그레이컬러의 중도를 도장하여 적용한다.

② 유색 중도

㉮ 흰색, 검정색, 적색, 황색, 청색을 조합하여 상도 컬러와 유사한 색상으로 도장한다.

㉯ 상도 도장 횟수가 감소되어 상도도료를 적게 사용한다.

㉰ 치핑에 의한 상도도막이 떨어져도 유사한 색상의 중도 적용으로 쉽게 눈에 띄지 않는다.

㉱ 조색 작업 시 정면, 측면 색상 변화가 적다.

[2] 서페이서 스프레이 방법

사용하는 스프레이건의 조작, 도료의 점도 등을 맞춘다.

① 1차는 얇게 도장(Dry Spray) : 한 번에 습도장했을 때 중력방향의 처짐이던지 크레터링 등이 생기지 않고 도료의 부착성을 올린다.

② 2차는 습도장(Wet Spray) : 도료가 도장하는 곳 이외 부분으로 비산되지 않도록 습도장하여 도막이 두꺼워지도록 도장한다.

[3] 신(新) 교환부품(패널전체) 도장

새 패널에 상도도료를 적용할 경우 철판면의 내 부식성이 떨어져 녹이 내부에서 발생하여 도막을 뚫고 부풀어 오르는 현상이 발생하므로 반드시 교환부품을 도장할 경우에는 먼저 서페이서를 도장하여 기본적인 기준 도막을 형성한 후 상도도장으로 좋은 외관을 형성할 수 있도록 해야 한다.

① 작업준비를 한다. : 더블 액션 샌더(DAS), 탈지제, 종이타월, 연마지 P400, P600 부직포, 목장갑, 내용제성 장갑, 일회용 비닐장갑, 세척시너, 마스크(분진), 작업복

② 교환 패널을 탈지제로 깨끗하게 닦는다. : 교환패널의 전착 도막 면을 탈지제로 탈지한다.

③ 고운 연마지로 전착 면을 연마하고 탈지한다. : P400 이상의 고운 연마지를 사용하여 샌딩하고 손(手)연마하여 마무리하거나 부직포(일명 수세미)를 이용하여 연마하기 힘든 가장자리 및 프레스라인을 연마하여 마무리하고 탈지제로 분진가루를 깨끗하게 제거한다.

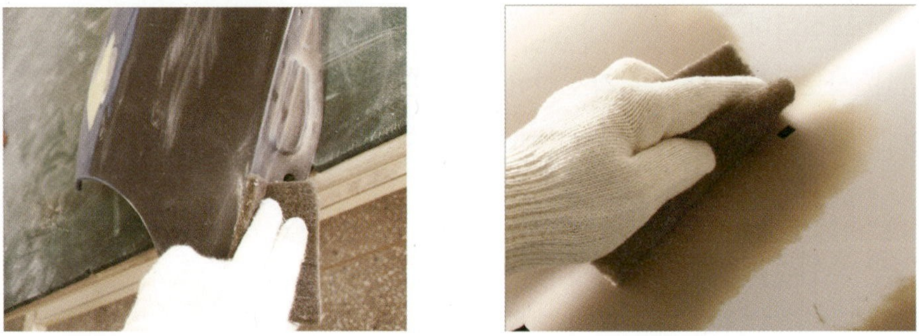

(a) (b)

그림 4-7 패널의 가장자리 등 부직포(수세미 사포)를 이용한 연마

④ 서페이서 도료(우레탄)를 혼합하고 스프레이건에 담는다. : 2액형(주제 : 경화제) 도료의 혼합은 무게비로 혼합하는 방법과 부피비로 혼합하는 방법이 있다. 무게비(예 4kg : 1kg)는 전자저울을 이용하여 혼합하고, 부피비(예 4 : 1)는 계량컵을 이용하거나 비율 자를 이용한다.

(a) (b)

그림 4-8 서페이서 도료의 주제 및 경화제

⑤ 패널을 송진포를 이용해 먼지를 제거한다. : 도장한 패널에 묻어 있는 미세먼지를 에어 블로잉과 함께 송진포로 깨끗하게 닦아낸다.

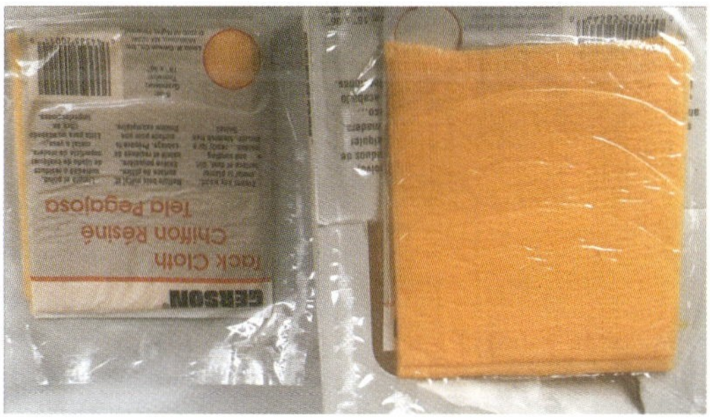

(a)

(b)

그림 4-9 송지포를 이용한 먼지제거 작업

⑥ 서페이서 도료를 패널에 도장한다. : 맨 철판이 드러난 부위를 가볍게 도장(Dry coating)한 다음 패널 전체를 촉촉하게 적셔(Wet coating) 한 번 도장한다. 도장 후 도막 내에 존재하는 용제 및 시너가 공기 중으로 증발하는 시간(플래시 오프 타임)을 적용한 뒤 후속도장을 한다. 서페이서 도장횟수는 일반적으로 2~3회이며, 도료 메이커별 추천하는 도장횟수 및 도막두께(40~50μmm)는 다소 차이가 있다.

(a)

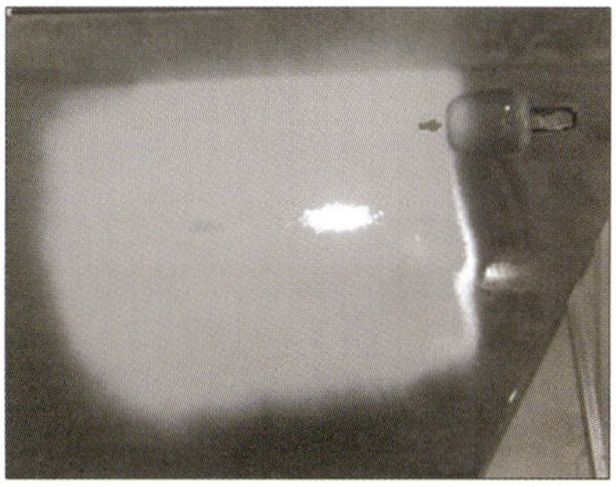

(b)

그림 4-10 서페이서 도장작업

⑦ 서페이서 도막을 건조한다. : 열처리하기 전 5분~7분 정도의 세팅타임(도장작업이 완료된 후 열처리를 하기 전 도막내부에 존재하는 용제 및 시너(희석제)가 자

연적으로 증발하도록 방치하는 시간)을 적용한 뒤 60℃에서 10분 이내면 건조가 가능하다.

그림 4-11 서페이서 건조

⑧ 서페이서를 연마한다. : 더블 액션 샌더에 스펀지로 된 중간패드(Interface Pad)를 백업패드에 부착한 다음 P600 연마지를 이용하여 패널 전체를 고르게 연마한다.

⑨ 탈지한다. : 패널 안쪽과 바깥쪽 모두를 탈지제로 깨끗하게 탈지하여 분진가루와 이물질을 완전하게 제거한다.

[4] 서페이서 부분도장

① 교환 패널은 서페이서를 전체 도장한다.

② 손상패널은 손상부위를 퍼티 작업한 후 퍼티부분만 서페이서를 도장한다.

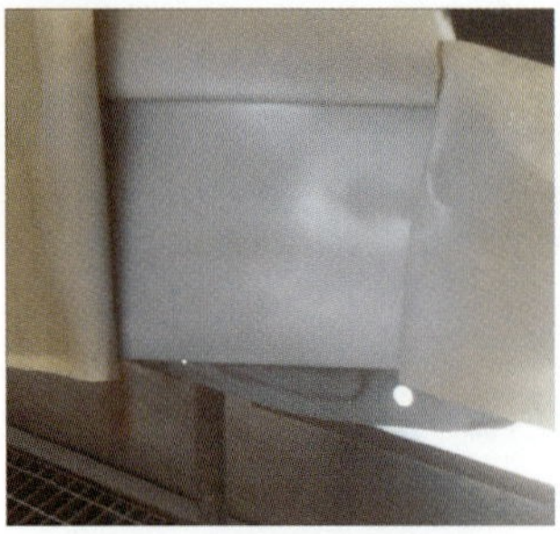

(a)

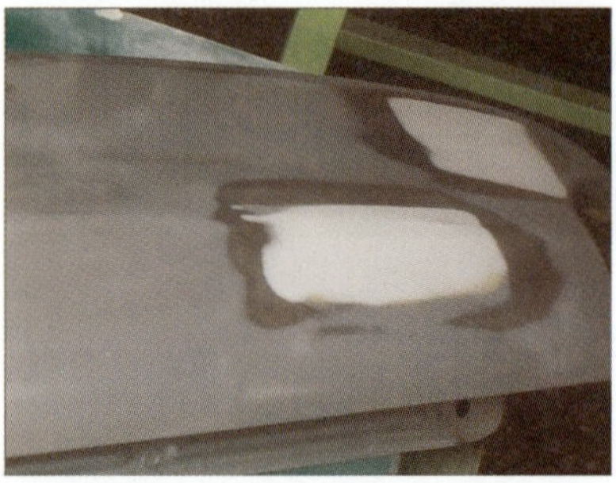

(b)

그림 4-12 퍼티 도포 부위의 부분도장(서페이서) 작업

(1) 작업준비를 한다.

더블 액션 샌더(DAS), 탈지제, 종이타월, 연마지(P180, P320, P600, P1000), 핸드 블록(아데방), 목장갑, 내용제성 장갑, 일회용 비닐장갑, 세척시너, 마스트(분진), 작업복

(2) 손상부위를 확인한 후 탈지한다.

손상부위를 확인하고 손상부위와 그 주변을 탈지제로 탈지한다.

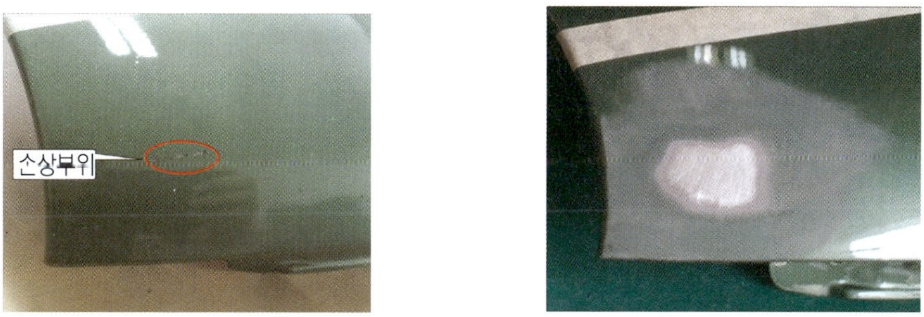

(a) (b)

그림 4-13 손상부위 확인 및 손상부위 연마

(3) 손상부위를 연마한다.

손상정도에 따라 더블 액션 샌더에 P180 또는 P320 연마지를 부착하고, 손상부위 바깥쪽에서 안쪽방향으로 연마를 진행하여 단(턱)이 없어지도록 연마한다.

(4) 손상부위를 역 마스킹한다.

디스펜서(마스킹 편리기구)로 적당한 크기의 마스킹 종이를 자르고, 손상부위에서 테이프를 붙인 다음 종이를 뒤집어 마스킹 테이프로 마감한다. 마스킹 종이를 이용하여 반대편도 같은 방법으로 마스킹한다. 같은 방법으로 좌·우측 방향도 마스킹한다.

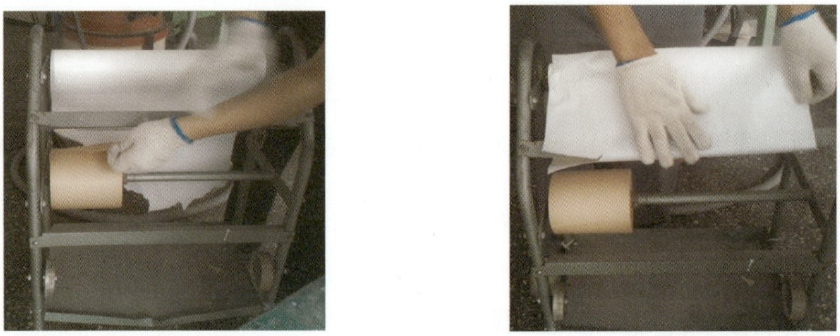

(a) (b)

그림 4-14 디스펜서(마스킹 편리기구)

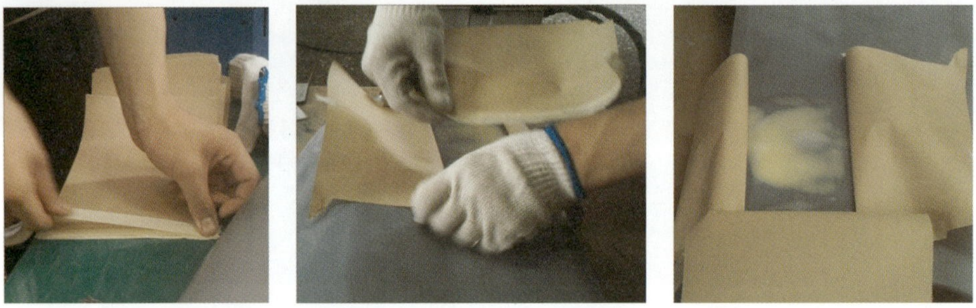

(a) (b) (c)

그림 4-15 마스킹 테이프 및 역 마스킹 작업

(5) 서페이서를 도장한다.

① 서페이서 도료를 주제와 경화제의 혼합비율에 맞게 전자저울을 이용하여 혼합한 후 적정량의 시너(희석제)를 혼합한다.

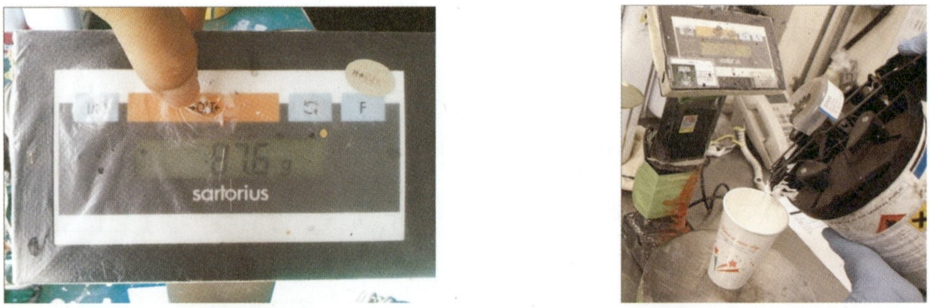

(a) (b)

그림 4-16 전자저울 및 주제와 경화제 혼합

② 혼합된 도료는 여과지를 사용하여 중도 전용 스프레이건(Nozzle 1.4)에 담는다.

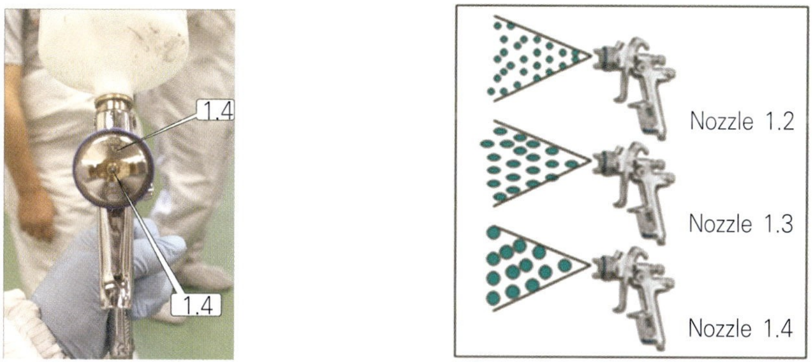

(a) (b)

그림 4-17 스프레이건 및 노즐

③ 도장전 패널의 손상부위를 송진포로 가볍게 에어 블로잉과 함께 먼지를 제거한다.

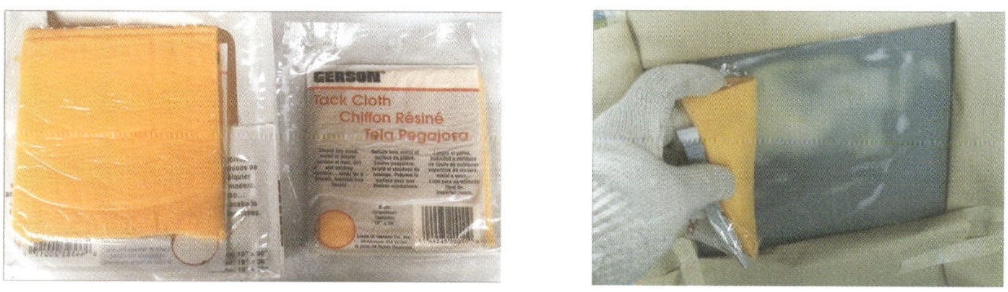

(a) (b)

그림 4-18 송진포 및 송진포로 먼지제거 작업

④ 처음 도장 시에는 도료량을 적게 하여 가볍게(Dry) 도장한다.

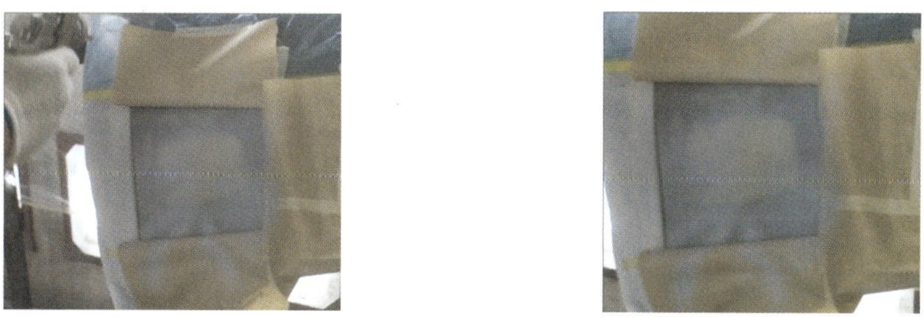

(a) (b)

그림 4-19 1차 도장(바탕이 보이도록 얇게 도장)

⑤ 적당한 플래시 타임을 적용한 뒤 2차 스프레이를 한다. 플래시 오프타임을 적절히 적용하면서 2~3회 정도 도장한다.

(a) 2차

(b) 3차

그림 4-20 2차, 3차 스프레이 작업

⑥ 도장 시 마스킹의 경계부위가 끊어져 보이지 않도록 처리한다.

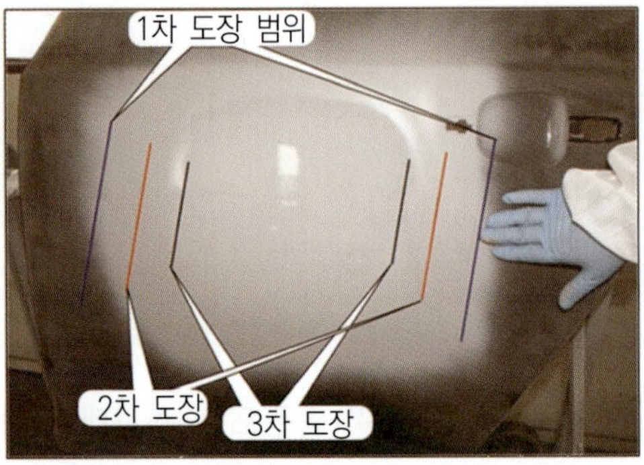

그림 4-21 서페이서 횟수별 도장범위 및 공정

(6) 서페이서 건조한다.

① 서페이서 도장 후 곧바로 열을 올리지 않고 용제가 자연적으로 증발할 수 있도록(세팅타임) 잠시 대기한다.

② 이동식 적외선 건조기를 사용하거나 거치대를 이용하여 부분적으로 건조한다.

③ 부분도장인 경우 10~15분 정도 건조한다(너무 가까이에서 건조하지 않도록 한다).

④ 포터블 또는 거치대를 이용한 적외선 건조기를 도장부위와 적정거리를 유지한다.

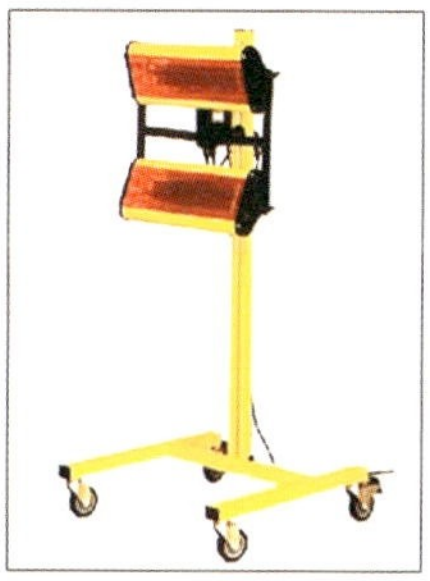

그림 4-22 적외선 건조기 및 건조작업

(7) 서페이서를 연마한다.

① 드라이 가이드 코트를 골고루 바른다.

(a)

(b)

그림 4-23 가이드 코트 도포작업

② 샌더에 중간패드와 P600 연마지를 부착한다.

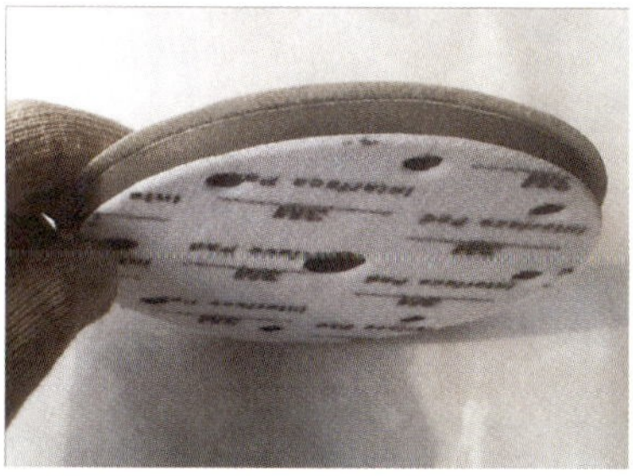

(a)

(b)

그림 4-24 연마지 중간패드 및 더블 액션 샌더

③ 손상부위 중심에서 바깥쪽으로 연마를 진행한다. 스펀지 연마지나 부직포를 이용하여 프레스라인이나 테일(끝)부분이나 도어 손잡이 부분을 연마한다.

(a)

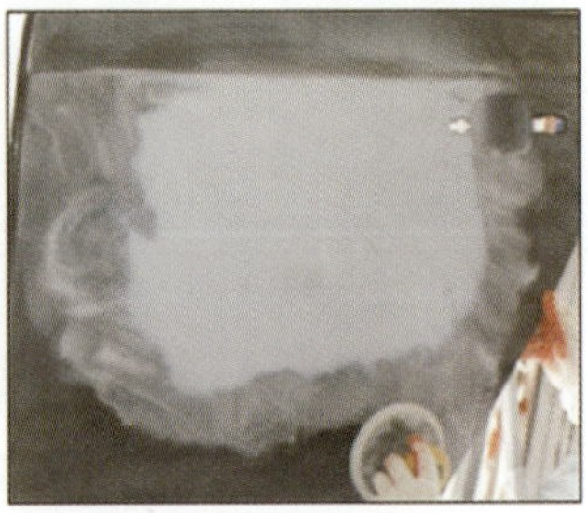

(b)

그림 4-25 서페이서 연마(더블 액션 샌더)

(a)

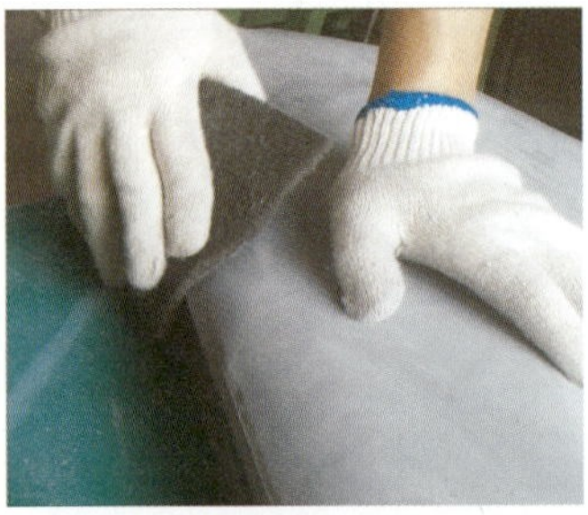

(b)

그림 4-26 부직포를 이용한 패널 모서리부분 연마작업

(8) 탈지작업을 한다.

연마한 다음 탈지제를 묻힌 종이타월이나 걸레로 탈지작업을 한다.

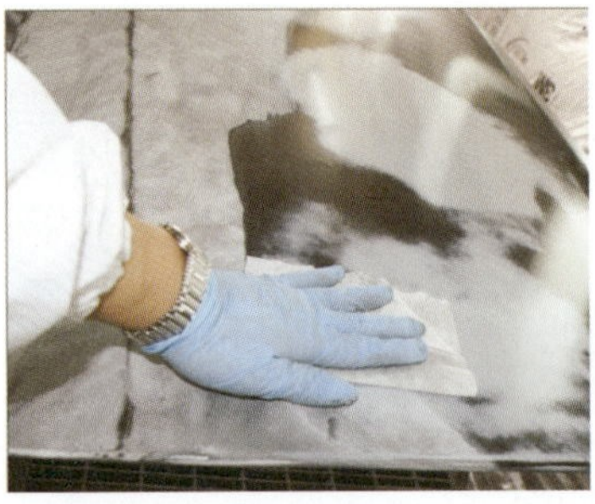

(a)

(b)

그림 4-27 탈지작업

2.2 스페이서 건조

2.2.1 자연 건조형

1액형 래커계로 상온 20℃에서 용제가 증발하여 건조되는 자연 건조형

2.2.2 강제 건조형 추천형

2액형 우레탄, 에폭시계로 상온 20℃에서 24시간 정도가 지나면 건조한다. 자연 상태에서 건조시간이 오래 걸려 60℃에서 30분 정도 가열건조하여 건조시간 단축시킨다.

3 서페이서 연마

3.1 서페이서 연마 공구

더블 액션샌서, 핸드 블럭

3.2 서페이서 연마 재료

① 연마지 : 샌더용 연마지(P400, P600, P800, P1000), 스펀지 연마지

② 가이드 코트 : 오렌지 필, 스크래치, 굴곡 부위나 수평상태를 눈으로 확인 가능하며, 드라이 타입(흑연 분말의 연마 보조재) 또는 스프레이 타입(검정의 안료가 연마 면이 커버될 때까지 2~3회 날림(Dry) 도장)으로 건식 및 습식연마 모두 사용 가능하다.

(a) 드라이 가이드 코트

(b) 스프레이 가이드 코트

그림 4-28 가이드 코트

3.3 서페이서 연마 방법

3.3.1 연마시 주의사항

① 제품별 기술자료집과 물질안전보건자료를 확인한다.

② 공기압축기를 점검하고 압축 공기 탱크와 작업장의 에어 트랜스포머의 수분과 유분을 제거한다.

③ 연마기를 사용할 경우 분진이 비산되지 않도록 집진기와 완벽하게 연결한다.

④ 에어 연마기는 에어 연마기가 손상이 가지 않도록 주기별로 에어 주입구에 전용 오일을 주입한다.

⑤ 규정에 맞게 안전보호구를 착용한다.

⑥ 연마작업은 환기가 잘되는 곳에서 작업한다.

⑦ 연마는 골고루 균일하게 한다.

⑧ 과연마가 되지 않도록 주의한다.

⑨ 수연마 시에는 연마즙을 충분히 흘릴 정도의 물을 사용하여 연마한다.

⑩ 수연마 후에는 건조기로 수분을 완전히 제거한다.

⑪ 연마 후 압축공기로 사용 공구를 청소 및 정리한다.

3.3.2 연마 순서

[1] 건식 연마

① 안전보호구를 착용한다.

② 작업부위를 탈지제로 탈지한다.

③ 드라이 또는 스프레이 타입의 가이드 코트를 도포한다.

④ 집진기가 연결된 더블 액션 샌더에 중간패드를 붙이고 상도색상에 적합한 연마지로 연마한다.

⑤ 부직포 연마지(P500~P600)로 가장자리와 프레스라인을 연마한다.

[2] 습식 연마

① 안전보호구를 착용한다.

② 작업부위를 탈지제로 탈지한다.

③ 드라이 또는 스프레이 타입의 가이드 코트를 도포한다.

④ 내수연마지를 핸드블럭에 붙여서 연마한다.

⑤ 한손에는 물에 충분히 적신 스펀지를, 다른 한손에는 핸드블럭을 잡고 연마한다.

⑥ 물을 충분히 사용하여 연마즙이 패널에서 흘리게 하면서 연마한다.

⑦ 연마가 완료되면 물로 패널을 연마즙이 없도록 깨끗이 세척한다.

⑧ 걸레로 패널에 묻어있는 물기를 제거한다.

⑨ 압축공기로 패널에 물기를 완전히 제거한다.

⑩ 건조기로 수분을 완전히 건조시킨다.

[3] 탈지 작업

① 안전보호구를 착용한다.

② 한손에는 탈지제가 묻은 타월을, 다른 한손에는 깨끗한 타월을 준비하여 탈지제가 묻은 타월로 먼저 닦고 증발하기 전에 깨끗한 타월로 표면을 닦는다.

③ 수용성 도료를 도장할 경우 수용성 탈지제로 다시 탈지한다.

④ 압축공기로 먼지 이물질을 제거하고 송진포로 먼지를 제거한 후 주변을 정리 정돈한다.

자동차 보수도장

기출 문제

001 프라이머 서페이서의 성능으로 잘못 설명한 것은?

① 퍼티 면이나 부품 패널의 프라이머 면에 분무하여 일정한 도막의 두께를 유지한다.
② 도막 내에 침투하는 수분을 차단한다.
③ 상도와의 부착성을 향상시킨다.
④ 상도 도장에는 큰 영향을 미치지 않는다.

중도 도장은 상도 도장에 가장 큰 영향을 준다.

002 프라이머 서페이서에 관한 설명으로 맞는 것은?

① 프라이머 서페이서는 세팅타임을 주지 않아도 된다.
② 도막이 두꺼워지면 핀 홀이 생길 수 있다.
③ 프라이머 서페이서는 플래시 타임을 주지 않아도 된다.
④ 프라이머 서페이서는 구도막 상태가 나쁘면 두껍게 도장해도 된다.

003 프라이머-서페이서 도장 작업 시 유의사항으로 틀린 것은?

① 작업 중 반드시 방독마스크, 내화학성 고무장갑과 보안경을 착용한다.
② 차체에 불필요한 부위에는 사전에 마스킹을 한 후 작업한다.
③ 도장작업에 적합한 스프레이건을 선택하고 노즐 구경은 1.0mm 이하로 한다.
④ 점도계로 적정 점도를 측정하여 도장한다.

004 다음 중 중도용 도료로 사용되는 수지로서 요구되는 성질이 아닌 것은?

① 광택성
② 방청성
③ 부착성
④ 내치핑성

중도용 도료는 연마한 후 후속도장이 이루어지기 때문에 광택성은 필요 없다.

| 정 | 답 | 001 ④ 002 ② 003 ③ 004 ①

005 자동차 주행 중 작은 돌이나 모래알 등에 의한 도막의 벗겨짐을 방지하기 위한 도료는?

① 방청 도료
② 내스크래치 도료
③ 내칩핑 도료
④ 바디실러 도료

006 프라이머-서페이서 도장의 목적에 해당하지 않는 것은?

① 일정한 기준도막 형성 및 층간 부착성을 향상시킨다.
② 중간층에 있어서 치밀한 도막의 두께를 형성한다.
③ 상도 도막의 두께를 최대한 두껍게 형성한다.
④ 연마에 있어서 노출된 강판에 대한 방청 효과가 있다.

프라이머 서페이서의 도장 목적
㉮ 거친 연마자국이나 작은 요철을 제거하는 충진성
㉯ 상도도료가 하도로 흡습되는 것을 방지하는 차단성
㉰ 녹 발생을 억제하는 방청성

007 프라이머 서페이서를 스프레이할 때 주의할 사항에 해당하지 않은 것은?

① 퍼티면 상태에 따라서 도장하는 횟수를 결정한다.
② 도막은 균일하게 도장한다.
③ 프라이머-서페이서는 두껍고 거친 도장을 할수록 좋다.
④ 도료가 비상되지 않도록 한다.

프라이머 서페이서를 도장시 적정 도막 두께만 도장한다.

008 프라이머-서페이서 도장 작업 시 유의사항으로 틀린 것은?

① 작업 중 반드시 방독마스크, 내화학성 고무장갑과 보안경을 착용한다.
② 차체에 불필요한 부위에는 사전에 마스킹을 한 후 작업한다.
③ 도장작업에 적합한 스프레이건을 선택하고 노즐 구경은 1.0mm 이하로 한다.
④ 점도계로 적정 점도를 측정하여 도장한다.

009 프라이머 서페이서 건조가 불충분했을 때 발생하는 현상이 아닌 것은?

① 샌딩을 하면 연마지에 묻어나서 상처가 생긴다.
② 상도의 광택부족
③ 우수한 부착성
④ 퍼티자국이나 연마자국

| 정 | 답 | 005 ③ 006 ③ 007 ③ 008 ③ 009 ③

010 강제건조의 장점이 아닌 것은?

① 건조 경화가 빠르다.
② 세팅타임이 필요 없다.
③ 도막 성능이 향상된다.
④ 작업 효율이 좋다.

011 프라이머-서페이서 연마 시 샌더 연마용으로 적절한 것은?

① P40~80
② P80~120
③ P80~320
④ P400~600

012 메탈릭(은분) 색상으로 도장하기 위한 서페이서(중도) 동력공구 연마 시 마무리 연마지로 가장 적합한 것은?

① P220~p300
② P400~p600
③ P800~p1000
④ P1000~p1200

013 프라이머 서페이서의 면을 습식 연마할 때 연마에 적절한 연마지는?

① P80~P120
② P120P~P220
③ P220~P320
④ P320~P800

014 프라이머-서페이서를 분무하기 전에 퍼티의 단차, 에지(edge)면의 불량 부분이 발견되었을 경우 적용할 가장 적절한 연마지는?

① P16~P40 ② P60~P80
③ P80~P320 ④ P400~P600

015 완전한 도막 형성을 위해 여러 단계로 나누어서 도장을 하게 되고, 그때마다 용제가 증발할 수 있는 시간을 주는데 이를 무엇이라 하는가?

① 플래시 타임(Flash time)
② 셋팅 타임(Setting time)
③ 사이클 타임(Cycle time)
④ 드라이 타임(Dry time)

> 플래시 타임(Flash Time)
> 동일한 도료를 여러 번 겹쳐 도장할 때 아래의 도막에서 용제가 증발되어 지촉건조 상태가 되기까지의 시간으로 약 3~5분 정도의 시간이 필요하다.

016 도장용어 중 세팅타임이란?

① 건조가 되기를 기다리는 시간
② 열을 주지 않고 용제가 자연 휘발하는 시간
③ 열처리하는 시간
④ 열처리하고 난 후 식히는 시간

> 세팅타임(setting time)은 도장 완료 후 가열건조를 하기 전에 주는 시간을 말한다.

| 정 | 답 | 010 ② 011 ④ 012 ② 013 ④ 014 ③ 015 ① 016 ②

017 보수도장 작업에 사용되는 도료의 가사시간(Pot Life)이란?

① 온도가 너무 낮아서 사용을 할 수 없는 시간
② 주제와 경화제를 혼합 후 사용 가능한 시간
③ 주제 단독으로 사용을 해도 되는 시간
④ 경화제가 수분과 반응을 하는 시간

가사시간
2액형의 도료에서 주제와 경화제를 혼합한 후 정상적인 도장에 사용가능한 시간을 말한다. 가사시간을 초과하면 젤리 상태가 되어 분사 도장을 할 수 없으며, 희석제를 혼합하여도 전도가 떨어지지 않는다.

018 우레탄 프라이머 서페이서를 혼합할 때 경화제를 필요 이상으로 첨가했을 때 발생하는 원인이 아닌 것은?

① 건조가 늦어진다.
② 작업성이 나빠진다.
③ 공기 중의 수분과 반응하여 도막에 결로가 되므로 블리스터의 원인이 된다.
④ 경화불량 균열 및 수축의 원인이 된다.

019 건조가 불충분한 프라이머-서페이서를 연마할 때 발생되는 문제점이 아닌 것은?

① 연삭성이 나쁘고 상처가 생길 수 있다.
② 연마 입자가 페이퍼에 끼어 페이퍼의 사용량이 증가한다.
③ 물 연마를 해도 별 문제가 발생하지 않는다.
④ 우레탄 프라이머 서페이서를 물 연마하면 경화제의 성분이 물과 반응하여 결함이 발생할 경우가 많다.

020 프라이머 서페이서 연마의 목적과 이유가 아닌 것은?

① 도막의 두께를 조절하기 위해서이다.
② 상도 도료의 밀착성을 향상시키기 위해서이다.
③ 프라이머 서페이서 면을 연마함으로써 면의 평활성을 얻을 수 있다.
④ 상도 도장의 표면을 균일하게 하여 미관상 마무리를 좋게 한다.

프레이서 서페이서의 연마 목적
㉮ 상도 도료와 하도 도료와의 밀착성
㉯ 상도의 미려한 외관을 위한 평활성

021 다음 중 중도작업 공정에 해당되지 않는 것은?

① 프라이머 서페이서 연마
② 탈지작업
③ 투명(클리어) 도료 도장
④ 프라이머 서페이서 건조

투명(클리어) 도료의 도장은 상도 도장의 공정이다.

| 정 | 답 | 017 ② 018 ④ 019 ③ 020 ① 021 ③

022 래커계 프라이머 서페이서의 특성을 설명하였다. 틀린 것은?

① 건조가 빠르고 연마 작업성이 좋다.
② 우레탄 프라이머-서페이서에 비하면 내수성과 실(Seal) 효과가 떨어진다.
③ 우레탄 프라이머-서페이서보다 가격이 비싸다.
④ 작업성이 좋으므로 작은 면적의 보수 등에 적합하다.

래커계 1액형 프라이머-서페이서는 2액형과 비교하여 가격이 저렴하다.

023 자동차 보수도장 시 프라이머-서페이서를 도장해야 하는 경우가 아닌 것은?

① 래커퍼티 위
② 폴리에스테르퍼티 위
③ 교환부품 위
④ 베이스코트 위

베이스코트 위에는 클리어가 도장되어 작업이 완료된다.

024 도장작업 중 프라이머-서페이서의 건조방법은?

① 모든 프라이머 서페이서는 강제건조를 해야 한다.
② 2액형 프라이머 서페이서는 강제건조를 해야만 샌딩이 가능하다.
③ 프라이머 서페이서는 자연건조와 강제건조 두 가지를 할 수 있다.
④ 자연건조형은 열처리를 하면 경도가 매우 강해진다.

1액형 프라이머-서페이서의 경우에는 자연건조를 하며, 주제와 경화제가 혼합되어야만 건조되는 2액형의 경우에는 오랜 시간동안 방치해도 건조되는 자연건조도 가능하지만 작업의 속도를 향상시키기 위해 강제건조를 한다.

025 프라이머 서페이서의 작업과 건조 불량으로 발생하는 결함이 아닌 것은?

① 연마 자국이 있다.
② 퍼티 자국이 있다.
③ 상도의 광택이 부족하다.
④ 물자국 현상(Water spot)이 발생한다.

026 프라이머 서페이서 건조가 불충분했을 때 발생하는 현상이 아닌 것은?

① 샌딩을 하면 연마지에 묻어나서 상처가 생긴다.
② 상도의 광택 부족
③ 우수한 부착성
④ 퍼티자국이나 연마자국

| 정 | 답 | 022 ③ 023 ④ 024 ③ 025 ④ 026 ③

027 프라이머-서페이서를 분무하기 전에 피 도장면을 점검해야 하는 부분이 아닌 것은?

① 퍼티 면의 요철, 면 만들기 상태는 양호한가?
② 기공이나 깊은 연마자국은 남아있지 않는가?
③ 퍼티의 두께가 적절한가?
④ 퍼티의 단차나 에지(edge)면이 정확하게 연마되어 있는가?

028 상도 도장 전 수연마(Water sanding)의 단점으로 가장 적합한 것은?

① 먼지제거
② 부식효과
③ 연마지 절약
④ 평활성

습식 연마는 수분을 완전히 제거하지 않으면 부식효과가 있다.

029 탈지제를 이용한 탈지작업에 대한 설명으로 틀린 것은?

① 도장면을 종이로 된 걸레나 면걸레를 이용하여 탈지제로 깨끗하게 닦아 이물질을 제거한다.
② 탈지제를 묻힌 면걸레로 도장면을 닦은 다음 도장면에 탈지제가 남아있지 않도록 해야 한다.
③ 도장할 부위를 물을 이용하여 깨끗하게 미세먼지까지 제거한다.
④ 한쪽 손에는 탈지제를 묻힌 것으로 깨끗하게 닦은 다음 다른 쪽 손에 깨끗한 면걸레를 이용하여 탈지제가 증발하기 전에 도장면에 묻은 이물질과 탈지제를 깨끗하게 제거한다.

030 우레탄계 프라이머 서페이서의 특성에 대한 설명으로 틀린 것은?

① 내수성이나 실(seal) 효과는 래커계보다 떨어진다.
② 수지에 따라 폴리에스테르와 아크릴계가 있다.
③ 이소시아네이트(isocyanate)와 분자가 결합하여 3차원 구조의 강력한 도막을 만든다.
④ 래커계 프라이머 서페이서보다 도막 성능이 우수하며 1회의 분무로 양호한 도막의 두께가 얻어진다.

우레탄계 프라이머 서페이서는 거의 모든 시험에서 래커계 프라이머 서페이서보다 내수성이나 실 효과가 우수하다.

031 안티(앤티) 칩 프라이머와 거리가 가장 먼 것은?

① 소프트 칩 프라이머
② 헤비 칩 프라이머
③ 서페이서 프라이머
④ 하드 칩 프라이머

| 정 | 답 | 027 ③ 028 ② 029 ③ 030 ① 031 ③

032 프라이머 서페이서를 스프레이할 때 주의할 사항에 해당하지 않는 것은?

① 퍼티 면의 상태에 따라서 도장하는 횟수를 결정한다.
② 도막은 균일하게 도장한다.
③ 프라이머-서페이서는 두껍고 거친 도장을 할수록 좋다.
④ 도료가 비산되지 않도록 한다.

033 중도용 도료로 사용되는 수지에 요구되는 성질이 아닌 것은?

① 광택성
② 방청성
③ 부착성
④ 내치핑성

광택성은 상도도료에 요구되는 성질이다.

| 정 | 답 | 032 ② 033 ①

CHAPTER 05

마스킹 작업

1 마스킹 종류와 재료

1.1 마스킹 종류

그림 5-1 마스킹 작업

1.1.1 일반 마스킹 작업

도장할 부위의 경계부분에 마스킹 테이프가 직접 맞닿는 상태로 마스킹하는 방법을 말하며, 마스킹 테이프와 종이를 사용함에 따라 도장품질에 영향을 미칠 수 있기 때문에 효율성을 높이기 위하여 편리기구인 마스킹 디스펜서를 사용하기도 한다.

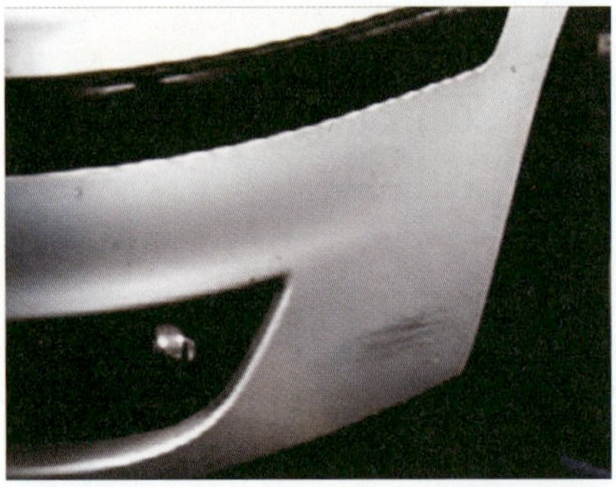

(a)

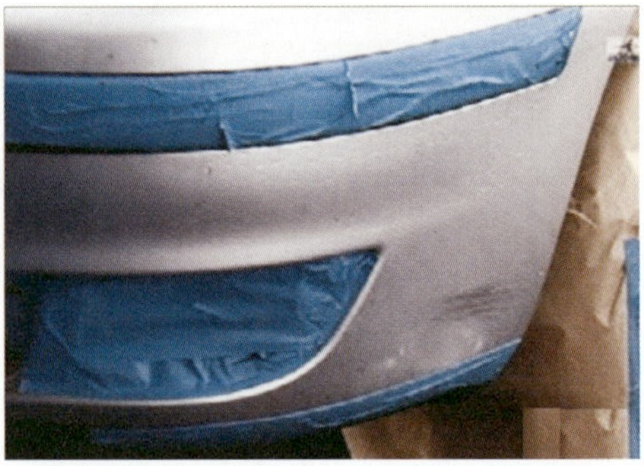

(b)

그림 5-2 일반 마스킹 작업

1.1.2 특수 마스킹 작업

[1] 역 마스킹(Revers Masking) 작업

역 마스킹이란 보수도장 작업 시 구도막과의 경계면을 비스듬하게 만들기 위해 작업하는 것으로 블랜딩 도장에서 구도막과의 도장 경계면에 단차를 줄이기 위하여 사용한다. 도장 상황에 따라 마스킹 테이프를 뒤집는 경우와 마스킹 테이퍼를 뒤집는 경우가 있다.

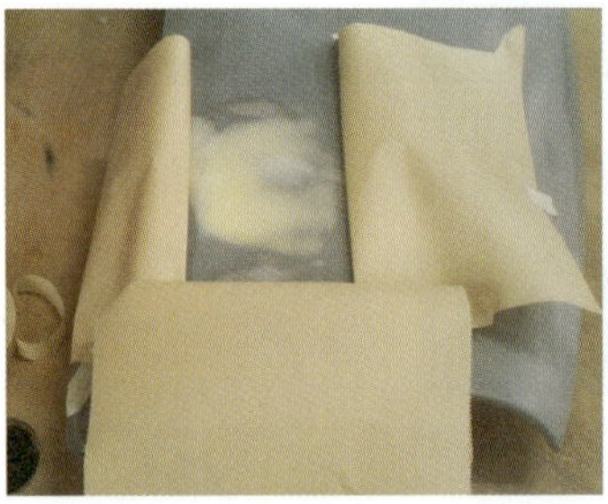

(a)

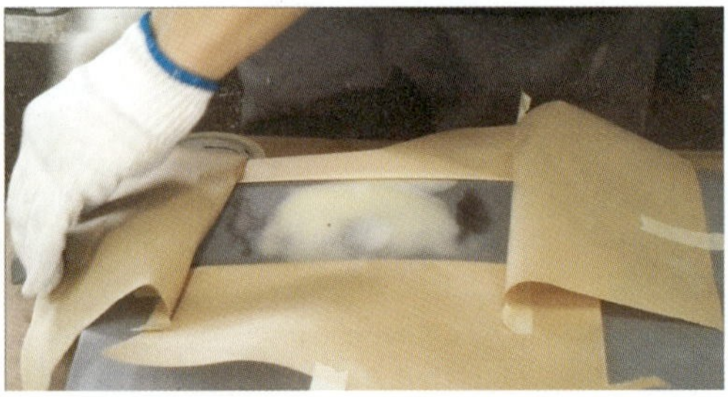

(b)

그림 5-3 역 마스킹 작업

[2] 터널 마스킹 작업

터널 마스킹은 표현 그대로 마스킹 형태를 터널 모양으로 만들어 도료 더스트가 터널 사이로 통과할 때 도막 위에 묻지 않도록 하는 방법으로 쿼터패널(리어팬더)을 교환하는 경우 쿼터패널과 루프가 연결되는 부위나 사이드패널의 C필러에서 B필러로 연결되는 부위를 블랜딩할 경우에 사용한다.

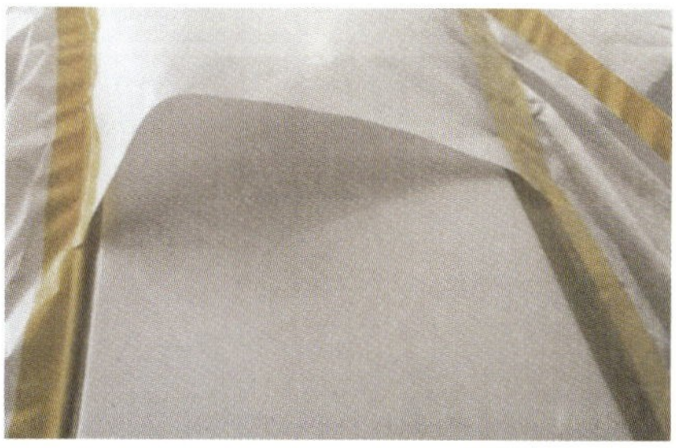

그림 5-4 터널 마스킹 작업

[3] 스펀지 마스킹 작업

패널과 패널 사이 틈새에 도료가 도장되지 않도록 하기 위한 작업으로 경계부분 마스킹 테이프를 대신하여 폼(foam) 형태에 접착제(탄성고무)가 묻어 있으며, 부드러운 폴리우레탄 폼 재질로 경계선을 부드럽게 만들 수 있고 폼의 크기는 12mm, 21mm로 틈새 크기에 따라 폼 선정 후 사용하며 틈새 마스킹에 효율적이며 도장부스 열처리 온도에도 잔사가 남지 않아 작업 후 제거가 용이하다.

그림 5-5 스펀지 마스킹 작업

1.2 마스킹 재료 특성

1.2.1 마스킹 재료의 요구조건

① 용제에 녹지 않을 것

② 건조 후 도료가 벗겨지지 않을 것

③ 먼지가 발생하지 않을 것

④ 붙인 자국이 남지 않을 것

1.2.2 비닐 시트 및 전용 커버

① 비닐 시트 : 일반적으로 마스킹 페이퍼에 비해 넓은 사이즈로 보수부 주위를 씌우는 비닐 시트는 두께 0.02mm 정도의 얇은 비닐을 사용한다.

② 전용 커버 : 바디 전체를 씌우고 필요한 부분만 열어 도장할 수 있는 커버로 바디용 외에 타이어용 커버도 있다.

1.2.3 마스킹 편리기(마스킹 종이 거치대)

그림 5-6 마스킹 편리기

[1] 고정식

① 마스킹 페이퍼의 너비가 큰 100~200cm의 것은 고정식을 사용한다.

② 마스킹 페이퍼를 당기거나 끊을 때 흔들림이 없어 정확하고 쉽게 자를 수 있다.

③ 패널의 부분 도장에서 마스킹 페이퍼가 많이 필요할 때 사용하는 것이 좋다.

[2] 이동식

① 너비가 작은 3~4종류의 마스킹 페이퍼를 설치하여 사용한다.
② 작업자의 이동 거리가 단축되어 작업의 효율성을 높일 수 있다.
③ 마스킹 페이퍼의 너비가 넓은 것은 편리기의 흔들림으로 사용이 불편하다.

1.2.4 마스킹 테이프

[1] 내열온도에 따른 분류

① 자연 건조용 : 래커 계열의 도료에 사용한다. 가열하면 테이프를 떼어낼 때 접착 성분이 남게 된다.
② 가열 건조용 : 우레탄계의 도장 작업에 쓰인다. 60~80℃의 내열성을 가지고 있다.
③ 소부 건조용 : 소부 도장에 쓰인다. 130~140℃의 내열성을 가지고 있다.

[2] 테이프 구조

① 이형제(Release) : 점착 테이프는 롤 상태로 말려있는 것이 보통이며, 기재의 점착제와는 반대의 면에 이형제를 칠한다.
② 기재(Backing) : 점착제를 도포할 수 있는 유연하고 얇은 재료를 말한다. 종이, 플라스틱 필름, 천, 발포 foam, 부직포, 복합기재 등이 있다.
③ 프라이머(Primer) : 소재와 접착제의 밀착을 증가하고 벗긴 후 접착제가 남아 있지 않게 한다.
④ 점착제(Adhesive) : 점착제는 점착테이프의 본질이며 종류로서는 천연고무 또는 합성 고무계 점착제, 아크릴계 점착제, 수지 변성 아크릴계 점착제, 수계 아크릴 점착제(무용제성), 실리콘 점착제, 열융착 점착제 등이 있다.

[3] 소재에 의한 분류

(1) 종이테이프

마스킹 접착테이프는 마스킹 페이퍼의 고정용으로서 일반적으로 널리 사용되고 있다. 떼어낸 후에 점착제가 패널에 남지 않도록 설계되어 있다.

(2) 천 테이프

퍼티, 프라이머 서페이서, 구도막의 표면 등의 연마작업 시 경계부위의 패널과 부품 등에 스크래치가 생기지 않도록 샌딩작업 전에 사용된다.

(3) 플라스틱 테이프

비닐 테이프나 에지 테이프, 라인 테이프라고 하며, 색이 구분되어 도장하는 2톤 컬러나 3톤 컬러에 적합하고 커스텀 도장과 같은 도안도장에 사용된다.

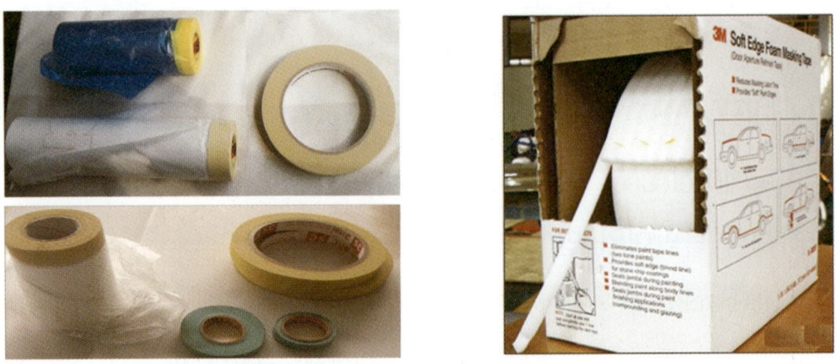

그림 5-7 **공정별 마스킹 테이프**

(4) 양면 테이프

테이프의 양쪽으로 접착할 수 있는 테이프로서 손이 들어가기 어려운 좁은 부분 등에 사용하면 효율적으로 마스킹을 할 수 있다.

(5) 틈새 막음 테이프(우레탄 테이프)

전문 틈새를 막는데 사용한다.

[4] 마스킹 테이프의 요구조건

① 페인트의 침투를 막을 수 있어야 한다.

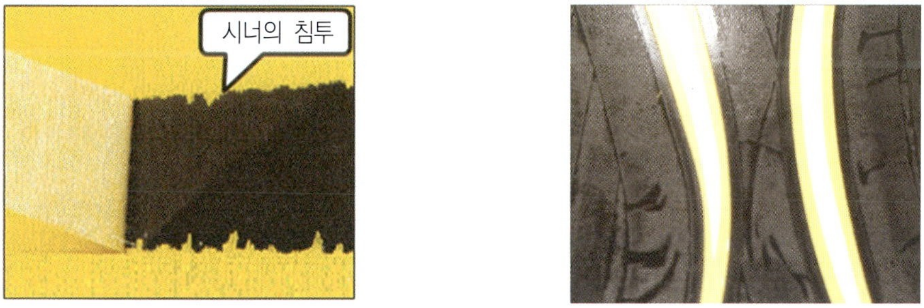

(a) (b)

그림 5-8 시너 침투에 의한 마스킹 자국

② 마스킹 테이프는 유연성이 있어야 한다.

(a) (b)

그림 5-9 곡면 마스킹 작업

③ 마스킹 테이프의 용도에 따라 선택하여 작업해야 한다.

그림 5-10 작업공정별 마스킹(스펀지, 비닐 커버링, 라인) 테이프

[5] 마스킹 테이프 선택

① 손으로 테이프 커트 가능할 것(테이프 폭 18mm 미만)

② 테이프가 세로로 찢어지거나 비스듬히 찢어지지 않을 것

③ 내용제성이 강할 것

④ 내열성이 좋을 것

⑤ 떼어내기가 쉽고 접착제가 남아있지 않을 것

1.2.5 마스킹 페이퍼

① 마스킹 페이퍼의 너비는 보통 15cm, 20cm, 30cm, 45cm, 50cm, 55cm, 90cm, 100cm, 150cm, 200cm 등 여러 종류가 있다.

② 마스킹 편리기에 많이 사용되는 크기의 페이퍼를 순차적으로 설치한다.

③ 마스킹 페이퍼는 도료 및 용제가 침투되지 않는 제품이어야 한다.

④ 마스킹 재료를 절약할 수 있도록 선택한다.

2 마스킹

마스킹이란 도장을 하기 전에 전면유리 등 탈착되지 않은 플라스틱류 및 램프류 그밖에 몰딩류 등을 도장작업으로부터 보호하는 것을 말한다.

2.1 마스킹 목적

① 먼지, 이물질 부착을 방지한다.

② 도장 시 오버스프레이된 도료 부착을 방지한다.

③ 작업 차의 오염을 방지한다.

2.2 마스킹 방법

2.2.1 마스킹 방법 분류

[1] 리버스 마스킹

리버스 마스킹이란 마스킹 페이퍼를 꺾어 접는 방법을 뜻한다. 꺾어진 경계 부분에 도료가 펼쳐져 도막 단차를 작게 하고 경계를 확실하게 알 수 있게 된다.

[2] 서페이서 도장의 마스킹

서페이서의 도장은 도료의 비산을 최소화하기 위해 표면 도장보다 공기압력이 낮으므로 마스킹을 간략하게 해도 된다. 또 마스킹은 스프레이 단차가 다음에 오도록 리버스 마스킹이 일반적으로 쓰인다.

[3] 블록 도장의 마스킹

휀더, 도어 등의 각 패널 단위로 구분해 마스킹을 한다. 패널에 구멍이나 틈(전장류 배선 구멍이나 패널 사이 홈)이 있는 경우에는 그것을 통해 도료가 침투하지 않도록 잘 막아 둔다.

[4] 중첩 도장의 마스킹

(1) 쿼터 패널을 도장하는 경우

이 경우는 패널의 꺾이는 부분에 중첩도장이 필요하다. 스프레이 단차가 생기기 어렵게 리버스 마스킹을 한다.

(2) 휀더 모서리를 도장하는 경우

휀더 모서리 등의 보수도장에는 중첩도장이 이뤄진다. 이 경우에는 블록 도장보다 작은 범위에서 도장이 이뤄져 간단하게 모서리만을 마스킹한다.

[5] 경계부의 선택과 마스킹 방법

도장되는 부분과 도장 안되는 부분의 경계부를 나누는 것을 말한다.

(1) 경계부의 선택과 마스킹

경계부는 도장되는 부분과 도장 안 되는 부분의 경계를 나누는 것을 말한다. 마스킹할 때 보수 범위, 이전 도장면의 상태 등에 맞춰 적절한 경계를 선택해야 한다.

(2) 패널 사이의 틈새 경계

볼트로 고정된 외판 패널을 블록 도장하는 경우, 인접한 패널과의 사이에서 경계를 두고 인접 패널을 마스킹한다.

(3) 바디 실러 부위(패널 이음 부분)에서의 경계

쿼터 패널과 같이 용접된 패널에는 인접한 패널 사이의 틈이 없다. 로워 백 패널이나 로커 패널과의 인접부 등과 같은 부분에는 통상 바디 실러가 있어서 그 부분에 경계를 만든다. 포인트는 마스킹 테이프를 바디 실러 폭만큼 말아 겹쳐 붙여서 경계 단차를 알 수 없게 만든다.

(4) 프레스 라인 돌출부의 경계

패널의 일부분만을 보수하는 경우나 보수부를 필요 이상으로 넓히지 않는 경우에 쓴다. 일반적으로는 리버스 마스킹으로 경계선의 단차가 드러나지 않게 한다. 주위점은 프레스 라인에 걸쳐 정확하게 리버스 마스킹을 해야 한다.

(5) 평면부에서의 경계

스포트 보수처럼 작은 면적의 경우에는 리버스 마스킹을 써 하나의 패널 중에 경계를 한정 지을 수 있다.

2.2.2 마스킹 작업 시 주의사항

① 보수도장 시 마스킹 테이프가 떨어지지 않도록 부착하고 도장이 끝난 뒤에는 쉽게 떼어낼 수 있도록 순서를 정한다.

② 마스킹 테이프와 마스킹 종이 사용 방법에 따라 도장 시간이 크게 좌우되므로 작업 순서를 정한다.

③ 블랜딩 도장에서는 역마스킹을 하여 도장 부위와 구도막 간의 단차가 크지 않도록 한다.

④ 전체적인 마스킹이 필요할 때는 커버링 비닐 테이프를 사용한다.

⑤ 보수도장 면의 라인이 직선이 되도록 하고 범위를 넘지 않는다.

⑥ 마스킹 테이프에 먼지가 부착되지 않도록 보관함을 활용한다.

2.2.3 일반적인 마스킹

① 작업복, 면장갑 등 개인안전 보호구를 준비하고 착용한다.

② 마스킹 편의 기구에 마스킹 용지와 테이프를 설치한다.

③ 마스킹 작업할 부분을 세정액으로 깨끗이 탈지한다.

④ 마스킹 작업할 부분을 측정한다.

⑤ 코팅된 마스킹 용지는 코팅 부분이 위에 오도록 마스킹 작업을 한다.

⑥ 마스킹 테이프를 부착할 때에는 도장할 면까지 넘어오지 않게 한다.

⑦ 마스킹 테이프 부착 시 테이프 폭의 1/2은 마스킹 종이에 붙이고, 1/2은 마스킹 면에 부착한다.

⑧ 한 손으로 테이프 위를 가볍게 누르며 다른 한 손으로는 테이프를 누르면서 부착한다.

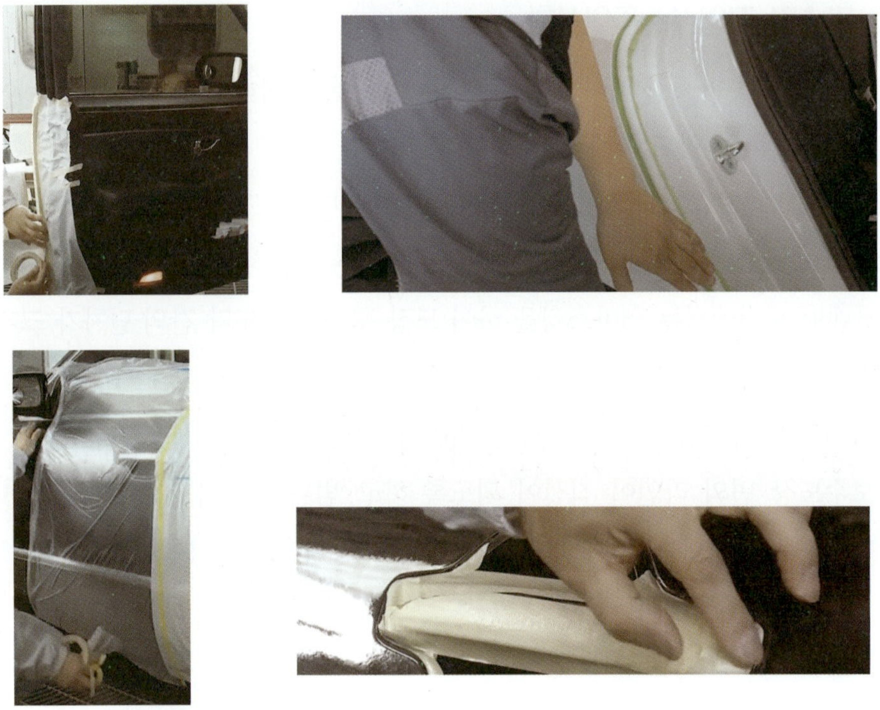

그림 5-11 **각 부위 마스킹 종이 및 마스킹 테이프 부착**

⑨ 바퀴와 휠 하우스와 그 외 넓은 부분의 마스킹은 비닐 커버링을 이용하여 마스킹 작업을 한다.

그림 5-12 **도장하지 않는 부위 패널 비닐 마스킹**

⑩ 도어 틈, 보닛, 트렁크, A포트 부위, 테일 게이트 부위에는 스펀지 마스킹을 사용하여 마스킹한다.

⑪ 마스킹 스펀지 제거 시에는 접착제 잔사 방지를 위하여 길이 방향으로 당긴다.

⑫ 도어의 고무 몰딩의 마스킹은 플라스틱 테이프를 사용하여 마스킹 작업한다.

⑬ 자동차의 앞, 뒷유리의 고무 몰딩에는 트림마스킹 테이프를 사용하여 마스킹 작업한다.

⑭ 자동차 전체에 가까운 마스킹을 할 때는 전차 마스킹 필름(커버링) 제품을 사용한다.

그림 5-13 **전차 마스킹 제품 사용**

⑮ 용접기 등의 불꽃이 자동차 실내에 튀는 것을 방지하고 불꽃으로부터 유리, 플라스틱 도장 면을 보호할 때는 특수 접착제로 처리된 용접 불꽃 방지용 마스킹 종이를 사용하여 마스킹 작업한다.

⑯ 적외선 램프를 이용하여 신속한 작업을 하고자 할 경우 열을 반사하여 플라스틱, 고무 등의 변형 방지가 필요한 곳에는 열반사 마스킹 필름을 사용하여 마스킹 작업한다.

2.2.4 마스킹 점검

① 마스킹 테이프가 들뜨지 않았는지 점검한다.

② 스펀지 마스킹 테이프가 잘 밀착되어 있는지 점검한다.

③ 도장이 되지 않아야 할 부분에 마스킹이 잘 되었는지 점검한다.

④ 타이어에 붙인 마스킹 테이프의 경우 도장 시 압축공기의 압력으로 타이어에서 잘 떨어지므로 다시 한 번 점검한다.

⑤ 트림 마스킹 테이프의 겹치는 부분에 도료가 침투되지 않는지 점검한다.

⑥ 굴곡진 부분은 한 번 더 확인하고 점검한다.

⑦ 건조 시 열에 의해 마스킹 테이프가 들뜨지 않았는지 점검한다.

3 마스킹 제거

3.1 마스킹 제거 시기

상도 베이스 및 클리어 도장을 한 후 열처리가 끝난 직후 패널이 식기 전에 마스킹 테이프를 제거한다. 열처리가 끝나 완전 건조된 도막은 제거 시 도막이 벗겨질 수 있다.

3.2 마스킹 제거 방법

① 작업복, 비닐장갑 등 안전보호구를 착용한다.

② 마스킹 테이프는 도장 후 도막이 건조되기 전에 테이프를 제거하도록 한다.

③ 마스킹 테이프를 떼어낼 때에는 도료가 벗겨지지 않도록 조심해서 제거한다.

④ 마스킹 테이프를 앞으로 당기면서 떼어내고 각도는 45°로 해야 잔사 현상과 찢김 현상을 방지할 수 있다.

⑤ 마스킹 테이프의 작업 온도가 10℃ 이하일 경우는 테이프 제거가 힘들고, 32℃ 이상에서는 잔사 현상의 가능성이 있어 주의한다.

⑥ 마스킹 테이프의 제거 속도가 빠른 경우 찢김 현상이 나타나고 느릴 경우 잔사 현상이 발생한다.

그림 5-14 마스킹 제거

3.3 마스킹의 결함 수정

① 도료 침투 수정 : 시너를 묻힌 타월로 안쪽에서 밖으로 닦아낸다. 시너로 수정이 되지 않으면 샌딩 후 베이스를 재도장한다.

② 잔사 현상 수정 : 마스킹 테이프 제거 시 도막에 테이프의 접착제 등이 묻어나는 현상으로 시너를 이용하여 가볍게 닦아낸다.

자동차 보수도장

기출 문제

001 마스킹 작업의 목적이 아닌 것은?

① 도료의 부착을 좋게 하기 위해서 한다.
② 도장 부위 이외의 도료나 도료 분말의 부착을 방지한다.
③ 작업할 부위 이외의 부분에 대한 오염을 방지한다.
④ 패널과 패널 틈새 등으로부터 나오는 먼지나 이물질을 방지한다.

도료의 부착을 좋게 하기 위해서는 연마를 하고 표면의 유분을 제거하기 위해서는 탈지를 한다.

002 마스킹 작업의 주 목적이 아닌 것은?

① 스프레이 작업으로 인한 도료나 분말의 날림부착 방지
② 프라이머-서페이서 도막두께 조정
③ 도장부위의 오염이나 이물질 부착 방지
④ 작업하는 피도체의 오염방지

003 블랜딩 작업을 하기 전 손상부위에 프라이머 서페이서를 도장할 때 적합한 마스킹 방법은?

① 일반 마스킹
② 터널 마스킹
③ 리버스 마스킹
④ 이중 마스킹

터널 마스킹은 블렌딩 도장 상도작업을 할 때 하는 마스킹 방법이다.

004 마스킹 페이퍼와 마스킹 테이프를 한 곳에 모아둔 장치로 마스킹 작업시에 효율적으로 사용하기 위한 장치는?

① 틈새용 마스킹재
② 마스킹용 플라스틱 스푼
③ 마스킹 커터 나이프
④ 마스킹 페이퍼 편리

| 정 | 답 | 001 ① 002 ② 003 ③ 004 ④

005 마스킹 테이프의 구조에 해당하지 않는 것은?

① 배면처리제
② 펄재료
③ 접착제
④ 기초재료

마스킹 테이프의 구조
㉮ 처리제 : 사용 전 테이프끼리 달라붙는 것을 방지
㉯ 기초재료 : 종이, 플라스틱
㉰ 프라이머 : 접착물이 잔류하는 것을 방지
㉱ 접착제

006 마스킹 종이(Masking paper)가 갖추어야 할 조건으로 틀린 것은?

① 마스킹 작업이 쉬워야 하다.
② 도료나 용제의 침투가 쉬워야 한다.
③ 열에 강해야 한다.
④ 먼지나 보푸라기가 나지 않아야 한다.

마스킹 종이가 갖추어야 할 조건
㉮ 도료나 용제 침투가 되지 않아야 한다.
㉯ 도구를 이용하여 재단할 경우 자르기가 용이해야 하고 작업 중 잘 찢어지지 않아야 한다.
㉰ 마스킹 작업이 편리해야 한다.
㉱ 높은 온도에 견디는 재질이어야 한다.
㉲ 먼지가 발생하지 않는 재질이어야 한다.

007 마스킹 페이퍼 디스펜서의 설명이 아닌 것은?

① 마스킹 테이퍼에 롤 페이퍼가 부착될 수 있게 세트화되었다.
② 고정식과 이동식이 있다.
③ 너비가 다른 롤 테이퍼를 여러 종류 세트시킬 수 있다.
④ 10cm 이하 및 100cm 이상은 사용이 불가능하다.

008 차량의 앞, 뒷면 유리의 고무 몰딩에 적합한 마스킹 테이프는?

① 라인 마스킹 테이프
② 트림 마스킹 테이프
③ 평면 마스킹 테이프
④ 플라스틱 마스킹 테이프

차량의 앞, 뒷면 유리의 고무 몰딩을 트림 피니싱 몰딩이라 한다. 따라서 도장을 하기 위해 마스킹을 하는 경우 트림 마스킹 테이프를 사용한다.

009 피도체가 도장 작업 시 필요 없는 곳에 도료가 부착하지 않도록 하는 작업은?

① 마스킹 작업 ② 조색 작업
③ 블렌딩 작업 ④ 클리어 작업

마스킹 작업의 주목적
㉮ 스프레이 작업으로 인한 도료나 분말의 날림부착 방지
㉯ 도장부위의 오염이나 이물질 부착 방지
㉰ 작업하는 피도체의 오염방지

| 정 | 답 | 005 ② 006 ② 007 ④ 008 ② 009 ①

CHAPTER 06

일반 조색 작업

1 색상 확인

1.1 배합표 확인 방법

1.1.1 색상코드 확인 방법

[1] 국내 자동차 차량식별 표지판 부착 위치

차량 문설주 안, 차량 문 안쪽, 운전석 계기판, 후드 속 엔진 앞쪽, 뒷바퀴 집 안쪽 타이어 바로 위, 차량 외부의 유리에 부착

그림 6-1 국내차량 색상코드

[2] 수입 자동차 차량식별 표지판 부착 위치

스페어타이어 커버 상단이나 트렁크 바닥, 후두 개방 후 조수석 내부패널 APA 다음 알파벳 3자리(APA PS2), 트렁크 사이드 트립 안쪽, 운전석 센터필러 도어캐치 하단, 조수석 센터필러, 엔진룸 내부 패널, 운전석 도어 안쪽

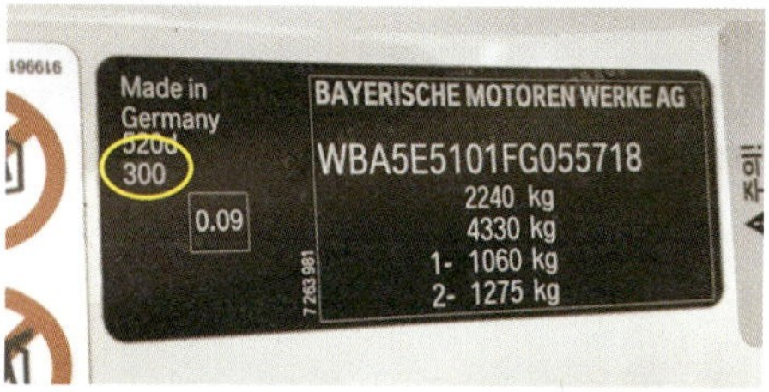

그림 6-2 BMW 차량 색상코드

1.1.2 색상명(Color Name) 확인 방법

조색 작업 전 유의사항으로 차량 제조사, 연식, 차종, 색상코드, 수용성, 유용성, 투톤(two tone), 원톤(one tone) 등 정보를 파악하여 색상명을 정확히 확인해야 한다.

1.1.3 색상 시편(color chip) 확인 방법

[1] 오프라인 방식

도료회사에서 제공하는 색상 코드별 색상명과 배합비가 기록된 책자(시편철)를 보고 확인한다.

(1) 오프라인 방식 색상 시편 확인 순서

① 작업 대상 차량의 색상 코드를 확인 후 색상 코드에 맞는 색상 시편을 찾는다.

② 실제 작업 대상 차량과 색상 시편을 비교할 부분의 오염물질을 제거한다.

③ 실제 작업 대상 차량과 비교한다.

④ 색상 시편 뒷면이나 배합데이터 책자에서 배합 원색, 배합비를 확인한다.

그림 6-3 **색상 시편**

그림 6-4 **차량 색상과 색상 시편 비교**

[2] 온라인 방식

인터넷 사이트를 통해 각 도료 제조사 홈페이지에 접속하여 색상 배합을 검색한다. 색상코드별 색상명과 배합비를 확인한다.

1.2 색상의 변색 현상

자동차 색상의 변색 현상은 도막의 색상, 채도, 명도 중 어느 하나 또는 그 이상이 변화하는 현상으로 자동차에서 도장면이 변색되는 가장 큰 원인은 자외선이고, 눈, 비, 먼지, 스크래치 등이 있다.

2 색상 조색

2.1 조색 장비

2.1.1 도료 교반기

① 안료분이 많고 침전되기 쉬운 도료와 균일한 분산을 필요로 하는 도료를 임펠러로 회전시켜 도료를 교반시키는 장치

② 조색재는 도료 교반기 장착용 뚜껑을 장착하여 아주 적은 양도 원하는 양만큼 따라 쓰기가 편리하다.

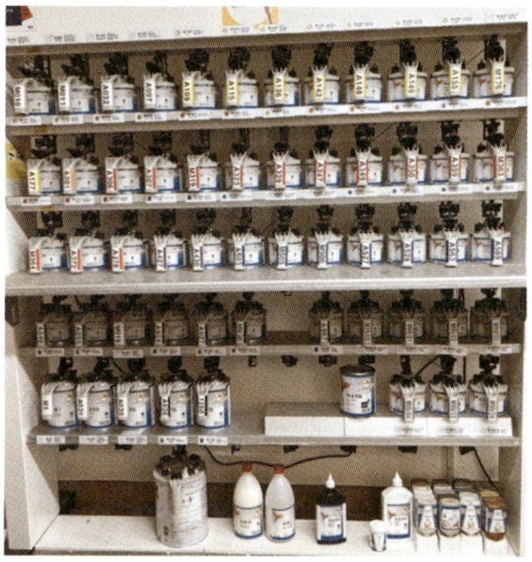

그림 6-5 도료 교반기

그림 6-6 교반기 날개부분과 장착용 뚜껑(Lid)

2.1.2 전자저울

① 조색제를 배합비에 맞게 도료량을 계량한다.

② 최소 무게 단위 : 0.01g

③ 최대 계량 무게 : 3.2kg

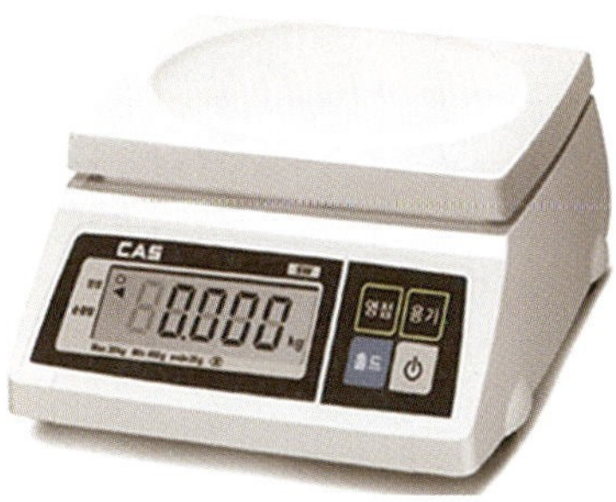

그림 6-7 전자저울

2.1.3 컬러 측색기

① 색차계(Colorimeter) : 색차계는 크게 광원부, 측정부, 데이터 처리부로 구분된다.

② 분광광도계(Spectrometer) : 분광광도계는 크게 광원, 단색화 장치, 검출기로 구성되어 있다.

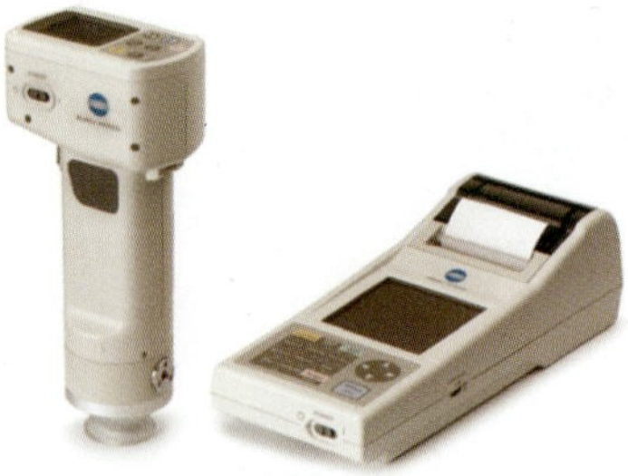

그림 6-8 색차계

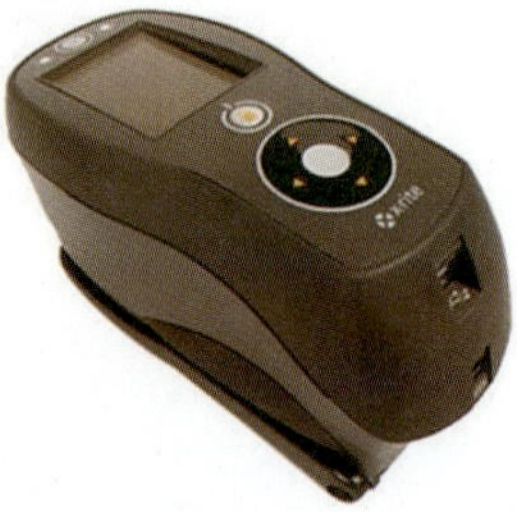

그림 6-9 분광광도계

2.1.4 색상 확인 조명

자연광에서 색상을 확인하지 못할 때 사용한다. 자연광이란 정오를 기점으로 한 5000K~5800K의 밝기를 말하며, 과거 형광등 중심의 조명에서 최근에는 LED 위주의 조명으로 변하고 있다.

그림 6-10 색상 확인 조명

2.1.5 시편 도장 부스

시편도색을 위한 간이 부스

그림 6-11 시편 도장 부스

2.1.6 시편 건조기

연마 및 에칭 후 얼룩발생을 최소화하는 급속 건조가 가능

그림 6-12 시편 건조기

2.2 솔리드 조색

2.2.1 솔리드 도료

솔리드는 원색과 원색을 혼합하여 만들어진 컬러를 말하며, 메탈릭과 펄이 포함되지 않은 상태의 색상으로 무기안료인 원색과 유기안료 원색을 병행해서 사용한다.

2.2.2 솔리드 조색 방법

① 색상 파악 : 원색을 파악하고 조건 등색을 피하면서 클리어가 도장된 컬러인지 판

별한다. 색상을 도장한 후 클리어를 도장하면 선명해지고 건조 후에는 진해진다.

② 색상 조절 : 인접 색을 첨가한다. 기준 색상에 비해서 조색 색상이 색상환의 어느 영역에 있는지 알아야 한다.

③ 명도 조절 : 색상을 희게 만들고자 할 때에는 백색을 첨가한다. 적색 계통은 제외해야 한다. 적색 계통을 사용하면 색상이 분홍색이 된다. 색상을 어둡게 만들고자 할 때에는 검정색을 첨가한다. 컬러가 선명하면 주된 어두운 색을 첨가한다.

④ 채도 조정 : 색상, 명도를 맞추기 위해 여러 가지 조색제를 사용하면 채도가 떨어진다. 색상을 선명하게 만들고자 할 때에는 처음부터 다시 시작해야 하고, 색상을 탁하게 만들고자 할 때에는 흑색을 첨가한다.

2.2.3 솔리드 건조 시 주의사항

[1] 건조에 의한 색상변화

① 솔리드 색상은 액체 상태의 색상과 베이스 도장 및 클리어 도장이 완료되고 열처리가 끝난 후 색상의 편차가 커진다.

② 대체적으로 건조가 완료되면 색상이 선명해지고 명암이 어두워진다.

③ 베이스 상태에서는 진하게 보였다가 건조가 되면서 밝아진다.

[2] 2액형 솔리드의 경화제 혼합에 의한 색상변화

① 수지의 종류에 따라 1액형 및 2액형이 결정된다.

② 일반적으로 2액형 타입은 경화제를 첨가하면 액상에서는 색상이 엷어지지만, 도장 후 건조시켜 색상을 비교하면 선명해지고 명암이 어두워진다.

[3] 은폐

① 솔리드 색상 배합 중 은폐력이 부족한 조색제로 구성되어 있는 배합이 있다.

② 조색 시편 도장 시 정확한 색상 판독을 위해 은폐지를 부착하여 완벽하게 은폐시켜야 한다.

[4] 충분한 조색제 교반

① 도료는 시간이 경과하면 무거운 안료의 분리 및 침전이 발생한다.

② 정확한 조색을 위하여 충분하게 교반한 후 조색작업을 실시한다.

2.3 메탈릭 조색

2.3.1 메탈릭 도료

① 메틸릭은 알루미늄(은분) 및 펄 입자가 포함되어 있는 도료로 솔리드와 다르게 입자(알루미늄)를 가지고 있다.

② 사용 시 알루미늄(은분)의 입자가 도료 중에 골고루 분산되도록 하기 위해서 교반을 확실히 해야 한다.

③ 정면과 측면 색상 및 밝기와 채도가 다르다. 메탈릭 입자의 방향에서 보면 플립 톤과 플롭 톤이 있는데, 플립 톤(flip tone)은 정면에서 관찰 시 색상으로 가장 밝게 보이고, 플롭 톤(flop tone)은 측면에서 관찰 시 색상으로 가장 어둡게 보인다.

④ 메탈릭 도료는 정면이 밝으면 측면이 어둡게 보인다.

2.3.2 메탈릭 색상의 색의 변화

건조에 따른 색상의 변화, 투명 도장에 따른 색상 변화, 도장 조건에 따른 색상의 변화

2.3.3 도료 건조에 따른 색상의 변화

① 건조가 진행되는 동안 무거운 안료는 아래로 가라앉고 상대적으로 가벼운 안료는 위로 떠오르게 된다.

② 액상에서의 색상 확인보다 도장 후 건조 도막을 확인하는 것이 보다 정확하다.

③ 일반적으로 솔리드가 색감이 진해지고 명암이 어두워지는데 비해 메탈릭은 밝아진다.

2.3.4 투명 도장에 따른 색상의 변화

① 1액형 베이스 도막 위에 투명 도장을 하면 유색감이 많아 보이고 밝아진다.

② 메탈릭 베이스의 경우 액상에서는 확인이 어려워 반드시 투명 도장을 한 다음 건조 진행 후 정확한 색상을 확인해야 한다.

2.3.5 메탈릭 도료의 도장 방법에 의한 색상 차이

[1] 드라이 스프레이(Dry spray)

① 표준 도장에 비해서 색상이 밝아진다.

② 도료 중에 알루미늄(은분)의 입자는 도장된 도막의 표면층에 분포한다.

③ 오렌지 필 현상이 발생될 수 있다.

[2] 웻 도장(Wet spray)

① 표준 도장에 비해서 색상이 어두워진다.

② 도료 중 알루미늄(은분)의 입자는 도장된 도막의 하부층에 분포한다.

2.3.6 작업 조건에 따른 메탈릭 도료의 색상 차이

	밝게	어둡게
시너 증발 속도	빠른 시너를 사용한다.	늦은 시너를 사용한다.
시너 희석률	많이 사용한다.	적게 사용한다.
피도체와 건과의 거리	멀리 한다.	가깝게 한다.
건의 이동속도	빠르게 한다.	느리게 한다.
도장 간격	플래시 타임을 늘린다.	플래시 타임을 줄인다.
사용 공기압	높인다.	줄인다.
패턴 폭	넓게 한다.	좁게 한다.
도료량	적게 한다.	많게 한다.
건의 노즐	적은 구경을 사용한다.	넓은 구경을 사용한다.
도장실 조건	유속이나 온도를 높인다.	유속이나 온도를 낮춘다.

참고 공정별 도막 두께

구분	솔리드 컬러	메탈릭 컬러	비고
상도	45~50μm	상도 클리어 30~40μm	
		상도 베이스 25~35μm	알루미늄 가루+솔리드 컬러
중도	35~40μm	35~40μm	
하도	20~25μm	20~25μm	

2.4 펄 조색(3코트)

2.4.1 3Coat 펄 도료의 조색

자동차 보수용 도료 중 바탕색을 도장한 후 은폐력이 없는 펄을 도장하는 방법으로 정면에서는 바탕의 색이 보이고 다른 각도에서 자동차의 색상을 확인할 때 펄이 반사되어 보이는 도료의 조색이다.

2.4.2 펄(pearl) 컬러

① 진주처럼 광택을 내는 것을 펄 도료라고 부른다.

② 펄 컬러는 운모 안료를 첨가한 도장으로 메탈릭이나 기타의 특수 안료를 첨가한 변형(variation) 컬러도 있다.

③ 도막은 메탈릭 컬러와 같은 클리어를 겹친 2층 구조의 2코트 펄과 착색층(컬러 베이스), 펄층(펄 베이스), 클리어의 3층 구조로 된 3코트 펄이 있다.

④ 3코트 펄은 도막의 속에 있는 펄 안료에 빛이 투과하여 반사되는 굴절로써 보는 각도에 따라 진주 빛 광택과 무지개 색의 빛을 나타내는 도색이다. 메탈릭 컬러와는 또 다른 우아한 미관성과 황홀감을 준다.

2.4.3 마이카(mica) 컬러

[1] 개요

① 마이카란 인조펄을 말하며 운모를 잘게 쪼개어 인조코팅을 단색 또는 다색으로 한 것을 마이카라 한다. 운모는 전기 절연성의 반투명 자연석으로 깨지기 쉽다.

② 안료의 입자가 천연운모(MICA)에 얇은 투명 물질인 산화티탄(TiO_2)을 코팅 또는 산화티탄이나 산화철로 코팅된 색상이다.

③ 표면 광택도가 뛰어날 뿐만 아니라 진주광택 효과(빛의 일부는 표면에서 반사되고 나머지 일부는 투과되는 효과)에 의해 보는 각도에 따라 이중 색상 효과를 준다.

④ 메탈릭은 불투명하지만 펄 안료는 반투명하여 일부는 반사, 흡수한다. 채색 및 광량이 작은 경우는 솔리드 컬러로 보이는 멀티 특성을 가지고 있는 것이 특징이다.

[2] 마이카 도료

(1) 마이카 도료의 조성

일반 메탈릭 도료와 도료의 조성(수지, 안료, 용제, 첨가제)에 있어서는 유사한 알루미늄 대신에 마이카를 사용한다.

(2) 마이카 입자의 특징

마이카는 메탈릭 도료에 사용하는 알루미늄 입자와는 다른 광학적인 성질(빛의 다중반사, 산란, 간섭)을 가지고 있기 때문에 알루미늄 입자에서 볼 수 없는 독특한 색감을 갖는다.

[3] 마이카 종류

마이카는 크게 화이트 마이카, 간섭 마이카, 착색 마이카, 은색 마이카가 있다.

2.4.4 펄 도료의 조색

① 컬러 베이스의 색상에 따른 컬러 변화 : 컬러 베이스의 색상에 따라 컬러가 변화한다. 색상이 다른 컬러 베이스 위에 펄 베이스를 도장할 경우 색상이 달라진다.

② 펄 베이스의 도장 횟수에 따른 컬러 변화 : 컬러 베이스의 색상이 같아도 펄 베이스의 도장 횟수가 적거나 많으면 색상이 달라진다.

③ 동일한 색상에 정면 색상과 측면 색상이 같은 방향으로 틀리지 않을 경우 펄 베이스를 조색하여 색상을 맞추어 나간다.

2.4.5 3코트 도장

서페이서 등의 기초 위에 백색(단색)을 도장하고 그 위에 투명감이 있는 펄 베이스를 도장한다. 마무리로 클리어를 도장하는 3층의 도장 방법이다.

[3코트 펄(3Coat-1Bake)]

도막 구성	도막 두께
투명(클리어)	40~50μm
펄 베이스	10~20μm
컬러 베이스	20~30μm
중도(프라이머-서페이서)	40~50μm
워시 프라이머	2~15μm
퍼티	2mm 이하
소재 철판	0.8mm

2.4.6 조색 시 유의사항

① 조색을 할 때 계통이 다른 도료와의 혼용은 가급적 피한다.

② 착색력이 큰 원색을 다른 색에 넣어 혼합시킬 경우, 너무 많이 넣으면 원래의 색으로 돌리기가 어렵다. 그러므로 반드시 소량씩 넣어 가면서 조색하도록 한다.

③ 요구 색보다 약간 엷게 조색한다.

④ 조색 작업 전에 요구 색상에 대하여 충분히 검토한다.

⑤ 컬리브레이션이 완료된 전자저울과 내진 시스템, 바람의 이동이 없는 곳에서 계량한다.

⑥ 조색제 사용 전 도료교반기에서 충분히 조색제를 교반하여 사용한다.

⑦ 은폐지를 부착하여 도장할 때 은폐지를 붙인 곳만 많이 도장하지 말 것

⑧ 메탈릭 베이스 코드 도장 후 건조되면서 밝아지기 때문에 색상 비교는 클리어 도장 후 색을 비교해야 한다.

⑨ 원색의 색상, 방향성을 확실하게 파악해야 한다.

⑩ 도장 조건을 일정하게 한다.

⑪ 컬러의 정면 및 측면, 완전 측면 3각도에서 확인한다.

2.4.7 조색 방법

① 육안 조색법(목(目)측 조색법) : 일반적으로 가장 많이 사용되는 조색법으로 경험에 의하여 직접 눈으로 색상을 관찰하여 손으로 조색하는 방법이다.

② 계량 조색법 : 조색 데이터를 기초로 원색을 이용하여 사용량을 저울의 눈금에 따라 무게 비율대로 적절히 배합해서 하는 조색 방법이다.

③ 컴퓨터 조색법 : 각 원색의 특정치를 컴퓨터에 입력시켜 놓고 조색하고자 하는 색상 견본의 반사율을 측정해서 원색의 배합률 계산을 컴퓨터로 하는 방법이다.

2.4.8 조색 작업 순서

① 색상 배합표를 검색한다.

② 견본색과 결과색을 대조한다.

③ 계량 조색을 한다.

④ 테스트 칠을 통한 확인 및 색상을 비교한다.

⑤ 미조색을 확인한다.

⑥ 조색 작업 완료

3 색상 비교

3.1 색상 비교 방법

3.1.1 육안 비교

사람 눈으로 직접 확인한다.

① 솔리드 컬러 : 측면 45° 확인

② 메탈릭 컬러 : 정면 5°~15°(메탈릭 안료확인), 측면 45°(메탈릭+유색확인), 완전측면 105°~110°(명도 확인)

③ 3코트 펄 컬러 : 정면 5°~15°(펄 안료확인), 측면 45°(펄 안료확인), 완전측면 105°~110°(언더 컬러 베이스 확인)

3.1.2 측색기 비교

컴퓨터에서 각각의 조색제의 양을 증가시키거나 감소시켜 차량 색상과 예측 비교가 가능하기 때문에 숙련이 낮은 작업자에게 컬러 매칭 배합이나 방향성을 제공한다.

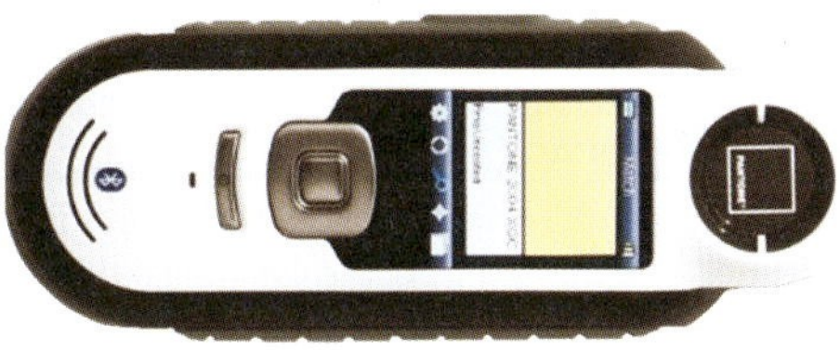

그림 6-13 측색기

3.2 조색의 기본 원칙

① 상호 보색인 색을 배합하면 탁색(회색)이 된다.

② 도료를 혼합하면 명도, 채도가 다 같이 낮아지며 혼합하는 색의 종류가 많을수록 검정에 가까워진다.

③ 유사 색(근접 색)을 혼합하면 채도가 낮아진다.

④ 청색과 황색을 혼합하면 녹색이 된다.

⑤ 양이 많은 원색을 먼저 조합하고 짙은 색으로 명도와 채도를 조절한다.

⑥ 흐린 색(명도가 높은 색)을 먼저 조합하고 짙은 색으로 명도와 채도를 조절한다.

⑦ 색상을 비교하는 공간은 회색 계통으로 하고 비교하는 색에 간섭되지 않도록 유색이나 밝은 색의 제품은 가린다.

⑧ 솔리드 컬러는 색상, 명도, 채도 순으로 조색하고 메탈릭 컬러는 메탈릭 입자, 명도, 색상, 채도 순으로 맞춰간다.

⑨ 색을 조합할 때 원색의 양을 계량하면서 조합한다.

⑩ 가급적 조색 배합비 내의 조색제로 첨가하여 색의 채도가 떨어지지 않도록 한다.

⑪ 원색과 원색의 색상과 채도는 같은 계열을 사용하고 그 위에 보색성이 좋은 것을 사용한다.

⑫ 자동차의 색을 비교할 때는 실차와 같은 조건으로 도장하고 건조 후의 색을 비교한다.

⑬ 조건등색이 생기지 않도록 태양광에서 비교하고 태양광 아래에서 비교하지 못할 경우에는 인공 태양등에서 비교한다.

3.3 조색 시의 변수

색을 밝게 하는 방법	색을 어둡게 하는 방법
빠른 용제를 사용	느린 용제를 사용하거나 리타다 신나를 사용한다.
용제를 많이 사용	평상시보다 용제를 조금 사용한다.
건을 소지로부터 멀리한다.	건을 소지에 가까이 한다.
건 속도를 빠르게 한다.	건 속도를 느리게 한다.
도장간의 플래쉬 타임을 늘린다.	도장간의 플래쉬 타임을 줄인다.
공기압을 늘린다.	공기압을 줄인다.
패턴 폭을 늘린다.	패턴 폭을 줄인다.
토출량을 적게 한다.	토출량을 늘린다.
작은 플루이드 팁을 사용한다.	큰 플루이드 팁을 사용한다.
공기의 흐름이나 온도를 올린다.	2중 도장을 적용한다.

4 색체 이론

4.1 색의 기본원리

4.1.1 색의 일반지식

[1] 색(color)

빛을 받은 물체가 어떤 파장의 빛을 흡수하고 물체의 표면에 파장이 다른 빛이 반사하는 정도에 따라 눈과 뇌에서 느끼는 합성된 감각으로 그 파장에 따라 서로 다른 느낌을 얻게 되는 데, 그 신호를 인식하게 되는 것을 색이라고 하며, 색깔, 색채, 빛깔 등으로도 불린다.

그림 6-14 각종 색

[2] 빛(light)

파장이 4,000~7,000A°(옹스트롬)의 가시광선(사람이 볼 수 있는 광선, 380~780nm)을 나타내며, 시신경을 자극하여 사물을 알아볼 수 있게 한다. 넓은 의미로의 빛은 적외선(빨간색보다 긴 광선, 780~400000nm)과 자외선(보라색보다 짧은 광선, 400~10nm) 및 X선, 감마선까지 포함하여 지칭하기도 한다.

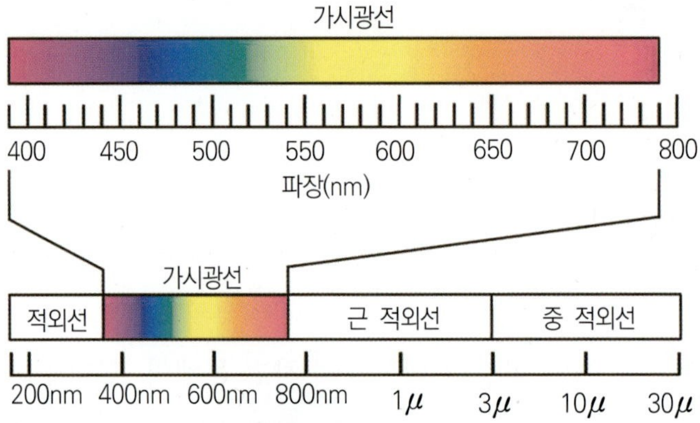

그림 6-15 **빛의 파장**

[3] 가시 스펙트럼

빛은 파장에 따라 굴절하는 각도가 다르다는 성질을 이용하여 프리즘에 의한 순수한 가시 스펙트럼 색을 얻는다. 빛의 가시 스펙트럼은 400nm의 파장을 가진 보라에서부터 700nm의 파장을 지닌 빨강에 걸쳐 있다.

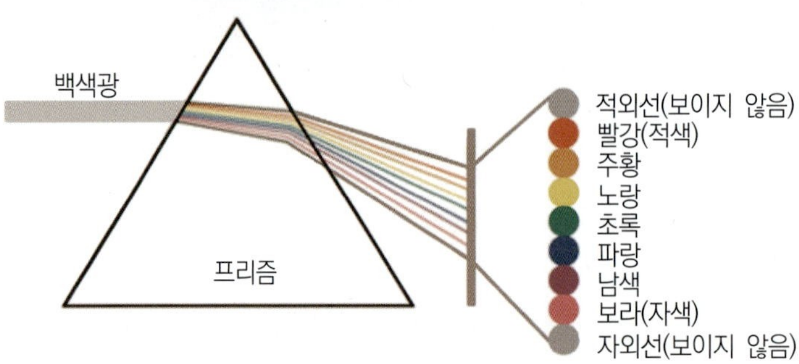

그림 6-16 **스펙트럼 색**

4.1.2 물체의 색(색체)

모든 사물은 빛의 자극에 의하여 각자의 고유한 색을 가지고 있는 것처럼 보이게 된다. 물체가 각자의 색을 가지고 있는 것으로 보이는 것을 물체색이라 하는데, 빛의 반사, 투과 흡수, 굴절, 편광 등에 의해서 나타난다. 빛을 모두 반사하면 백색으로 보이고, 모두 흡수하면 검정색으로 보인다.

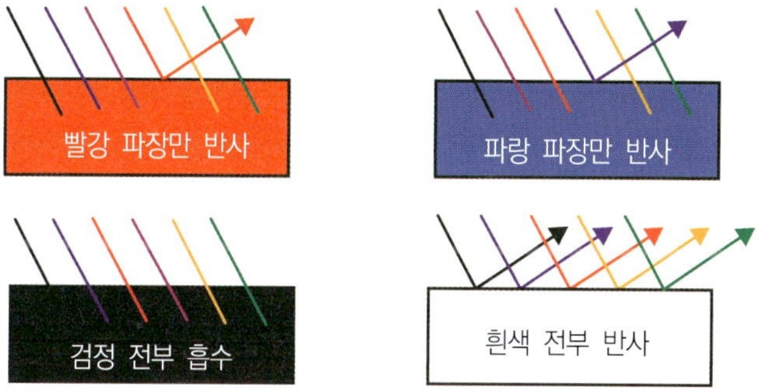

그림 6-17 물체의 색(빛의 흡수와 반사에 의한 색)

① 표면색 : 물체 표면으로부터 반사되는 빛에 의한 색으로 불투명한 물체를 말한다.
② 투과색 : 유리처럼 빛을 투과시키는 물체를 통해 나오는 빛에 의해 느끼는 색
③ 광원색 : 빛을 발하는 광원에 색 기운이 느껴지는 것으로 조명기구 등에서 발하는 색
④ 금속색 : 특정한 파장의 강한 반사로 보여지는 색으로 야간도로 표지판/생명선에서 나타나는 색
⑤ 공간색 : 유리병처럼 투명한 3차원의 공간에 덩이리가 꽉 차보이는 색
⑥ 경영색 : 거울처럼 좌우가 바뀌어 보이는 색

4.1.3 색의 지각과 인간의 반응

[1] 색의 지각

색의 지각은 가시광선에 의하여 사물의 색에 대한 정보를 받아들이는 것을 말하며, 색 지각 4대 조건은 빛의 밝기, 사물의 크기, 색의 대비, 색의 노출이 있다.

[2] 색의 지각에 따른 현상

① 항상성(항색성) : 주위 조명에 따라 색이 바뀌어도 본래의 색으로 유지하려는 특성
② 색순응 : 조명이나 물체색을 오래 보면 선명해지고 밝기가 낮아지는 현상으로 색순응을 통해 어두운 곳에서 쉽게 적응한다.
③ 연색성 : 광원의 분광에 따라 다르게 지각되는 현상으로 빨간색일 경우, 열전구

아래에서는 밝게 보이고, 푸른색의 수은등 아래에서는 어둡게 보인다.

④ 명암순응 : 밝은 곳에서 어두운 곳, 또는 반대 상황에서 처음에는 잘 보이지 않다가 점차 보이게 되는 현상

⑤ 조건등색 : 두 가지 다른 색이 특정 광원에서는 하나의 색으로 보이는 것

⑥ 프르킨예현상 : 어두운 곳에서는 파란 물체가 더 선명하게 보이는 현상

⑦ 색음현상 : 광원이 비추는 물체의 그림자 부분에 광원의 보색이 혼합되어 보이는 현상

[3] 색각 이상

① 색각 : 빛의 파장 차이에 의해서 색을 분별하는 감각을 말한다.

② 색맹

㉮ 전색맹 : 전색맹 또는 완전색맹은 인간이 색을 구별할 수 있는 능력이 없는 단색형 색각을 갖는 경우이다. 이것은 색맹의 일부로, 다른 색맹과 달리 색을 전혀 구별할 수 없다. 밝고 어두움을 구별하는 간상체의 기능만이 존재한다.

㉯ 부분색맹 : 특정한 색채만을 식별하지 못하는 색맹으로 적록 색맹이 많다.

③ 색약 : 색조(빛깔의 강하고 약함, 짙고 옅음 따위가 어울리는 정도)는 느낄 수 있지만, 그 감수 능력이 낮아서 색에 대한 감각이 저하되어 특정한 색을 인식하는 데 어려움을 느끼는 상태를 말한다.

4.1.4 색의 분류 및 색의 3속성

[1] 색의 분류

① 무채색 : 무채색은 채도가 없는 색을 말한다. 0~10까지 11단계이며 흰색과 검은색까지 들어가는 회색 배열의 색을 무채색이라고 보면 된다. 무채색은 색의 3속성 중 명도만 가지고 있다.

② 유채색 : 무채색을 제외한 모든 색을 말하며 유채색은 색의 3속성인 색상, 명도, 채도가 다 존재한다.

(a) 무채색　　　　　　　　(b) 유채색

그림 6-18 색의 분류

[2] 유채색에서의 색 부분

① 원색 : 더 이상 쪼갤 수 없는 기본색으로 다른 색의 혼합으로 만들어질 수 없는 1차색이다. 빛의 1차색은 빨강, 노랑, 파랑이고, 색의 1차색은 마젠타(보라빛이 도는 빨간색), 옐로우(노란색), 시안(청록색)이다.

② 순색 : 무채색이 섞이지 않은 순수한 색으로 동일 색상 중에서 채도가 가장 높은 색으로 빨강, 노랑, 녹색, 파랑, 보라 등이다.

[3] 색의 3속성

색을 규정하는 3가지 지각 성질로 지각 순서는 명도-색상-채도 순이다.

① 색상(Hue) : 빛의 파장에 따라 다르게 구별되는 것으로 사물을 보았을 때 나타나는 빛깔이나 특징적인 색 자체의 명칭으로, 명도와 채도에 관계없이 각 색에 붙인 명칭 또는 기호를 그 색의 색상이라고 하며, 먼셀의 20색상환을 표준으로 사용한다.

② 명도(Value) : 색의 밝고 어두운 정도를 나타내는 것으로 명암 단계를 그레이스케일이라 한다. 색을 모두 흡수하면 완전한 검정으로 N0로 하고, 모든 빛을 반사하면 순수한 백색으로 N10으로 표시한다. 그리고 그 사이를 정수로 표시한다. 명도는 백색에서 검정색까지 11단계로 구분한다.

③ 채도(Chroma) : 색 파장의 순수한 정도를 나타내는 것으로 색의 맑고 탁함, 강약, 선명도, 포화도, 순도라고 한다. 빨강과 같은 순색일수록 채도가 높고, 혼합할수록 낮아진다.

참고 채도에 따른 분류

① 순색 : 각 색상 중에서 채도가 가장 높은 색(무채색이 전혀 섞이지 않은 색)
② 청색 : 순색에 하얀색이나 검정색을 혼합한 색
　㉮ 명청색 : 순색+하얀색(명도는 높아지고 채도는 낮아짐)
　㉯ 암청색 : 순색+검정색(명도 · 채도가 모두 낮아진다.)
③ 탁색 : 순색+회색을 섞을 때 나오는 색을 말한다.
　㉮ 탁색 : 순색+회색(채도가 낮아진다.)
　㉯ 탁색 : 청색+회색(채도가 낮아진다.)

[4] 표준 색상환

색상환이란 색채를 구별하기 위해 비슷한 색상들을 규칙적으로 배열해 놓은 것으로 같은 계열 색들을 둥글게 배열하여 색상환이라 하며, 색환이라 부르기도 한다.

(1) 보색(Complementary)

① 색상환에서 가장 먼 거리에 있는 색상이며 정반대쪽에 위치한 색상
② 보색관계에 있는 두 색은 색상의 차이가 가장 많이 난다.
③ 빨강과 청록, 노랑과 남색, 연두와 보라 등이 보색관계이다.
④ 보색은 대조적인 따뜻한 색(Warm Color)과 차가운 색(Cool Color)이 대비되는 효과로 디자인 시 강렬하고 극명한 인상을 줄 수 있다.
⑤ 색상환에서 마주보는 보색을 혼합하면 검정에 가까운 무채색이 된다.

그림 6-19 **보색표**

(2) 분할 보색(Split Complementary)

① 분할 보색은 색상환에서 선택한 컬러의 맞은편 해당 보색의 양 옆에 위치한 두 색을 선택하여 총 세 개의 컬러로 구성하는 배색 방식이다.

② 보색의 장점인 강조성을 살리고, 보색을 잘못 사용하면 촌스러울 수 있는 대비 효과의 위험성을 줄일 수 있는 배색 방법이다.

(3) 삼색(Triadic)

① 삼색(Triadic)은 색상환에서 정삼각형의 위치에 배열된 세 가지 색으로 배색하는 방법이다.

② 즉, 같은 120도 간격으로 위치한 세 개의 색을 조합하는 것이다. 삼색 역시 보색과 같이 강조와 역동성을 줄 수 있는 배색이다.

(4) 유사색(Analogous)

① 유사색(Analogous)은 색상환에서 서로 인접한 3개의 색으로 구성된 배색이다.

② 대비(Contrast)는 약하지만 차분한(Calm) 느낌을 준다.

③ 조화로우면서 안정적이며 친근한 느낌의 효과를 디자인할 수 있다.

④ 이 배색은 우리가 자연(Nature)에서 자주 접하는 배색이기도 하다.

⑤ 유사색은 안정적으로 컬러를 배색할 수 있어, 단색과 함께 비전공자와 초보자가 실패할 확률이 적은 배색 방법이다.

⑥ 중요한 것은 3개 이하의 색을 사용해야 안전하게 적용할 수 있다는 것이다. 더욱 안전한 방법은 따뜻한 색(Warm Color)과 차가운 색(Cool Color)의 각 계열에 해당하는 색으로만 구성해주는 것이다.

그림 6-20 유사색

(5) 단색(Monochromatic)

① 단색은 한 가지 색에서 밝고 어두운 정도(명도)와 탁하고 맑은 선명한 정도(채도)를 조절하여 배색하는 방법이다.

② 단색은 깨끗하고(Clean) 심플한(Simple) 느낌을 주며 통일성(Unity)을 부여하는 배색이다.

③ 단색 역시 유사색과 비슷하게 안정적인 감성을 더욱더 부드럽고 무난하게 표현할 수 있다.

4.2 색의 혼합

4.2.1 색채혼합의 원리

[1] 색혼합

대부분의 물체들은 어떤 색들이 모여서 하나의 색으로 보이는 경우가 많다. 두 개 이상의 색광이나 색필터, 또는 색료(물감, 잉크, 안료, 염료, 페인트) 등을 서로 혼합하여 다른 색감각을 일으키는 것을 혼색 또는 색혼합이라고 한다.

[2] 삼원색(Three Primary Colors)

원색은 모든 색의 근원이 되는 색이다. 원색 이외의 색을 아무리 합성해도 이 원색을 만들 수 없다. 서로 독립된 삼원색의 빛을 적당한 비율로 배합하면 어떠한 색도 만들 수 있다. 적색(red) · 녹색(green) · 청색(blue)을 색광의 삼원색이라고 하고, 이것을 혼합하는 것을 가산혼합이라고 한다. 또 모든 색에 대해서 서로 보색 관계에 있는 자주(magenta), 노랑(yellow), 청록색(cyan)을 색료의 3원색이라 하고, 이것들을 섞는 것을 감산혼합이라고 한다.

4.2.2 가산혼합과 감산혼합 및 중간혼합

[1] 가산혼합(Additive color mixing)

빛은 섞을수록 밝아진다. 색상 조명이 혼합된 경우, 그 합은 항상 혼합되기 전

색상들보다 밝다. 이것을 가산혼합이라고 한다. 가산혼합에서 발생하는 현상은 가시광선의 세 가지 기본 색인 빨강(Red), 초록(Green), 파랑(Blue)의 혼합을 살펴보면 보다 쉽게 이해할 수 있다. 이 세 가지 색상은 빛의 기본색(RGB)으로 알려져 있다. 그리고 이 세 가지 기본색이 혼합되면 백색광이 된다.

노랑(Yellow), 자주(Magenta), 청록색(Cyan)은 2차색으로 분류되며, 이는 각각 두 가지 기본 색상의 혼합으로 구성된다. 이러한 2차색은 그 자신을 포함하지 않는 다른 기본 색상과 혼합하면 백색광이 된다. 그리고 우리는 이것을 보색(complementary colors)이라 부른다. 노랑의 빛은 보색인 파랑의 빛과 섞이면 백색의 빛이 된다. 자주의 빛은 보색인 녹색의 빛과 청색의 빛은 보색인 빨강의 빛과 섞이면 백색광이 만들어진다.

[2] 감산혼합(Subtractive color mixing)

페인트와 같은 물감을 혼합하는 경우에는 항상 원래의 색보다 어두운 물감이 만들어진다. 이러한 형태의 색 혼합을 감산혼합이라고 한다. 두세 가지의 원색 페인트를 혼합하면 검은색이 만들어진다.

가산혼합과는 반대로 보색의 감산혼합은 다시 원색을 만들어낸다. 노랑과 자주의 혼합은 빨강이 된다. 노랑과 청록은 초록을 만들며, 자주와 청색은 파랑이 된다. 청색, 자주, 노랑이 모두 함께 섞이면 검은색이 된다.

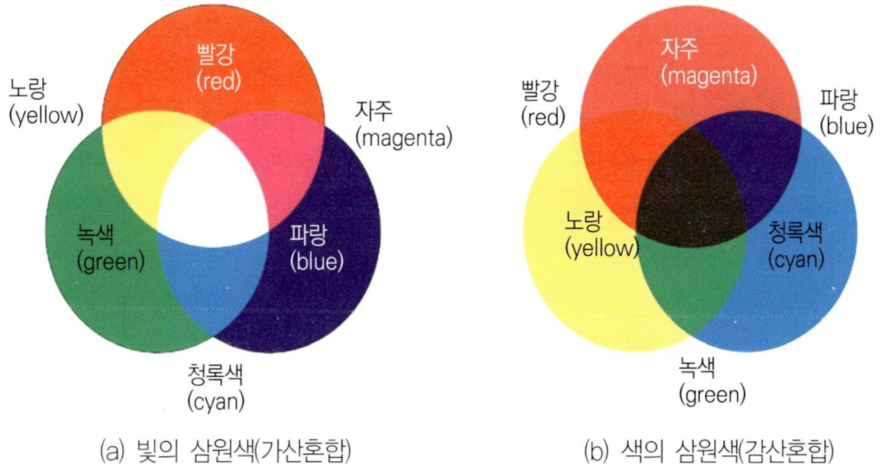

그림 6-21 가산혼합과 감산혼합

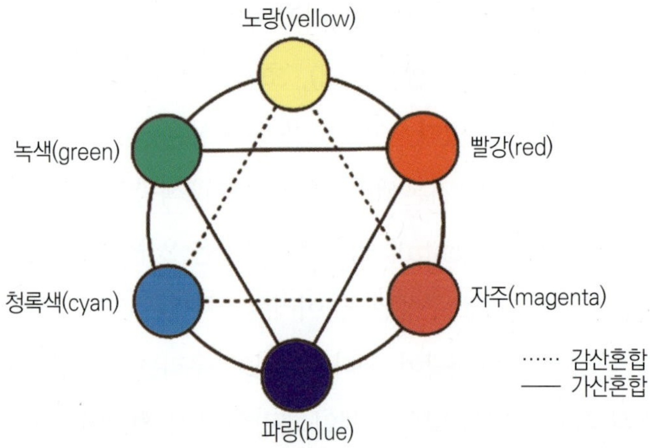

그림 6-22 가산혼합과 감산혼합의 관계

[3] 중간혼합

평균혼합이라고도 하며 병치혼합과 회전혼합 두 가지가 있다.

(1) 병치혼합

실제로 색을 섞는 것이 아니라 서로 조밀하게 가깝게 놓아서 혼색되어 보이게 하는 혼합 방법을 말한다.

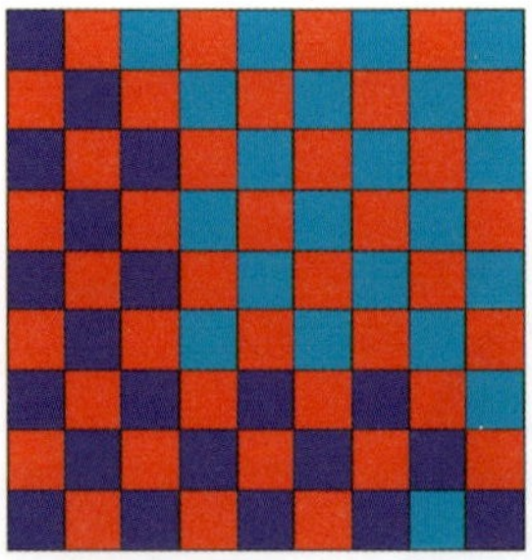

그림 6-23 병치혼합

(2) 회전혼합

두 개 이상의 색 표를 회전판에 적당한 비례의 넓이로 붙여서 1분에 2000~3000번의 속도로 회전하면 원색판이 혼색되어 보이게 하는 혼합방법을 말한다. 맥스웰

원판이라고 하며 이렇게 생긴 혼색을 회전원판 혼색이라고 한다. 유채색과 무채색의 혼합은 평균 채도로 보이지만 유채색과 유채색, 그중에서도 보색이나 반대색은 무채색으로 보인다.

① 명도 : 두 색 중 명도가 높은 색 방향으로 기울어 보인다.

② 채도 : 두 색 중 명도는 같고 채도만 다를 경우 채도가 높은 색 방향으로 더 기울어 보인다.

③ 종류 : 색팽이, 바람개비

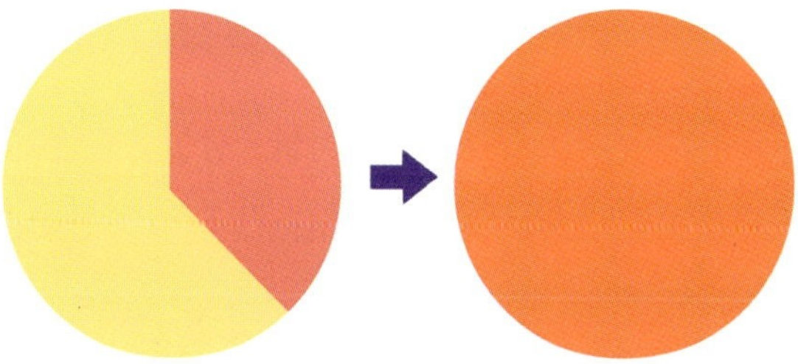

그림 6-24 회전혼합

4.3 색의 표시

일반적으로 색을 표시하는 체계를 표색계(表色系)라고 하며, 표색계에는 심리 물리색을 표시하는 혼색계(Color Mixture System)와 지각색을 표시하는 현색계(Color Appearance System)가 있다. 혼색계란 모든 색을 적절하게 선정된 세 가지의 색을 가법혼색시켜서 등색(等色)시킬 수 있다. 이러한 원리를 이용하여 시료(Sample)에 일치하는 색을 구성하는 3자극 값(Tri Stimulus Values)의 양을 측정하면 색 감각이 수량적으로 나타낸다고 하는 원리에 기초를 든 색 표시 체계이다.

현색계란 색표(Color Book) 같은 것으로 표준을 정하여 여기에 적당한 번호나 기호를 붙여놓고 물체색 시료와 색 표를 비교하여 물체의 색채를 표시하는 체계이다. 표준색표의 번호나 기호는 일반적으로 색의 3속성(색상, 명도, 채도)에 따라 표시한 것이다.

4.3.1 색명에 의한 색의 표시방법(색명법, Color Naming System)

색이름(Name of Non-Luminous Object Colours)에 의하여 색을 표시하는 방법으로서 색명은 우리들의 색감(色感)과 직결되어 있기 때문에 숫자나 기호보다 색감을 잘 표현하며, 부르기 쉽고, 기억하고, 상상하기 쉬워서 예전부터 지금까지 가장 일반적인 전달방법으로 사용되었다. 그러나 표색계에 비하여 다소 감성적이며 부정확성이 있으나 언어를 통한 의사전달로써 가장 빠르고 편리한 방법의 하나이다.

[1] 관용색명

관습상 사용되어온 색명의 어원은 동물, 식물, 광물, 자연대상과 지명, 인명 등의 이름을 따서 만든 것으로서 고유색명(Traditional Color)이라고도 한다. 예를 들면, 살색, 쥐색, 귤색, 가지색, 고동색, 은색, 하늘색, 물색 등 누구나 생각해 낼 수 있는 보통명사+"색"= 관용색명인 것이다. 그러나 어느 특정한 색을 여러 가지 말로 표현하는 것은 혼동하기 쉬우며, 시대사조나 유행에 따라 좌우되기도 하며 색채 전달이 불안정하다. 관용색명은 KSA 0011에는 153색이나 세계적으로는 3000여 개가 알려져 있다.

[2] 계통색명

색채를 색의 삼속성에 따라 분류하고 색상, 명도, 채도의 정도에 따라 적절한 언어로 표현한 호칭으로서 일반색명이라고도 한다. 예를 들면, 해맑은 노랑 띤 녹색으로 표현하는데, 수식어+기본색명=계통색명인 것이다. 1964년에 제정된 KSA 0011(물체색의 색 이름)에서는 유채색은 빨강(적, R), 주황(O), 노랑(황, Y), 연두(L), 녹색(G), 청록(C), 파랑(청, B), 남색(V), 보라(자, P), 자주(적자, M)색을 기본 색명으로 한다. 무채색은 흰색, 회색, 검정색으로 나타낸다. 색상에 관한 수식어는 빨강띤(reddish, r), 노랑띤(yellowish, y), 녹색띤(greenish, g), 파랑띤(bluish, b) 보라색(purplish, p)이라 하고 명도 및 채도, 즉 색조(tone)에 관한 수식어는 밝은, 어두운, 연한, 칙칙한, 해맑은 등을 사용한다.

4.3.2 삼속성에 의한 색의 표시방법(현색계, Color Appearance System)

[1] 먼셀 표색계(Munsell Renotation System)

물체의 색지각을 색의 3속성에 따라 색상을 휴(Hue), 명도를 밸류(Value), 채도를 크로마(Chroma)라고 규정하여 3차원적인 색 입체를 구성하고 있다.

(1) 먼셀 색체계 속성

1) 먼셀의 색상(Hue)

① 먼셀은 빨강, 노랑, 녹색, 파랑, 보라를 주 5색으로 규정하고 있다.

② 주 5색에 간색을 추가하여 주 10색을 만든다.

③ 대표 숫자 "5"는 언제나 기본 색상에 붙는다.

④ 색을 이어지도록 둥글게 구성한 것을 색상환이라고 한다.

⑤ 우리나라에서는 20색상환을 표준으로 사용하고 있다.

2) 먼셀의 명도(Value)

① 먼셀은 색의 밝고 어두움을 나타내는 명도를 11단계로 구분하고 있다.

② 완전한 흰색과 검정은 존재하지 않으므로 흰색과 검은색을 추가하여 사용하고 있다.

③ 실질적으로 검정은 가장 어두운 회색으로 "1"이 되며, 흰색의 명도 단계는 9.5가 된다.

3) 먼셀의 채도(Chroma)

① 먼셀은 무채색을 채도가 없는 "0"으로 보고 채도가 가장 높은 색을 14로 규정하고 있다.

② 보통 0/, 1/, 2/, · · · , /14와 같이 보통 2단계씩 나누어 표기한다.

(2) 먼셀의 색입체, 색상환

1) 색입체

색채 나무라고도 하며 색의 3속성인 색상(Hue), 명도(Value), 채도(Chroma)를 쉽고, 정확하게 알아볼 수 있도록 3차원적으로 구성한 것을 말한다.

① 먼셀의 색입체는 각 색들의 3속성이 다르게 나타나므로 불규칙 타원 모양을 하고 있다.

② 색상 : 색입체의 바깥 부분에 각각의 색상이 둥글게 위치하고 있다.

③ 명도 : 색입체의 중심을 이루고 있다. 명도 11단계를 나타내며, 위쪽은 명도 10단계의 흰색, 아래쪽은 명도 0단계의 검은색이 위치하고 있다.

④ 채도 : 색입체에서 수평으로 위치한다. 중심축을 채도 0으로 하고, 바깥쪽의 순색으로 나올수록 채도가 높아진다.

⑤ 색입체를 수평으로 절단하면 같은 명도면(등명도면)이 나타난다.

⑥ 색입체를 수직으로 절단하면 같은 색상면(등색상면)이 나타난다.

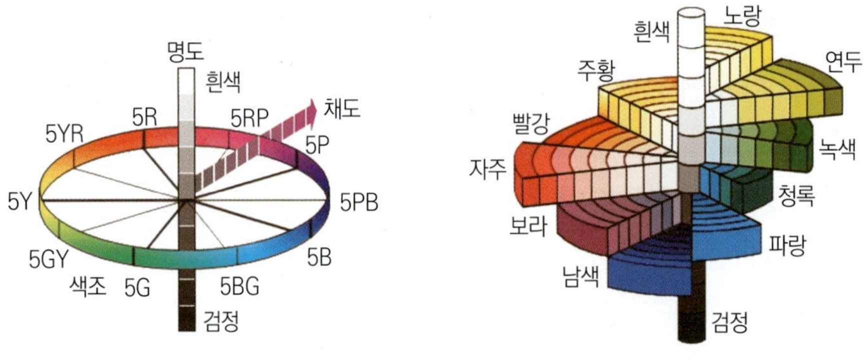

그림 6-25 먼셀 색입체

2) 색상환

① 색상이 유사한 것끼리 둥글게 배열하여 만든 것

② 가까운 색들을 유사색, 인접색이라 하며 거리가 먼 색을 반대색이라 한다.

③ 색상환에서 정반대의 색을 보색이라고 한다. 보색을 혼합하면 어두운 무채색이 된다.

(3) 먼셀의 색 표기법

① 기본 10색 : 빨강, 주황, 노랑, 연두, 녹색, 청록, 파랑, 남색, 보라, 자주

그림 6-26 10색 상환

번호	색명	영문 이름	기호	먼셀 기호
1	빨강	Red	R	5R4/14
2	주황	Orange, Yellow Red	YR	5YR6/12
3	노랑	Yellow	Y	5Y9/14
4	연두	Green Yellow, Yellow Green	GY	5GY7/10
5	녹색	Green	G	5G5/8
6	청록	Blue Green, Cyan	BG	5BG5/6
7	파랑	Blue	B	5B4/8
8	남색	Purple Blue, Violet	PB	5PB3/12
9	보라	Purple	P	5P4/12
10	자주	Red Purple, Magenta	RP	5RP4/12

② 기본 20색 : 기본 10색에 중간색 10색 포함

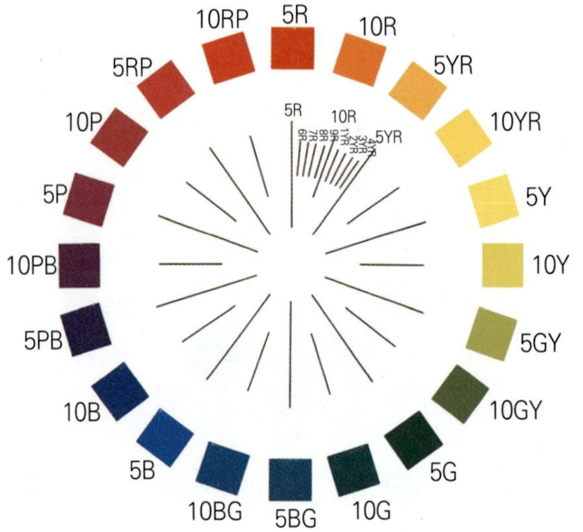

그림 6-27 **20색 상환**

번호	색명	영문 이름	기호	온도감
1	빨강	Red	R	따뜻한색
2	다홍	Yellowish red	yR	
3	주황	Orange, Yellow red	YR	
4	귤색	Reddish yellow	rY	
5	노랑	Yellow	Y	
6	노랑연두	Greenish yellow	gY	중성색
7	연두	Green yellow, Yellow green	GY	
8	풀색	Yellowish green	yG	
9	녹색	Green	G	
10	초록	Pale Blue green	bG	
11	청록	Blue Green, cyan	BG	차가운색
12	바다색	Pale green blue	gB	
13	파랑	Blue	B	
14	감청	Pale purple blue	pB	
15	남색	Purple Blue, Violet	pB	
16	남보라	Pale blue purple	bP	
17	보라	Purple	P	
18	붉은보라	Pale red purple	rP	중성색
19	자주	Red Purple, Magenta	RP	
20	연지	Pale purple red	pR	

[2] NCS 표색계(NCS System)

1979년 스웨덴표준(SIS)으로 공인발간(1750색)되면서 세계인의 주목을 받기 시작한 NCS(Natural Color System)는 오스트발트와 헤링의 순수색채 감지이론을 근거로 발전되어온 색표계이다. 이 시스템의 특징은 인간의 눈의 특성을 심리 · 물리적 원리에 대입하여 현실적으로 사용할 수 있는 현색계 시스템으로 만든 것이다. 구성은 먼저 6개의 기초컬러, 즉 White W, Black S, Yellow Y, Red R, Blue B, Green G로 이루어져 있고 W(Wei 백색도), S(Schwortz 흑색도), C(Chomaticness 순색도)로 구성되어 있다. 먼저 W~S 사이는 무순색도의 밝기 배열이며 W(S)~C 사이는 순색의 포화도를 나타낸다. 색상환(Color Circle)은 Y, R, B, G 구간에 10단위씩 나누어 총 40개로 구성되어 있다. 예를 들어, S 2030-Y90R이라면 흑색도(Blackness : Schwartz) 20%, 순색도 C(Chromaticness) 30%로서 인간이 느끼는 뉘앙스(Nuance)를 나타내고 적색도(Redness) 90%인 황색색상(Hue)를 나타낸다. 맨 앞의 S는 재판(Second Edition)을 뜻한다. 무채색은 0500-N, 1500-N, 2000-N으로 배열되어 9000-N은 흑색을 나타낸다.

NCS 시스템은 과학적이면서도 인간의 색채 감지를 중시하는 것으로서 색채 설계를 할 경우 통일성 및 정체성은 우수하게 표현되지만 세부적인 변화나 작은 색감의 차이를 별도로 기획하여야 하기 때문에 먼셀 시스템에 비하여 쉽게 해결되지 않는 면도 있다.

[3] 오스트발트 표색계

① 1923년 독일의 오스트발트가 발표한 색량에 따라 규정한 표색계로, 먼셀 표색계와 함께 대표적인 표색계이다.

② 검정량을 B, 흰색량을 W, 완전한 컬러의 순색량을 C라고 규정하고 이 세 가지의 혼합 비율에 따른 색채를 규정하였다.

③ 혼합 양의 합계는 무채색은 W+B=100%가 되며, 유채색은 W+B+C=100%가 되어 언제나 일정하게 된다.

④ 색상환은 헤링의 4원색 설인 노랑, 빨강, 파랑, 청록을 기본으로 하여 24색을 만든다.

⑤ 색입체는 삼각형의 회전체인 원뿔을 위아래로 겹쳐놓은 복원뿔의 형태를 띠고 있다.

4.4 색의 효과

4.4.1 색의 대비

색의 대비란 두 가지 이상의 색이 서로 영향을 주어 실제의 색과는 다르게 보여 그 색 차이가 강조되는 현상이다.

[1] 색상대비

일정한 색이 인접한 색의 영향을 받아서 색상이 달라져 보이는 현상으로 색상이 서로 다른 색끼리 배색되었을 때 각 색상은 그 보색 방향으로 변한다.

그림 6-28 색상대비

[2] 명도대비

명도가 다른 두 색이 근접하여 서로 영향을 주는 것으로 밝은 색은 더 밝게, 어두운 색은 더 어둡게 보이는 현상이다. 명도차가 클수록 대비 현상이 더 강하게 일어나며, 무채색의 명도 대비뿐만 아니라 유채색의 명도들 사이에서도 대비 현상이 일어난다.

그림 6-29 명도대비

[3] 채도대비

채도가 서로 다른 두 색이 배색되어 있으면 채도가 높은 색은 더욱 높게, 채도가 낮은 색은 더욱 낮게 보이는 현상이다. 즉, 채도가 높은 색 가운데에 채도가 낮은 색을 옆에 둘 때 채도가 더 낮은 것으로 보이며, 반대로 낮은 채도 가운데 있는 높은 채도의 색이 더욱 높게 보이는 현상을 말한다. 색상대비가 일어나지 않는 무채색에서는 채도대비가 일어나지 않는다.

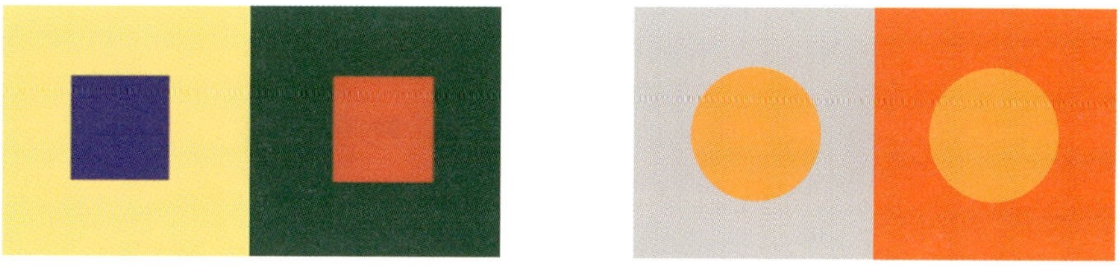

그림 6-30 채도대비

[4] 보색대비

서로 보색이 되는 색들끼리 나타나는 대비효과로 보색끼리 이웃하여 놓았을 때 색상이 더 뚜렷해지면서 선명하게 보이는 현상

그림 6-31 보색대비

[5] 보색잔상

어떤 빛깔을 바라보다가 다른 데로 눈길을 돌렸을 때 그 보색이 나타나는 현상

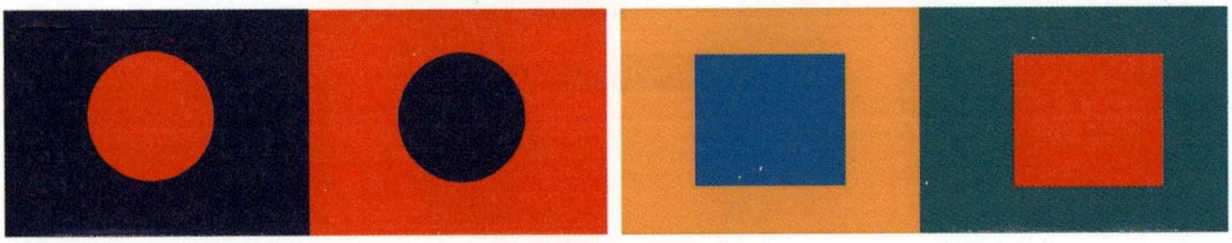

그림 6-32 **보색잔상**

[6] 계시대비

어떤 색을 보고 난 후 다른 색을 본 경우 먼저 본 색의 영향으로 다음에 본 색이 다르게 보이는 현상이다.

그림 6-33 **계시대비**

[7] 면적대비

면적의 크고 작음에 따라 색채가 서로 다르게 보이는 현상으로, 면적이 커지면 명도 및 채도가 더욱 증대되어 보인다. 따라서, 그 색은 실제보다 더욱 밝고 채도가 높아 보이게 되며, 반대로 면적이 작아지면 명도와 채도가 더욱 감소되면서 보이는 대비이다. 순색의 면적대비는 큰 면적보다도 작은 면적 쪽이 더욱 효과적이며 넓은 면적은 몹시 강한 자극을 주어 눈을 쉽게 피로하게 만들고, 좁은 면적의 색이 더 뚜렷하게 보인다. 좋은 대비효과를 목적으로 할 경우 넓은 면적은 채도가 더욱 낮은 색으로, 좁은 면적은 채도가 높은 색으로 하는 것이 좋다.

그림 6-34 면적대비

[8] 연변대비

어떤 두 색이 맞붙어 있을 때 그 경계 언저리에서 색상, 명도, 채도대비의 현상이 더욱 강하게 일어나는 현상이다.

그림 6-35 연변대비

[9] 한난대비

따뜻한 색은 더 따뜻하게 차가운 색은 더 차갑게 보이게 하는 현상이다.

그림 6-36 한난대비

4.4.2 동화효과

대비와는 반대되는 효과로 면적이 작거나 무늬가 가늘 경우에 생기는 효과로서 배경과 줄무늬의 색이 비슷할수록 그 효과가 커지게 된다. 이때는 배경과 줄무늬가 혼합되어 보이거나 색상, 명도, 채도가 본래의 색보다 다르게 지각된다. 줄무늬의 간격이 크거나 두꺼울 경우에는 동화현상은 사라지고, 대비현상이 일어나게 된다.

① 명도의 동화 : 배경색과 문양이 서로 혼합되어 주로 명도의 변화가 보이는 동화현상

② 색상의 동화 : 배경색과 문양이 서로 혼합되어 주로 색상의 변화가 보이는 동화현상

③ 채도의 동화 : 배경색과 문양이 서로 혼합되어 주로 채도의 변화가 보이는 동화현상

그림 6-37 동화효과

4.4.3 진출과 후퇴, 팽창, 수축

[1] 진출과 후퇴

(1) 진출색

① 가까이 있는 것처럼 앞으로 튀어나와 보이는 색을 말한다.

② 대체로 유채색이 무채색보다 진출되어 보인다.

(2) 후퇴색

뒤로 물러나 보이거나 멀리 있어 보이는 색을 말한다.

그림 6-38 진출과 후퇴

[2] 팽창, 수축

(1) 팽창색

① 색 중에서 실제보다 더 크게 보이는 색을 말한다.

② 진출색과 비슷한 성향이므로 난색이나 고명도

③ 고채도의 색은 실제보다 확산되어 보이게 된다.

(2) 수축색

① 한색이나 저명도 저채도의 색은 실제보다 축소되어 보인다.

② 후퇴색과 비슷한 성향을 가지고 있다.

4.4.4 색채의 심리

[1] 색채의 정서적 반응

① 색채의 주관성 : 색채의 시각적 효과는 주관적 해석에 따라 결정

② 기억색 : 무의식적 추론으로 결정된 대상의 표면색

③ 색채 항상성 : 빛 자극 등의 물리적 특성이 변해도 물체의 색감이 동일하게 유지된 것으로 인식하는 것.

④ 착시 : 색의 대비나 동화 및 잔상 현상 등으로 인해 실제와 다르게 지각하는 것

[2] 일반적 반응

색의 지각으로 인해 일어나는 일반적 반응

(1) 온도감

색의 온도감은 색상이 주는 따뜻함과 차가움의 정도를 말한다. 이것은 주로 색상과 관계가 있으며, 따뜻한 느낌을 주는 색을 난색, 차가운 느낌을 주는 색을 한색, 따뜻하지도 차갑지도 않는 느낌을 주는 색을 중성색이라고 한다. 따라서 빨강 계열은 난색, 파랑 계열은 한색, 초록과 보라 계열은 중성색이다.

(2) 무게감

색에 의한 무게감은 색상이 주는 가벼움과 무거움의 정도를 말한다. 주로 명도와 관계가 있으며, 명도가 높은 밝은 색은 가벼운 느낌을, 명도가 낮은 어두운 색은 무거운 느낌을 준다. 배색에 있어서도 흔히 명도가 높은 색을 위쪽에, 명도가 낮은 색을 아래쪽에 놓으면 시각적으로나 심리적으로 안정감을 준다.

(3) 경연감

색의 경연감은 색채가 주는 딱딱하거나 부드러움의 정도를 말한다. 이것은 시각적 경험 등에 의한 것으로 색채를 통하여 딱딱하게 느껴지는 색과 부드럽게 느껴지는 색이 존재하게 된다. 경연감은 명도와 채도에 영향을 받아 명도가 높고 채도가 낮으면 부드러운 느낌을, 중명도 이하로 명도가 낮고 채도가 높으면 딱딱한 느낌을 준다.

(4) 흥분감

색은 사람의 호르몬과 혈압, 체온 등에 영향을 미쳐 감정을 흥분시키거나 진정시키는 효과가 있다. 즉, 색은 감정을 자극하거나 억누르는 힘을 갖고 있다. 그러나 색채에 대한 반응은 즉각적이고 일시적이어서 잠깐 동안 감정이 고조되고 상승했다가 가라앉아 버린다. 보통 따뜻한 색 계열이면서 채도가 높은 색은 흥분을 유발하고, 차가운 색 계열이면서 채도가 낮은 색은 진정 효과를 준다.

(5) 시간감

비렌(Faber Birren)에 의하면 장파장(난색) 계통의 색채 실내에서는 시간의 흐름이 길게 느껴지고, 단파장(한색) 계통의 색채 실내에서는 시간의 경과가 짧게 느껴진다고 한다.

(6) 계절감

자연은 계절에 따라 색이 달라지며, 계절의 감정은 색채를 통해 느낄 수 있다. 명도와 채도에서 엷은 명색조는 봄과 초여름의 신선함을, 선명한 명색조는 늦여름의 성숙함을, 탁한 암색조는 가을과 겨울의 휴식을 나타낸다.

(7) 색과 맛

색채는 식욕을 돋우면서 맛과 긴밀한 관계를 갖는다.

단맛	Red, pink
짠맛	Blue-green, grey, white
신맛	Yellow, yellow-green
쓴맛	Brown-maroon, olive green

4.4.5 색의 연상과 의미

[1] 빨강색(Red) - 역동적이고 강렬함의 상징

① 긍정적 의미 : 정열, 힘, 에너지, 열정, 운동, 젊음, 행복, 기쁨, 일, 피, 사랑, 욕망, 애국심, 환희, 자유, 외향성, 적극성을 의미

② 부정적 의미 : 죽음, 증오, 분노, 흥분, 공격적, 충동적, 고통, 혁명 등을 의미

[2] 주황색(Orange) - 창조적 감각을 상징

① 긍정적 의미 : 친근함, 에너지, 따뜻함, 사교적, 온화함을 의미

② 부정적 의미 : 악담, 변하기 쉬운, 허풍을 의미

[3] 노랑색(Yellow) - 행복과 희망을 상징

① 긍정적 의미 : 희망, 상상, 빛, 밝음, 즐거움, 생동감, 지성, 귀족, 개나리를 의미

② 부정적 의미 : 배신, 변덕, 경박한, 인색한, 비겁함을 의미

[4] 초록(Green) - 휴식과 평화를 상징

① 긍정적 의미 : 식물, 평화, 자연, 지구, 녹지, 대지, 건강, 행운, 조화, 안전, 생명력을 의미

② 부정적 의미 : 질투, 죽음, 재앙, 기괴함을 의미

[5] 파랑(Blue) - 믿음을 상징

① 긍정적 의미 : 신뢰감, 성공, 희망, 축제, 명상, 바다, 신선한, 순수, 진실, 쿨한, 청결을 의미

② 부정적 의미 : 독선적, 우울한, 슬픔, 보수적을 의미

[6] 갈색(Brown) - 중후함을 상징

① 긍정적 의미 : 흙, 대지, 당, 자연, 나무, 토지, 안정, 중후함, 고전미를 의미

② 부정적 의미 : 가난, 인색한, 완고한, 무거움, 지루한, 엄숙한, 보수적, 늙은 의미

[7] 회색(Gray) - 지적미와 안정감을 상징

① 긍정적 의미 : 지성, 미래, 도시적, 지향적, 우아함, 겸손, 성숙, 회상을 의미

② 부정적 의미 : 비애, 쇠퇴, 무관심, 이기심, 무기력, 애매함을 의미

[8] 흰색(White) - 순결과 청결을 상징

① 긍정적 의미 : 선, 신, 천국, 천사, 영원성, 순수, 청결, 맑은, 완벽, 정확, 지혜를 의미

② 부정적 의미 : 공포, 귀신, 유령, 불안, 죽음, 영적, 무관심을 의미

[9] 검정(Black) - 힘과 고급스러움을 상징

① 긍정적 의미 : 힘, 단호함, 결단력, 왕위, 엄숙, 권위, 규율, 세련됨, 고급을 의미

② 부정적 의미 : 죽음, 악, 지옥, 악마, 공포, 위협, 불안, 죄, 부정, 절망을 의미

4.4.6 색채조화의 원리

[1] 색채의 조화

(1) 유사조화

서로 공통점이 있는 유사한 색상끼리 이루는 조화로서 공통점을 갖고 있기 때문에 쉽고 조화롭게 배색되며 부드럽고 온화한 느낌이 있다.

① 명도의 조화 : 같은 색상의 색에 단계적으로 명도에 변화를 주었을 때

② 색상의 조화 : 비슷한 명도의 색상끼리 배색하였을 때

③ 주조색의 조화 : 여러 색 중에서 한 가지 색이 주조를 이룰 때

(2) 대비조화

반대되는 느낌을 주거나 보색관계에 있는 색상들을 대비시켜 유사조화보단 어려운 배색방법이지만, 강력하고 현대적인 감각의 느낌이 있다.

① 명도대비의 조화 : 같은 색상을 명도 차이를 주었을 때

② 색상대비의 조화 : 색상환에서 등간격 3색끼리 배색하였을 때

③ 보색대비의 조화 : 색상환에서 가장 먼 거리에 있는 보색들끼리 배색하였을 때

④ 근접보색대비 조화 : 한 색과 그 보색이 근접색을 같이 배색하였을 때

[2] 색채조화의 공통 원리

색채조화의 공통되는 원리로 질서 · 명료성 · 동류 유사 · 대비의 원리 등이 있다.

① 질서의 원리 : 색채의 조화는 의식할 수 있으며, 효과적인 반응을 일으키는 질서 있는 계획에 따라 선택된 색채들에서 생긴다.

② 명료성의 원리(비모호성의 원리) : 색채조화는 두 색 이상의 배색에 있어서 애매하지 않고 명료한 배색에서만 얻어진다.

③ 동류의 원리(유사성의 원리) : 가장 가까운 색채끼리의 배색은 보는 사람에게 친근감을 주며 조화를 느끼게 한다.

④ 유사의 원리 : 배색된 채색들이 서로 공통되는 상태와 속성을 가질 때, 그 색채군은 조화된다.

⑤ 대비의 원리 : 배색된 색채들의 상태와 속성이 서로 반대되면서도 모호한 점이 없을 때 조화된다.

[3] 조화 이론

(1) 저어드의 색채 조화론

① 질서의 원리 : 원칙에 의해 규칙적으로 선택된 색으로 유채색은 거의 모든 무채색과 조화를 이룬다.

② 유사의 원리 : 색의 3속성의 차이가 적으면 배색된 색채들이 서로 공통되는 상태와 속성을 가질 때는 색들은 조화를 이룬다.

③ 동류의 원리 : 가장 가까운 색끼리의 배색은 보는 사람에게 가장 친근감을 주며, 조화를 느끼게 한다.

④ 대비의 원리 : 색들의 속성이 서로 반대되나 조화된 느낌을 준다.

⑤ 비모호성의 원리 : 색의 3속성의 차이가 확실한 색들의 조화로서 명료한 배색에서만 얻어진다.

(2) 오스트발트의 색채 조화론

① 무채색에 의한 조화 : 3색이나 그 이상의 회색의 경우는 명도 단계의 간격을 잡는 방법에 따라 무채색의 조화색인 회색 조화를 얻을 수 있다.

② 동일 색상의 조화(등색삼각형의 조화) : 동일 색상에서 등백색 계열의 색과 등흑색 계열의 색은 조화한다.

③ 무채색과 유채색과의 조화 : 동일 색상의 등백색 계열의 색과 무채색, 등흑색 계열과 무채색은 조화를 이룬다.

④ 등순 계열의 조화 : 동일 색상 삼각형의 수직축에 평행한 직선상의 색은 오스

트발트 순도가 같아서 조화된다.

⑤ 등가치색 계열의 조화 : 색입체의 중심을 축으로 서로 반대편에 위치한 색은 조화를 이룬다.

⑥ 색상 간격이 유사한 조화(약한 대비) : 24색상환에서 색상차 2~4 이내의 범위에 있는 색은 조화를 이룬다.

⑦ 이색 조화(중간 대비) : 24색상환에서 색상차 6~8 이내의 범위에 있는 색은 조화를 이룬다.

⑧ 반대 조화(강한 대비, 보색 조화) : 24색상환에서 색상차 12 이상인 경우 두 색은 조화를 이룬다.

(3) 먼셀의 색채 조화론

① 회색 단계의 그러데이션은 조화한다.

② 하나의 색상에 흰색이나 검은색을 섞어 만든 색끼리는 조화한다.

③ 동일 색상에서 채도는 같고 명도가 다른 색채들은 조화한다.

④ 동일 색상에서 명도는 같고 채도가 다른 색채들은 조화한다.

⑤ 동일 색상에서 순차적으로 변화하는 같은 색채들은 조화한다.

⑥ 보색 관계의 색상 중 채도가 5인 색끼리 같은 넓이로 배색하면 조화한다.

⑦ 명도가 같고 채도가 다른 보색 관계에서 채도가 일정하게 변하면 조화한다.

⑧ 명도와 채도가 같은 색상끼리는 조화한다.

⑨ 색채의 삼속성이 함께 그러데이션을 이루면서 변화하면 조화한다.

⑩ 동일 명도에서 채도와 색상이 일정하게 변화하면 조화한다.

(4) 비렌 색채 조화론

비렌(Faber Birren : 1900~1988)은 독자적인 색채조화를 논하고 있으며 비렌의 색삼각형(Birren Color Triangle)이라는 개념도에서는 색채의 미적효과를 나타내는 데는 최저 7가지의 용어, 즉 톤(Tone), 흰색, 검정, 회색, 순색, Tint, Shade가 필요하다고 한다.

① 바른 연속의 미 : 색 삼각형의 직선상의 연속은 모두 자연스럽게 조화
② 흰색 · 회색 · 검정 : 순색과 전혀 상관없는 무채색의 자연스러운 조화
③ 순색 · 명색조(Tint) · 흰색 : 부조화를 찾기는 불가능하며 대부분 깨끗하고 신선해 보임
④ 순색 · 암색조(Shade) · 검정 : 색채의 깊이와 풍부함이 있음
⑤ 명색조 · 톤 · 암색조 : 이 느낌은 색 삼각형에서 가장 세련되고 감동적임
⑥ 순색 · 흰색 · 검정색 · 명색조 · 톤 · 암색조 · 회색 : 색채의 기본구조는 순색, 흰색, 검정이며, 이 세 가지는 모두 잘 어울리며 거기에 쓰인 색상과 2차적인 구성과도 잘 융합되며 더욱 세련되고 억제된 것임.

(5) 문과 스펜서의 색채 조화론

1944년에 메사추세츠 공과대학(MIT) 문(P. Moon)교수와 그의 조수인 스펜서(D.E.Spencer)교수가 과거의 색채조화론을 연구하여, 먼셀시스템을 바탕으로 한 색채조화론을, 미국광학회(Optical Society of America)의 학회지에 공동으로 발표하였는데, 이것을 문스펜서의 색채 조화론이라 부른다.

① 조화, 부조화의 종류 : 조화에는 동일조화(identity), 유사조화(similarity), 대비조화(contrast)가 있고, 부조화에는 제1부조화(first ambiguity), 제2부조화(second ambiguity), 눈부심(glare)이 있다.
② 면적효과 : 작은 면적의 강한 색과 큰 면적의 약한 색은 조화
③ 미도(aesthetic measure)M = O(질서성의 요소 : element of order)/C(복잡성의 요소 : element of complexity) 이 식에서 C가 최소일 때 M이 최대가 되는 것이다. M이 0.5 이상이 되면 그 배색은 좋다고 한다.
④ 균형 있게 선택된 무채색의 배색은 아름다움을 나타냄
⑤ 동일 색상은 조화

4.4.7 색체의 배색

[1] 색상에 의한 배색

① 인접색 조화 : 인접색 조화는 색상환에서 내가 선택한 색의 좌우 양쪽에 있는 색들인 인접색들을 배색하는 것을 말한다.

② 보색 조화 : 보색 조화는 색상환의 반대에 있는 색을 반대색 또는 보색이라고 말한다.

③ 근접 보색 조화 : 근접 보색 조화는 보색의 근접 색들과의 배열을 말한다.

④ 등간격 3색 조화 : 등간격 3색 조화는 색상환의 간격이 동일한 3가지 색을 선택하여 배열하는 것이다.

[2] 명도에 의한 배색

① 고명도 배색 : 순색에 흰색을 섞으면 모든 색은 명도가 높아진다. 그렇게 높아진 명도를 가진 색들끼리 배색은 부드러운 이미지를 느끼게 한다.

② 중명도 배색 : 명도가 중간 단계인 색들의 배색을 말한다. 가볍지 않고 차분한 이미지를 보여준다.

③ 저명도 배색 : 순색에 검정을 섞은 색들의 배색을 저명도 배색이라고 한다. 무겁고 중후한 인상을 가진다.

④ 명도차가 큰 배색 : 명도의 차이가 큰 색상들의 배색은 명도 대비를 통해 뚜렷한 인상을 가진다. 명도차가 큰 배색에서 색상을 보색으로 사용하면 대비가 더 극명하게 보인다.

[3] 채도에 의한 배색

① 고채도 배색 : 채도가 높은 원색의 색들끼리의 배색을 의미한다.

② 저채도 배색 : 채도가 낮은 색들이 배색은 부드러운 이미지를 주지만 저명도에 저채도의 배색은 차분하고 무거운 이미지를 더한다.

③ 채도차가 큰 배색 : 채도의 차이가 큰 배색은 명쾌하고 확실한 이미지를 더해준다. 차이가 클수록 더욱 명확하게 대비된다.

4.5 색채응용

4.5.1 색채계획

디자인의 용도나 재료를 바탕으로 긍정적인 이미지를 부여하고, 쾌적성, 기능적, 심미적으로 연출되도록 시각적인 편안함과 친화성을 부여하는데 목적이 있다.

4.5.2 색 배합

색		비율
	황토색	연주황 9.5+검정 0.5
	밝은황토	황토 5+노랑 5
	밤색	주홍 9+검정 1
	갈색	밤색 9+검정 1
	고동색	빨강 4+노랑 4+검정 2
	연회색	흰색 9.8+검정 0.2
	회색	흰색 9.5+검정 0.5
	진회색	흰색 9+검정 1
	연분홍	흰색 9.7+빨강 0.3
	분홍	흰색 9+빨강 1
	진분홍	흰색 7+빨강 3
	연노랑	흰색 9+노랑 1
	진노랑	노랑 9.7+빨강 0.3
	연주황	노랑 9+빨강 1
	주황	노랑 8+빨강 2

색		비율
	주홍	노랑 6+빨강 4
	연주홍	흰색 9+주홍 1
	연두	노랑 9.5+파랑 0.5
	초록	노랑 7+파랑 3
	진초록	노랑 5+파랑 5
	옥색	흰색 9+진초록 1
	카키색	연두 9+검정 1
	청록	노랑 4+파랑 6
	남색	파랑 9+검정 1
	비취색	흰색 9+청록 1
	연하늘	흰색 9.5+파랑 0.5
	진하늘	흰색 7+파랑 3
	연보라	흰색 9+보라 1
	보라	빨강 3+파랑 2+흰색 5
	진보라	보라 9+검정 1
	자주색	빨강 7.5+파랑 2.5

자동차 보수도장

기출 문제

001 색 표시 기호가 잘못 연결된 것은?

① 빨강–R
② 노랑–Y
③ 녹색–G
④ 보라–B

번호	색명	영문 이름	기호
1	빨강	Red	R
2	주황	Orange, Yellow Red	YR
3	노랑	Yellow	Y
4	연두	Green Yellow, Yellow Green	GY
5	녹색	Green	G
6	청록	Blue Green, Cyan	BG
7	파랑	Blue	B
8	남색	Purple Blue, Violet	PB
9	보라	Purple	P
10	자주	Red Purple, Magenta	RP

002 다음 중 색료의 3원색이 아닌 것은?

① 마젠타(Magenta)
② 노랑(Yellow)
③ 시안(Cyan)
④ 녹색(Green)

㉮ 색광의 3원색(가산혼합) : 빨강(red), 녹색(green), 파랑(blue)
㉯ 색료의 3원색(감산혼합) : 마젠타(magenta), 노랑(yellow), 시안(cyan)

003 3코트 펄 조색 시 컬러 베이스의 건조가 불충분할 때 나타나는 현상은?

① 정면 톤과 측면 톤의 변화가 심해진다.
② 광택성이 저하되며 도료가 흘러내린다.
③ 연마자국이 나타난다.
④ 펄 입자의 배열이 균일하다.

컬러 베이스의 건조가 불충분할 경우에는 광택성이 저하되며, 펄 베이스의 도장 시 펄 베이스가 컬러 베이스에 침투하여 펄 입자의 배열이 불규칙적으로 되어 정면 톤과 측면 톤의 변화가 심해진다.

| 정 | 답 | 001 ④ 002 ④ 003 ①

004 조색 시 옳지 않은 것은?

① 계통이 다른 도료의 혼합을 가급적 피한다.
② 색상비교는 가능한 여러 각도로 비교한다.
③ 채도-명도-색상 순으로 조색한다.
④ 스프레이로 도장하여 색상을 비교한다.

색상-명도-채도 순으로 조색한다.

005 다음 중 메탈릭 색상의 정면 색상을 밝게 만드는 조건은 어느 것인가?

① 도료의 점도가 높다.
② 분무되는 에어 압력이 낮다.
③ 기온이 낮다.
④ 도료의 토출량이 적다.

006 메탈릭 색상 조색에서 메탈릭 입자의 역할을 바르게 설명한 것은?

① 혼합 시 색상의 명도를 어둡게 한다.
② 혼합 시 거의 모든 광선을 반사시키는 도막 내의 작은 거울 역할을 한다.
③ 혼합 시 채도가 높아진다.
④ 혼합 시 명도나 체도에 영향을 주지 않는다.

007 다음 보기는 자동차 도장 색상 차이의 원인 중 어떤 경우를 설명한 것인가?

〈 보기 〉

가. 교반이 충분하지 않을 때
나. 색상 혼합을 잘못 했을 때
다. 바르지 못한 조색제를 사용한 경우

① 도료 업체의 원인
② 자동차도장 기술자에 의한 원인
③ 자동차 생산업체의 원인
④ 현장 조색시스템관리 도료대리점의 원인

008 솔리드 조색 시 주의할 사항으로 틀린 것은?

① 지정 색과의 색상 비교 시 수정할 조색제를 한꺼번에 모두 넣고 수정하는 것이 시간절약 및 정확한 조색으로 효과를 볼 수 있다.
② 조색제 투입 시에는 한 가지씩 넣어 조색제 특징을 살려 비교하는 것이 바람직하다.
③ 수정할 조색제는 한꺼번에 투입해서 조색하지 않는 것이 좋다.
④ 조색 작업 시 너무 적은 양으로 조색하면 오차가 심하게 발생할 수 있다.

㉮ 자동차 보수도장 조색 시 항상 조색제는 미량 첨가해야 한다.
㉯ 솔리드 조색뿐 아니라 메탈릭, 펄 조색시에도 미량 첨가해야 한다.

| 정 | 답 | 004 ③ 005 ④ 006 ② 007 ② 008 ①

009 메탈릭 입자에 대한 설명으로 옳은 것은?

① 입자가 둥근 메탈릭 입자는 은폐력이 약하다.
② 입자의 종류는 크게 3가지로 구분된다.
③ 입자 크기에 따라 정면과 측면의 밝기를 조절할 수 있다.
④ 관찰하는 각도에 따라 색상의 밝기가 달라진다.

010 메탈릭 도료의 조색에 관련된 사항 중 틀린 것은?

① 조색과정을 통해 재수리 작업을 사전에 방지하는 목적이 있다.
② 여러 가지 원색을 혼합하여 필요로 하는 색상을 만드는 작업이다.
③ 원래 색상과 일치하도록 하기 위한 작업으로 상품가치를 향상시킨다.
④ 원색에 대한 특징을 알아 둘 필요는 없다.

011 메탈릭 색상의 조색에 관한 설명 중 잘못된 것은?

① 조색 시편과 실제 자동차 패널에 도장하는 조건이 동일해야 한다.
② 보수할 도막표면을 컴파운드로 깨끗이 할 필요가 있다.
③ 변색, 퇴색된 차체의 색상에 알맞게 조색 작업한다.
④ 원색이 불명확한 경우에는 원색 특징표를 참고하여 은폐력이 강한 원색을 사용해야 한다.

012 메탈릭 색상 도장에서 색상을 밝게 하기 위하여 스프레이건만으로 할 수 있는 기법은?

① 많은 양의 도료를 중복도장한다.
② 스프레이 이동속도를 빠르게 하고 공기압력을 높인다.
③ 스프레이건의 선단과 물체와의 거리를 가깝게 한다.
④ 스프레이 패턴 폭을 좁게 한다.

메탈릭 색상 도장에서 색상을 밝게 하기 위해서는 드라이 스프레이 조건으로 도장하고, 스프레이 이동속도를 빠르게 하고 공기압력을 높인다.

013 솔리드 색상의 색조변화와 관련된 내용에 대한 설명 중 틀린 것은?

① 솔리드 색상은 시간 경과에 따라 건조 전과 후의 색상 변화가 없다.
② 색을 비교해야 할 도막표면은 깨끗하게 닦아야 정확한 색을 비교할 수 있다.
③ 색상도료를 도장하고, 클리어 도장을 한 후의 색상은 산뜻한 느낌의 색상이 된다.
④ 베이지나 옐로우 계통의 색상에 클리어를 도장했을 때 산뜻하면서 노란색감이 더 밝아 보이는 경향이 있다.

솔리드 컬러는 건조 후 어둡게 변한다.

| 정 | 답 | 009 ① 010 ④ 011 ④ 012 ② 013 ①

014 솔리드 색상을 조색하는 방법의 설명 중 틀린 것은?

① 주 원색은 짙은 색부터 혼합한다.
② 견본 색보다 채도는 맑게 맞추도록 한다.
③ 색상이 탁해지는 색은 나중에 넣는다.
④ 동일한 색상을 오랫동안 주시하면 잔상현상이 발생되기 때문에 피한다.

015 메탈릭 색상의 조색에 대한 설명으로 틀린 것은?

① 도료 제조사의 배합비 원색과 동일한 원색을 사용한다.
② 변색, 퇴색한 차체의 색상에 맞게 조색한다.
③ 시편에 도장한 방법과 동일한 조건으로 도장한다.
④ 조색이 완료된 도료는 장기간 보관해서 사용해도 색상에 영향은 없다.

016 메탈릭 색상의 조색 시 주의사항이 아닌 것은?

① 조색 시 먼저 많이 소요되는 색과 밝은색부터 혼합하도록 한다.
② 원색의 첨가량을 최소화하여 선명한 색상을 만든다.
③ 서로 다른 타입의 도료를 혼합 사용하도록 한다.
④ 도료제조 시 도장할 양의 80% 정도만 만들고 색을 비교하여 추가적으로 미조색하면서 도료의 양을 맞춘다.

조색의 규칙

㉮ 색상환에서 조색할 색상의 인접한 색들을 혼합하여 색조를 변화시킨다.
㉯ 대비색을 사용하지 않는다.
㉰ 색의 색상, 명도, 채도를 한꺼번에 맞추려고 하지 않는다.
㉱ 순수 원색만을 사용한다.
㉲ 조색 시 조색된 배합비를 정확히 기록해 둔다.
㉳ 건조된 도막과 건조되지 않은 도막은 색상이 다르므로 건조 후 색상을 비교한다.
㉴ 성분이 다른 도료를 사용하지 않는다.
㉵ 한꺼번에 많은 양의 도료를 조색하지 말고 조금씩 혼합하면서 맞추어 나간다.
㉶ 조색 시편에 도장을 할 때 표준도장 방법과 동일한 조건으로 도장한다.
㉷ 혼합되는 색의 종류가 많을수록 명도, 채도가 낮아진다.
㉸ 솔리드 컬러는 건조 후 어두워지며, 메탈릭 컬러는 밝아진다.

017 다음 중 빛에 대한 설명으로 틀린 것은?

① 빛은 에너지 전달 현상으로 물리적인 현상을 의미한다.
② 가시광선은 빛의 약 380~780nm까지의 범위를 가진다.
③ 색은 빛으로 방사되는 수많은 전자파 중에서 눈으로 보이는 파장의 범위를 의미한다.
④ 가시광선은 가장 긴 파장인 노랑으로부터 시작한다.

| 정 | 답 | 014 ① 015 ④ 016 ③ 017 ④

018 눈의 망막에 있는 시세포 중 추상체에 대한 설명은?

① 밝기를 감지한다.
② 색상을 감지한다.
③ 약 500nm의 빛에 가장 민감하다.
④ 시각은 단파장에 민감하다.

019 다음 중 파장이 가장 짧은 것은?

① 마이크로파
② 적외선
③ 가시광선
④ 자외선

빛의 종류
㉮ 가시광선 : 380~780nm로 사람이 볼 수 있는 광선
㉯ 적외선 : 480~400,000nm
㉰ 자외선 : 10~380nm
㉱ 마이크로파 : 0.3GHz~300GHz 주파수대(1mm~1m 파장)

020 육안으로 색을 알아볼 수 있는 가시광선의 범위로 가장 옳은 것은?

① 80~280nm
② 280~380nm
③ 380~780nm
④ 780~1080nm

빛의 종류
㉮ 가시광선 : 380~780nm
㉯ 적외선 : 780~400,000nm
㉰ 자외선 : 10~380nm

021 메탈릭 색상의 조색작업에서 색상의 비교시기로 가장 적합한 때는?

① 투명 건조 전
② 투명 건조 후
③ 투명 도장 전
④ 투명 도장 직후

메탈릭 색상의 비교 시기는 건조 후 색상이 밝아지기 때문에 건조 후에 확인한다. 솔리드 컬러의 경우에는 반대로 어둡게 변하므로 유의해야 한다.

022 메탈릭 도료의 조색에 관련된 사항 중 틀린 것은?

① 조색과정을 통해 이색현상으로 인한 재작업을 사전에 방지하는 목적이 있다.
② 여러 가지 원색을 혼합하여 필요로 하는 색상을 만드는 작업이다.
③ 원래 색상과 일치한 색상으로 도장하여 상품가치를 향상시킨다.
④ 원색에 대한 특징을 알아둘 필요는 없다.

023 메탈릭 색상의 조색에서 차체 색상보다 도료 색상이 어두울 때 적합한 조색제는?

① 회색 ② 알루미늄 실버
③ 백색 ④ 노랑색

메탈릭 도료 조색 시 밝게 만들고자 할 경우에는 도료 중에 함유되어 있는 메탈릭 안료를 첨가하고, 어둡게 할 경우에는 흑색을 첨가한다.

| 정 | 답 | 018 ② 019 ④ 020 ③ 021 ② 022 ④ 023 ②

024 메탈릭 컬러 조색 시 주의할 내용 중 틀린 것은?

① 표면의 이물질을 잘 제거하고 색상 확인을 한다.
② 도료회사에서 제공하는 배합을 기본으로 한다.
③ 실차에 도장하는 조건과 동일하게 도장한다.
④ 조색제 선택 시 비투과성 안료를 사용한다.

025 메탈릭 상도 베이스 도료를 배합하려고 한다. 이때 속건형 희석제를 첨가하여 도장했을 때 색상의 변화는?

① 정면 색상이 밝아진다.
② 정면 색상이 어두워진다.
③ 채도에는 변화가 없다.
④ 변화가 없다.

도장 조건	밝은 방향으로 수정	어두운 방향으로 수정
도료 토출량	조절나사를 조인다.	조절나사를 푼다.
희석제 사용량	많이 사용	적게 사용
건 사용 압력	압력을 높게	압력을 낮게
도장 간격	시간을 길게	시간을 줄인다.
건의 노즐 크기	작은 노즐 사용	큰 노즐 사용
패턴의 폭	넓게	좁게
피도체와 거리	멀게	좁게
시너의 증발속도	속건 시너 사용	지건 시너 사용
도장실 조건	유속, 온도를 높인다.	유속, 온도를 낮춘다.
참고사항	날림(dry) 도장	젖은(wet) 도장

026 펄 조색용 시편으로 가장 적합한 것은?

① 종이 시편
② 철 시편
③ 필름 시편
④ 나무 시편

027 펄 도료에 관한 설명으로 올바른 것은?

① 알루미늄 입자가 포함된 도료이다.
② 메탈릭 도료의 구성성분과 차이가 없다.
③ 인조 진주 안료가 혼합되어 있는 도료이다.
④ 빛에 대한 반사, 굴절, 흡수 등이 메탈릭 도료와 동일하다.

028 3코트 펄에 관한 설명으로 틀린 것은?

① 알루미늄의 반사효과를 극대화한 도료이다.
② 펄이 가지고 있는 광학적인 성질을 이용한 것이다.
③ 은폐성이 약한 밝은 컬러의 도료 설계가 가능하다.
④ 컬러 베이스의 색감을 노출하여 깊은 색감을 나타낸다.

알루미늄의 반사효과를 극대화한 도료는 메탈릭 도료이다.

| 정 | 답 | 024 ④ 025 ① 026 ② 027 ③ 028 ①

029 조색용 시편으로 가장 적합하지 않은 것은?

① 종이 시편
② 철 시편
③ 필름 시편
④ 나무 시편

030 조색시편의 정밀한 비교를 위한 크기로 가장 적당한 것은?

① 5×5cm
② 10×20cm
③ 30×40cm
④ 50×60cm

031 조색 작업 시 명암 조정에 대한 설명 중 틀린 것은?

① 솔리드 색상을 밝게 하려면 백색을 첨가한다.
② 메탈릭 색상을 밝게 하려면 알루미늄 조각(실버)을 첨가한다.
③ 솔리드, 메탈릭 색상의 명암을 어둡게 하려면 배합비 내의 흑색을 첨가한다.
④ 솔리드, 메탈릭 색상의 명암을 어둡게 하려면 보색을 사용한다.

색상 조색에서 보색은 사용하지 않으며, 빨강색의 경우 명도를 조정하기 위하여 백색을 첨가하면 분홍색이 되므로 첨가하지 않는다.

032 조색의 기본원칙을 설명한 것으로 도료를 혼합하면 일반적으로 명도와 채도는 어떻게 변화하는가?

① 명도는 높아지고 채도는 낮아진다.
② 명도는 낮아지고 채도는 높아진다.
③ 명도, 채도 모두 높아진다.
④ 명도, 채도 모두 낮아진다.

명도는 밝고 어두운 정도이고, 채도는 선명하고 탁한 정도를 나타내는 것으로 도료를 혼합하면 명도와 채도는 모두 낮아진다.

033 기본적인 조색 작업 순서로 알맞은 것은?

① 견본색 확인–원색선정–배합비 확인–혼합–테스트시편 도장–색상비교
② 배합비 확인–견본색 확인–원색선정–혼합–테스트시편 도장–색상비교
③ 견본색 확인–테스트시편 도장–원색선정–배합비 확인–혼합–색상비교
④ 견본색 확인–배합비 확인–혼합–색상비교–테스트시편 도장–원색선정

| 정 | 답 | 029 ④ 030 ② 031 ④ 032 ④ 033 ①

034 다음 중 채도를 설명한 것으로 틀린 것은?

① 색의 밝고 어두운 정도를 말한다.
② 색의 강약 또는 색의 맑기와 선명도를 말한다.
③ 순색에 무채색을 혼합하면 혼합할수록 채도가 낮아진다.
④ 한 색상 중에서 가장 채도가 높은 색을 그 색상 중에서 순색이라고 한다.

035 운모에 이산화티탄을 코팅한 것으로서, 빛을 반사 투과하므로 보는 각도에 따라 진주광택이나 홍채색 등 미묘한 색상의 빛을 내는 안료를 지칭하는 것은?

① 무기안료
② 유기안료
③ 메탈릭
④ 펄(마이카)

036 빨강과 노랑색이 서로의 영향으로 빨강은 연두색 기미가 많은 빨강으로, 노랑색은 연두색 기미가 많은 노랑으로 변해 보이는 현상은?

① 계시대비 ② 색상대비
③ 보색대비 ④ 채도대비

㉮ 계시대비 : 어떠한 색을 잠시 본 후 시간차를 두고 다른 색을 보았을 때 먼저 본 색의 잔상의 영향으로 뒤에 본 색이 다르게 보이는 현상
㉯ 보색대비 : 색상 차이가 많이 나는 보색끼리 대비하였을 경우 대비하는 서로의 색이 더욱 더 뚜렷하게 보이는 현상
㉰ 채도대비 : 채도가 서로 다른 두 색이 서로의 영향에 의해 채도가 높은 색은 더 선명하게 보이고 낮은 색은 더 탁하게 보이는 현상

037 우리 눈에 어떤 자극을 주어 색각이 생긴 뒤에 자극을 제거한 후에도 그 흥분이 남아서 원자극과 같은 성질의 감각경험을 일으키는 현상은?

① 정의 잔상 ② 부의 잔상
③ 조건등색 ④ 색의 연상 작용

㉮ 부의 잔상 : 자극이 사라진 후에 색상, 명도, 채도가 정반대로 느껴지는 현상
㉯ 조건등색 : 서로 다른 두 가지의 색이 특정한 광원 아래에서 같은 색으로 보이는 현상
㉰ 색의 연상 작용 : 어떤 색을 보면 연상되어 느껴지는 현상
㉱ 표면색 : 물체색 중에서도 물체의 표면에서 반사하는 빛이 나타내는 색

038 채도가 다른 두 가지 색을 배치시켰을 때 일어나는 주된 현상은?

① 원색 그대로 보인다.
② 두 색 모두 탁하게 보인다.
③ 두 색 모두 선명하게 보인다.
④ 선명한 색은 더욱 선명하게 탁한 색은 더욱 탁하게 보인다.

채도대비는 채도가 서로 다른 두 색이 서로의 영향에 의해서 채도가 높은 색은 더 선명하게 낮은 색은 더 탁하게 보이는 현상

| 정 | 답 | 034 ① 035 ④ 036 ② 037 ① 038 ④

039 다음 배색 중 색상 차가 가장 큰 것은?

① 녹색과 청록
② 파랑과 남색
③ 빨강과 주황
④ 주황과 파랑

색상 차이가 가장 큰 배색은 색상환에서 보색인 관계의 색이 가장 크다. 10색상환에서 보색 관계는 빨강-청록, 주황-파랑, 노랑-남색, 연두-보라, 녹색-자주이다.

040 색의 밝기를 나타내는 명도의 설명 중 옳은 것은?

① 명도는 밝은 쪽을 높다고 부르며 어두운 쪽은 낮다고 부른다.
② 어떤 색이든 흰색을 혼합하면 명도가 낮아지고, 검정색을 혼합하면 명도가 높아진다.
③ 밝은색은 물리적으로 빛을 많이 반사하며 모든 색 중에서 명도가 가장 높은 색은 검정이다.
④ 모든 명도는 회색과 검정 사이에 있으며 회색과 검정은 모든 색의 척도에 있어서 기준이 되고 있다.

명도는 밝고 어두운 정도를 말한다.

041 다음 중 색의 3속성에 해당하는 것은?

① 순색　② 보색
③ 명시도　④ 색상

색의 3속성은 색상(H), 명도(V), 채도(C)를 말한다.

042 다음 배색 중 명도차가 가장 큰 것은?

① 노랑 – 보라
② 주황 – 빨강
③ 파랑 – 초록
④ 보라 – 남색

㉮ 노랑 명도 : 5Y9/14
㉯ 보라 명도 : 5P4/12
㉰ 주황 명도 : 5YR6/12
㉱ 빨강 명도 : 5R4/14
㉲ 파랑 명도 : 5B4/8
㉳ 초록 명도 : 10G5/6
㉴ 남색 명도 : 5PB3/12

043 다음 배색 중 가장 눈에 잘 띄는 색은?

① 녹색–파랑
② 주황–노랑
③ 보라–파랑
④ 빨강–청록

044 빨강 색지를 보다 잠시 후 흰 색지를 보면 잔상현상은 어떠한 색으로 느껴지는가?

① 빨간색
② 회색
③ 노란색
④ 청록색

| 정 | 답 | 039 ④　040 ①　041 ④　042 ①　043 ①　044 ④

045 다음 중 일반적으로 가장 무거운 느낌의 색은?

① 녹색 ② 보라
③ 검정 ④ 노랑

046 제3종 유기용제 취급 장소의 색 표시는?

① 빨강 ② 노랑
③ 파랑 ④ 녹색

유기용제의 종류

㉮ 1종 유기용제 표시 색상 : 빨강
㉯ 2종 유기용제 표시 색상 : 노랑
㉰ 3종 유기용제 표시 색상 : 파랑

047 응급 치료센터 안전표시 등에 사용되는 색으로 가장 알맞은 것은?

① 흑색과 백색
② 적색
③ 황색과 흑색
④ 녹색

안전색채

㉮ 적색 : 위험, 방화, 방향을 표시
㉯ 황색 : 주의표시(충돌, 추락, 전도 등)
㉰ 녹색 : 안전, 구급, 응급
㉱ 청색 : 조심, 금지, 수리, 조절 등
㉲ 자색 : 방사능
㉳ 오렌지 : 기계의 위험경고
㉴ 흑색 및 백색 : 건물내부 관리, 통로표시, 방향지시 및 안내표시

048 유리컵에 담겨져 있는 포도주나 얼음덩어리를 보듯이 일정한 공간에 부피감이 있는 것 같이 보이는 색은?

① 공간색(Bulky color)
② 경영색(Mirrored color)
③ 투영면색(Transparent color)
④ 표면색(Surface color)

㉮ 공간색 : 유리병처럼 투명한 3차원의 공간에 덩어리가 꽉 차 보이는 색
㉯ 경영색 : 거울과 같은 불투명한 광택 면에 나타나는 색으로 좌우가 바뀌어 보인다.
㉰ 투영면색 : 투과하여 빛이 나타나는 색

049 색채의 중량감은 색의 3속성 중에서 주로 어느 것에 의하여 좌우되는가?

① 명도 ② 색상
③ 채도 ④ 순도

중량감은 명도에 의해서 좌우되며, 가장 무겁게 느껴지는 색은 검정, 가장 가볍게 느껴지는 색은 흰색이다.

050 색의 중량감에 가장 크게 영향을 미치는 것은?

① 채도 ② 색상
③ 보색 ④ 명도

| 정 | 답 | 045 ③ 046 ③ 047 ④ 048 ① 049 ① 050 ④

051 색채의 중량감은 색의 3속성 중에서 주로 어느 것에 의하여 좌우되는가?

① 순도　　② 색상
③ 채도　　④ 명도

052 색상을 배색하기 위한 조건으로 틀린 것은?

① 색의 심리적인 작용을 고려한다.
② 광원에 대해서 배려한다.
③ 미적인 부분과 안정감을 주어야 한다.
④ 주관성이 뚜렷한 배색이 되어야 한다.

배색의 조건
㉮ 목적과 기능에 대하여 고려한다.
㉯ 색의 심리적인 작용을 고려한다.
㉰ 유행성에 대해서 고려한다.
㉱ 주관적인 배색은 배제한다.
㉲ 광원에 대해서 배려한다.
㉳ 면적의 효과에 대하여 고려한다.
㉴ 미적 부분과 안정감을 주어야 한다.
㉵ 생활을 고려한 배색을 한다.
㉶ 색이 칠해지는 재질에 대해 고려한다.
㉷ 인간을 고려한 배색을 한다.

053 다음 중 색의 주목성을 높이기 위해 검정과 배색할 때 가장 효과적인 색은?

① 빨강　　② 노랑
③ 녹색　　④ 흰색

㉮ 흰색 바탕일 경우 : 검정>보라>파랑>청록>빨강>노랑
㉯ 검정색 바탕일 경우 : 노랑>주황>빨강>녹색>파랑

054 검정색이 바탕일 경우 명시도가 가장 높은 것은?

① 노랑　　② 빨강
③ 녹색　　④ 파랑

055 다음 중 명시도가 가장 높은 배색은?

① 검정과 보라
② 검정과 노랑
③ 녹색과 보라
④ 파랑과 노랑

056 노랑 글씨를 명시도가 높게 하려면 다음 중 어느 바탕색으로 하는 것이 효과적인가?

① 빨강　　② 보라
③ 검정　　④ 녹색

057 다음 중 명시도가 가장 높은 색의 조합은?

① 바탕색 : 주황, 무늬색, 빨강
② 바탕색 : 노랑, 무늬색, 빨강
③ 바탕색 : 노랑, 무늬색, 검정
④ 바탕색 : 백색, 무늬색, 파랑

명시도가 높은 순서

순위	바탕색	무늬색
1	노랑	검정
2	검정	노랑
3	백색	초록
4	백색	빨강

| 정 | 답 | 051 ④　052 ④　053 ②　054 ①　055 ②　056 ③　057 ③

058 다음 중 일반적으로 명시도가 낮은 배색을 필요로 하는 것은?

① 교통표지 ② 포장지
③ 벽지 ④ 아동복지

059 저채도의 탁한 주황색을 만들기 위한 가장 좋은 방법은?

① 주황에 흰색을 섞는다.
② 빨강과 노랑에 녹색을 섞는다.
③ 빨강과 노랑에 흰색을 섞는다.
④ 빨강과 노랑에 회색을 섞는다.

060 다음 색 중 색상 거리가 가장 가까운 색은?

① 빨강과 노랑
② 연두와 보라
③ 주황과 귤색
④ 빨강과 보라

061 다음 색상환 그림에서 보색끼리 바로 짝지어진 것은?

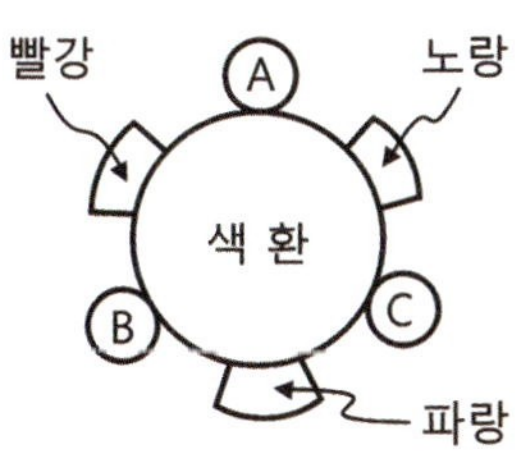

① 빨강과 Ⓐ ② 노랑과 Ⓑ
③ 파랑과 Ⓒ ④ 빨강과 Ⓑ

062 다음 색 중 노랑의 보색은?

① 녹색 ② 빨강
③ 주황 ④ 남색

063 가산혼합에서 빨강(Red)과 초록(Green)색을 혼합하면 무슨 색이 되는가?

① 파랑(Blue)
② 청록(Cyan)
③ 자주(Magenta)
④ 노랑(Yellow)

빛의 삼원색(가산혼합)

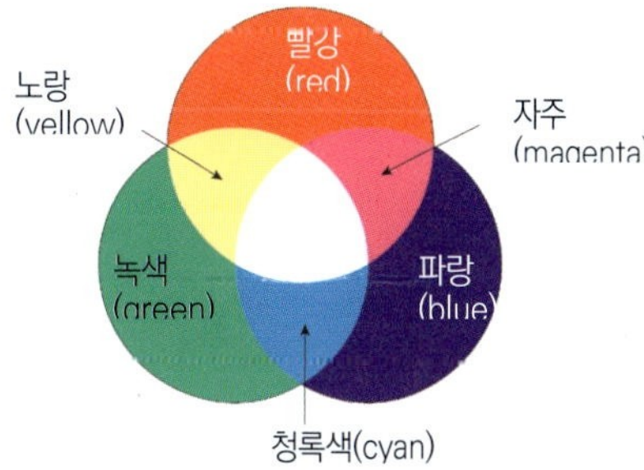

064 노랑 색상과 청록 색상을 혼합하면 어떤 색이 되는가?

① 녹색 ② 파랑
③ 흰색 ④ 빨강

색의 삼원색(감산혼합)

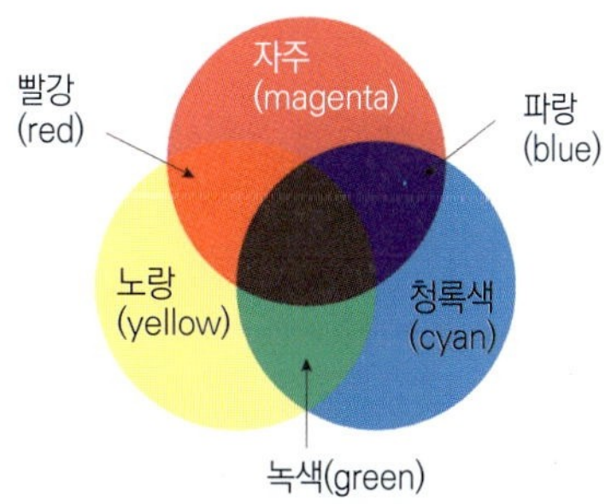

| 정 | 답 | 058 ③ 059 ④ 060 ③ 061 ② 062 ④ 063 ④ 064 ①

065 색광의 3원색에 해당되는 것은?

① 빨강(R)−파랑(B)−노랑(Y)
② 빨강(R)−초록(G)−자주(M)
③ 빨강(R)−파랑(B)−초록(G)
④ 빨강(R)−파랑(B)−자주(M)

㉮ 색광의 3원색(가산혼합) : 빨강(Red)−녹색(Green), 파랑(Blue)
㉯ 색료의 3원색(감산혼합) : 마젠타(Magenta), 노랑(Yellow), 시안(Cyan)

066 하나의 색상에서 무채색의 포함량이 가장 적은 색은?

① 파랑색 ② 순색
③ 탁색 ④ 중성색

무채색은 색상과 채도가 없고 명도만 가지고 있는 색으로 흰색과 검정색의 양만 가지고 있다.

067 다음 중 무채색으로 묶어진 것은?

① 흰색, 회색, 검정
② 흰색, 노랑, 검정
③ 검정, 파랑, 회색
④ 빨강, 검정, 회색

068 다음 중 색료의 3원색이 아닌 것은?

① 마젠타(Magenta)
② 노랑(Yellow)
③ 시안(Cyan)
④ 녹색(Green)

069 다음 색 중 명도가 가장 낮은 것은?

① 주황 ② 보라
③ 노랑 ④ 연두

㉮ 주황 : 5YR6/12
㉯ 보라 : 5P4/12
㉰ 노랑 : 5Y9/14
㉱ 연두 : 5GY7/10

070 동일 색상의 배색에서 받는 느낌을 가장 옳게 설명한 것은?

① 화려하고 자극적인 느낌
② 활동적이고 발랄한 느낌
③ 부드럽고 통일성 있는 느낌
④ 강한 대칭의 느낌

㉮ 동일 색상의 배색 : 부드럽고 통일된 느낌
㉯ 유사 색상의 배색 : 완화함, 친근감, 즐거움
㉰ 반대 색상의 배색 : 화려하고, 강하고, 생생한 느낌
㉱ 고채도의 배색 : 동적이고 자극적, 산만한 느낌
㉲ 저채도의 배색 : 부드럽고, 온화한 느낌
㉳ 고명도의 배색 : 순수하고 맑은 느낌
㉴ 저명도의 배색 : 무겁고, 침울한 느낌

071 색상 대비에서 색상 간의 대비가 가장 강하게 느껴지는 색은?

① 유사색
② 인근색
③ 중성색
④ 삼원색

| 정 | 답 | 065 ③ 066 ② 067 ① 068 ④ 069 ② 070 ③ 071 ④

072 감법혼색의 3원색이 아닌 것은?

① red
② yellow
③ cyan
④ magenta

감법혼색(색료혼합, 감산혼합)은 색채의 혼합으로 색료의 3원색인 시안(청록, Cyan), 마젠타(Magenta), 노랑(Yellow)을 혼합하기 때문에 섞을수록 명도와 채도가 떨어져 어두워지고 탁해지는 혼합이다. 감법혼색은 포스터컬러의 혼합이나 도료의 혼합 등이 있다.

073 가법혼색에 대한 설명 중 틀린 것은?

① 혼합된 경과 명도가 높아진다.
② 3원색이 모두 합쳐지면 흰색이 된다.
③ 색광혼합을 말한다.
④ 포스터컬러 혼색이 여기에 속한다.

074 다음 중 가산혼합에 대한 설명으로 바른 것은?

① 색료를 혼합할 때 색 수가 많을수록 혼합결과의 명도는 낮아진다.
② 컬러영화필름, 색채사진 등이 가산혼합의 예이다.
③ 가산혼합의 3원색은 마젠타, 노랑, 시안이다.
④ 2가지 이상의 색광을 혼합할 때 혼합결과의 명도가 높아진다.

㉮ 가산혼합 : 빨강(red), 녹색(green), 파랑(blue)을 모두 혼합하면 백색광을 얻을 수 있는데 이는 혼합 전의 상태보다 색의 명도가 높아진다.
㉯ 감산혼합 : 자주(magenta), 노랑(yellow), 시안(cyan)을 모두 혼합하면 혼합할수록 혼합전의 상태보다 색의 명도가 낮아진다.

075 먼셀 표색계에 관한 설명 중 틀린 것은?

① 먼셀 표색계는 우리나라 교육용으로 사용되고 있다.
② 먼셀 표색계에서는 색상을 휴(hue), 명도를 밸류(value) 채도를 크로마(chroma)라고 한다.
③ 먼셀의 색상분할은 헤링의 4원색상을 기본으로 하고 있다.
④ 표기 순서는 HV/C로 한다.

076 다음 중 먼셀 표색계에서 채도가 가장 높은 색은?

① 노랑 ② 청록
③ 연두 ④ 파랑

077 먼셀의 주요 5원 색은?

① 빨강, 노랑, 녹색, 파랑, 보라
② 빨강, 주황, 녹색, 남색, 보라
③ 빨강, 노랑, 청록, 남색, 자주
④ 빨강, 주황, 녹색, 파랑, 자주

| 정 | 답 | 072 ① 073 ④ 074 ④ 075 ③ 076 ① 077 ①

078 먼셀 기호 5YR 6/12는 무슨 색인가?

① 노랑
② 주황
③ 빨강
④ 자주

먼셀 기호 5YR 6/12에서 5YR은 색상, 6은 명도, 12는 채도를 나타낸다. 5Y는 노랑색, 5YR은 주황색, 5R은 빨강색, 5RP는 자주색이다.

079 먼셀 표색계 표기가 5R 4/14인 경우, 색상을 나타내는 것은?

① 5　② R
③ 4　④ 14

080 다음 중 중성색은?

① 노랑　② 연두
③ 파랑　④ 빨강

081 중성색계에 속하지 않는 것은?

① 주황　② 자주
③ 보라　④ 연두

082 다음 중 중성색으로 옳은 것은?

① 보라　② 노랑
③ 파랑　④ 빨강

083 색상환에서 가장 먼 쪽에 있는 색의 관계를 무엇이라 하는가?

① 보색　② 탁색
③ 청색　④ 대비

084 색상환에서 서로 마주 보는 색은?

① 표색　② 혼색
③ 순색　④ 보색

085 먼셀(Munsell) 표색계의 기본 주요 색상의 수는?

① 5색
② 12색
③ 24색
④ 40색

최초 기준을 빨간색(R), 노랑색(Y), 녹색(G), 파랑색(B), 보라색(P)의 5색을 같은 간격으로 배열

086 먼셀(Munsell) 표색계에서 검정의 명도에 해당하는 것은?

① 0　② 1
③ 5　④ 10

먼셀 표색계의 명도 단계는 검정을 0, 흰색을 10으로 정하여 총 11단계의 명도를 표시한다.

| 정 | 답 | 078 ② 079 ① 080 ② 081 ① 082 ① 083 ① 084 ④ 085 ① 086 ①

087 먼셀(Munsell) 표색계의 색상 구성은?

① 20색상
② 24색상
③ 28색상
④ 48색상

088 먼셀의 20색상환에서 연두의 보색은?

① 보라 ② 남색
③ 자주 ④ 파랑

089 먼셀 표색계의 색상환에서 중성색에 속하는 색은?

① 청록 ② 녹색
③ 주황 ④ 파랑

중성색은 연두, 녹색, 보라, 자주 등이 있으며 중성색 주위에 난색이 있으면 따뜻하게 느껴지고 한색이 옆에 있으면 차갑게 느껴진다.

090 먼셀의 20색상환에서 연두의 보색은?

① 보라 ② 남색
③ 자주 ④ 파랑

먼셀 20색상환 보색 관계

㉮ 빨강 ↔ 청록
㉯ 다홍 ↔ 바다색
㉰ 주황 ↔ 파랑
㉱ 귤색 ↔ 감청
㉲ 노랑 ↔ 남색
㉳ 노란연두 ↔ 남보라
㉴ 연두 ↔ 보라
㉵ 풀색 ↔ 붉은보라
㉶ 녹색 ↔ 자주
㉷ 초록 ↔ 연지

091 먼셀 20색상환에서 명도가 높은 것에서 낮은 순으로 된 것은?

① 노랑 → 연두 → 청록 → 보라
② 노랑 → 자주 → 보라 → 주황
③ 노랑 → 파랑 → 주황 → 연두
④ 노랑 → 청록 → 보라 → 연두

092 오스트발트 24색상환의 기준이 되는 색 수는?

① 3색 ② 5색
③ 8색 ④ 10색

오스트발트는 색상환을 헤링의 반대색(심리 4원색)인 노랑-파랑, 빨강-초록의 관계로 두고. 그 가운데 색을 끼워 넣어 총 8개이 색을 3단계씩 분류해 24색상환을 만들었다.

093 다음 중 헤링의 4원색은 어느 것인가?

① 빨강, 초록, 노랑, 파랑
② 파랑, 자주, 노랑, 흰색
③ 빨강, 파랑, 흰색, 검정
④ 흰색, 검정, 회색, 자주

| 정 | 답 | 087 ① 088 ① 089 ② 090 ① 091 ① 092 ③ 093 ①

094 분홍색, 연두색 등에 흰색을 많이 섞으면 받는 느낌은?

① 동적인 느낌을 준다.
② 화려한 느낌을 준다.
③ 강한 느낌을 준다.
④ 부드러운 느낌을 준다.

095 다음 배색 중 가장 따뜻한 느낌의 배색은?

① 파랑과 녹색
② 노랑과 녹색
③ 주황과 노랑
④ 빨강과 파랑

㉮ 난색 : 빨강, 노랑 등이 있으며 빨강 계통의 고명도, 고채도의 색일수록 더욱더 따뜻하게 느껴진다.
㉯ 한색 : 청록, 파랑, 남색 등이 있으며 파랑 계통의 저명도, 저채도의 색이 차갑게 느껴진다.
㉰ 중성색 : 연두, 녹색, 보라, 자주 등이 있으며 중성색 주위에 난색이 있으면 따뜻하게 느껴지고 한색이 옆에 있으면 차갑게 느껴진다.

096 다음 중 시원한 느낌의 배색은?

① 노랑과 자주
② 파랑과 연두
③ 보라와 분홍
④ 주황과 연두

097 다음 중 가장 차분한 느낌을 받는 색은?

① 노랑
② 적색
③ 자색
④ 녹색

098 다음 중 가장 따뜻한 느낌을 주는 색인 것은?

① 주황색
② 자주색
③ 보라색
④ 연두색

099 다음 중 색의 감정적 효과에서 일반적으로 가벼운 느낌을 주는 것은?

① 채도가 낮은 색
② 검정색
③ 한색 계통
④ 명도가 높은 색

100 다음 중 가장 부드럽고 통일된 느낌을 주는 배색은?

① 비슷한 색상끼리의 배색
② 색상차가 큰 배색
③ 채도의 차가 큰 배색
④ 높은 채도끼리의 배색

| 정 | 답 | 094 ④ 095 ③ 096 ② 097 ④ 098 ① 099 ④ 100 ①

101 색의 온도감을 설명한 것 중 틀린 것은?

① 난색은 심리적으로 긴장감을 가지게 하는 색이다.
② 난색은 적색, 주황, 황색 등 따뜻함을 느끼게 하는 색이다.
③ 한색은 청록, 파랑, 남색 등 차가움을 느끼게 하는 색이다.
④ 일반적으로 고명도의 백색은 차갑게 느껴지고 흑색은 따뜻하게 느껴진다.

102 흰색에 대하여 추상적으로 연상되는 감정이 아닌 것은?

① 청결 ② 순수
③ 침묵 ④ 소박

흰색은 청결, 소박, 순수, 순결 등의 감정이 연상되는 색이다.

103 다음 중 동시대비와 가장 거리가 먼 것은?

① 색상대비
② 명도대비
③ 보색대비
④ 면적대비

동시대비는 가까이 있는 두 가지 이상의 색을 동시에 볼 때 일어나는 현상으로 색상대비, 명도대비, 채도대비, 보색대비가 있다.
㉮ 색상대비 : 색상이 서로 다른 색끼리의 영향으로 원래의 색보다 색상의 차이가 더욱 크게 느껴지는 것
㉯ 명도대비 : 명도가 다른 두 색이 서로의 영향으로 인하여 밝은 색은 더 밝게, 어두운 색은 더 어둡게 보이는 현상으로 명도차가 클수록 대비 현상이 강하게 일어난다.
㉰ 보색대비 : 색상환에서 서로 마주보는 보색 관계인 두 색을 나란히 놓았을 때 서로의 영향으로 인하여 각각의 채도가 더 높게 보이는 현상
㉱ 채도대비 : 채도가 다른 두 색의 영향으로 채도가 높은 색은 더 높게, 낮은 색은 더 낮게 보이는 것
㉲ 면적대비 : 면적이 크고 작음에 따라서 색이 달라져 보이는 현상으로 큰 면적은 명도와 채도가 더 높게 느껴지고 작은 면적은 명도와 채도가 더 낮게 느껴지는 현상

104 두 색이 맞붙어 있을 때 그 경계 언저리에서 색의 대비가 강하게 일어나는 현상은?

① 면적대비
② 동시대비
③ 연속대비
④ 연변대비

색의 대비
㉮ 면적대비 : 면적이 크고 작음에 따라서 색이 달라져 보이는 현상으로 큰 면적은 명도와 채도가 더 높게 느껴지고 작은 면적은 명도와 채도가 더 낮게 느껴지는 현상
㉯ 동시대비 : 가까이에 있는 두 가지 이상의 색을 동시에 볼 때 일어나는 현상
㉰ 연속대비 : 어떤 색을 보고 난 후에 시간차를 두고 다른 색을 보았을 때 먼저 본 색의 영향으로 뒤에 본 색이 다르게 보이는 현상
㉱ 연변대비 : 어떤 두 색이 맞붙여 있을 경우 그 경계의 주변이 경계로부터 멀리 떨어져 있는 부분보다 색의 3속성별로 색상대비, 명도대비, 채도대비의 현상이 더욱 강하게 일어나는 현상

| 정 | 답 | 101 ① 102 ③ 103 ④ 104 ④

105 회색을 흰색 바탕 위에 놓으면 회색이 더 욱 어둡게 보이는 현상은?

① 색상대비
② 명도대비
③ 채도대비
④ 보색대비

명도대비는 명도가 다른 두 색이 서로의 영향으로 인하여 밝은 색은 더 밝게, 어두운 색은 더 어둡게 보이는 현상으로 명도차가 클수록 대비 현상이 강하게 일어난다.

106 어두운 색 속에 작은 면적의 회색은 상대적으로 더욱 밝아 보이고, 회색을 흰색 바탕 위에 놓았더니 회색이 더욱 진하게 보이는 대비 현상은?

① 한란대비
② 색상대비
③ 명도대비
④ 채도대비

㉮ 한란대비 : 중성색 옆의 차가운 색은 더욱 차갑게, 따뜻한 색은 더욱 따뜻하게 느껴지는 것
㉯ 색상대비 : 색상이 서로 다른 색끼리의 영향으로 원래의 색보다 색상의 차이가 더욱 크게 느껴지는 것
㉰ 명도대비 : 명도가 다른 두 색이 서로의 영향으로 인하여 밝은 색은 더 밝게, 어두운 색은 더 어둡게 보이는 현상으로 명도차가 클수록 대비 현상이 강하게 일어난다.
㉱ 채도대비 : 채도가 다른 두 색의 영향으로 채도가 높은 색은 더 높게, 낮은 색은 더 낮게 보이는 것

107 저명도와 저채도의 설명 중 옳은 것은?

① 저명도는 어둡고 저채도는 맑다.
② 저명도는 어둡고 저채도는 탁하다.
③ 저명도는 밝고 저채도는 맑다.
④ 저명도는 밝고 저채도는 탁하다.

108 다음 사항 중 팽창의 효과가 가장 큰 것은?

① 어두운 색 안의 밝은 색
② 밝은 색 안의 밝은 색
③ 밝은 색 안의 어두운 색
④ 어두운 색 안의 어두운 색

㉮ 팽창, 진출 : 난색, 고명도, 고채도, 유채색
㉯ 수축, 후퇴 : 한색, 저명도, 저채도, 무채색

109 다음 수축색의 설명으로 틀린 것은?

① 한색이나 저명도 저채도의 색은 실제보다 축소되어 보인다.
② 색 중에서 더 작게 보이거나 좁게 보이는 현상을 수축색이라고 한다.
③ 후퇴색과 비슷한 성향을 가지고 있다.
④ 같은 모양, 같은 크기의 형태라도 색상이 파랑일 때보다 빨강일 때 더 작게 보인다.

| 정 | 답 | 105 ② 106 ③ 107 ② 108 ① 109 ④

110 다음 수축색의 설명으로 틀린 것은?

① 한색이나 저명도 저채도의 색은 실제보다 축소되어 보인다.
② 색 중에서 더 작게 보이거나 좁게 보이는 현상을 수축색이라고 한다.
③ 후퇴색과 비슷한 성향을 가지고 있다.
④ 같은 모양, 같은 크기의 형태라도 색상이 파랑일 때보다 빨강일 때 더 작게 보인다.

111 다음 중 고명도의 색과 난색은 어떤 성향을 지니고 있는가?

① 수축성
② 진출성
③ 후퇴성
④ 진정성

112 다음 중 진출되어 보이는 색으로 틀린 것은?

① 노랑 ② 빨강
③ 주황 ④ 파랑

113 다음 중 가장 깊고 먼 느낌을 주는 색상은?

① 남색 ② 보라
③ 주황 ④ 빨강

114 색상을 맞추기 위한 조색조건과 관계없는 것은?

① 명도, 채도, 색상을 견본 색과 대비한다.
② 직사광선 하에서 젖은 색과 건조 색과의 차를 비색한다.
③ 비색은 동일 면적을 동일 평면에서 행한다.
④ 일출 후 3시간에서 일몰 전 3시간 사이에 비색한다.

직사광선은 피하고, 최소 500lx 이상에서 비색한다.

115 자동차 도장 기술자에 의한 색상 차이의 원인 중 "색상이 밝게" 나왔다. 그 원인 설명 중 맞는 것은?

① 신너의 희석량이 많다. – 공기압력이 높다.
② 신너의 희석량이 많다. – 공기압력이 낮다.
③ 신너의 희석량이 적다. – 공기압력이 높다.
④ 신너의 희석량이 적다. – 공기압력이 낮다.

| 정 | 답 | 110 ④ 111 ② 112 ④ 113 ① 114 ② 115 ①

116 자동차 도장 기술자에 의한 색상 차이의 원인을 잘못 설명한 것은 무엇인가?

① 도막이 너무 얇거나 두껍게 도장되었을 경우 – 도막 두께에 따라 색상 차이 발생
② 현장 조색기의 충분한 교반을 하지 않고 도장을 하는 경우 – 사용 전 충분한 도료의 교반
③ 도장 표준색과 상이한 도료의 출고 – 기술의 부족과 설비가 미비한 경우
④ 색상코트/색상명 오인으로 인한 제품 사용 시 – 주문 잘못으로 틀린 제품으로 작업한 경우

117 메탈릭 조색에서 미세한 크기의 메탈릭 입자에 대한 설명으로 올바른 것은?

① 반짝임이 적고 은폐력이 약하다.
② 반짝임이 우수하고 은폐력이 약하다.
③ 반짝임이 약하고 은폐력이 우수하다.
④ 반짝임이 우수하고 은폐력도 우수하다.

메탈릭 종류

㉮ 일반형 : 입자 크기가 작을 경우 정면은 어둡고 측면은 밝지만 은폐력은 좋다. 입자 크기가 클 경우 정면은 밝지만 측면은 어둡고 은폐력은 떨어진다.
㉯ 달러형 : 일반형과 비교하여 정면, 측면의 반짝임이 많은 것이 특징이다.

118 조색 작업 시 메탈릭 입자를 첨가하면 도막에 어떠한 영향을 주는가?

① 혼합 시 채도가 낮아진다.
② 혼합 시 빛을 반사시키는 역할을 한다.
③ 혼합 시 명도나 채도에 영향을 주지 않는다.
④ 혼합 시 색상의 명도를 어둡게 한다.

119 조색 작업 시 보색관계에 있는 색을 혼합하면 어떤 색으로 변화하는가?

① 중성색
② 유채색
③ 순색
④ 무채색

색상환에서 반대에 있는 색이 보색으로, 보색을 첨가하면 무채색으로 변화한다.

120 펄 색상에 관한 설명으로 올바른 것은?

① 펄 색상을 내는 알루미늄 입자가 포함된 도료이다.
② 메탈릭 색상과 크게 차이가 없다.
③ 진주 빛을 내는 인조 진주 안료가 혼합되어 있는 도료이다.
④ 빛에 대한 반사굴절 흡수 등이 메탈릭 색상과 동일하다.

펄 컬러는 운모에 이산화티탄이나 산화철로 코팅되며 반투명하여 일부는 반사하고 일부는 흡수한다.

| 정 | 답 | 116 ③ 117 ③ 118 ② 119 ④ 120 ③

121 펄 베이스 조색 시편 작성 시 올바른 것은?

① 컬러 베이스의 은폐가 부족하여 펄 베이스로 은폐를 시킨다.
② 컬러 베이스 날림 도장 후 펄 베이스로 은폐를 시킨다.
③ 펄 베이스를 날림 도장 후 시편을 작성한다.
④ 펄 베이스를 젖은 도장 후 시편을 작성한다.

㉮ 펄 베이스는 은폐력이 없기 때문에 컬러 베이스로 은폐시켜야 한다.
㉯ 컬러 베이스 도장 순서는 1차 Dry, 2차 Wet(젖은), 3차 Wet 도장한다.
㉰ 펄 베이스틑 1차부터 3차까지 Wet 도장한다.

122 어린이의 생활용품들은 대개 어느 색의 조화를 많이 이용하는가?

① 찬색끼리 배합된 것
② 따뜻한 색끼리 배합된 것
③ 반대색끼리 배합된 것
④ 한 색상의 농담으로 배합된 것

123 메탈릭 색상의 도료에서 도막의 색채가 금속 입체감을 띄게 하는 입자는?

① 나트륨
② 알루미늄
③ 칼슘
④ 망간

124 색료 혼합에 대한 설명으로 틀린 것은?

① 색료의 삼원색은 자주, 노랑, 청록이다.
② 삼원색을 다 합치면 검정에 가깝게 된다.
③ 색료 혼합은 가법혼색, 가산혼합이라고 한다.
④ 빨강, 초록, 파랑의 2차색들은 1차색보다 명도와 채도가 모두 낮아진다.

색료 혼합은 자주, 노랑, 청록(시안)을 모두 혼합하면 혼합할수록 혼합 전의 상태보다 색의 명도가 낮아지므로 감법혼합, 감산혼합이라고 한다.

125 색료 혼합의 결과로 옳은 것은?

① 파랑(B)+빨강(R)=자주(M)
② 노랑(Y)+청록(C)=파랑(B)
③ 자주(M)+노랑(Y)=빨강(R)
④ 자주(M)+청록(C)=검정(BL)

126 다음 중 색료혼합의 결과로 옳은 것은?

① 시안(C) + 마젠타(M) + 노랑(Y) = 초록(G)
② 노랑(Y) + 시안(C) = 파랑(B)
③ 마젠타(M) + 노랑(Y) = 빨강(R)
④ 마젠타(M) + 시안(C) = 검정(BL)

색료혼합의 결과

㉮ 시안(C) + 마젠타(M) + 노랑(Y) = 검정
㉯ 노랑(Y) + 시안(C) = 초록
㉰ 마젠타(M) + 시안(C) = 파랑

| 정 | 답 | 121 ④ 122 ② 123 ② 124 ③ 125 ③ 126 ③

127 다음 중 작은 상품을 크게 보이려 할 때 포장지의 색으로 가장 적합한 것은?

① 노랑 ② 파랑
③ 연두 ④ 보라

128 다음 중 가볍고 크게 보이려면 어떠한 색 포장지를 사용하는 것이 가장 좋은가?

① 보라색 포장지
② 선명한 초록의 순색포장지
③ 귤색의 밝고 맑은 색 포장지
④ 검정과 회색 문양이 있는 포장지

129 자동차를 구입하려고 하는 사람이 자신의 자동차가 좀 더 크게 보이고 싶다면 다음 중 어떤 색을 선택하는 것이 좋은가?

① 파랑 ② 검정
③ 흰색 ④ 회색

130 색채의 강약감은 색의 3속성 중 주로 어느 것에 좌우되는가?

① 명도 ② 채도
③ 색상 ④ 대비

131 다음 중 색채 조화의 공통되는 원리가 아닌 것은?

① 질서의 원리
② 유사의 원리
③ 면적의 원리
④ 대비의 원리

색채 조화의 공통되는 원리

㉮ 질서의 원리 : 유채색의 배색에 사용되며, 사전계획에 의해 일정한 질서의 규칙을 갖는다는 원리
㉯ 명료성의 원리 : 서로 같거나 비슷한 것들끼리는 조화를 이루기 어려우나 색상이나 명도, 채도 등 차이가 뚜렷한 색들은 조화를 이룬다는 원리
㉰ 유사의 원리 : 배색된 색들이 서로 공통되는 상태와 속성을 가질 때 조화를 이루는 원리
㉱ 대비의 원리 : 서로 반대되는 상태나 속성을 갖는 색을 배색한 것으로 대비로 인한 거부감보다 아름다움에 많은 비중을 갖게 된다. 너무 강한 대비를 피하기 위해서는 채도를 낮추거나 명시도를 높이는 것이 좋다.
㉲ 동류의 원리 : 가까운 색채끼리의 배색은 친근감을 주며, 조화롭게 한다. 동・식물이나 계절, 날씨 등과 관련된 배색에서 많이 일어난다.

132 다음 중 조화로 포함시킬 수 없는 것은?

① 동일의 조화(Identity)
② 유사의 조화(Slmilarity)
③ 대비의 조화(Contrast)
④ 눈부심 조화(Glare)

| 정 | 답 | 127 ① 128 ③ 129 ③ 130 ② 131 ③ 132 ④

133 색채 계획 과정의 순서가 가장 옳은 것은?

① 색채 환경 분석 → 색채 전달 계획 → 색채 심리 분석 → 디자인의 적용
② 색채 전달 계획 → 색채 심리 분석 → 디자인의 적용 → 색채 환경 분석
③ 색채 환경 분석 → 색채 심리 분석 → 색채 전달 계획 → 디자인의 적용
④ 색채 전달 계획 → 색채 환경 분석 → 색채 심리 분석 → 디자인의 적용

134 다음 중 관용 색명의 설명으로 틀린 것은?

① 예부터 사용해 온 고유 색명
② 색상, 명도, 채도로 표시되는 색명
③ 식물의 이름에서 유래된 색명
④ 땅이나 사람의 이름에서 유래된 색명

관용 색명은 예부터 관습적으로 사용한 색명으로 식물, 동물, 광물 등의 이름을 따서 붙인 것과 시대, 장소, 유행 같은데서 유래된 것이다.

135 관용 색명 중 식물의 이름에서 따온 색명이 아닌 것은?

① 살구색
② 산호색
③ 풀색
④ 팥색

136 동일 색상의 배색에서 받는 느낌을 가장 옳게 설명한 것은?

① 강한 대칭의 느낌
② 활동적이고 발랄한 느낌
③ 부드럽고 통일성 있는 느낌
④ 화려하고 자극저인 느낌

색상의 배색

㉮ 동일 색상의 배색 : 부드러움이나 딱딱함 또는 따뜻함이나 차가움
㉯ 유사 색상의 배색 : 온화함, 친근감, 즐거움 등의 감정 느낌
㉰ 반대 색상의 배색 : 화려하고 강하며 생생한 느낌
㉱ 고채도의 배색 : 동적이고 자극적이며, 산만한 느낌
㉲ 저채도의 배색 : 부드럽고 온화한 느낌
㉳ 고명도의 배색 : 순수하고 맑은 느낌
㉴ 저명도의 배색 : 무겁고 침울한 느낌

137 색상환의 연속되는 세 가지 색상과 명도를 조절하여 사용하는 배색은?

① 무채색 배색
② 인접색 배색
③ 보색 배색
④ 근접 보색 배색

138 다음 중 관용 색명으로 옳은 것은?

① 살구색 ② 자주색
③ 파란색 ④ 남색

관용 색명은 예부터 관습적으로 사용한 색명으로 식물, 동물, 광물 등의 이름을 따서 붙인 것과 시대, 장소, 유행 같은데서 유래된 것이다. 예를 들면 나무색, 흙색, 바다색, 쥐색, 감색, 호박색 등을 말한다.

| 정 | 답 | 133 ③ 134 ② 135 ② 136 ③ 137 ② 138 ①

139 다음 중 동시 대비 현상이 아닌 것은?

① 색상 대비
② 보색 대비
③ 명도 대비
④ 연속 대비

> 동시 대비에는 색상 대비, 명도 대비, 채도 대비, 보색 대비가 있다.

140 다음 중 색을 밝게 만드는 조건은 어느 것인가?

① 도료의 점도가 높다.
② 분무되는 에어 압력이 낮다.
③ 기온이 낮다.
④ 도료의 도출량이 적다.

141 다음은 솔리드(solid) 색상의 조색에 관한 설명이다. 잘못된 것은?

① 도료를 도장하고, 클리어를 도장하면 일반적으로 색상이 선명하고 진해진다.
② 자동차 도막의 색상은 시간이 갈수록 변색되며 자동차의 관리 상태에 따라 정도의 차이가 있다.
③ 2액형 우레탄의 경우 주제로 색상 조색을 완료한 후 경화제를 혼합하여 도장하면 색상이 진해진다.
④ 건조 전, 건조 후의 색상이 다르기 때문에 색상비교는 반드시 건조 후에 해야 한다.

> **솔리드 색상 조색**
> ㉮ 원색을 파악하고 조건등색을 피하면서 클리어가 도장되어 있는지를 판별한다.
> ㉯ 색상을 도장한 후 클리어 도장하면 선명해지고 건조 후에는 진해진다.
> ㉰ 색상을 희게 만들려고 하면 백색을 소량 첨가하고 어둡게 만들고자 하면 검정색을 첨가한다.
> ㉱ 적색계통은 분홍색으로 바뀌므로 첨가하지 않고 조색원색의 인접한 밝은 계통의 적색을 첨가하여 조색한다.
> ㉲ 많은 종류의 조색제를 첨가하면 채도가 떨어지므로 많은 종류의 조색제를 첨가하지 않도록 주의한다.

142 솔리드 색상 조색 시 밝게 하고자 한다. 무엇을 첨가시켜야 색상이 밝아지는가?

① 실버입자
② 펄입자
③ 주종색상 및 흰 색상
④ 검정색

143 잠시 동안 빨강 물체를 보다가 노랑 배경을 보면 연속되는 상은 무슨 색으로 보이는가?

① 주황　② 빨강
③ 연두　④ 흰색

144 순색에 어떤 색을 섞으면 명청색이 되는가?

① 검정　② 흰색
③ 회색　④ 빨강

| 정 | 답 | 139 ④　140 ④　141 ③　142 ③　143 ③　144 ②

145 다음 중 순색(純色)에 흰색을 혼합하면 가장 옳은 색은?

① 암탁색이 된다.
② 명청색이 된다.
③ 탁색이 된다.
④ 명탁색이 된다.

146 다음 중 한 색상 중에서 가장 채도가 높은 색을 무엇이라 하는가?

① 순색
② 탁색
③ 명청색
④ 암탁색

147 다음 중 채도가 없는 안료는?

① 적색 안료
② 청색 안료
③ 황색 안료
④ 백색 안료

백색과 흑색 안료는 명도만 있다.

148 다음 중 공장 안의 작업 능률과 안전을 위하고, 분위기를 안정되게 유지하기 위한 색으로 가장 효과적인 것은?

① 노랑 ② 주황
③ 녹색 ④ 흰색

149 한국산업규격과 색채 교육용으로 채택된 표색계는?

① 먼셀 표색계
② 오스트발트 표색계
③ 관용 표색계
④ 레오날드 표색계

150 다음 중 색상과 색의 연상이 옳게 짝지어진 것은?

① 빨강 – 겸손, 우울
② 노랑 – 애모, 연정
③ 파랑 – 차가움, 냉정
④ 회색 – 순수, 청결

색상과 색의 연상
㉮ 빨강 : 정열, 기쁨, 자극적, 위험, 혁명, 화려함
㉯ 회색 : 평범, 차분, 무기력, 쓸쓸함, 안정
㉰ 파랑 : 차가움, 냉정, 냉혹
㉱ 노랑 : 환희, 발전, 황금, 도전, 횡재, 천박

151 다음 색의 추상적 연상 내용에서 청순에 해당되는 색은?

① R, BG, RP
② B, BG, PB
③ P, RP, PB
④ YR, GY, G

| 정 | 답 | 145 ② 146 ① 147 ④ 148 ③ 149 ① 150 ③ 151 ④

152 다음 색 중 안정, 평화, 희망, 성실 등의 상징적인 색은?

① 녹색　　② 청록
③ 자주　　④ 보라

153 다음 그림 중 색상거리가 가장 멀고 선명한 느낌을 주는 배색은?

① 연두 | 노랑
② 빨강 | 주황
③ 노랑 | 보라
④ 연두 | 녹색

154 다음 중 기억색에 대한 연결이 틀린 것은?

① 검정 – 어두움, 죽음, 절망
② 흰색 – 희망, 팽창, 광명
③ 파랑 – 서늘함, 하늘, 우울
④ 빨강 – 정열, 위험, 분노

흰색은 청결, 소박, 순수, 순결이다.

155 직물, 컬러텔레비전의 영상 화면과 같이 여러 가지 물감을 서로 혼합하지 않고 화면에 작은 색점을 많이 늘어놓아 사물을 묘사하는 것과 같은 색의 혼합은?

① 회전혼합　　② 색료혼합
③ 색광혼합　　④ 병치혼합

㉮ 회전혼합 : 하나의 면에 두 개 이상의 색을 붙인 후 빠른 속도로 회전하면 두 색이 혼합되어 보이는 현상
㉯ 색료혼합 : 자주, 노랑, 시안을 모두 혼합하면 혼합할수록 혼합 전의 상태보다 색의 명도가 낮아지므로 감법혼합, 감산혼합이라 한다.
㉰ 색광혼합 : 빛의 3원색 빨강, 녹색, 파랑을 모두 혼합하면 백색광을 얻을 수 있는데, 이는 혼합 이전의 상태보다 색의 명도가 높아지므로 가법혼합, 가산혼합이라고 한다.
㉱ 병치혼합 : 각기 다른 색을 서로 인접하게 배치하여 서로 혼색되어 보이도록 하는 혼합방법이다.

156 다음 그림은 색의 혼합에서 어떤 혼합에 가장 가까운가?

노랑색, 빨강색

① 감산혼합　　② 가산혼합
③ 병치혼합　　④ 회전혼합

㉮ 가산혼합 : 빛의 3원색 빨강, 녹색, 파랑을 모두 혼합하면 백색광을 얻을 수 있는데 이는 혼합 이전의 상태보다 색의 명도가 높아지므로 가법혼합이라고 한다.
㉯ 감산혼합 : 자주, 노랑, 시안을 모두 혼합하면 혼합할수록 혼합 전의 상태보다 색의 명도가 낮아지므로 감법혼합이라고 한다.
㉰ 병치혼합 : 각기 다른 색을 서로 인접하게 배치하여 서로 혼색되어 보이도록 하는 혼합방법으로 인쇄물, 직물 등에서 볼 수 있다.

| 정 | 답 | 152 ① 153 ③ 154 ② 155 ④ 156 ③

157 다음 중 중간혼합과 관계가 깊은 것은?

① 가법혼합
② 병치혼합
③ 감법혼합
④ 색광혼합

병치혼합은 중간혼합으로 색을 섞어서 나오는 혼합이 아니며 원색을 배치하여 보는 사람의 망막 위에서 색이 섞여져 보인다. 무수히 많은 점으로 노랑과 빨강이 있으면 관찰자의 눈에서는 주황색으로 보인다. 색료 혼합과 다른 점은 색료의 혼합은 채도가 떨어져 탁하게 보이는데, 병치혼합은 채도가 떨어지지 않기 때문에 선명한 색상을 얻을 수 있다.

158 다음 중 가산혼합을 설명한 것은?

① 색료의 혼합이다.
② 노랑(Y)+청록(C)=초록(G)이다.
③ 자주(M)+노랑(Y)=빨강(R)이다.
④ 색광은 혼합하면 할수록 명도가 높아진다.

가산혼합은 색광혼합으로 3원색을 혼합하면 혼합 이전의 상태보다 색의 명도가 높아진다.

159 병치혼합에 대한 설명 중 틀린 것은?

① 병치혼합은 혼합할수록 명도가 평균이 된다.
② 병치혼합은 혼합한다기보다 옆에 배치하고 본다는 뜻이다.
③ 병치혼합은 중간혼합의 성격을 갖고 있다.
④ 병치혼합은 혼합할수록 명도가 높아진다.

160 다음 중 중간혼합에 해당되는 것은?

① 감법혼합
② 가법혼합
③ 병치혼합
④ 감산혼합

161 다음 그림은 색의 3속성을 나타낸 것이다. 여기서 A에 해당되는 요소는?

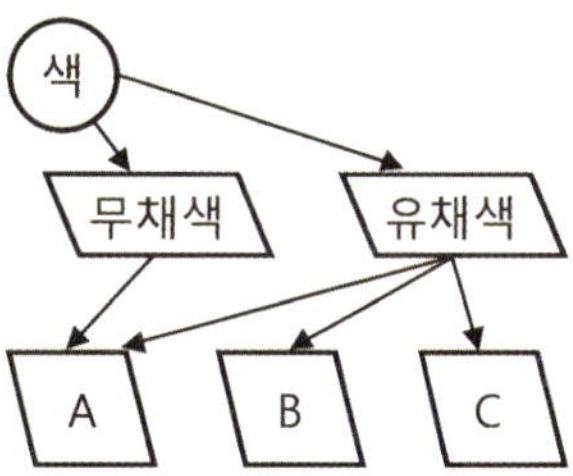

① 색상
② 명도
③ 채도
④ 명시도

| 정 | 답 | 157 ② 158 ④ 159 ④ 160 ③ 161 ②

162 색의 3속성 중 화려하고 수수한 이미지를 좌우하는데 가장 큰 역할을 하는 것은?

① 색상 ② 명도
③ 채도 ④ 색환

163 색채 지각의 3요소가 아닌 것은?

① 빛(광원)
② 물체
③ 눈(시각)
④ 프리즘

164 다음 중 색채조절의 목적으로 틀린 것은?

① 일의 능률을 향상시켜 생산력을 높인다.
② 눈의 긴장과 피로를 감소시킨다.
③ 사고나 재해 발생을 촉진시킨다.
④ 마음을 안정시키고, 기분을 좋게 한다.

색채가 지니는 기능을 활용하는 것으로 심리적, 물리적, 생리적 성질을 이용하여 마음을 안정시키고, 기분을 좋게 하고, 눈의 피로, 신체 피로가 적어지며 작업장의 분위기 및 환경 등을 쾌적하게 하고 일의 능률이 향상되고 집중력이 향상된다.

165 색채 조화가 잘되도록 하기 위한 계획으로 틀린 것은?

① 동화된 분위기를 얻기 위하여 동색상의 조화를 실시한다.
② 주제와 배경과의 대비를 생각한다.
③ 색의 차고 따뜻한 느낌을 이용한다.
④ 무채색의 사용은 되도록 피하는 것이 좋다.

166 색상 비교용 시편 상태에 관한 설명으로 옳은 것은?

① 동일한 광택을 가져야 한다.
② 오염되고 표면상태가 좋아야 한다.
③ 표면에 스크래치가 많아야 한다.
④ 표면상태에 따른 영향을 받지 않는다.

정확성을 위해 색상 비교용 시편은 동일한 광택을 가져야 하고 오염물이 없어야 한다.

167 조색시편을 제작할 때 요령을 설명한 것으로 틀린 것은?

① 조색시편을 도장할 때 베이스코트를 도장한 후에 실차시편과 색상비교하여도 무방하다.
② 조색시편을 도장할 때 실차에 도장할 때와 같은 방법으로 도장한다.
③ 조색시편 도장작업이 끝나면 반드시 건조를 시킨 후에 색상비교하는 것이 바람직하다.
④ 솔리드 색상은 조금 맑게 보이게 조색한다.

| 정 | 답 | 162 ③ 163 ④ 164 ③ 165 ④ 166 ① 167 ①

조색시편을 비교하고자 할 때에는 비교하고자 하는 도장 면과 동일한 방법으로 도장하고 동일한 광택이 되도록 하여 비교한다.

168 건조에 의한 색상의 변화 설명으로 옳은 것은?

① 색상 비교 시 가벼운 안료가 색상을 결정짓는다.
② 도료는 건조 전, 건조 후 색상변화가 없다.
③ 메탈릭 색상은 건조 후 어둡게 보인다.
④ 솔리드 색상은 건조 후 연해진다.

메탈릭 색상은 건조 후에 밝게 보이고, 솔리드 컬러는 건조 후 어둡게 변한다. 비교는 투명 건조 후에 해야 한다.

169 조건등색에 대한 설명 중 틀린 것은?

① 조건등색은 실내에서만 나타나는 현상이다.
② 자연광원에서의 컬러와 인공광원에서의 컬러가 서로 달라져 보이는 현상을 말한다.
③ 조건등색의 원인은 실차 패널 색상을 구성하고 있는 도료의 원색과 조색시편 색상이 구성하고 있는 도료의 원색이 서로 차이가 있기 때문이다.
④ 조건등색을 다른 말로 Metamerism이라 한다.

조건등색은 광원에 따라 발생한다.

170 생산업체에서 발생하는 자동차의 도장 색상 차이 원인 중 설비변경에 가장 커다란 영향을 주는 것은?

① 스프레이 설비
② 수세 건조설비
③ 생산라인 컨베이어
④ 탈지설비

171 렛다운(let-down) 시편의 설명 중 올바른 것은?

① 정확한 메탈릭 베이스의 도장 횟수를 결정하기 위한 것이다.
② 펄 베이스의 도장 횟수에 따라 컬러 변화를 알아보기 위한 것이다.
③ 컬러 베이스의 은폐력 확인을 위한 것이다.
④ 솔리드 컬러의 은폐력 확인을 위한 것이다.

172 스펙트럼 현상의 설명으로 틀린 것은?

① 장파장 쪽이 적색 광이다.
② 분광된 각 단색광의 방사량을 측정하면 원래 빛의 파장별 분포를 알 수 있다.
③ 무지개 모양의 띠로 나타난다.
④ 단파장 쪽이 흑색이다.

단파장 쪽은 보라색이다.

| 정 | 답 | 168 ① 169 ① 170 ① 172 ④

173 햇빛을 프리즘으로 분해했을 때 색깔의 배열순서가 맞는 것은?

① 빨강 – 노랑 – 파랑 – 보라 – 초록 – 주황 – 남색
② 빨강 – 주황 – 노랑 – 초록 – 파랑 – 남색 – 보라
③ 파랑 – 초록 – 보라 – 빨강 – 노랑 – 남색 – 주황
④ 주황 – 빨강 – 초록 – 노랑 – 보라 – 파랑 – 남색

174 다음 표지판 그림으로 안전을 표시하고자 할 때 빗금친 부분에 가장 알맞은 색상은?

(바탕은 흰색)

① 빨강
② 노랑
③ 주황
④ 녹색

안내표지는 녹색바탕의 정방향 또는 장방향이며, 표현하는 내용은 흰색이고 녹색은 전체 면적의 50% 이상되어야 한다. 하지만 안전제일 표지의 경우에는 예외이다. 안내표지는 녹십자 표지, 응급구호 표지, 들것, 세안장치, 비상용기구, 비상구, 좌측비상구, 우측비상구 등 안전에 관한 정보를 제공한다.

175 조색작업 후 작업 방법에 따른 색상의 차이에 대한 사항으로, 도장작업할 때 색상이 "어둡다"의 조건에 해당되는 것은?

① 거리가 가깝다.
② 운행속도가 빠르다.
③ 공기압력이 높다.
④ 온도가 높다.

176 조색작업 시 가장 좋은 광원은?

① 태양광
② 형광등
③ 백열등
④ 헬로겐등

177 조색작업에 대한 설명 중 옳지 않은 것은?

① 은폐가 되도록 도장하고 색상을 판별하여야 한다.
② 색상의 특징을 알 때까지는 한 번의 조색에 한 조색제를 혼합하여 비교한다.
③ 색상은 건조 후 약간 어두워지므로 정확한 감을 갖고 건조 전에 비교해도 된다.
④ 색상을 판별하고자 할 때 정면, 측면 방향에서 차체와 색상을 비교하여야 된다.

색상은 건조 후에 확인하여야 한다.

| 정 | 답 | 173 ② 174 ④ 175 ① 176 ① 177 ③

178 조색할 때 주의할 점과 거리가 먼 것은?

① 비교색 도막의 표면을 컴파운드로 잘 닦는다.
② 배합비와 똑같은 원색을 사용한다.
③ 시편에 스프레이하여 건조 전 색상을 비교한다.
④ 오래된 도료는 가급적 사용하지 않는다.

조색의 규칙

㉮ 색상환에서 조색할 색상의 인접한 색들을 혼합하여 색조를 변화시킨다.
㉯ 대비색을 사용하지 않는다.
㉰ 색의 색상, 명도, 채도를 한꺼번에 맞추려고 하지 않는다.
㉱ 순수 원색만을 사용한다.
㉲ 조색 시 조색된 배합 비를 정확히 기록해 둔다.
㉳ 건조된 도막과 건조되지 않은 도막은 색상이 다르므로 건조 후 색상을 비교한다.
㉴ 성분이 다른 도료를 사용하지 않는다.
㉵ 한꺼번에 많은 양의 도료를 조색하지 말고 조금씩 혼합하면서 맞추어 나간다.
㉶ 조색 시편에 도장을 할 때 표준도장 방법과 동일한 조건으로 도장한다.
㉷ 혼합되는 색의 종류가 많을수록 명도, 채도가 낮아진다.
㉸ 솔리드 컬러는 건조 후 어두워지며, 메탈릭 컬러는 밝아진다.

179 조색작업 중 안전조치가 아닌 것은?

① 내용제성 장갑을 착용한다.
② 방독 마스크를 착용한다.
③ 환풍장치를 가동한다.
④ 집진장치를 가동한다.

180 일반적인 조색작업 순서로 가장 적합한 것은?

① 차체색상확인 → 색상 및 배합비 찾기 → 교반기 작동 → 원색 도료의 계량 → 색상비교 → 미조색 → 패닐도장
② 차체색상확인 → 색상 및 배합비 찾기 → 교반기 작동 → 원색 도료의 계량 → 색상비교 → 패널도장 → 미조색
③ 차체색상확인 → 색상 및 배합비 찾기 → 원색 도료의 계량 → 색상비교 → 패널도장 → 교반기 작동 → 미조색
④ 차체색상확인 → 색상 및 배합비 찾기 → 교반기 작동 → 색상비교 → 원색 도료의 계량 → 패널도장 → 미조색

| 정 | 답 | **178** ③ **179** ④ **180** ①

181 다음 [보기]는 자동차 도장 색상 차이의 원인 중 어떤 경우를 설명한 것인가?

〈 보기 〉

㉠ 현장 조색기의 충분한 교반을 하지 않고 도장하는 경우
㉡ 색상코드/색상명 오인으로 인한 제품 사용 시(주문 잘못으로 틀린 제품 사용)
㉢ 시너의 희석이 부적절한 경우
㉣ 도장작업 중 적절하지 않은 공기압 사용의 경우
㉤ 도장 기술의 부족과 설비가 미비한 경우
㉥ 도막이 너무 얇거나 두껍게 도장되었을 경우

① 자동차 도장 기술자에 의한 원인
② 현장 조색 시스템 관리 도료의 대리점 원인
③ 도료 업체의 원인
④ 자동차 생산업체의 원인

182 색상을 맞추기 위한 조색 조건과 관계없는 것은?

① 명도, 채도, 색상을 견본 색과 대비한다.
② 직사광선 하에서 젖은 색과 건조 색과의 차를 비색한다.
③ 비색은 동일 면적을 동일 평면에서 행한다.
④ 일출 후 3시간에서 일몰 전 3시간 사이에 비색한다.

직사광선은 피하고 최소 500lx 이상에서 비색한다. 빛에 따라 달라지므로 벽에서 50cm 떨어진 북쪽 창가에서 주변의 다른 색의 반사광이 없는 곳에서 한다.

183 색팽이를 회전하는 혼합방법을 무엇이라고 하는가?

① 감법혼합　② 가법혼합
③ 중간혼합　④ 보색혼합

중간혼합이란 색을 완전히 섞어서 다른 색을 만드는 혼합이 아닌 색을 배치하거나 회전을 통해 색이 섞인 듯 착시를 주는 것이 중간혼합이다. 중간혼합에는 크게 병치혼합과 회전혼합 2가지가 있다.

184 색팽이에 청록과 빨강을 반씩 칠하고 회전하면 무슨 색으로 보이는가?

① 연두
② 빨강
③ 녹색
④ 회색

회전혼합
두 개 이상의 색 표를 회전판에 적당한 비례의 넓이로 붙여서 1분에 2000~3000번의 속도로 회전하면 원색판이 혼색되어 보이게 하는 혼합방법을 말한다. 유채색과 무채색의 혼합은 평균 채도로 보이지만 유채색과 유채색, 그중에서도 보색이나 반대색은 무채색으로 보인다.(예 : 빨강+파랑=보라, 빨강+초록=탁한 보라, 빨강+노랑=주황, 빨강+청록=회색) 종류에는 색팽이, 바람개비 등이 있다.

| 정 | 답 | 181 ① 182 ② 183 ③ 184 ④

185 회전 혼합에 대한 설명으로 옳은 것은?

① 명도는 낮아지고 채도가 높아진다.
② 명도가 높아지고 채도가 낮아진다.
③ 명도가 낮아지고 채도는 평균이 된다.
④ 명도가 낮아지거나, 높아지지 않고 평균이 된다.

186 자동차도장 색상 이색의 원인 중 도료업체에 의해 발생하는 것은?

① 부적절한 공기압
② 도료제조용 안료의 변경
③ 강제 건조 온도가 부적절한 경우
④ 스프레이 설비의 변경

187 서로 다른 두 가지 색이 특정한 광원 아래에서 같은 색으로 보이는 현상을 무엇이라고 하는가?

① 색순응
② 연색성
③ 조건 등색
④ 명암순응

㉮ 색순응 : 색광에 대하여 순응하는 것으로 색광이 물체의 색에 영향을 주어 순간적으로 물체의 색이 다르게 느껴지지만 나중에는 물체의 원래 색으로 보이는 현상
㉯ 연색성 : 조명의 빛에 의해 물체의 색이 다르게 보이는 현상
㉰ 조건 등색 : 특수한 조명 아래에서 물체의 색이 다르게 보이는 현상
㉱ 명암순응 : 밝은 장소에서 어두운 장소로 갑자기 들어가면 아무 것도 보이지 않지만 시간이 경과하면 점차 정상으로 보이는 암순응과 어두운 장소에서 갑자기 밝은 장소로 나오면 처음에는 아무것도 보이지 않지만 점차 밝은 빛에 적응하여 정상으로 보이는 명순응이 있다.

188 그림의 A 부분이 가장 진출(전진)해 보이려면 다음 색채 중 어느 색이 가장 좋은가?(바깥쪽부터 남색→청록→연두→A)

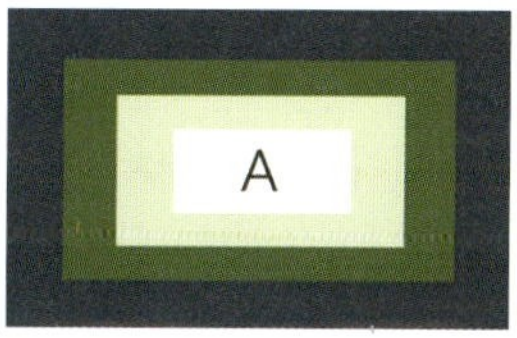

① 회색 ② 노랑
③ 검정 ④ 파랑

㉮ 진출색 : 가까이 있는 것처럼 앞으로 나와 보이는 색으로 고명도의 색과 난색은 진출 성향이 높고 유채색이 무채색과 비교하여 진출되어 보인다.
㉯ 후퇴색 : 멀리 있어 보이거나 뒤로 물러나 보이는 색으로 저명도, 저채도, 한색이 있다.

189 색채 감각에 대한 설명 중 옳은 것은?

① 빨강, 노랑 등의 난색은 후퇴해 보인다.
② 밝은 색은 후퇴해 보이고 어두운 색은 진출해 보인다.
③ 보라, 연두 등의 중성색은 진출해 보인다.
④ 청록, 파랑 등의 한색계통은 후퇴해 보인다.

| 정 | 답 | 185 ④ 186 ② 187 ③ 188 ② 189 ④

190 어떤 색이 주변색의 영향을 받아서 실제와 다르게 보이는 현상은?

① 색의 명시도
② 색의 주목성
③ 인근색
④ 색의 대비

색의 대비란 어떤 색이 다른 색의 영향으로 인하여 실제와는 다른 색으로 변해 보이는 현상이다.

191 조색실에서 건물 내에서 창문으로 비춰지는 간접적인 태양광을 이용하여 색을 비교할 때 적합한 조도는?

① 500~1000ℓx
② 1500~3000ℓx
③ 3000~4000ℓx
④ 4000~5000ℓx

192 다음에서 색채 조화론의 선구적 역할을 한 사람은?

① 먼셀
② 윌슨
③ 레오나르도 다빈치
④ 헤링

193 자동차도장 색상 차이의 원인 중 현장 조색시스템 관리 도료대리점의 원인이 아닌 것은?

① 색상 혼합을 잘못했을 때
② 강제건조 온도가 적절하지 않은 경우
③ 바르지 못한 조색제를 사용한 경우
④ 교반이 충분하지 않았을 경우

194 조색된 색상을 비교할 때의 설명으로 틀린 것은?

① 조색의 시편은 10×20cm가 적당하다.
② 광원을 안고, 등지고, 정면에서 비교한다.
③ 색을 관찰하는 각도는 정면, 15°, 45°이다.
④ 햇빛이 강한 곳에서 비교한다.

195 자동차 보수도장 중 스프레이 건이 색상에 미치는 영향을 설명한 것으로 틀린 것은?

① 스프레이 건의 노즐 구멍이 작으면 도료 미립화가 좋아 색이 다소 밝아지는 효과가 있다.
② 스프레이 건의 도료 토출량이 적을 경우에는 색이 다소 밝아지는 효과가 있다.
③ 스프레이 건과 피도체의 거리가 멀면 색이 다소 밝아지는 효과가 있다.
④ 스프레이 건의 운행 속도를 느리게 할 경우 색이 다소 밝아지는 효과가 있다.

| 정 | 답 | 190 ④ 191 ② 192 ③ 193 ② 194 ④ 195 ④

도장 조건	밝은 방향으로 수정	어두운 방향으로 수정
도료 토출량	조절나사를 조인다.	조절나사를 푼다.
희석제 사용량	많이 사용	적게 사용
건 사용 압력	압력을 높게	압력을 낮게
도장 간격	시간을 길게	시간을 줄인다.
건의 노즐 크기	작은 노즐 사용	큰 노즐 사용
패턴의 폭	넓게	좁게
피도체와 거리	멀게	좁게
시너의 증발속도	속건 시너 사용	지건 시너 사용
도장실 조건	유속, 온도를 높인다.	유속, 온도를 낮춘다.
참고사항	날림(dry) 도장	젖은(wet) 도장

196 습도가 낮은 도장실에서 분무패턴 폭을 넓게 도장하였을 때 색상에 대한 설명으로 맞는 것은?

① 색상이 밝아진다.
② 색상이 어두워진다.
③ 색상에 변화가 없다.
④ 명도가 낮아진다.

197 다음 안료에 대한 설명 중 원색을 메탈릭과 혼합하였을 때 발색성이 방향성으로 나타내며, 메탈릭안료 자체의 입자 크기나 굉채를 발하는 방향성으로 그 특성이 표시되는 것을 가리키는 것은?

① 플립 플롭성　② 내후성
③ 투명성　④ 광택

메탈릭 입자의 방향성으로 보면 필립 톤(flip tone)과 플롭 톤(flop tone)이 있다. 색상 확인 시 플립 톤은 정면에서 관찰할 때 색상으로 가장 밝게 보이는 특징이 있고, 플롭 톤은 측면에서 관찰할 때 색상으로 가장 어둡게 나타나는 특징이 있다.

198 한국산업표준(KS)의 색체계는?

① 뉴턴(Newton) 색체계
② 비렌(Birren) 색체계
③ 오스트발트(Ostwalt) 색체계
④ 먼셀(Munsell) 색체계

199 유채색에 흰색을 혼합하면 어떻게 되는가?

① 명도가 낮아진다.
② 채도가 낮아진다.
③ 명도, 채도가 다 높아진다.
④ 명도, 채도가 다 낮아진다.

200 중간혼색을 설명한 것으로 옳은 것은?

① 혼합하면 명도가 높아진다.
② 명도, 채도가 낮아진다.
③ 명도는 높아지고 채도는 낮아진다.
④ 명도나 채도에는 변함이 없다.

| 정 | 답 | 196 ① 197 ① 198 ④ 199 ② 200 ④

201 다음 중 주목성의 특징으로 틀린 것은?

① 명시성이 높은 색은 주목성도 높아지게 된다.
② 따뜻한 난색은 차가운 한색보다 주목성이 높다.
③ 주목성이 높은 색도 배경에 따라 효과가 달라질 수 있다.
④ 빨강, 노랑 등과 같은 원색일수록 주목성이 낮다.

202 상도 도장 베이스 코트 도장 후 클리어 코트 도장을 하여 광택과 경도 및 내구성을 부여한 도장 시스템은?

① 1Coat 1Bake 시스템
② 2Coat 1Bake 시스템
③ 3Coat 1Bake 시스템
④ 3Coat 2Bake 시스템

| 정 | 답 | 201 ④ 202 ②

CHAPTER 07

우레탄 도장 작업

1 우레탄도료 선택

1.1 우레탄도료 종류

1.1.1 2액형 폴리우레탄 수지 도료

① 이소시아네이트(–NCO)를 갖고 있는 폴리이소시아네이트 화합물과 활성 수산기(–OH)를 갖고 있는 폴리에스터 폴리올, 아크릴 폴리올, 오일 프리 폴리올 용액을 도장 직전에 혼합하여 도장하는 2액형 도료이다.

② 부착성, 내약품성, 내마모성이 우수하고 속건성 도료이다.

③ 폴리이소시아네이트의 –NCO기는 습기의 영향을 받기 쉬우므로 우레탄 도료에 사용되는 용제류는 수분이 없어야 한다.

④ 저분자 알코올 등과 같이 분자구조 중에 –OH기를 갖는 용제류는 사용을 금하여야 한다.

⑤ 자동차보수용, 금속용, 피형용으로 사용한다.

1.1.2 가열 경화형 우레탄 수지 도료(블록형 폴리우레탄 수지 도료)

① −NCO기를 페놀이나 알코올성 수산기(−OH)로 블록(Block)시킨 이소시아네이트 성분과 폴리에스테르 폴리올 수지를 전색재(vehicle)로 한 1액형 소부 도료이다.

② 실온에서는 안정하지만 가열(보통 150℃ 이상)하면 Blocked Isocyanate가 유리 −NCO기를 생성하여 2액형과 같은 형식으로 폴리에스테르의 −OH기와 가교반응하여 도막을 형성한다.

③ 전기적 특성이 좋아 주로 전기절연 도료(에나멜용)에 이용된다.

④ 가사시간의 제한이 없고 점도 변화도 거의 없다.

참고

① Blocked Isocyanate : 높은 온도에서 Block되어 있던 Isocyanate기가 생성되어, 열적으로(thermally) 불안정한 Isocyanate 유도체

② 유리(遊離, free) : 어떤 원소, 기, 화합물 등이 다른 화학성분과 결합하거나 유도체를 형성하지 않고 그대로의 상태로 존재하고 있는 것

1.1.3 습기 경화형 폴리우레탄 수지 도료

① 톨루엔 디이소시아네이트(TDI : Toluene Diisocyanate)를 2~3가의 알코올로 가교반응시켜 생성된 프리폴리머를 도막 형성 주요소로 한 도료이다.

② 도장 후 공기 중의 습기와 유리 −NCO기가 반응하여 우레탄 결합과 유사한 요소결합(−NH−CO−NH−)이 이루어져 망상구조 도막을 형성한다.

③ 습기 경화형 도료는 도료 제조공정, 저장, 도장의 각 공정에서 습기에 대하여 특별히 주의할 필요가 있다.

④ 1액형으로서 2액형 우레탄 도료와 대등한 도막 성능을 갖고 있다.

⑤ 목공제품, 콘크리트 도장, 플라스틱 도장 등에 사용한다.

1.1.4 유변성 폴리우레탄 수지 도료(우레탄 변성 알키드)

① TDI유 또는 유변성 알키드와 반응시켜 적당한 분자량의 우레탄화 알키드 수지를 만든다.

② 말단의 –NCO기는 메탄올 등으로 안정화시켰기 때문에 이 수지는 우레탄 결합을 만들지만 유리 –NCO를 함유하지 않은 1액형 도료이다.

③ 경화 기구는 유성 도료와 동일한 산화건조형으로 건조제의 첨가가 필요하다.

④ 알키드 도료보다 건조성, 부착성, 내마모성, 내약품성이 좋다.

1.2 우레탄 도료 특성

우레탄 도료는 "–NCO"라는 관능기를 가진 화합물인 Isocyanate와 "–OH"라는 활성수소를 가진 폴리올이 반응하여 우레탄 결합을 형성하는 도료를 말한다.

1.2.1 우레탄 도료의 적용

① 솔리드 색상의 흑색, 백색 위주로 많이 사용한다.

② 흑색인 경우 두 번이나 세 번의 도장 횟수로 도막형성, 은폐력이 좋아 도장수가 적은 편이다.

③ 색상별 도장 횟수와 도막 두께의 차이가 있다.

④ 도장 작업을 완료하고 난 뒤에는 패널 전체 도막 두께를 측정하여 기록한다.

⑤ 도장의 형태가 클리어 코트 도장 시와 다르지 않다.

⑥ 적색이나 황색, 녹색의 원색계통 솔리드 색상은 은폐 정도를 확인하여 도장한다.

1.2.2 우레탄 수지 도료의 특징

① 저온 경화성이다.

② 외관이 우수하다.

③ 내후성이 우수하다.

④ 도막의 설계가 자유롭다.

⑤ 도막의 물리적 성질과 화학적 성질이 우수하다.

⑥ 부착력이 우수하다.

⑦ 습기에 민감하다.

⑧ 독성과 황변이 발생할 수 있다.

2 우레탄도료 혼합

2.1 우레탄도료의 혼합 전 준비사항

① 1액형 베이스 코트에 사용하나 수지와 2액형 우레탄 도료에 사용하는 수지가 서로 다르다. 우레탄 도료의 주제와 경화제의 혼합비는 도료 제조사마다 다르므로 표준 작업 매뉴얼을 참고하여 주제에 적합한 경화제를 확인한다.

② 계량용 비닐 컵을 준비한다.

③ 도장 작업에 사용할 도료의 양을 계획한다.

④ 작업 전 개인 안전 보호구를 착용한다.

2.2 우레탄도료 혼합방법

① 우레탄 도료를 계량 비닐 컵에 필요량을 투입한다.

② 우레탄 도료의 경화제를 주제 비율에 맞도록 정확한 양을 투입한다. 이때 정확한 양을 준수하기 위해 전자저울을 사용할 수 있다.

③ 주제와 경화제를 도료 혼합 스틱을 이용하여 충분히 교반한다. 이때 페인트 쉐이커를 사용할 수 있다.

④ 교반을 완료한 도료는 여과지를 사용하여 상도용 스프레이 건에 담는다.

⑤ 우레탄 도료에 희석제를 합하는 타입은 반드시 제조사 작업 매뉴얼을 참고하여 희석 비율대로 점도를 조절한다.

그림 7-1 경화제 투입

그림 7-2 주제와 경화제 교반

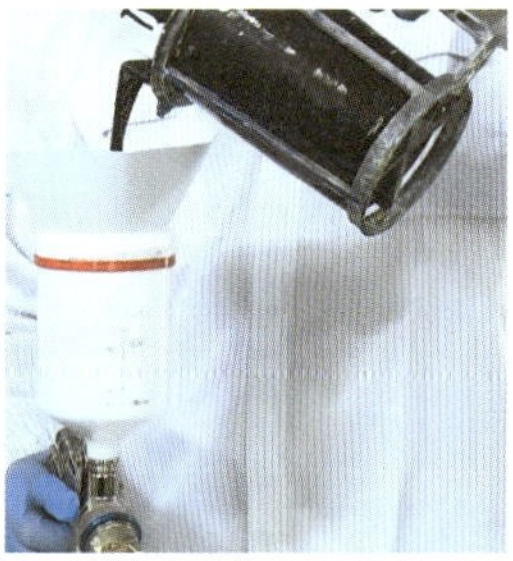

그림 7-3 도료 스프레이 건에 담기

3 우레탄도료 도장

3.1 우레탄도료 도장 목적

3.1.1 상도도장의 목적

① 상품 가치의 향상

② 외관 품질의 유지 및 향상

③ 미관 향상

3.1.2 우레탄 도료의 특징

① 내후성, 내수성, 내약품성, 접착성이 우수하다.

② 도장 후 광택 및 색상을 장기간 유지한다.

③ 오염 환경이나 해안 환경에도 우수하다.

④ 고무처럼 신축성이 있어 사계절 변화에 견딜 수 있다.

3.2 우레탄도료 도장 방법

3.2.1 상도도장

도장 시스템 중 가장 마지막 도장 공정에 속하며, 손상된 자동차를 수리 복원 또는 다른 색상으로 변화를 주기 위해 자동차의 외관을 미려하게 만들고 외관의 색상과 광택을 부여하는 작업이다.

자동차 보수도장의 상도 작업에서 가장 간편한 작업의 형태가 한 번 도장하고 한 번 열처리하는 타입의 도료로 1C1B(1cat−1bake)라고 하며 상도 우레탄 도장이라고도 한다. 대부분의 작업은 솔리드 색상에 적용되며, 작업의 편의상 1C1B 타입으로 도장하는 빈도가 높은 편이다.

3.2.2 상도도장 분류

① 색상 도료와 투명 도료의 구분 없이 우레탄 색상 도료로 한 번에 도장하고 강제 건조하는 시스템

② 베이스 코트 색상 도료와 투명 도료가 구분되어 베이스 코트 색상 도료를 도장한 다음 투명 도료를 도장하여 강제 건조하는 시스템

참고 **상도도료(top-coat)**

① 솔리드 : 유색안료를 포함한 단색도료

② 메탈릭 : 단색도료에 메탈릭 입자인 알루미늄 조각 포함

③ 펄 : 메탈릭 입자 대신 마이카(mica) 펄 입자가 포함

3.2.3 상도도장의 시스템

[1] 1C1B(1Coat-1Bake) 도장공정

상도도장공정에서 1C1B는 우레탄 타입 도료를 사용하는 시스템을 말한다. 베이스 코트(B/C) 타입의 도료와는 달리 주제와 경화제가 일정 비율에 맞도록 혼합하면 도막이 형성되는 타입의 도료로써 흑색이나 백색과 같은 솔리드(단색) 색상에서 주로 사용한다. 폴리 우레탄도료(착색 2액형 도료)를 1회 도장하고 60℃에서 30분 정도 1회 건조하여 완성하는 방법이다.

[2] 2C1B(2Coat-1Bake) 도장공정

상도도장공정의 2Coat 1Baking은 2번 도장(Coat 스프레이)과 1번 열처리(Baking)한다는 의미이며, 색상도료(베이스)와 투명도료(클리어)를 2회 스프레이하고 1회 열처리를 한다. 즉, 색상도료의 베이스 타입 도료와 색상도료를 보호하는 투명 도료인 클리어 코트를 사용하는 시스템을 말한다.

[3] 3C1B(3Coat-1Bake) 도장공정

3C1B 시스템의 상도도장공정은 세 부분으로 나눈다. 바탕도료(컬러 베이스), 중간도료(펄 베이스), 클리어 코트로 구성된다. 2C1B 공정에서 베이스 코트(Base Coat)와 클리어 코트 사이에 펄 베이스 도료가 중간에 들어간 형태라고 볼 수 있다. 바탕도료(컬러 베이스 코트), 중간도료(펄 베이스 코트)는 1액형이며, 클리어 코트는 2액형 도료이다. 3회 도장하고 1회 가열건조(60℃에서 30분 정도)한다.

3.2.4 상도도장 종류

[1] 솔리드(1coat)

자동차 도장의 가장 기본적인 도장 종류이다. 솔리드, 즉 단색이라는 뜻으로 상도를 한 가지 종류의 도료만으로 작업을 완료하는 도장이다. 색상이 단색이며 도료에 입자 성분이 포함되지 않아 보는 각도에 관계없이 동일한 색상을 나타내므로 판별이 용이하다. 백색, 흑색, 적색, 하늘색, 노란색 등이 있다. 솔리드 도장은 1Coa-1Bake이다.

일반적인 솔리드 도장은 베이스+클리어를 혼합하여 도장을 한다. 그러므로 클리어 층이 따로 존재하지 않는 것이다. 하지만 일반적으로 고급차라고 부르는 차량에는 따로 클리어층이 올라간다. 그래서 폴리싱 작업을 할 때 패드에 페인트가 묻어 나오는 것과 그렇지 않은 차이가 있는 것이다.

[솔리드 2액형 타입(1Coat-1Bake)]

도막 구성	도막 두께
상도	40~50㎛
중도(프라이머-서페이서)	40~50㎛
워시프라이머	8~15㎛
퍼티	2mm 이하
소재철판	0.8mm

[2] 메탈릭(2coat)

메탈릭은 상도를 컬러 베이스 도료 및 클리어(투명) 도료 2가지를 사용해 2단계로 작업하는 도장이다. 메탈릭 도장은 2Coat-1Bake이다.

기본적인 솔리드 컬러에 미세한 알루미늄 조각을 섞어 도장한다. 알루미늄 조각을 섞은 솔리드 컬러는 햇빛을 받게 되면 더 반짝거리는 효과를 얻을 수 있다. 알루미늄 조각을 보호하기 위해 메탈릭 컬러 위에 클리어 코트를 적용한다. 따라서 상도에 클리어 층이 추가된다.

[메탈릭, 마이카릭 타입(2Coat-1Bake)]

도막 구성	도막 두께
투명(클리어)	40~50㎛
베이스(메탈릭, 마이카릭)	20~30㎛
중도(프라이머-서페이서)	40~50㎛
워시 프라이머	8~15㎛
퍼티	2mm 이하
소재철판	0.8mm

[3] 마이카(3coat)

마이카는 상도를 컬러 베이스 도료, 펄 베이스 도료, 클리어 도료를 사용해 3단계로 작업하는 도장이다. 메탈릭 도장처럼 혼합하지 않고 각각의 도료를 따로 도장하게 되는 것이다. 마이카 도장 혹은 펄 도장이라 하며 3Coat-1Bake이다.

기존 메탈릭에는 알루미늄 조각을 넣는 반면, 마이카라고 불리는 운모가 들어있는 펄 베이스 도료로 도장한다. 진주처럼 광택을 내는 펄 도료로 도장하면 부드러운 광택과 색감을 얻을 수 있다. 이 마이카는 아주 미세한 입자로 구성되어 있기 때문에, 도장면을 편평하게 하기 위해 클리어가 제일 상부에 뿌려지게 된다. 상도에 클리어층뿐만 아니라 펄 베이스층이 추가된다.

[3코트 펄(3Coat-1Bake)]

도막 구성	도막 두께
투명(클리어)	40~50μm
펄 베이스	10~20μm
컬러 베이스	20~30μm
중도(프라이머-서페이서)	40~50μm
워시 프라이머	2~15μm
퍼티	2mm 이하
소재철판	0.8mm

3.2.5 도장상의 주의사항

① 도료 보관은 직사광선을 피하고 건냉암소(5~35℃)에 보관하고 사용 직전에 개봉하고 도료를 균일하게 교반 후 사용한다. 사용한 도료는 습기나 이물질이 들어가지 않도록 잘 밀봉 후 보관한다.

② 타 도료나 지정된 경화제가 아닌 제품은 사용을 금지한다.

③ 도장면의 온도가 이슬점 온도(3℃) 이하, 30℃ 이상에서는 도장 불량이 발생(부착불량, 기포발생, 균열, 백화)할 수 있다.

④ 우레탄 도장은 일반적으로 도막 두께가 두껍게 도장되기 때문에 1차, 2차 도장 간에 프레시 타임을 충분히 주어야 한다.

⑤ 사전에 마스킹 작업은 필수이다.

⑥ 2코트 방식(베이스 코트와 클리어 코트)에 비해 도막 결함의 발생이 높다. 도막 결함이 발생했을 때 복원도장이 어렵다.

⑦ 광택작업(외관향상, 도막결함 제거)인 경우 컬러 샌딩이나 컴파운드 작업 시 색이 묻어나는 현상이 발생한다.

⑧ 이물질이 묻지 않도록 더욱 세심한 작업과 스프레이 부스 청결, 필터 관리로 도막결함 발생을 예방해야 한다.

3.2.6 우레탄 도장방법

① 교반이 완료된 도료를 담은 상도 클리어 전용 스프레이 건을 준비한다.

② 송진포를 사용하여 피도면에 묻은 미세먼지와 오염물을 가볍게 제거한다.

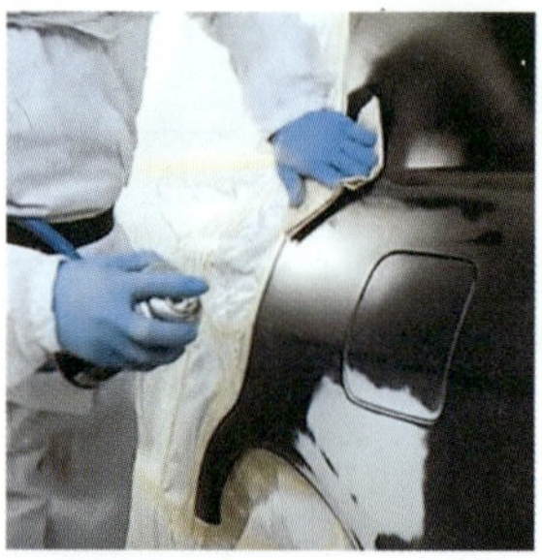

그림 7-4 오염물 제거

③ 일반적인 우레탄 코트 도장 횟수는 2~3회를 기준으로 실시할 수 있다. 흑색 계통의 우레탄 상도 도장은 3차 도장한다.

④ 1차 도장 작업을 시행한다.

㉮ 패널의 가장자리와 경계부위 및 프라이머-서페이서 도장면을 중심으로 도장한다.

㉯ 바탕면이 비춰져 보일 정도로 얇게 도장하여 표면의 상태를 점검한다. 피도면에 유분이나 이물질로 인한 크레타링 결함을 확인하고 예방한다.

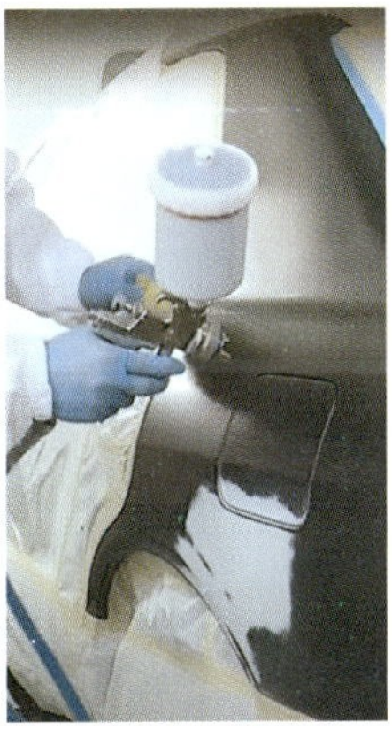

그림 7-5 우레탄 코트 도장

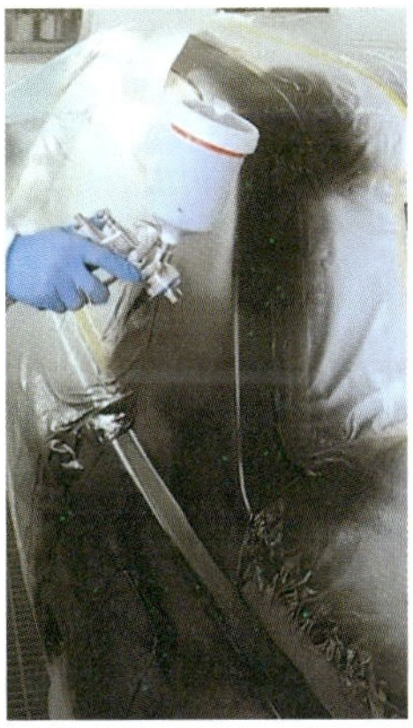

그림 7-6 우레탄 1차 도장 작업

⑤ 도막이 얇은 1차 도장 작업에는 별도의 플래시 오프 타임을 적용할 필요가 없다.

⑥ 2차 도장 작업을 시행한다.

㉮ 촉촉하게 광택이 나도록 도장한다.

㉯ 2차 및 3차 도장은 도막의 레벨링을 형성하는 공정이므로 도막이 충분히 형성되도록 웨트(wet)도장으로 작업할 수 있다.

㉰ 3차 도장과 비교해서 조금 약하게 도장한다는 느낌으로 작업한다.

㉱ 흐름 현상이나 도장 면에 도료가 처지는 결함이 나타나지 않도록 주의하여 도장한다.

⑦ 플래시 오프 타임을 지촉 건조까지 충분히 부여한다.

㉮ 일반적인 지촉 건조 시간은 상온에서 5분 정도이나 길게는 7~10분 정도까지 소요된다.

㉯ 플래시 오프 타임은 도막의 두께를 기준하므로 도막이 두꺼운 경우에는 시간을 길게 부여한다.

⑧ 3차 도장 작업을 시행한다.

㉮ 피도면의 레벨링과 광택을 확보하기 위해 겹침과 스프레이 건의 운행속도 및 도장 면과의 거리를 일정하게 도장한다.

㉯ 피도면에 스프레이된 도료 상태를 확인하면서 신중하게 도장을 마무리한다.

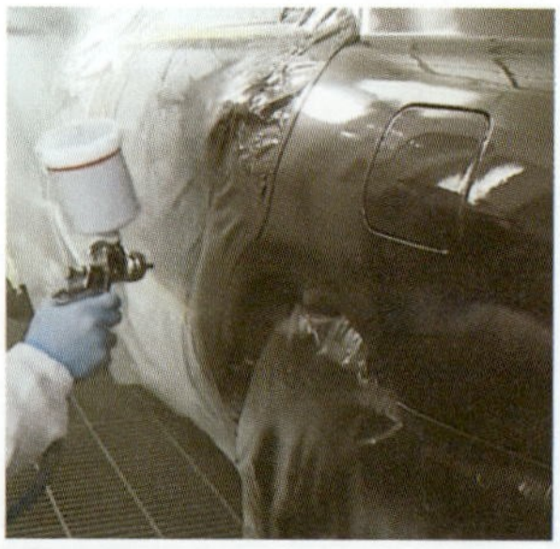

그림 7-7 우레탄 3차 도장 작업

⑨ 도장 작업이 완료되면 세팅타임을 부여하고 강제 건조한다.

3.3 우레탄도료 건조

① 사용하는 제품의 기술자료집을 참고하여 건조시킨다.

② 동일 조건 하에서 색상별 온도가 다르기 때문에 가열 건조 시 핀홀이 발생하지 않도록 주의한다.

③ 도료별로 경화제 혼합비율이 다르지만 대부분 우레탄 도료에 경화제가 적게 들어가는 제품이 빨리 건조된다.

④ 도장 작업이 완료되면 세팅타임을 부여하고 강제 건조한다. 일반적으로 세팅타임은 10~15분 정도 부여한다.

⑤ 강제건조는 세팅타임 이후 60℃에서 30분, 80℃에서 20분간 열처리한다. 도료의 종류에 따라 도료 제조사에서 추천한 온도는 작업 매뉴얼에 따르는 것이 효과적이다.

그림 7-8 세팅타임 설정

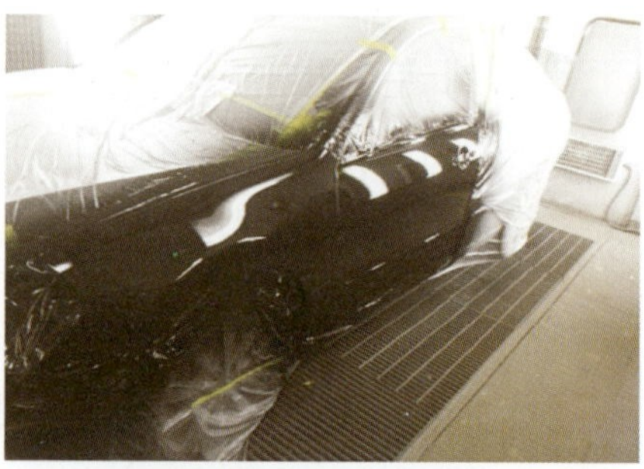

그림 7-9 열처리

자동차 보수도장

기출 문제

001 우레탄 도장에서 경화제를 과다 혼합할 때의 문제점은?

① 경화불량
② 균열
③ 수축
④ 건조가 늦고 작업성 불량

우레탄 2액형 상도 도료는 이소시아네이트 경화제를 혼합하였을 때 건조되며, 아름다운 외관을 나타내지만 건조가 늦어 래커보다 작업성이 좋지 못하다.

002 다음 중 용제 증발형 도료에 해당되지 않는 것은?

① 우레탄 도료
② 래커 도료
③ 니트로셀룰로오스 도료
④ 아크릴 도료

우레탄 도료는 가교형 도료이다.

003 완전한 도막 형성을 위해 여러 단계로 나누어서 도장을 하게 되고, 그때마다 용제가 증발할 수 있는 시간을 주는데 이를 무엇이라 하는가?

① 플래시 타임(Flash Time)
② 세팅타임(Setting Time)
③ 사이클 타임(Cycle Time)
④ 드라이 타임(Dry Time)

004 도장할 때 건조 시간과 관계가 없는 것은?

① 도료의 점도
② 스프레이 건의 이동속도
③ 스프레이 건의 거리
④ 스프레이 건의 종류

005 흐름 현상이 일어나는 원인이 아닌 것은?

① 시너 증발이 빠른 타입을 사용한 경우
② 한 번에 두껍게 칠하였을 경우
③ 시너를 과다 희석하였을 경우
④ 스프레이 건 거리가 가깝고 속도가 느린 경우

| 정 | 답 | 001 ④ 002 ① 003 ① 004 ④ 005 ①

흐름 현상의 발생원인

㉮ 한 번에 두껍게 도장하였을 경우
㉯ 도료의 점도가 너무 낮을 경우
㉰ 증발속도가 늦은 지건 시너를 많이 사용하였을 경우
㉱ 저온 도장 후 즉시 고온에서 건조시킬 경우
㉲ 스프레이 건 운행 속도의 불량이나 패턴 겹치기를 잘못하였을 경우

006 상도 도장 전 준비 작업으로 틀린 것은?

① 폴리셔 준비
② 작업자 준비
③ 도료 준비
④ 차량 준비

폴리셔 준비는 광택 작업 시 준비 사항이다.

007 도막의 평활성을 좋게 해주는 첨가제는?

① 소포제
② 레벨링제
③ 흐름방지제
④ 소광제

008 다음 중 가능한 비투과성 조색제를 사용하여 조색해야 하는 색상은?

① 솔리드 컬러
② 메탈릭 컬러
③ 펄 컬러
④ 3코트 펄 베이스

009 메탈릭 도료 조색 시 유색안료를 혼합하면 할수록 어떤 현상이 일어나게 되는가?

① 명도와 채도가 높아진다.
② 명도는 낮아지고 채도는 높아진다.
③ 명도와 채도가 낮아진다.
④ 명도는 높아지고 채도는 낮아진다.

010 상도 도장 작업에서 일반적으로 스프레이 건의 이동 속도로 적당한 것은?

① 1~5cm/sec
② 10~20cm/sec
③ 30~60cm/sec
④ 100~150cm/sec

011 솔리드 2액형 도료의 상도 스프레이 시 적당한 도막 두께는?

① 3~5μm
② 8~10μm
③ 15~20μm
④ 40~50μm

도막의 두께

㉮ 2~5μm : 워시 프라이머, 플라스틱 프라이머의 건조도막 두께
㉯ 15~20μm : 컬러 베이스 코트의 건조도막 두께
㉰ 40~50μm : 솔리드 2액형 도료, 크리어의 건조도막 두께

| 정 | 답 | 006 ① 007 ② 008 ① 009 ③ 010 ③ 011 ④

012 우레탄계 도료에서 사용되는 경화제를 취급할 때 유의사항으로 적합하지 않은 것은?

① 이소시아네이트 경화제는 독성이 없어 장갑이나 보호 마스크 착용이 필요 없다.
② 공기 중의 수분과 반응하므로 경화제 뚜껑을 확실히 닫는다.
③ 경화제가 젤 모양이나 하얗게 탁해진 것은 사용하지 않는다.
④ 경화제의 배합은 분무하기 바로 전에 한다.

013 2액형 우레탄 수지의 도료를 사용하기 위해 혼합하였을 때 겔화, 경화 등이 일어나지 않고 사용하기에 적합한 유동성을 유지하고 있는 시간을 나타내는 것은?

① 지촉건조 ② 경화건조
③ 가사시간 ④ 중간건조시간

014 수지의 분류 방법 중 주로 동식물에서 추출 또는 분해되는 수지를 일컫는 것은?

① 합성 수지
② 천연 수지
③ 열가소성 수지
④ 열경화성 수지

㉮ 합성 수지 : 화학적으로 합성하여 만든 수지로서 열가소성 수지와 열경화성 수지로 나뉜다.
㉯ 열가소성 수지 : 열을 가하여 성형한 후 다시 열을 가하면 형태를 변형시킬 수 있는 수지로서 염화비닐 수지, 아크릴 수지, 질화면(NC), 부칠레이트(CAB) 등이 있다.
㉰ 열경화성 수지 : 열을 가하여 성형한 후 다시 열을 가해도 형태가 변하지 않는 수지로서 애폭시 수지, 멜라민 수지, 불포화 폴리에스테르 수지, 폴리우레탄 수지, 아크릴 수지 등이 있다.

015 자동차 보수도장 용제 중 저비점인 것은?

① 메틸이소부틸케톤
② 아세톤
③ 크실렌
④ 초산아밀

㉮ 저비점 용제 : 아세톤, MEK, 메틸에틸 등
㉯ 중비점 용제 : 톨루엔, 크실렌, 부틸알코올, 메틸이소부틸케톤, 초산아밀 등
㉰ 고비점 용제 : 석유계, 부틸셀로솔부 등

016 다음은 어떤 도장의 특징을 설명한 것인가?

〈 보기 〉

도료는 은폐가 안된다는 점을 착안하여 백색계통의 솔리드를 먼저 도장한 후 건조시키고, 그 위에 은폐력이 떨어지는 펄을 도장하여 바탕색이 백색의 솔리드 색상이 비추어 보이게 하는 효과를 이용한 도료이다.

① 3코트 펄도장
② 메탈릭 도장
③ 터치업 부분 도장
④ 우레탄 도장

| 정 | 답 | 012 ① 013 ③ 014 ② 015 ② 016 ①

017 자동차 보수도장에서 사용하는 도료 분류 방법이 아닌 것은?

① 아크릴 타입(1Coat-1Bake)
② 메탈릭 타입(2Coat-1Bake)
③ 솔리드 2액형 타입(1Coat-1Bake)
④ 2코트 펄 타입(3Coat-1Bake)

018 자동차 상도 도장 시 솔리드 컬러 베이스 위에 펄 베이스를 한 번 더 도장한 후 투명작업을 하는 도장 시스템은?

① 1coat-1bake
② 2coat-1bake
③ 2coat-2bake
④ 3coat-1bake

019 내약품성, 부착성, 연마성, 내스크래치성, 선명성들이 우수하여 자동차보수도장 상도용으로 사용되는 수지는?

① 아크릴 멜라민 수지
② 아크릴 우레탄 수지
③ 에폭시 수지
④ 알키드 수지

020 자동차 보수용 도료의 제품 사양서에서 고형분의 용적비(%)는 무엇을 의미하는가?

① 도료의 총 무게 비율
② 건조 후 도막 형성을 하는 성분의 비율
③ 도장작업 시 신너의 희석 비율
④ 도료 중 휘발성분의 비율

021 도장 용제에 대한 설명 중 틀린 것은?

① 수지를 용해시켜 유동성을 부여한다.
② 점도조절 기능을 가지고 있다.
③ 도료의 특정 기능을 부여한다.
④ 희석제, 시너 등이 사용된다.

022 스프레이 건이 토출량을 증가하여 스프레이 작업을 할 때 설명으로 옳은 것은?

① 도료 분사량이 적어진다.
② 도막이 두껍게 올라간다.
③ 스프레이 속도를 천천히 해야 한다.
④ 패턴 폭이 넓어진다.

도장 조건	밝은 방향으로 수정	어두운 방향으로 수정
도료 토출량	조절나사를 조인다.	조절나사를 푼다.
희석제 사용량	많이 사용	적게 사용
건 사용 압력	압력을 높게	압력을 낮게
도장 간격	시간을 길게	시간을 줄인다.
건의 노즐 크기	작은 노즐 사용	큰 노즐 사용
패턴의 폭	넓게	좁게
피도체와 거리	멀게	좁게
시너의 증발속도	속건 시너 사용	지건 시너 사용
도장실 조건	유속, 온도를 높인다.	유속, 온도를 낮춘다.
참고사항	날림(dry) 도장	젖은(wet) 도장

| 정 | 답 | 017 ① 018 ④ 019 ② 020 ② 021 ③ 022 ②

023 불소 수지에 관한 설명으로 틀린 것은?

① 내열성이 우수하다.
② 내약품성이 우수하다.
③ 내구성이 우수하다.
④ 내후성이 나쁘다.

불소 수지는 내열성, 내약품성, 내구성, 내후성, 내자외선, 내산성, 내알칼리성이 우수하다.

024 자기 반응형(2액 중합건조)에 대한 설명 중 틀린 것은?

① 주제와 경화제를 혼합함으로써 수지가 반응한다.
② 아미노알키드수지도료와 같이 신차 도장에서 주로 사용된다.
③ 5℃ 이하에서는 거의 반응이 없다가 40~80℃에서는 건조시간이 단축된다.
④ 도막은 그물(망상)구조를 형성한다.

025 도막이 가장 단단한 구조를 갖는 건조 방식은?

① 용제 증발형 건조 방식
② 산화 중합 건조 방식
③ 2액 중합 건조 방식
④ 열 중합 건조 방식

026 자동차보수도장의 상도도료 도장 후 강제건조 온도 범위로 옳은 것은?

① 30~50℃ ② 40~60℃
③ 60~80℃ ④ 80~100℃

027 폴리에스테르수지 도료의 보관법으로 옳은 것은?

① 열이나 빛에 의하여 중합되지 않도록 냉암소에 보관한다.
② 자외선이 많이 비치는 곳에 보관한다.
③ 경화제를 혼합하여 보관한다.
④ 실내온도가 가능한 높은 곳에 보관한다.

028 솔리드 조색 시 주의할 사항으로 틀린 것은?

① 지정색과의 색상비교 시 수정할 조색제를 한꺼번에 모두 넣고 수정하는 것이 시간절약 및 정확한 조색으로 효과를 볼 수 있다.
② 조색제 투입 시에는 한 가지씩 넣어 조색제 특징을 살려 비교하는 것이 바람직하다.
③ 수정할 조색제는 한꺼번에 투입해서 조색하지 않는 것이 좋다.
④ 조색작업 시 너무 적은 양으로 조색하면 오차가 심하게 발생할 수 있다.

자동차 보수도장 조색 시 항상 조색제는 미량 첨가해야 한다. 솔리드 조색뿐 아니라 메탈릭, 펄 조색 시에도 미량 첨가해야 한다.

| 정 | 답 | 023 ④ 024 ② 025 ④ 026 ③ 027 ① 028 ①

029 자동차 보수도장에서 색상과 광택을 부여하여 외관을 향상시켜 원래의 모습으로 복원하는 도장방법은?

① 하도 작업
② 중도 작업
③ 상도 작업
④ 광택 작업

> ㉮ 하도 작업 : 요철을 제거하여 원래와 같은 상태로 도장 면을 복원하는 공정
> ㉯ 중도 작업 : 상도 공정의 도료가 하도로 흡습되는 것을 방지하며 미세한 요철과 연마 자국을 제거하는 공정
> ㉰ 광택 작업 : 상도 작업 후 발생되어 있는 결함을 제거하는 공정

030 연필 경도 체크에서 우레탄 도막에 적합한 것은?

① 5H ② F~H
③ H~2H ④ 2H~3H

031 자동차 도료와 관계된 설명 중 틀린 것은?

① 전착 도료에 사용되는 수지는 애폭시 수지이다.
② 최근에 신차용 투명에 사용되는 수지는 아크릴 멜라민 수지이다.
③ 최근에 자동차 보수용 투명에 사용되는 수지는 아크릴 우레탄 수지이다.
④ 자동차 보수용 수지는 모두 천연수지를 사용한다.

> 자동차 보수용 수지는 대부분 합성수지를 사용한다.

032 건조 방법별 분류가 아닌 것은?

① 자연건조 도료
② 가열 경화형 도료
③ 반응형 도료
④ 무광 도료

033 자동차 상도 도장 시 솔리드 컬러 베이스 위에 펄 베이스를 한 번 더 도장한 후 투명작업을 하는 도장 시스템은?

① 1coat – 1bake
② 2coat – 1bake
③ 2coat – 2bake
④ 3coat – 1bake

034 솔리드 색상을 조색하는 방법의 설명 중 틀린 것은?

① 주 원색은 짙은 색부터 혼합한다.
② 견본색보다 채도는 맑게 맞추도록 한다.
③ 색상이 탁해지는 색은 나중에 넣는다.
④ 동일한 색상을 오랫동안 주시하면 잔상현상이 발생되기 때문에 피한다.

| 정 | 답 | 029 ③ 030 ③ 031 ④ 032 ④ 033 ④ 034 ①

035 저비점 용제의 비점은 몇 ℃ 정도인가?

① 100℃ 이하
② 150℃
③ 180℃
④ 200℃ 이상

㉮ 저비점 용재 : 끓는점이 100℃ 이하의 것
㉯ 중비점 용재 : 끓는점이 100℃~150℃ 정도의 것
㉰ 고비점 용재 : 끓는점이 150℃ 이상의 것

036 우레탄 도장에서 경화제를 과다 혼합할 때의 문제점은?

① 경화 불량
② 균열
③ 수축
④ 건조가 늦고 작업성 불량

㉮ 경화 불량 : 2액형 도료에서 경화제를 너무 적게 넣었을 때 발생
㉯ 균열 : 2액형 도료에서 경화제를 너무 적게 넣었거나 과다하게 첨가하여 도장하였을 때 발생

037 불소수지의 상도도료에 대한 특징이 아닌 것은?

① 내후성
② 내식성
③ 발수성
④ 내오염성

038 고온에서 유동성을 갖게 되는 수지로 열을 가해 녹여서 가공하고 식히면 굳는 수지는?

① 우레탄 수지
② 열가소성 수지
③ 열경화성 수지
④ 에폭시 수지

㉮ 우레탄 수지 : 우레탄 결합을 갖는 수지
㉯ 열가소성 수지 : 열을 가하면 용융 유동하여 가소성을 갖게 되고 냉각하면 고화되어 성형이 가능한 수지
㉰ 열경화성 수지 : 경화된 수지는 재차 가열하여도 유동상태로 되지 않고 고온으로 가열하면 분해되어 탄화되는 비가역 수지
㉱ 에폭시 수지 : 에폭시기를 가진 수지로서 가공성이 우수하며 비닐과 플라스틱의 중간 정도의 수지

039 우레탄 프라이머 서페이서를 혼합할 때 경화제를 필요 이상으로 첨가했을 때 발생하는 원인이 아닌 것은?

① 건조가 늦어진다.
② 작업성이 나빠진다.
③ 공기 중의 수분과 반응하여 도막에 결로가 되므로 블리스터의 원인이 된다.
④ 경화 불량 균열 및 수축이 원인이 된다.

| 정 | 답 | 035 ① 036 ④ 037 ② 038 ② 039 ④

040 상도 도장 전 준비 작업으로 틀린 것은?

① 폴리셔 준비
② 작업자 준비
③ 도료 준비
④ 피도물 준비

폴리셔는 빠른 회전력으로 도장면의 오렌지필 등을 제거할 때 사용하는 것으로 광택공정에 사용하는 공구이다.

041 다음 중 도장 도막 건조 장비로 사용되지 않는 것은?

① 스팀 건조기
② 원적외선 건조기
③ 전기 오븐
④ 열풍 건조기

도장 후 습도가 높을 경우에는 백화현상이 발생한다.

042 아크릴 우레탄 도료를 강제 건조 시 도막 건조 온도로 적당한 것은?

① 20℃~30℃/20분~30분
② 30℃~40℃/20분~30분
③ 40℃~50℃/20분~30분
④ 60℃~70℃/20분~30분

043 불휘발분을 뜻하며 규정된 시험조건에 따라 증발시켜 얻어진 물질의 무게를 나타내는 것은?

① 점도
② 희석비
③ 고형분(NV)
④ 휘발성 유기 화합물(VOC)

고형분이란 액상 제품의 수분을 모두 증발시켰을 때 남는 유효성분의 함량(%)을 뜻한다. 농축액 중에 함유된 수분이 증발되고 남은 고체형태의 물질을 말하며 고형분이 60%라고 하면 수분 함유율은 40%라는 의미한다.

044 조색된 색상을 비교할 때 틀린 설명은?

① 조색의 시편은 10×20cm가 적당하다.
② 광원을 안고, 등지고, 정면에서 비교한다.
③ 색을 관찰하는 각도는 정면, 15°, 45°이다.
④ 색상은 햇빛이 강한 곳에서 비교한다.

| 정 | 답 | 040 ① 041 ① 042 ④ 043 ③ 044 ④

CHAPTER 08

베이스·클리어 도장 작업

1 베이스 · 클리어 선택

1.1 베이스 · 클리어 종류

베이스 코트는 색상이 자리하는 층으로 두께는 보통 12.7~25.4㎛ 정도이고 클리어 코트는 광택과 윤기를 제공하면서 자외선을 포함한 요소들로부터 물리적인 보호를 제공하는 층으로 38.5~50.8㎛ 정도이다.

1.1.1 자동차 보수용 베이스의 종류 및 특성

[1] 솔리드 색상 도료

① 흰색, 검정색, 빨강색, 노랑색, 파란색 등의 유색안료만 함유되어 있는 도료이다.

② 검정색의 경우 오랜 시간 동안 방치 후 클리어를 도장할 경우 베이스 코트에 부착이 잘 되지 않아 클리어가 벗겨지는 경우도 있다.

③ 솔리드 컬러를 베이스로 도장할 경우 작업 중 발생하는 결함 수정이 어렵지만, 베이스 코트를 도장하면서 수정 보완이 필요하다.

[2] 메탈릭 색상 도료

(1) 메틸릭 입자의 역할

① 2코트 솔리드 색상 도료에 메탈릭, 펄 등의 플레이크 안료가 함유되어 있는 도료이다.

② 색상의 명도를 조정한다. 어둡게 만들고자 할 때는 검정색을, 밝게 만들고자 할 때는 흰색이 아닌 메탈릭 입자를 첨가한다.

③ 거의 모든 광선을 반사시키는 도막 내에서 작은 거울 역할을 한다.

④ 메탈릭의 입자의 크기, 도막 내의 위치에 따라 색상이 변한다.

(2) 메탈릭 입자의 종류

메탈릭 도료는 반투명의 에나멜의 성분이 함유된 것으로 도막 아래층에 성분이 가라앉고 반투명의 에나멜층을 통해서 금속 특유의 빛을 발생하게끔 만든 도료이다. 메탈릭 입자의 종류의 경우 그 성분으로 주로 사용되는 것은 알루미늄이다. 메탈 입자의 크기로 구분하면 다음과 같다.

① 미세하고 불규칙적인 메틸릭 입자 : 빛의 반사량이 약하고 은폐력이 양호하다.

② 거칠고 불규칙적인 메탈릭 입자 : 반짝임과 빛의 반사가 양호하고 은폐력이 약하다.

③ 입자가 둥근 메탈릭 입자 : 반짝임과 빛의 반사량이 강하며 은폐력도 우수하다.

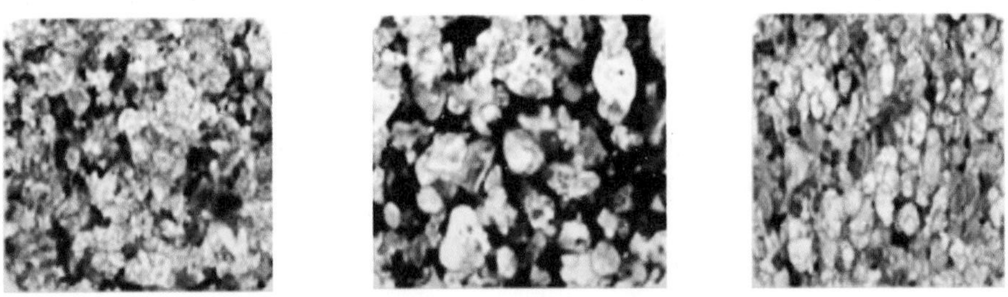

(a) 미세한 메탈릭 입자 (b) 거친 메탈릭 입자 (c) 둥근 메탈릭 입자

그림 8-1 **메탈릭 입자 종류**

[3] 펄 색상 도료

① 컬러 베이스를 도장하고 마이카(Mica)라고 하는 펄을 섞은 도료이다.

그림 8-2 마이카

② 솔리드 베이스 코트에 첨가된 제품도 있지만 대부분은 컬러 베이스 도장 후 펄 베이스를 도장하는 3코트 도료를 총칭한다.

③ 펄 베이스의 색상은 동일하지만 컬러 베이스의 색상에 따라 색이 변하며, 컬러 베이스의 색상은 동일하지만 동일한 펄 베이스의 도장 횟수나 도막 두께에 따라 색이 변화한다.

④ 3코트 펄 도장 : 백색 계통의 솔리드를 먼저 도장한 후 건조 → 그 위에 은폐력이 떨어지는 펄을 도장 → 바탕색인 백색의 솔리드 색상이 비춰 보이게 하는 효과를 이용

참고 **펄(Pearl)**

펄은 진주 또는 진주의 색을 의미한다. 형용사로 사용될 때는 반짝반짝하는 것이 들어가 있다는 의미이기도 하다. 자동차 도색에서도 반짝거리는 것이 들어간 도색은 펄 도색이라고 부른다. 자동차 룸미러나 범퍼 같은 플라스틱 부품에 도료를 효과적으로 입히는 데도 펄은 유용하다.

그림 8-3 펄 안료

2 베이스 도장

2.1 베이스 도장 목적

베이스 도장은 도료를 사용해 피도물의 표면에 도막을 형성시켜, 보호하고 장식하는 목적이 있다. 수지에 따라 수용성과 유용성이 있다.

2.1.1 수용성 도료

수용성 도료는 물을 기본으로 하고 있는 용제이다.

[1] 수용성 도료의 장점

화재 위험이 낮다, 환경에 유해한 물질이 적다, 내수성 및 내염기성이 좋다, 냄새가 적다, 건조가 빠르다, 습한 환경에서 직접 적용할 수 있다, 재료 표면에 잘 적응하고 코팅의 강한 접착력을 갖는다, 시공이 간단하다.

[2] 수용성 도료의 단점

① 가격이 비싸다.

② 물이 거의 70% 가까이 있는 수용성 도료이다보니, 보관이 유성도료에 비해 길지 않고, 환경적인 조건에 민감하다.

③ 수용성이다보니, 작업 시간이 길어지고, 장마철 등 습한 환경 등에 노출되면 작업하기가 까다로워진다.

④ 수용성 도장에 대한 충분한 노하우, 기술 습득이 필요하다.

⑤ 수용성 도료 도색, 건조에 맞는 시설이 필요하다. 수용성 전용부스 설치, 건조 작업 시, 바람이 들어올 때 먼지가 들어오지 않게끔 하는 시설, 컴프레서, 전용 건도 등

⑥ 도장 후, 건조시간이 유성도료에 비해 길어서, 하루에 보수도장하는 판수가 30% 이상 줄어들어 이에 대한 효율성 극대화 방안이 필요하다.

2.1.2 유용성 도료

유용성 도료는 휘발성으로 냄새가 나고 건조가 느린 도료이도 점도 조절용으로 시너를 희석해서 사용한다. 유용성 도료의 종류에는 대표적으로 에나멜, 락카, 에폭시, 우레탄 등이 있다.

[1] 유용성 도료의 장점

① 내구성과 마감이 아름답다.

② 높은 도막을 만든다.

③ 막 두께가 균일해지기 쉽다.

④ 세부 침투성이 높아 내구성이 향상된다.

⑤ 건조가 빠르고 밀착성이 높아 소재를 선택하지 않고 도장할 수 있다.

[2] 유용성 도료의 단점

① 유기용제로 시너를 사용하기 때문에 수성도료에 비해 냄새가 난다.

② 건강과 환경에 피해를 주는 VOC(휘발성 유기화합물)를 배출한다.

③ 시너는 인화성이 높아 보관 장소나 관리방법에 주의해야 한다.

2.2 베이스 도장 방법

2.2.1 베이스 코드 도장 시 주의할 점

① 도장하기 전 하얀색 종이에 뿌려서 자동차 색상과 맞는지 확인

② 도장면 도장작업 범위 옆 커버링에 살짝 1~2회 1초 정도 뿌려 노즐 이물질 제거 (도장하기 전 노즐에 이물질이 있으면 이물질이 그대로 도장 면에 흡착됨)

③ 도색 작업 시 도장 면과의 거리는 15cm~20cm 정도 거리를 두고 도포(너무 가까우면 베이트 코트가 뭉쳐져 흘러내리거나 너무 멀면 도장 면에 붙지 않음)

④ 1차 도장 후 약 10분가량 간격을 두고 2차 3차 도장 진행

⑤ 각 도장 작업 단계별 건조 후 송진포로 도장 면 정돈 작업 진행

2.2.2 유용성 도료

[1] 유용성 메탈릭 색상 도료 혼합

① 도료 색상 및 코드가 차량 색상 및 색상 코드와 일치하는지를 확인한다.

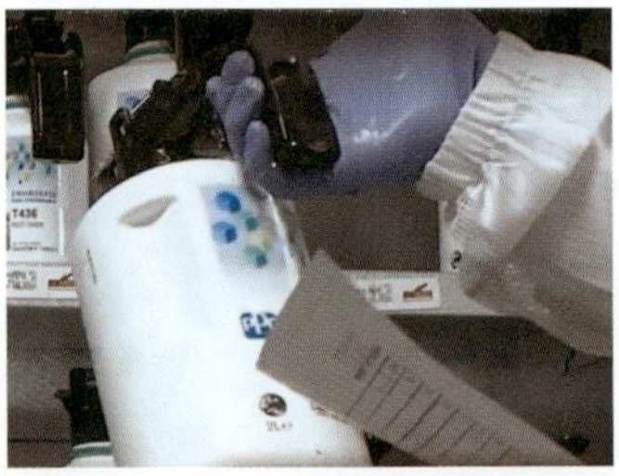

그림 8-4 **도료색상 및 코드가 차량색상 및 코드가 일치하는지 확인**

② 색상 코드가 일치할 경우에는 사전 조색 도료(ready mixed)를 준비한다.

③ 도료의 캔의 바닥에 가라앉아 있는 메탈릭 안료를 골고루 혼합하기 위하여(분산) 뚜껑을 열어 도료 혼합 스틱으로 충분히 혼합해 준다(페인트 쉐이커 또는 교반기의 리드기 등을 활용하여 도료를 혼합할 수 있다).

④ 도장 패널의 종류에 따라 사용할 도료의 양을 산정하여 계량 비닐 컵에 베이스 코트 도료를 담는다.

그림 8-5 **도료 혼합**

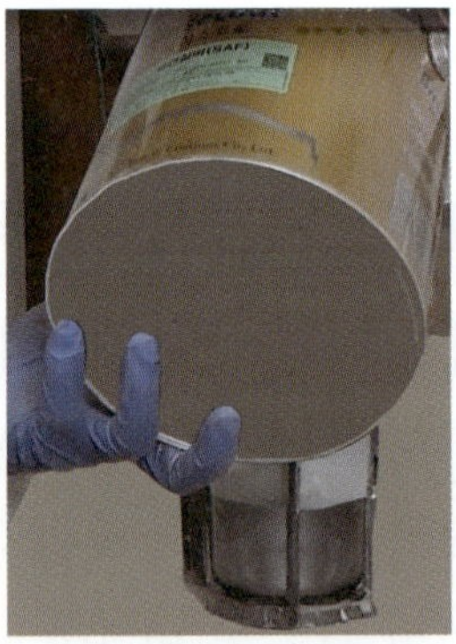

그림 8-6 **계량 비닐 컵에 베이스 코트 도료 담기**

⑤ 각 도료 회사의 도료 작업지침서에 따라 베이스 코트 도료에 알맞은 희석용 시너를 준비한다.

⑥ 희석용 시너의 투입 비율은 도료 작업지침서를 준수하며 조절한다.

⑦ 도료의 정확한 점도를 맞추기 위하여 점도계(포드컵 NO : 4)를 이용하여 점도를 측정하여 맞춘다(측정값 : 18~20±5sec/20℃).

[2] 유용성 베이스 코트 도장

① 송진포와 에어 더스트 건을 이용하여 도장할 패널의 미세먼지와 오염물질을 제거한다.

② 베이스 코트의 도장 횟수는 일반적으로 도료의 은폐가 완료되는 시점으로 색상별로 편차가 있는 점을 주의한다.

③ 초벌 도장을 1회 한다.

㉮ 스프레이 건과 패널 면과의 거리를 약간 멀리하고 운행 속도는 조금 빠르게 도장한다.

㉯ 패널의 밑바탕이 비춰질 정도로 얇게(또는 가볍게) 스프레이한다.

④ 초벌 도장 후에는 플래시 오프 타임을 적용하지 않아도 무방하다.

2.2.3 수용성 도료

[1] 수용성 메탈릭 색상 도료 혼합

① 수용성 베이스 코트 도료에 대한 희석제 혼합 비율은 일반적으로 30%를 넘지 않는다(각 도료 회사의 도료 작업지침서를 반드시 참고).

② 원액 베이스 도료의 용제가 75% 이상이 물로 되어 있어 수용성 도료의 희석 비율이 높지 않으므로 작업지침서에 따라 수용성 희석제를 많이 투입하지 않도록 주의한다.

③ 희석제의 양은 조금씩 투입하면서 도료의 점도를 조절하는 것이 중요하다.

④ 유기 용제에 비해 물이 갖는 증발 속도가 상대적으로 느리기 때문에 베이스 코트의 건조에 미치는 영향이 매우 크므로 주의가 필요하다.

⑤ 도료의 정확한 점도를 맞추기 위하여 점도계(포드컵 NO : 4)를 이용하여 점도를 측정하여 맞춘다(측정값 : 18~20±5sec/20℃).

[2] 메탈릭 색상 현장 조색 도료 혼합

① 도장할 자동차의 각 도료사의 색상 코드와 색상 배합표(카드&컴퓨터&마이크로 필름)를 통하여 도료 배합을 준비한다.

② 도료 교반기를 작동시켜 조색제를 충분히 혼합한다.

③ 색상 배합비대로 투입이 완료되면 도료 혼합 스틱으로 충분히 교반한다(페인트 쉐이커를 활용하여 도료를 혼합할 수 있다).

④ 준비된 도료는 베이스 코트용 스프레이 건의 용기에 70~80% 정도 되도록 여과지를 사용하여 옮긴다.

[3] 수용성 베이스 코트 도장

① 송진포와 에어 더스트 건을 이용하여 도장할 패널에 미세먼지를 제거한다.

② 베이스 코트의 도장 횟수는 일반적으로 도료의 은폐가 완료되는 시점으로 색상별로 편차가 있는 점을 주의한다.

③ 초벌 도장을 1회 한다.

㉮ 스프레이 건과 패널 면과의 거리를 약간 멀리하고 운행 속도는 조금 빠르게 도장한다.

㉯ 패널의 밑바탕이 비춰질 정도로 얇게(또는 가볍게) 스프레이한다.

④ 색 결정 도장을 1회 한다.

㉮ 본격적인 도막을 형성하기 위한 작업으로 초벌 도장에 비해 스프레이 건과 패널과의 거리를 15~20cm 정도 도장한다.

㉯ 색 결정 도장 작업에서 건의 움직임은 겹침 폭을 2/3~3/4 정도 도장하며, 메탈릭 얼룩이 발생하지 않도록 균일하게 도장을 한다.

㉰ 광택이 날 정도로 도료를 촉촉하게 도장하여 본격적인 도막 두께를 형성한다.

⑤ 색 결정 도장 후에는 짧게는 3~5분 길게는 5~10분 정도 플래시 오프 타임을 적용하여 에어 드라이 젯으로 강제 건조를 진행한다(도막 두께에 따라 조절한다).

⑥ 도장 작업 3차를 실시한다. 색 결정 도장 방법과 달리 메탈릭 얼룩이 발생되지 않도록 광택이 나지 않으면서 촉촉한 느낌이 나도록 도장한다.

⑦ 도장 작업 3차 후에는 5~10분 정도 플래시 오프 타임을 적용하여 에어 드라이 젯으로 강제 건조를 진행한다.

㉮ 도막이 두꺼울수록 건조 시간이 길어지기 때문에 플래시 오프 타임도 길게 적용해야 색상 얼룩이나 다른 도장 결함의 발생을 방지할 수 있다.

㉯ 베이스 코트의 도막이 적은 상태에서 건조되어 광택이 사라지는 상태가 후속 도장 작업 시점이다.

⑧ 마무리 도장(4회)을 한다.

㉮ 각 도료사의 추천에 따라 생략되는 경우도 있는데, 이때는 3차 도장 작업 시 마무리 도장을 시행한다.

㉯ 도장 작업 3차보다 도료의 양을 조금 더 줄여 도장하는 것이 메탈릭 얼룩을 예방할 수 있다.

㉰ 베이스 컬러에 따라 메탈릭 얼룩이 생기는 상황이 발생한다. 따라서 모든 색상을 동일하게 스프레이하는 것이 이색 현상을 초래할 수 있으므로 주의가 필요하다.

⑨ 베이스 코트 작업이 완료되면 에어 드라이 젯을 사용하여 플래시 오프 타임을 충분히 적용하여 후속공정(클리어 코트 도장)을 준비한다.

2.3 베이스 건조

2.3.1 건조 시간에 영향을 미치는 조건

상대습도, 공기흐름, 도장실 온도, 제품보관 상태

2.3.2 건조 방법

① 자연건조 : 자연 그대로 건조시키는 방법으로 그대로 놓아 마르는 건조법이다.

② 강제건조 : 적외선램프, 열풍 건조기, 드라이 젯을 이용하여 도료를 건조시킨다.

2.3.3 공기 흐름에 따른 건조

[1] 공기 흐름이 빠를 때

① 자동차 패널 위로 흐르는 공기 속도가 빠를수록 도장 표면에서 습기가 덜 제거된다.

② 도막 내 건조 불균형으로 도장 표면만 빠르게 건조되는 드라이 스킨이 발생한다.

[2] 공기 흐름이 느릴 때

① 자동차 패널 위로 흐르는 공기 속도가 느릴수록 도장 표면의 더 많은 습기가 제거된다.

② 도막 내부와의 건조 불균형으로 도장 표면만 빠르게 건조되는 드라이 스킨 발생이 없다.

3 클리어 도장

3.1 클리어 도장의 목적

3.1.1 클리어 도장의 특징

자동차 보수도장에서 색을 나타내는 베이스 코트를 도포한 뒤에 클리어 코트를 뿌려 표면에 광택을 부여하고 베이스코트의 자외선에 의한 변색을 방지하는 자외선을 차단하는 기능이 함유되어 있어 자동차를 외부 환경으로 보호한다. 다른 외부의 마찰이나 충격에 의한 손상을 방지하고, 산화에 강하고 단단하다.

(a) 클리어 도포 전(광택없음)

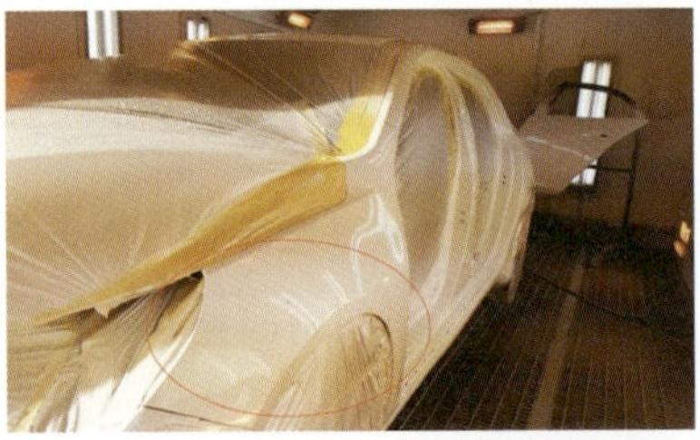

(b) 클리어 도포 후(표면광택)

그림 8-7 클리어 도포 전과 도포 후

3.1.2 클리어의 종류

클리어의 종류에는 MS(midium solid), HS(high solid), UHS(ultra high solid) 등의 등급이 존재하는데 이는 자외선 차단제와 클리어 자체에 함유되어 있는 고형분의 함량에 따라서 분류된다.

3.1.3 클리어 도장 장·단점

클리어 도료는 은폐력이 없는 투명 도료로 도장면을 보호하고, 자외선으로 인한 변색을 막아준다. 투시되는 도료이기 때문에 도색 시 색상 밸런스를 맞추는 것이 어렵다. 일반 도료는 은폐력이 높기 때문에 분포 중인 도료의 최종표면만 노출된다. 반대로 클리어도료는 도색면의 모든 부분이 투과된다.

3.2 클리어 도장 방법

3.2.1 표준 및 하이솔리드 클리어 도장 방법

[1] 표준 도장 방법

① 1차 : 날림도장(dry spray)으로 플래시 오프 타입은 1분

② 2차 : 젖음도장(wet spray)으로 플래시 오프 타입은 3~5분

③ 3차 : 젖음도장(wet spray)으로 세팅타임은 10분

[2] 하이솔리드 클리어 도장 방법

① 1차 : 날림도장(dry spray)으로 플래시 오프 타입은 1분

② 2차 : 젖음도장(wet spray)으로 세팅타임은 10분

3.2.2 클리어 코트 도료

[1] 상도 클리어 코드 도료

(1) 컬러 베이스 1액형 도료

① 용제 증발형 도막

② 눈, 비, 공해 등에 취약하다.

(2) 클리어 코드 2액형 도료

① 우레탄 도막 형성

② 조직과 물성이 우수

③ 외부 환경에 의한 녹으로부터 보호

④ 외관 아름다움 유지

[2] 클리어 코트 도료의 특징

① 아크릴 타입의 우레탄 도료 사용

② 일부 도료 회사에서 출시한 불소수지 2액형 우레탄 도료도 사용

③ 혼합비 2:1, 3:1, 4:1, 10:1의 제품들 주로 사용

④ 주제와 경화제의 혼합 비율은 도료의 물성과 내구성 가격과 건조 속도에 차이가 있다.

㉮ 경화제의 혼합 양이 많은 경우 : 물성>작업성

㉯ 경화제의 혼합 양이 적은 경우 : 물성<작업성

[3] 클리어 코트 도료의 적용

① 클리어 코트 도장 작업 : 도장 면 전체를 보호하는 도막은 일정한 두께를 형성해야 하고, 내구성을 유지함으로써 외관의 광택과 아름다움을 부여

② 도료 제조사별 클리어 코트 도료 선택 : 도막이 되는 성분, 고형분(solid) 또는 NV(Non Volatile : 불휘발분)의 가격과 제품의 종류, 사용방법이 매우 다양하므로 제조사의 작업지침서에 따라 선택하여 적용

3.2.3 클리어 코트 도료 혼합

① 주제 도료인 클리어 코트 도료와 경화제를 준비한다. 이때 도료 제조사 작업 매뉴얼을 참고하여 주제에 적합한 경화제를 확인한다.

② 계량용 비닐 컵을 준비한다.
③ 도장 작업에 사용할 도료의 양을 계획한다.
④ 클리어 코트 주제 도료를 계량 비닐컵에 필요량을 투입한다.
⑤ 클리어 코트 경화제를 주제의 비율에 맞도록 정확한 양을 투입한다. 이때 정확한 양을 준수하기 위해 전자저울을 사용할 수 있다.

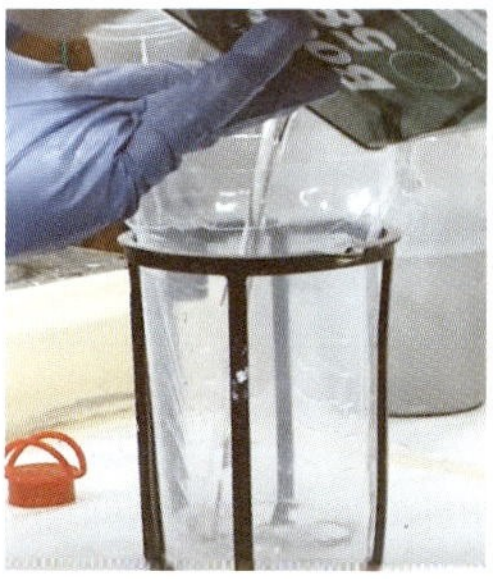

그림 8-8 주제 도료를 비닐 컵에 투입

그림 8-9 경화제 투입

⑥ 주제와 경화제를 도료 혼합 스틱을 이용하여 충분히 교반한다. 이때 페인트 쉐이커를 사용할 수 있다.

그림 8-10 주제와 경화제 교반

⑦ 교반을 완료한 도료는 여과지를 사용하여 상도 클리어 코트 전용 스프레이 건에 담는다.
⑧ 클리어 코트용 도료에 희석제를 혼합하는 타입은 반드시 제조사 작업 매뉴얼을 참고하여 희석 비율대로 점도를 조절한다.

3.2.4 클리어 코트 도장

① 교반이 완료된 도료를 담은 상도 클리어 전용 스프레이 건을 준비한다.

참고 **클리어 도장용 스프레이 건**

① 클리어용 스프레이 건은 중력식 스프레이 건이 적당하다.
② 스프레이 건의 노즐 사이즈는 ⌀1.3~1.5mm이 적합하다.

[상도 클리어 코트 전용 스프레이 건의 노즐 구경]

구분	노즐구멍(size)
흡상식(Suction Type)	⌀1.4~1.6mm
중력식(Gravity Type)	⌀1.3~1.5mm

③ 노즐 사이즈가 너무 작을 경우 : 도료의 토출량이 적고 미립화가 좋아 클리어의 도막을 두껍게 형성하기 어렵다.
④ 노즐 사이즈가 너무 클 경우 : 도료의 토출량이 많고 미립화가 부족하여 한 번에 두꺼운 도막이 형성되므로 레벨링이 불량해진다.
⑤ 클리어 제품에 따라 추천되는 스프레이 건의 조건을 적절하게 맞춰 도장한다.

② 송진포를 사용하여 베이스 코트 도막 면에 묻은 미세먼지와 오염물을 가볍게 제거한다.

③ 클리어 코트 도장을 2~3회를 기준으로 실시한다.

④ 1차 도장 작업을 시행한다.

참고 **클리어 도포 방법**

① 도장 면과 10cm 정도 거리를 두고 분사한다. 도장 면에 살짝 하얀 거품이 나도록 접근해서 부드럽게 움직이며 분사하고, 너무 가깝게 분사하면 물 흐른 자국이 발생하고 너무 멀리 분사하면 뿌려진 면이 거칠어진다.
② 1차 도포 후 기존 도포된 면에 광택이 부족할 때 부족한 부분에 2차로 기존 클리어 건조되기 전에 도포한다.
③ 클리어 도포는 기존 자동차 도장 면 광택 부위까지 겹치도록 도포한다.
④ 클리어 도포 완료 후 클리어가 건조되기 전에 클리어 경계 부위에 복가시 시너를 1~2회 살짝 뿌려 경계선을 제거한다(너무 뿌리면 역시 흘러내린다).

⑤ 도막이 얇은 1차 도장 작업의 경우, 별도의 플래시 오프 타임을 적용할 필요는 없다.

⑥ 2차 도장 작업을 시행한다.

⑦ 3차 도장 작업을 시행한다.

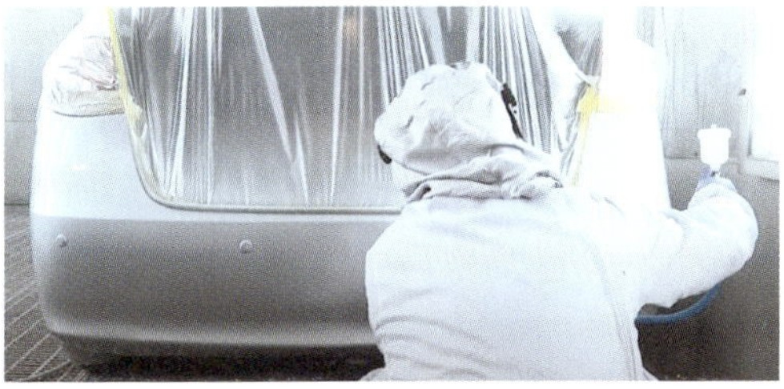

그림 8-11 클리어 코트 도장

⑧ 도장 작업이 완료되면 세팅타임을 부여하고 강제 건조한다.

3.3 클리어 건조

3.3.1 건조의 종류

[1] 자연 건조

도료를 도포하고 그대로 자연 건조되게 하는 것이다. 이것은 상온에서 용제가 마르도록 두거나 도료 성분들의 화학 반응을 하여 경화하는 성질을 이용한다. 대부분의 자동차 보수용 2액형 클리어는 약 20℃ 온도 하에서 24시간 정도 지나면 건조된다.

[2] 강제 건조

① 열경화성 도료의 건조 방식이다.

② 신차는 보통 도료에 따라 130~150℃에서 30분가량 강제 건조를 한다.

③ 평균적으로 60~80℃이고 건조시간은 20~30분이다.

④ 사용하는 제품의 작업 매뉴얼을 참고하여 가열 건조한다.

⑤ 플라스틱 제품의 경우 80℃가 넘지 않더라도 휘거나 뒤틀리는 경우가 발생하므

로 건조 시 편평한 바닥에 올려서 건조한다.

⑥ 강제건조의 장점은 다음과 같다.

㉮ 도장의 건조 시간을 단축하여 생산 공정의 원할함을 꾀할 수 있다.

㉯ 도장 표면에 강한 경화막을 형성한다. 이 때문에 물리적 충격, 화학적 침투 등을 막을 수 있다.

㉰ 광도가 올라간다. 자연건조한 도장보다 강제건조를 하게 되면 광도가 훨씬 높게 올라간다.

3.3.2 강제 건조 방법

[1] 열풍대류 건조

주로 석유 또는 가스버너를 사용하여 대기 중의 공기의 온도를 올려 수분 또는 용제를 증발시켜 건조하는 방법

[2] 이동식 원적외선 건조기를 이용하여 건조

① 블랜딩 도장(퍼티, 프라이머 서페이서) 작업 후 원적외선 건조기를 이용하여 건조한다.

② 건조할 패널 면과 원적외선 건조기를 일정한 거리를 유지시킨다.

③ 건조기 코드를 플러그에 연결한 후 전원을 ON한다.

④ 건조할 범위를 보고 그 범위가 작을 경우에는 원적외선 전구를 선택적으로 필요한 스위치만 ON한다.

⑤ 적외선 건조기 전구의 각도를 조절하여 알맞게 건조할 부위에 맞춘다.

⑥ 온도를 조절한 후 시간 타이머를 15분으로 조절한다.

⑦ 일정 시간이 경과한 후 건조 작업이 완료되면 전원을 OFF하고, 원적외선 건조기를 원위치에 두고 전원코드를 플러그로부터 분리한다.

그림 8-12 원적외선 건조기

[3] 에어 블로워(에어 드라이 젯) 사용하여 건조

① 수용성 도료를 이용한 도장 작업 시 건조 촉진 장치를 이용하여 수용성 도료에 포함된 수분을 증발시켜 건조를 촉진시킨다.

② 일반적으로 수용성 도장 작업을 3회 도장할 경우, 총 3번의 건조 촉진 장치에 의한 베이스 코트 건조 작업을 실시한다.

③ 도료의 종류와 특성에 따라 도장 횟수별 건조 촉진 장치를 이용하는 방법은 상이하므로 도료 회사별 매뉴얼을 참조한다.

④ 거지대를 패널과 일정한 거리로 유지한다.

⑤ 건조 촉진 장치를 패널과 비스듬한 각도(45°)로 유지시킨 후 에어를 건조 촉진 장치에 연결한다.

⑥ 거치대가 스프레이 부스 그레이팅 바닥에 안전하게 위치하도록 한다.

⑦ 수용성 베이스 코트가 완전하게 표면의 광택이 사라져 완전히 건조되기까지 건조한다.

그림 8-13 에어 블로워(에어 드라이 젯)

3.3.3 건조 상태 구분

① 지촉건조(Set to Touch) : 도막을 손가락으로 가볍게 대었을 때 점착성은 있으나 도료가 손가락에 묻지 않는 상태.

② 점착건조(Dust Free) 또는 반경화건조

㉮ 손가락에 의한 방법 : 손가락 끝에 힘을 주지 않고 도막 면을 가볍게 좌우로 스칠 때, 손끝 자국이 심하게 나타나지 않는 상태.

㉯ 솜에 의한 방법 : 탈지면을 약 3cm 높이에서 도막 면에 떨어뜨린 다음 입으로 불어 탈지면이 쉽게 떨어져 완전히 제거되는 상태

③ 고착건조(Tack Free) :도막 면에 손끝이 닿는 부분이 약 1.2cm가 되도록 가볍게 눌렀을 때 도막 면에 지문 자국이 남지 않는 상태

④ 고화건조(Dry Hard) : 엄지와 인지 사이에 시험편을 물리되 도막이 엄지 쪽으로 강하게 힘껏 눌렀다가(비틀지 않고) 떼어 도막에 지문자국이 없는 상태.

⑤ 경화건조(Dry Through) : 도막 면에 팔이 수직으로 되도록 하여 힘껏 엄지손가락으로 누르면서 90° 각도로 비틀어볼 때 도막이 늘어나거나 주름이 생기지 않고 다른 이상이 없는 상태.

⑥ 완전건조(Full Hardness) : 도막을 손톱이나 칼끝으로 긁었을 때 흠이 잘 나지 않고 힘들다고 느끼는 상태로 충분히 사용 가능하다.

3.3.4 도료의 종류에 따른 건조 방법

[1] 워시 프라이머의 건조 방법

(1) 세팅타임

패널 전체를 도장하거나 도장 면적이 넓은 경우, 세팅타임을 10분 정도 적용한다.

(2) 건조 방법

워시 프라이머는 세팅타임을 충분히 적용한 후 차량을 스프레이 부스 내부에서 작업하는 패널 도장, 그룹 도장과 같이 부스의 열처리 설비로 건조하는 것이 바람직하다. 패널도장, 부분도장의 경우에는 포트블 적외선 히터를 사용하여 10분 정도 일정한 거

리 50~60cm를 유지하여 건조하거나, 히팅건을 이용하여 건조하는 것이 효과적이다. 스프레이 부스에서 열처리하여 건조 시에는 60℃에서 30분 정도 건조한다.

[2] 퍼티의 건조 방법

(1) 폴리에스테르 퍼티

주제와 경화제의 혼합 비율(100:1~3, 무게비)대로 혼합하여 도포한 후 상온에서는 20~30분의 건조 시간이 소요되며, 적외선 히터를 사용하는 경우에는 5분 이내 건조되어 연마가 가능해진다.

(2) 건조 방법

① 적외선 건조기(히터) 또는 히팅건 등의 건조기를 이용하여 퍼티 도포 부위와 일정한 거리 50~60cm를 유지한 후 전기코드를 플러그에 연결하고 전원을 ON한다.

② 적외선 전구의 방향을 퍼티 부위와 직각이 되도록 맞춘다.

③ 적외선 히터의 온도 및 시간 타이머를 보통 10분 정도로 설정한다.

④ 5분 경과 후 적외선 히터와 퍼티와의 거리를 20~30cm 정도로 가깝게 한다.

[3] 프라이머 서페이서(primer surfacer)의 건조 방법

(1) 세팅타임

패널 전체를 도장하거나 도장 면적이 넓은 경우에는 본격적인 건조 작업을 위한 세팅타임을 10분 정도 적용하는 것이 바람직하다.

(2) 건조 방법

① 적외선 건조기(히터) 또는 히팅 건 등의 건조기를 이용하여 프라이머 서페이서 젖은 도막과 일정한 거리(1단계 : 50~60cm)를 유지한다.

② 전기코드를 플러그에 연결하고 전원을 ON한다.

③ 적외선 전구의 방향을 프라이머 서페이서 도장 부위와 직각이 되도록 맞춘다.

④ 적외선 히터의 온도 및 시간 타이머를 보통 10분 정도로 설정한다.

⑤ 5분 경과 후 적외선 히터와 프라이머 서페이서 도장 면과의 거리(2단계 : 20~30cm)를 조절하여 가깝게 위치한 후 5분 정도 더 건조한다. 일반적으로 스프레이 부스에서 열처리하여 건조하는 경우에는 60℃에서 30분간 하고 부분 및 패널 도장 작업에 포트블 적외선 히터를 사용하여 건조할 경우에는 10분 정도 일정한 거리(1단계 : 50~60cm, 2단계 : 20~30cm)를 유지하여 건조한다.

[4] 상도 베이스 코트(base coat of top coat)의 건조 방법

(1) 세팅타임

패널 전체를 도장하거나 도장 면적이 넓은 경우에는 후속 도장 작업을 위해 충분히 건조가 이루어져야 하므로 세팅타임을 10~15분 정도 적용하는 것이 좋다.

(2) 건조 방법

상도 베이스 코트는 세팅타임을 충분히 적용한 후 스프레이 부스의 열처리 설비로 건조하는 것이 바람직하다. 이때 일반적으로 클리어 코트와 같이 60℃에서 30분 정도 열처리하는 것이 아니라, 베이스 코트이기 때문에 습도를 제거하는 동시에 베이스 코트의 안전하고 완전한 건조를 위해 40℃에서 10분 정도 건조시킨다.

[5] 상도 클리어 코트(clear coat of top coat)의 건조 방법

(1) 세팅타임

클리어 코트를 패널 및 전체를 도장할 경우에는 열처리하기 전에 세팅타임을 10~15분 정도 적용한다.

(2) 건조 방법

상도 클리어 코트를 건조하기 전에 세팅타임을 충분히 적용한 후 스프레이 부스의 열처리 설비로 건조한다. 일반적으로 인 클리어 코트의 건조 온도 및 시간은 60℃에서 30분 정도이며, 2액형 솔리드 우레탄 도장인 경우에는 80℃에서 20분 정도 열처리하여 건조한다.

자동차 보수도장

기출 문제

001 수용성 도료 작업 시 사용하는 도장 보조 재료로 적합하지 않은 것은?

① 마스킹 종이는 물을 흡수하지 않아야 한다.
② 도료 여과지는 물에 녹지 않는 재질이어야 한다.
③ 마스킹용으로 비닐 재질을 사용할 수 있다.
④ 도료 보관 용기는 금속 재질을 사용한다.

수용성 도료는 물을 함유하고 있기 때문에 금속 재질의 용기를 사용할 경우 부식이 발생한다.

002 자동차 보수도장에서 색상과 광택을 부여하여 외관을 향상시켜 원래의 모습으로 복원하는 도장 방법은?

① 하도 작업
② 중도 작업
③ 상도 작업
④ 광택 작업

㉮ 하도 작업 : 요철을 제거하여 원래와 같은 상태로 도장 면을 복원하는 작업
㉯ 중도 작업 : 상도 공정의 도료가 하도로 흡습되는 것을 방지하며 미세한 요철과 연마 자국을 제거하는 작업
㉰ 광택 작업 : 상도 작업 후 발생되어 있는 결함을 제거하는 작업

003 도장 용제에 대한 설명 중 틀린 것은?

① 수지를 용해시켜 유동성을 부여한다.
② 점도조절 기능을 가지고 있다.
③ 도료의 특정 기능을 부여한다.
④ 희석제, 시너 등이 사용된다.

도료의 특정 기능을 부여하는 요소는 첨가제이다.

004 3코트 펄 보수 도장 시 컬러 베이스의 건조도막 두께로 적합한 것은?

① 3~5μm
② 8~10μm
③ 30~40μm
④ 50~60μm

| 정 | 답 | 001 ④ 002 ③ 003 ③ 004 ③

005 유기 용제가 인체에 미치는 영향으로 맞는 것은?

① 피부로는 흡수되지 않는다.
② 급성중독은 없고 만성중독이 위험하다.
③ 중추신경 등 중요기관을 침범하기 쉽다.
④ 유지류를 녹이고 스며드는 성질은 없다.

006 도료의 보관 장소에서 우선하여 고려되어야 할 사항은?

① 상온 유지
② 환기
③ 습기
④ 청소

007 휘발성 용제 취급 시 위험성과 관계가 가장 먼 요소는?

① 인화점 ② 발화점
③ 연소범위 ④ 비열

008 도료 및 용제의 보관창고에 가장 우선되어야 할 사항은?

① 난방 ② 냉방
③ 청소 ④ 환기

009 3코트 펄 도장 시 3C1B의 도장 순서가 올바른 것은?

① 컬러 베이스-펄 베이스-크리어
② 펄 베이스-컬러 베이스-크리어
③ 펄 베이스-펄 베이스-크리어
④ 컬러 베이스-컬러 베이스-크리어

010 상도 도장 전 수연마(water sanding)의 단점으로 가장 적합한 것은?

① 먼지 제거
② 부식 효과
③ 연마지 절약
④ 평활성

011 탄소를 함유하고 있는 유기화합물로서 다른 물질을 용해시킬 수 있으며, 상온에서 액체 상태로 희박하기 쉬운 성질을 가지고 있는 물질은?

① 유기용제
② 무기용제
③ 분진
④ 액상용제

유기용제는 시너, 솔벤트 등 어떤 물질을 녹일 수 있는 액체상태의 유기화학물질로서 휘발성이 강한 것이 특징이며, 상온에서 액체 상태로 휘발하기 쉬운 성질을 갖고 있다.

| 정 | 답 | 005 ③ 006 ② 007 ④ 008 ④ 009 ① 010 ② 011 ①

012 자기 반응형(2액 중합건조)에 대한 설명 중 틀린 것은?

① 주제와 경화제를 혼합함으로써 수지가 반응한다.
② 아미노알키드수지도료와 같이 신차 도장에서 주로 사용된다.
③ 5℃ 이하에서는 거의 반응이 없다가 40~80℃에서는 건조시간이 단축된다.
④ 도막은 그물(망상)구조를 형성한다.

013 도막이 가장 단단한 구조를 갖는 건조방식은?

① 용제 증발형 건조방식
② 산화 중합 건조방식
③ 2액 중합 건조방식
④ 열 중합 건조방식

014 솔리드 2액형 도료의 상도 스프레이 시 적당한 도막 두께는?

① 3~5μm ② 8~10μm
③ 15~20μm ④ 40~50μm

015 상도 도장 전 준비 작업으로 틀린 것은?

① 폴리셔 준비
② 작업자 준비
③ 도료 준비
④ 피도물 준비

폴리셔는 광택공정에 사용하는 공구로서 빠른 회전력으로 도장면의 오렌지 필 등을 제거할 때 사용한다.

016 상도 도장 작업에서 초벌도장의 목적이 아닌 것은?

① 상도부분 은폐 처리
② 도장면의 부착력 증진
③ 크레이터링 발생 여부 판단
④ 프라이머 서페이서 면에 상도 도료 흡수 방지

017 자동차 주행 중 작은 돌이나 모래알 등에 의한 도막의 벗겨짐을 방지하기 위한 도료는?

① 방청 도료
② 내스크래치 도료
③ 내칩핑 도료
④ 바디실러 도료

㉮ 방청 도료 : 녹이 발생하는 소재에 녹이 생기지 않게 도장 하는 도료
㉯ 내스크래치 : 도장 후 외부의 상처에 의해 쉽게 스크래치가 나지 않도록 하는 도료
㉰ 바디실러 도료 : 밀봉, 방수, 방진, 방청, 기밀, 미관성을 향상시키는 도료

| 정 | 답 | 012 ② 013 ④ 014 ③ 015 ① 016 ① 017 ③

018 다음 중 도료의 첨가제가 아닌 것은?

① 침전 방지제
② 표면 평활제
③ 색 분리 방지제
④ 피막 처리제

도료의 첨가제는 방부제, 색 분리 방지제, 흐름 방지제, 침전 방지제, 분산제, 가소제, 레벨링제(표면평활제), 소포제, 중점제, 습윤제, 소광제, 건조지연제, 안티스케닝제 등이 있다.

019 3코트 펄의 컬러 베이스 도장에서 올바른 도장 방법은?

① 날림 도장–날림 도장–젖은 도장
② 젖은 도장–젖은 도장–젖은 도장
③ 젖은 도장–날림 도장–젖은 도장
④ 날림 도장–젖은 도장–젖은 도장

3코트 도장에는 베이스컬러 도장과 클리어 도장이 있다. 작업공정은 1차 컬러 베이스 도장을 하고, 2차 펄 베이스 도장 완료 후 3차 클리어까지, 3개의 다른 도료를 도장하기 때문에 3코트라고 한다.
㉮ 컬러 베이스 도장 : 1차 날림 도장-2차 젖음 도장-3차 젖음도장
㉯ 펄 베이스 도장 : 1차 젖음 도장-2차 젖음 도장-3차 젖음 도장
㉰ 클리어 도장 : 1차 날림 도장-2차 젖음 도장-3차 풀 도장

020 신차용 도료의 상도 베이스에 사용되며, 내후성, 외관, 색상 등이 우수한 수지는?

① 아크릴 멜라민 수지
② 아크릴 우레탄 수지
③ 에폭시 수지
④ 알키드 수지

㉮ 아크릴 우레탄 수지 : 투명성, 접착성, 탄성 등을 이용하여 안전유리 중간 막 등에 사용되며, 접착제, 도료 등에도 널리 사용된다.
㉯ 에폭시 수지 : 굽힘 강도, 굳기 등 기계적 성질이 우수하고 경화 시에 휘발성 물질의 발생 및 부피의 수축이 없고 경화할 때는 재료 면에서 큰 접착력을 갖는다.
㉰ 알키드 수지 : 폴리에스터 수지에 속한다. 그대로 도료로 쓰거나 요소 수지, 멜라민 등과 혼합하여 만든 금속도료로 건축물, 선박, 철교 등에 널리 쓰인다.

021 다음 중 상도투명용 도료에 사용되는 수지로서 요구되는 성질이 아닌 것은?

① 광택성 ② 방청성
③ 내마모성 ④ 내용제성

방청성은 하도도료에 요구되는 성질이다.

022 도막의 골격이 되어 피도물을 보호하고 도료의 화학적 특징을 결정짓는 중요한 역할을 하는 요소는?

① 수지 ② 안료
③ 첨가제 ④ 용제

| 정 | 답 | 018 ④ 019 ④ 020 ① 021 ② 022 ①

023 3코트 펄 도장시스템으로 분류하는 경우 맞는 것은?

① 1C1B(1번 도장, 1번 열처리)
② 2C1B(2번 도장, 1번 열처리)
③ 3C1B(3번 도장, 1번 열처리)
④ 3B1C(1번 도장, 3번 열처리)

㉮ 솔리드 우레탄 도장 :1C1B
㉯ 메탈릭, 펄 2coat 도장 : 2C1B
㉰ 3coat 펄 도장 : 3C1B

024 하절기 온도가 높을 때 베이스 코트 작업으로 올바른 것은?

① 작업을 빨리 하기 위해 속건용 시너를 희석한다.
② 스프레이 건의 속도를 빠르게 한다.
③ 지건용 시너를 사용하여 도장한다.
④ 에어 압력을 줄여서 도장을 한다.

025 자동차 생산라인에서 하도용으로 가장 적합한 도료는 어떤 것이 좋은가?

① 수용성 전착 도료
② 투명에 가까운 프라이머 도료
③ 분말화된 분체 도료
④ 우레탄에 가까운 투명 도료

026 10℃ 이하의 환경에서 주로 사용하는 희석제는?

① 동절형
② 표준형
③ 느린 건조형
④ 하절형

027 전체 도장 작업에서 스프레이를 가장 먼저 해야 할 부위는?

① 루프(roof) ② 후드(hood)
③ 도어(door) ④ 범퍼(bumper)

028 국내 VOC 배출량을 비교할 때 가장 배출량이 큰 곳은?

① 도로포장 ② 도장시설
③ 자동차운행 ④ 주유소

VOC 배출량 비교 시 도장시설 46%로 가장 높고, 그다음으로 자동차 운행 35%, 주유소 5%, 도로포장 3%, 세탁시설 2% 순이다.

029 휘발성 유기용제 배출원 중 배출 비율이 가장 큰 것은?

① 자동차
② 주유소 및 석유서장 시설
③ 세탁소
④ 용제를 사용하는 도장시설

| 정 | 답 | 023 ③ 024 ③ 025 ① 026 ① 027 ① 028 ② 029 ④

030 상도 스프레이 작업 시에 적합한 보호 마스크는?

① 분진 마스크
② 방독 마스크
③ 방풍 마스크
④ 위생 마스크

031 방독마스크의 보관 시 주의사항으로 적합하지 않은 것은?

① 정화통의 상하 마개를 밀폐한다.
② 방독마스크는 겹쳐 쌓지 않는다.
③ 고무제품의 세척 및 취급에 주의한다.
④ 햇볕이 잘 드는 곳에서 보관한다.

032 공기공급식 마스크는 어디를 보호해 주기 위하여 사용하는가?

① 소화기계통
② 호흡기계통
③ 순환기계통
④ 관절계통

033 유기용제의 특징으로 틀린 것은?

① 유기용제는 휘발성이 약하다.
② 작업장 공기 중에 가스로서 포함되는 경우가 많으므로 호흡기로 흡입된다.
③ 유기용제는 피부에 흡수되기 쉽다.
④ 유기용제는 유지류를 녹이고 스며드는 성질이 있다.

034 유기용제에 중독된 증상 중 급성 중독에 해당하는 것은?

① 빈혈
② 피부염
③ 신경마비
④ 적혈구 파괴

035 유기용제의 영향으로 인체에 나타나는 현상 중 기관지 장해를 일으키는 용제는?

① 톨루엔
② 메틸알코올
③ 부틸아세테이트
④ 메틸이소부틸케톤

036 유기용제 중독에 대한 설명으로 옳지 않은 것은?

① 중독경로는 흡입과 피부접촉에 의해 발생한다.
② 증상으로는 급성 중독과 만성 중독으로 나눈다.
③ 급성 중독은 피로, 두통, 순환기 장애, 호흡기 장애, 눈의 염증, 간장 장애, 신경마비, 시각 혼란 등을 유발한다.
④ 호흡기를 통하여 진폐증을 유발한다.

진폐증이란 폐에 분진이 침착하여 이에 대해 조직 반응이 일어난 상태를 말한다. 분진이란 고체의 무생물 입자를 말하고, 폐의 조직 반응이란 폐 세포의 염증과 섬유화(흉터)를 말한다.

| 정 | 답 | 030 ② 031 ④ 032 ② 033 ① 034 ③ 035 ④ 036 ④

037 유기용제 중독자에 대한 응급처치 방법으로 틀린 것은?

① 통풍이 잘되는 곳으로 이동시킨다.
② 호흡 곤란 시 인공호흡을 한다.
③ 중독자의 체온을 유지시킨다.
④ 항생제를 복용시킨다.

038 유해성의 정도에 따라 분류되는 유기용제 중 1종에 해당하는 것은?

① 아세톤　② 가솔린
③ 톨루엔　④ 벤제

039 가솔린, 톨루엔 등 인화점이 21℃ 미만의 유류가 속해있는 분류 항목은?

① 제1석유류
② 제2석유류
③ 제3석유류
④ 제4석유류

유기용제의 인화점

㉮ 제1석유류 : 인화점이 21℃ 미만으로 아세톤, 휘발유, 벤젠, 톨루엔 등
㉯ 제2석유류 : 인화점이 21~70℃로 등유, 경유, 크실렌, 샐루솔브 등
㉰ 제3석유류 : 인화점이 70~200℃로 중유, 클레오소트유 등
㉱ 제4석유류 : 인화점이 200~250℃로 기어류, 실런더유 등
㉲ 동식물류 : 인화점이 250℃ 미만으로 동물의 지육이나 식물의 종자, 과육으로부터 추출한 것

040 유기용제 중 제2석유류의 인화점으로 맞는 것은?

① 21℃ 미만
② 21~70℃
③ 70~200℃
④ 200℃ 이상

041 보기는 어떤 용제에 대한 설명인가?

> ㉠ 비점이 55~60℃로 저비점 용제이다.
> ㉡ 증발속도가 매우 빠르다.
> ㉢ 물이나 다른 용제에도 잘 섞인다.
> ㉣ 용해력이 크다.
> ㉤ 많이 사용하면 백화현상이 유발된다.

① 크실렌　② 톨루엔
③ 아세톤　④ 메탄올

042 용제 중 비점에 따른 분류 속에 포함되지 않는 것은?

① 고비점 용제
② 저비점 용제
③ 상비점 용제
④ 중비점 용제

용제 중 비점에 따른 분류

㉮ 저비점 용제 : 100℃ 이하에서 사용
㉯ 중비점 용제 : 100~150℃에서 사용
㉰ 고비점 용제 : 150℃ 이상에서 사용

| 정 | 답 | 037 ④　038 ④　039 ①　040 ②　041 ③　042 ③

043 다음 중 저비점 용제의 종류인 것은?

① 아세톤, MEK, 메틸알코올, 에틸아세테이트
② 톨루엔, 아밀아세테이트, 부틸아세테이트, 부틸알코올
③ 부틸셀로솔브, 백등유, 미네랄스피릿, 셀로솔브 아세테이트
④ 이소부틸알코올, 초산부틸, 초산아밀, 크실렌

044 용제에 관한 설명 중 틀린 것은?

① 진용제 – 단독으로 수지를 용해시키고, 용해력이 크다.
② 희석재 – 수지에 대한 용해력은 없고, 점도만을 떨어뜨리는 작용을 한다.
③ 조용제 – 단독으로 수지류를 용해시키고, 다른 성분과 병용하면 용해력이 극대화된다.
④ 저비점 용제 – 비점이 100℃ 이하로 아세톤, 메탄올, 에탄올 등이 포함된다.

조용제는 단독으로 수지를 용해하지 못하고 다른 성분과 같이 사용하면 용해력을 나타내는 용제이다.

045 제1종 유기용제의 색상 표시 기준은?

① 빨강 ② 파랑
③ 노랑 ④ 흰색

유기용제	표시색상	종류
1종	빨강	벤젠, 시염화탄소, 에틸렌, 트리클로로
2종	노랑	톨루엔, 아세톤, 초산부틸, 크실렌 초산에틸
3종	파랑	가솔린, 석유나프타, 미네랄 스피릿

046 도막의 색에는 그다지 영향을 주지 않으며, 도막의 증량제로 사용되는 안료는?

① 유기안료
② 무기안료
③ 체질안료
④ 방청안료

047 솔리드 2액형 도료의 상도 스프레이 시 적당한 도막 두께는?

① 3~5μm
② 8~10μm
③ 15~20μm
④ 40~50μm

도막의 두께

㉮ 2~5μm : 워시 프라이머, 플라스틱 프라이머의 건조도막 두께
㉯ 15~20μm : 컬러 베이스 코트의 건조도막 두께
㉰ 40~50μm : 솔리드 2액형 도료, 클리어의 건조도막 두께

| 정 | 답 | 043 ① 044 ③ 045 ① 046 ③ 047 ④

048 펄 베이스의 도장 방법으로 틀린 것은?

① 플래시 타임을 충분히 준 다음 도장한다.
② 에어블로잉하지 않고 자연 건조시킨다.
③ 에어블로잉 후 자연 건조시킨다.
④ 실차의 도장 상태에 맞도록 도장한다.

049 건조 방법별 분류가 아닌 것은?

① 자연건조 도료
② 가열 경화형 도료
③ 반응형 도료
④ 무광 도료

무광 도료는 도막의 형상에 따른 분류이다.

050 도장 용어 중 세팅타임이란?

① 건조가 되기를 기다리는 시간
② 열을 주지 않고 용제가 자연 휘발하는 시간
③ 열처리를 하는 시간
④ 열처리를 하고 난 후 식히는 시간

스프레이한 직후의 도막에서는 용제가 급속히 증발한다. 20도일 때 최초 10분에 80~90% 가까운 용제가 증발한다. 이것은 락카나 우레탄계 모두 동일하다. 용제의 증발이 활발할 때 열을 가하게 되면 더욱 급격하게 증발되어, 용제가 빠진 흔적이 구멍으로 남아 하자를 발생시킬 수 있다. 따라서 강제 건조 시에는 스프레이 후 5~10분 정도 자연건조시키고 나서 열을 가한다.

051 서로 다른 전하는 끌어당기고 같은 전하는 반발하는 원리를 이용하여 도료입자들이 (-)전하를 갖게 하여 피도물에 도착시키는 도장 방법은?

① 에어스프레이 도장
② 에어리스스프레이 도장
③ 정전 도장
④ 진공증착 도장

052 베이스코트 건조에 대한 설명 중 맞는 것은?

① 기온이 높을수록 건조가 빠르다.
② 스프레이 건 압력이 낮을수록 건조가 빠르다.
③ 드라이 형태로 스프레이가 되면 건조가 느리다.
④ 토출량이 많을수록 건조가 빠르다.

053 도장할 때 건조 시간과 관계가 없는 것은?

① 도료의 점도
② 스프레이 건의 이동속도
③ 스프레이 건의 거리
④ 스프레이 건의 종류

| 정 | 답 | 048 ③ 049 ④ 050 ② 051 ③ 052 ① 053 ④

054 도막의 경도를 측정하는 기기가 아닌 것은?

① 클레멘 스크레치 경도계(Clemen scratch tester)
② 연필 스크레치 경도계(Pencil scratch tester)
③ 크로스 컷 경도계(Cross cut tester)
④ 스워드 로커 경도계(Sward rocker hardness)

055 도료건조의 종류라 할 수 없는 것은?

① 냉각건조
② 액화건조
③ 산화건조
④ 중합건조

056 자동차 보수도장의 상도 도료 도장 후 강제건조 온도 범위로 옳은 것은?

① 30~50℃
② 40~60℃
③ 60~80℃
④ 80~1000℃

057 자동차 정비공장에서 폭발의 우려가 있는 가스, 증기 또는 분진을 발산하는 장소에서 금지해야 할 사항에 속하지 않는 것은?

① 화기의 사용
② 과열함으로써 점화의 원인이 될 우려가 있는 기계의 사용
③ 사용 도중 불꽃이 발생하는 공구의 사용
④ 불연성 재료의 사용

| 정 | 답 | 054 ③ 055 ② 056 ③ 057 ④

CHAPTER 09

도장 장비유지보수

1 장비점검

1.1 도장장비 취급방법

1.1.1 도장장비 관리 기본

① 도장장비 청소 : 청소는 도장장비를 깨끗하게 유지하면서 필터 등 오염된 소모품을 교체시기에 제때 교환하는 것이다.

② 도장장비 조이기 : 도장장비 부품을 조합하고 있는 볼트와 너트가 이완될 수 있으므로, 항상 점검 및 관리하여 이완 시에는 이완된 볼트 또는 너트를 조인다.

③ 도장장비 기름 치기 : 회전운동, 왕복운동하는 장비나 도구는 모든 작동하는 부위에 윤활이 필요하다. 윤활 여부에 따라 장비나 도구의 정상적인 사용시간이 달라진다.

④ 유틸리디(utilities) : 장비의 가동에 필요한 에너지원이 되는 전원 및 가스, 압축공기 및 물 등이 정상적으로 공급되고 있는지 점검하는 일이다.

⑤ 도장장비 관리 대장을 작성하여 장비를 효율적으로 운영한다.

1.1.2 도장장비 관리 방법

① 장비 사용 설명서의 중요성 : 장비 사용 설명서는 장비를 효율적으로 관리할 수 있도록 하여 정상적으로 작동하고 사용하게 한다.

② 장비의 사양 확인 : 공기 압축기 선정 시 사양을 확인하고, 스프레이 부스 선정 시 사양을 확인한다.

③ 장비의 구성부품 파악 : 각각의 구성품의 기능이 무엇인지 확인하고, 동일한 목적에 사용되는 장비의 기능과 작업 품질의 차이를 확인한다.

④ 설치와 조립 순서 습득 : 설명서에 따라 설치하고 조립하고 순서를 숙지한다.

⑤ 작동 원리와 순서 터득 : 작동 원리와 순서를 터득해서 작동 순서를 준수하여 장비의 수명을 연장시키고 품질을 유지시킨다.

⑥ 유지관리 조건 확인 : 온도와 습도 조건, 직사광선 노출 여부, 수평 유지의 중요성, 소음과 진동 상태, 인입 전원에 대한 조건

⑦ 고장의 원인 파악 : 어느 부분을 잘못 관리하여 고장이 발생했는지 파악한다.

⑧ 안전 및 환경 면 파악 : 장비를 사용하면서 안전 및 건강과 환경적인 면에서 주의해야 할 점을 확인하고, 안전과 환경에 대한 법적 의무 사항에 대하여 파악한다.

⑨ 사용 설명서 보관 : 일반 서류와 구분된 별도의 공간에 보관하며 사용자가 바뀌어도 사용법을 전수할 수 있다.

1.2 도장장비 점검

1.2.1 압축 공기 공급 설비의 점검

[1] 공기 압축기(air compressor) 점검

① 모터 냉각팬의 오염과 모터의 발열 상태를 점검한다.

② 에어 압력계의 토출 압력과 온도를 점검한다.

③ 에어탱크, 밸브와 연결부의 기밀 상태와 풀리 및 벨트의 이완 여부를 점검한다.

④ 윤활유의 충진 상태와 오염도 및 오일필터의 오염 상태를 점검한다.

⑤ 공기 흡입부의 에어필터의 체결 상태와 오염 상태를 점검한다.

⑥ 인입 전선과 피복상태, 체결상태, 접지 및 누전여부를 점검한다.

⑦ 안전밸브의 작동 상태를 확인한다.

[2] 에어 드라이어(air dryer)와 에어 쿨러(air cooler) 점검

① 에어 입구 압력과 온도를 점검한다.

② 응축수 드레인 밸브와 배관상의 각종 밸브와 연결부의 기밀 상태를 점검한다.

③ 인입 전선의 피복 상태, 체결상태, 접지 및 누전 여부를 점검한다.

[3] 에어필터(air filter) 점검

① 에어 입구 압력과 출구 압력을 점검한다.

② 응축수 드레인 밸브와 배관상의 각종 밸브와 연결부의 기밀 상태를 점검한다.

③ 필터 하우징을 열어 유수 분리기의 사이클론 분리기와 황동 소결 필터, 미세입자 필터와 활성탄 필터의 오염상태를 점검한다.

[4] 에어 보조 탱크(air receive tank) 점검

① 탱크의 에어 압력을 점검한다.

② 안전밸브의 작동상태를 점검한다.

③ 배관상의 각종 밸브와 연결부의 기밀 상태를 점검한다.

④ 배관 내 응축수의 유무와 드레인 밸브의 작동 상태를 점검한다.

[5] 에어 공급 배관(air pipe) 점검

배관상의 각종 밸브와 연결부의 기밀 상태를 점검하고, 배관 내 응축수의 유무와 드레인 밸브를 점검한다.

[6] 에어 호스(air hose) 점검

에어 커플링의 연결부 체결과 기밀 상태를 점검하고, 에어 호스의 기밀 상태를 점검한다.

1.2.2 샌딩 시스템의 점검

① 샌더를 점검한다.

② 흡진 호스와 서비스 스테이션을 점검한다.

③ 샌딩 아암과 슬라이딩 레일을 점검한다.

④ 흡진 시스템을 구성 요소별로 점검한다.

1.2.3 스프레이 건의 점검

[1] 노즐과 에어캡을 점검한다.

니들(needle), 플루이드 팁(fluid tip), 에어캡(air cap) 등 페인트를 공급하는 부품으로 에어 분배링과 함께 페인트를 미립화시키는 중요한 구성품을 점검한다.

① 각 부품의 마모 상태를 점검한다.

② 조립 상태에서의 유격 정도를 점검한다.

③ 에어캡의 미세한 구멍의 오염 상태를 점검한다.

④ 니들과 에어캡의 변형 또는 손상 상태를 점검한다.

[2] 페인트 양과 에어 압력 및 패턴(round and flat spray control) 조절기를 점검한다.

니들과 플루이드 팁, 에어캡과의 간격을 조절하는 페인트 양 조절기는 페인트의 공급량을 조절하며, 에어 공급 계통에 장치된 에어 압력 조절기는 에어 압력을 조절한다. 그리고 패턴 조절기는 타원형으로 형성되는 패턴의 길이와 폭을 조절한다.

① 작동 부위의 그리스 주유 상태와 스프링의 장력을 점검한다.

② 조절기의 조절에 따라 페인트 분무량, 에어 압력과 패턴의 변화를 점검한다.

③ 압력 표시부의 압력과 연결 부위의 오염 여부를 점검한다.

④ 에어 압력 조절기 내부로 세척제가 유입되었는지 확인한다.

⑤ 조절기 체결 나사의 풀림 여부와 유격 여부를 점검한다.

[3] 방아쇠(trigger)와 건 핸들 및 페인트 컵을 점검한다.

방아쇠는 에어의 공급과 함께 페인트를 노즐로 보내주는데, 1단으로 당기면 에어만 공급된다. 건 핸들은 스프레이 건 몸체의 일부로 그립(grip)감이 좋은 형상으로 만들어져 있으며, 하단부의 에어 연결 조인트가 부착되어 내부로 에어 관로가 들어 있다. 중력식은 컵이 스프레이 건 상단에 부착되고 흡상식은 하단에 부착된다. 근래에는 수용성 도료의 적용이 늘어남에 따라 세척 시간과 세척용 세척제의 절감을 목적으로 일회용 컵이 사용되기도 한다.

① 건 몸체, 방아쇠와 컵의 세척 상태를 점검한다.
② 방아쇠의 당김에 따라 에어 및 페인트의 분사량의 변화를 점검한다.
③ 몸체와 연결 나사의 손상 여부를 점검한다.
④ 페인트가 일정하게 흐르게 하는 숨구멍의 막힘 여부를 점검한다.

1.2.4 스프레이(도장 및 건조) 부스 점검

[1] 부스 본체(박스) 점검

(1) 바닥 구조물 점검

① 바닥 그레이팅과 바닥 필터 및 필터 받침판의 오염상태를 점검한다.
② 바닥 필터 받침판의 배열 상태를 점검한다.
③ 수평 프레임과 수직 지지대의 변형 상태를 점검한다.

(2) 차량 출입문 점검

① 부스 압력 등에 의한 출입문의 변형 상태와 실링 부분을 점검한다.
② 시건장치가 바르게 장착되어 있는지 점검한다.
③ 힌지 부분의 볼트 체결 부위와 그리스 주유 상태를 점검한다.

(3) 조명장치 점검

① 조명등 기구 안으로 분진이 유입되었는지 확인하고 실링 부분을 점검한다.
② 유리 부분의 오염도를 점검한다.
③ 램프의 점등 상태와 점등되지 않는 램프가 있는 경우 합선, 단전이나 누전되는 부분이 있는지 점검한다.

(4) 천장 필터 프레임과 필터 점검

① 천장 필터 프레임의 변형 여부를 점검한다.

② 천장 필터의 오염 정도를 점검한다.

(5) 벽체 점검

① 벽체를 이루는 판넬과 판넬 사이로 외부 공기의 유입 흔적이 있는지 점검한다.

② 분진이나 페인트의 오염 정도를 점검한다.

[2] 공조 장치 점검

(1) 송풍기와 모터 점검

① 송풍기의 날개 부분과 모터 냉각 휀의 오염도를 점검한다.

② 모터와 날개의 진동과 모터의 발열 상태를 점검한다.

③ 송풍기 토출구 댐퍼의 위치를 확인한다.

④ 모터에 연결된 배선 상태와 단자와의 연결 상태를 점검한다.

(2) 버너와 과열 방지 센서 점검

① 연료의 공급 배관에 유류의 누유나 가스가 누출되는 부분이 있는지 점검한다.

② 연소되는 불꽃의 상태가 정상(파란 불꽃)인지 확인하고 점화 센서의 오염 여부를 점검한다.

③ 가스의 공급 압력을 점검한다.

④ 건 타입 버너의 공기 공급 댐퍼 작동 상태나 열림 상태를 점검한다.

⑤ 전선(소켓) 체결 상태, 과열 방지 센서와 컨트롤 박스의 부착 상태를 점검한다.

(3) 열교환기(heat exchanger) 점검

① 열교환기 외부(하우징)로 연소 가스가 누출되는지 점검한다.

② 버너와 열교환기 및 연통의 부착 상태와 연소 가스의 누출 여부를 점검한다.

(4) 사이클 댐퍼(cycle damper) 점검

① 작업 공정에 따라 공압 실린더가 작동되는지 확인한다.

② 실린더에 연결된 에어 호스의 체결 부분과 에어 압력(통상 6.0bar)을 점검한다.

③ 실린더의 왕복 운동을 전달하는 "U"클램프의 체결 및 조임 상태와 간섭 없이 원활하게 작동하는지 점검한다.

④ 전자 밸브에 연결된 전기 배선 상태를 점검한다.

⑤ 서보 모터에 의해 구동되는 댐퍼의 경우 구동 방향과 공정 변화에 따라 전기 신호를 받고 끊어 주는지 여부를 점검한다.

(5) 급기 1차 필터 점검

[3] 배출 공기 오염 방지 장치(활성탄 필터, activated charcoal filter) 점검

(1) 송풍기 점검

① 송풍기의 날개 부분과 모터 냉각 휀의 오염 상태를 점검한다.

② 모터와 날개로부터 진동과 발열이 있는지 점검한다.

③ 송풍기 토출구 댐퍼의 위치와 배출 공기량을 조절하는 댐퍼에 연결된 에어 호스의 연결 상태를 점검한다.

④ 모터의 구동 상태와 배선과 단자와의 연결 상태를 점검한다.

(2) 배기 2차 필터와 활성탄(activated charcoal) 필터 점검

필터의 오염 상태 및 필터 가이드 레일과 받침판의 변형 여부를 점검한다.

[4] 제어장치(control panel) 점검

(1) 동력 공급 장치 점검

① 전기 부품들의 오염 상태와 각 부품으로 연결된 전선의 이완 상태를 점검한다.

② 동력 인입 스위치의 유격 여부와 노란색과 녹색으로 조합(또는 녹색)된 접지선의 체결 부분을 점검한다.

(2) 제어장치 점검

① 각종 표시등의 점등 상태를 점검한다.

② 온도와 압력 표시 창에서 각 작업 공정별 온도와 압력을 점검한다.

③ 급기와 배기 계통상에 있는 각각의 필터에 작용하는 압력을 점검한다.

④ 제어장치로 연결된 전선(통상은 소켓)의 이완 상태와 노란색과 녹색으로 조합(또는 녹색)된 접지선의 체결 부분을 점검한다.

(3) 온도 센서와 압력 센서 점검

① 부스 내압과 각 필터의 압력을 감지하는 호스의 연결 상태를 점검한다.

② 압력 표시창에서 스프레이 부스의 내압 및 급기와 배기 계통상에 있는 각각의 필터에 작동하는 압력을 점검한다.

③ 부스 박스 내부 천장에 부착된 온도 센서의 배선 상태를 점검한다.

1.3 측정장비 점검

1.3.1 전자저울

전자저울은 도료의 계량에 사용되며 계측단위가 제품에 따라 다를 수 있으나 최소 0.01g, 0.1g 등의 무게 단위가 있으며, 최대 도료의 계량은 보통 3~7kg 정도가 사용된다.

① 전원 공급이 잘 되는지 점검한다.

② 저울이 표준 작동법에 따라 작동하는지 점검한다.

③ 영점 조정 여부를 점검하고 주기적으로 컬리브레이션한다.

④ 시료를 놓는 위치에 따른 오차가 있는지 점검한다.

⑤ 저울 계량판의 오염 상태를 점검하고 수평상태 및 진동상태를 점검한다.

1.3.2 색차계

① 전원 공급 유무를 점검한다.

② 영점 조절을 주기적으로 한다.
③ 기계의 측정 면에 이물질이 없도록 관리한다.

2 장비 보수

2.1 스프레이 부스 보수

2.1.1 스프레이 부스의 송풍 모터 베어링 교환

① 스프레이 부스의 전원을 반드시 차단하고 안전 조치를 취한다.
② 직결 송풍기인 경우 풀리 풀러 등을 사용하여 모터로부터 날개차(impeller)를 탈거한다.
③ 벨트 구동식인 경우 모터와 송풍기 측에 걸린 벨트를 제거하고 풀리 풀러를 사용하여 풀리 벨트와 베어링을 탈거한다.
④ 탈거한 날개차를 끌 칼과 브러시로 누적된 분진을 긁어낸다.
⑤ 청소한 날개차에 손상이나 변형이 없는지 확인하고 탈거한 역순으로 조립한다.

2.1.2 스프레이 부스 송풍기 청소

① 과열 센서를 리셋한다.
② 전원이 인입됨에도 불구하고 점화가 되지 않으면 점화 감지 센서를 닦아 준다.
③ 버너 컨트롤러가 제대로 장착되어 있는지 확인한다.
④ 공기 인입구가 막혔는지 확인한다.
⑤ 그럼에도 계속 점화가 되지 않으면 버너로부터 전원을 제거하고 버너를 열교환기에서 탈거한다.
⑥ 버너의 화염 토출구에 있는 프레임 디스크(flame disk, 회오리바람 불개)가 분진으로 오염되었는지 확인하고 청소한다.

⑦ 전기적인 스파크를 일으켜 점화시키는 전극봉을 샌드페이퍼로 닦아주고 간극을 3mm로 조정한다.
⑧ 노즐이 오염으로 막혔는지 또는 변형이 있는지 확인한다.
⑨ 경유 버너의 경우 불안전 연소로 열교환기 내부가 오염되기 쉬우므로 청소한다.
⑩ 분해한 역순으로 조립하고 다시 버너를 가동한다.

3 장비 관리

3.1 도장 관련 장비 종류

3.1.1 공기 압축기

[1] 종류

(1) 피스톤식

대기 중의 공기를 에어필터를 통해 인렛(Inlet) 밸브로 흡입하여 피스톤이 내장되어 있는 압축 실린더에 전달하면 모터가 회전하면서 모터의 축과 압축 피스톤을 이어주는 크랭크축이 돌아가면서 크랭크축 위에 연결된 피스톤을 상하로 왕복운동을 시켜서 흡입된 공기를 압축시킨다.

(2) 스크류식

대기 중의 공기를 에어필터를 통해 인렛 밸브로 흡입한 다음 두 개의 스크류가 내장되어 있는 에어엔드에 전달하면 모터가 회전하면서 모터의 축과 에어엔드의 축간에 연결된 커플링을 통해서 에어엔드 내부의 스크류가 서로 맞물려 돌아가며 흡입된 공기를 압축시킨다. 압력은 피스톤 방식보다 작으나 생산되는 공기 유량은 크다.

(3) 다이아프램식

내부에 얇은 고무판이 있고 이것이 모터에 연결되어 위아래로 왕복한다. 소음이 적으며 주로 작은 차량용 압축기나 오일이 들어가지 않는 압축기에 사용된다.

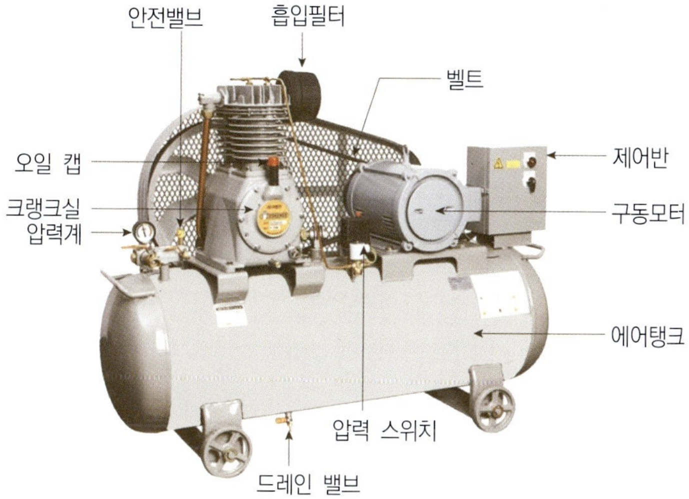

그림 9-1 공기 압축기

[2] 주변기기

① 리시버 탱크 : 공기압축기에서 압축된 공기를 저장하는 역할을 한다.

② 애프터 쿨러 : 애프터 쿨러는 공기압축기에서 약 40~50℃의 실온보다 10℃ 낮춰 수분을 제거한다.

③ 필터 : 압축 공기를 정화시키기 위한 장치다.

④ 에어 드라이어 : 에어 드라이어는 흡착식 드라이어와 냉동식 드라이어로 나뉘어진다.

㉮ 냉동식 드라이어 : 압축 공기상에 존재하는 수분을 잡는 역할을 하는 기기이다. 냉동식의 방식은 공기 중에 포함되어 있던 유수분이나 불순물을 수분이 생성되는 온도인 4℃로 노점을 맞추어 내부의 필터를 거쳐 제거시킨 뒤 다음 연동 기기로 보내는 역할을 한다.

㉯ 흡착식 드라이어 : 흡착식 드라이어는 화학적 건조제를 사용하며 냉동식에 비

해서 수분을 잡는 능력이 뛰어나다.

[3] 설치장소

① 실내온도는 5~40℃를 유지한다.
② 직사광선을 피하고 환풍 시설을 구비해야 한다.
③ 습기나 수분이 없는 장소이어야 한다.
④ 방음이고, 보수점검을 위한 공간을 확보해야 한다.
⑤ 먼지, 오존, 유해가스가 없는 장소이어야 한다.
⑥ 수평이고 바닥이 단단해야 한다.

[4] 공압 배관

① 공압 배관은 공기 흐름 방향으로 1/100 정도의 기울기로 설치한다.
② 주배관의 끝부분은 오염물 배출이 용이한 드레인 밸브를 설치한다.
③ 이음은 적게 하고, 공기압축기와 배관의 연결은 플렉시블 호스로 연결하여 진동에 의한 손실을 방지한다.
④ 냉각 효율이 좋아야 한다.
⑤ 배관의 지름을 여유 있게 하여 압력 저하에 대비한다.

[5] 사용 시 주의할 점

① 사용이 끝난 후에는 반드시 압축된 공기를 모두 빼주어 응축수까지 빼준다.
② 수분이 많이 차면 역류하기 때문에 수분은 자주 주기적으로 빼줘야 한다.
③ 밤중에는 가동하지 않는 것이 좋다.
④ 압축기 하부에 충격흡수제나 매트 같은 것을 깔아주는 편이 좋다.
⑤ 필터 상태를 정기적으로 점검한다.
⑥ 컴프레서를 공기가 최대한 통하는 곳에 두거나 공업용 선풍기나 서큘레이터 팬 같은 공기 공급수단을 이용해야 한다.

3.1.2 스프레이 부스(도장 및 건조)

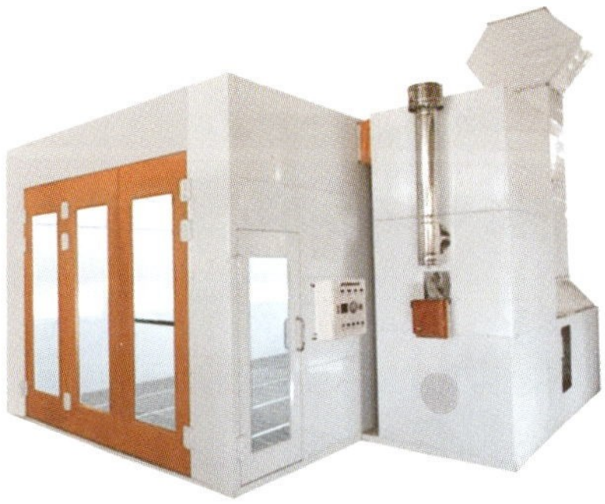

그림 9-2 스프레이 부스

[1] 스프레이 부스의 구비조건

① 먼지유입 차단 : 먼지유입 원인은 스프레이 부스 자체 구조물의 변형, 부스 내에 작동하는 부압, 급기 측의 필터 오염, 부적합한 필터의 사용 등이 있다.

② 균일한 풍속 유지(와류 방지) : 유속이 균일하여야 와류로 인한 페인트 분진의 날림 현상, 열풍의 집중으로 인한 도장 균열 현상을 방지한다.

③ 고른 온도 분포와 일정한 온도 유지(균일한 건조)

④ 적정한 조도의 조명(도막 색상 식별) : 조명은 사각지대가 없어야 하며, 적정한 밝기와 조도와 태양빛에 가까운 색 온도를 유지함으로써 색상 식별이 가능하다.

[2] 작업 관리 공정(Control System)

준비(preparation) → 페인트 분무(spray) → 환기 및 유기 용제 건조 → 페인트 건조 → pre-cure, low-cure, high-cure → 냉각

[3] 스프레이 부스의 기능

① 시스템의 진단 및 이상 상태를 표시하는 기능

② 부스 과부압/과내압 제어, 자동/수동압력 조절, 필터에 걸리는 압력(오염 상태) 체크 기능

③ 도장 작업에 영향을 미치는 다양한 조건인 작업의 종류, 페인트 종류, 도장 면적, 외부 온도에 따라 프로그래밍이 가능한 기능

④ 페인트 종류 및 작업 종류에 따라 각 공정의 작업 조건 설정, 에너지 비용(연료, 전력) 산출 표시, 에너지 절약 모드

⑤ 설정된 작업 조건과 진행공정, 가동조건, 잔여공정 및 잔여시간 등 가동 현황을 볼 수 있는 기능

[4] 스프레이 부스 종류

(1) 공기 공급 방식에 따른 분류

크로스 드라프트(cross air draft) 부스, 세미다운 드라프트(semi-down air draft) 부스, 풀다운 드라프트(full down air draft) 부스

(2) 가열 방식에 따른 분류

열풍 간접 가열 부스, 열풍 직접 가열 부스, 적외선 건조 부스, 열풍과 적외선 복합 사용 부스

3.1.3 스프레이 건

[1] 스프레이 건의 분류

(1) 중력식 스프레이 건

도료컵이 스프레이 건의 위에 설치되어 있다. 장점으로는 수직과 수평 작업 모두 용이하며, 세척과 도료의 교환이 용이하고 도료의 점도가 변하더라고 토출량의 변화가 적으나, 도료의 보충이나 작업대기 시 보조 스탠드가 필요하다. 또한 컵 용량이 작아 넓은 면적을 도장하는 경우 도료를 보충하면서 도장을 해야 한다.

(2) 흡상식 스프레이 건

도료컵이 스프레이 건의 아래에 설치되어 있는 타입이며, 안정성이 좋으며 도료의 교환이 쉽다. 일반적으로 컵 용량이 1리터 정도이며 넓은 범위의 도장에 편리하

나, 중력식에 비해 무거우며, 도료를 흡입하여 분출하기 때문에 도료의 점도에 의해서 토출량이 변화되고 수평 및 곡면 부위 도장이 곤란하다.

(3) 압송식 스프레이 건

도료컵과 스프레이 건이 분리되어 있고, 도료컵과 스프레이 건이 호스로 연결되어 있어 도료는 압축공기 탱크 혹은 펌프에 의해 압축된 상태에서 분사하는 타입이다. 점도가 높은 도료의 작업이 용이하며, 넓은 범위의 많은 도료를 연속 도장에는 편리하며, 어떤 각도에서도 도장할 수 있으나, 큰 컵(통)을 운반해야 하기 때문에 이동성이 나쁘고, 스프레이 건의 세정 시간이 오래 걸린다. 본래는 전체 도장용으로 사용되었으나 현재는 대형차, 선박도장의 방청도료 등의 도장 이외에는 자동차 보수도장용으로는 거의 사용하지 않는다.

[2] 스프레이 건의 구조 및 미립화 원인

(1) 스프레이 건의 구조

스프레이 건은 압축공기를 이용하여 적당한 점도를 가진 도료를 미세한 안개 모양의 입자로 분부하는 핸드용 공구이다.

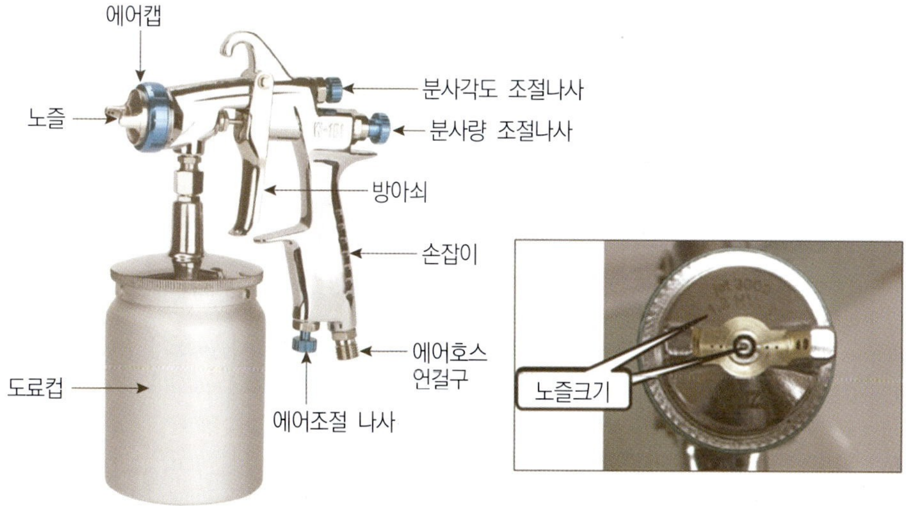

그림 9-3 스프레이 건의 구조

공기와 도료를 스프레이 건 노즐의 밖으로 분출할 때 서로 뒤섞이며, 분출, 팽창하는 것을 이용하고 있다. 트리거(방아쇠)를 조금 당기면 니들(침)밸브가 후퇴하여 공기만 나오다가 조금 더 당기면 도료가 공기와 더불어 분출되며, 도료 분사량과 최대 분사량은 토출량 조정나사로 조절이 가능하다. 도료의 패턴(타원형 모양에서 원형모양)과 분출량을 나사의 회전 정도로 조정이 가능하며 이 나사 주위에 눈금이 표시되어 있는 타입도 있다.

공기량 조절나사로 에어 압력을 조절하여 공기의 양을 제어한다. 또한 실제 도장 시 스프레이 건의 운영과 기온, 습도, 도료의 점도, 시너의 양, 건의 거리, 움직이는 방법 등이 도장의 조건에 따라 도장 품질을 크게 좌우된다. 스프레이 건 노즐의 구경에는 여러 종류가 있으나 상도는 1.3mm, 프라이머 서페이서는 1.5mm가 기본이 된다. 분무하는 도료나 도색 등 작업내용에 따라 세밀하게 구분하면 다음과 같다

[도장 공정에 따른 스프레이 건 노즐크기]

전도장 : 1.3~1.8mm	터치업 : 1.2~1.5mm
솔리드 컬러 : 1.2~1.4mm	메탈릭 컬러 : 1.3~1.5mm
펄 컬러 : 1.0~1.4mm	우레탄계(크리어) : 1.2~1.5mm
래커계 : 1.3~1.8mm	프라이머 서페이서 : 1.3~1.8mm
1액형 스프레이 퍼티 : 1.5~1.8mm	2액형 스프레이 퍼티 : 2.0mm 이상

(2) 미립화의 원인

① 1단계에서 노즐로 흡입되는 도료는 토출구 주위에 공기의 구멍에서 분사되는 고압의 공기에 의해 와류된 후에 분출되어 1차 미립화된다.

② 2단계에서 도료는 에어캡의 보조 구멍에서 분사되는 고압공기에 의해 일차적으로 미립화가 이루어진다.

③ 3단계에서 에어캡 양단 측면 보조구멍에서 분사되는 고압공기에 의해 타원형으로 분사모양으로 변화된다.

[3] 스프레이 건의 특징

스프레이 건 중 가장 많이 보급되고, 사용되는 스프레이 건은 HVLP(High Volume Low Pressure) 건과 RP(Reduced Pressure) 건이다.

(1) HVLP(High Volume Low Pressure) 스프레이 건

HVLP(High Volume Low Pressure) 스프레이 건은 일반적으로 분사거리는 10~15cm 정도이며, 도료의 소모량(사용 컵에 따라 다름)은 430cc/min 정도로 되어있으며, 15cm의 거리에서 분사폭은 29.5cm 정도이다.

분사압력은 0.7~0.8bar(에어압력 최소 2.0bar 이상)이며, 스프레이 시 도착률은 65% 정도이다.

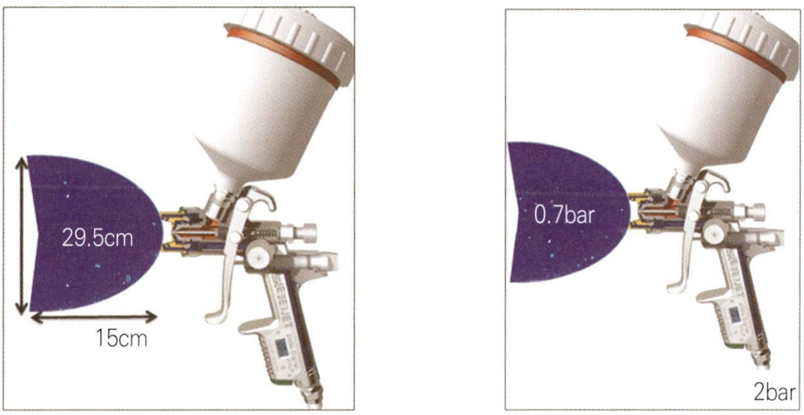

(a) (b)

그림 9-4 HVLP 스프레이 건 특징

(2) RP(Reduced Pressure) 스프레이 건

RP(Reduced Pressure) 스프레이 건은 일반적으로 분사거리는 18~25cm 정도이며, 도료의 소모량(사용 컵에 따라 다름)은 290cc/min 정도로 되어있으며, 20cm의 거리에서 분사폭은 29.5cm 정도이다.

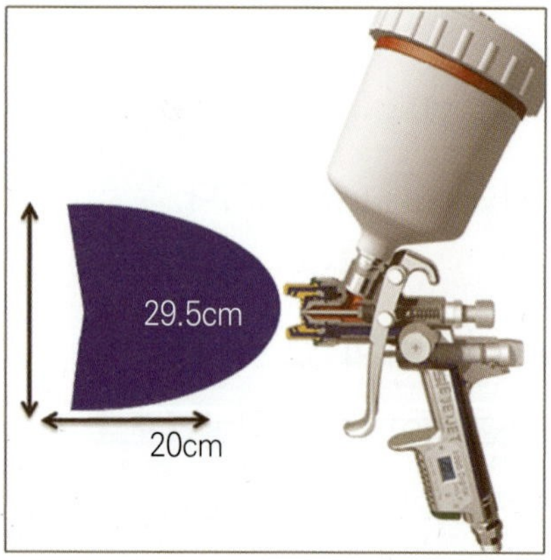

(a)

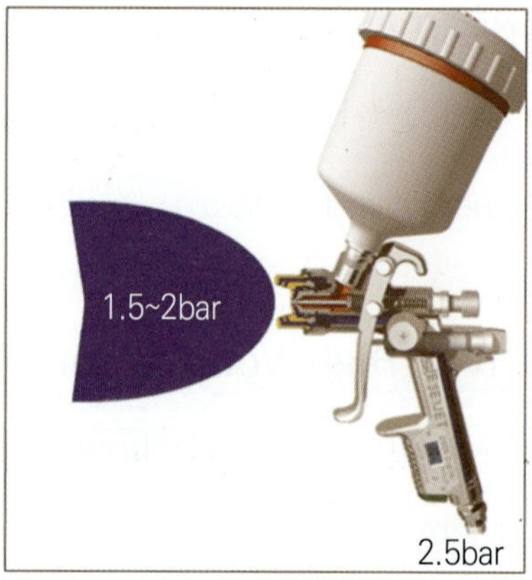

(b)

그림 9-5 RP 스프레이 건 특징

분사압력은 1.5~2bar(에어압력 최소 2.5bar 이상)이며, 스프레이시 도착효율은 예전에는 35% 정도였으나, 근래에 65% 정도를 보이고 있다.

[4] 스프레이 건 사용방법

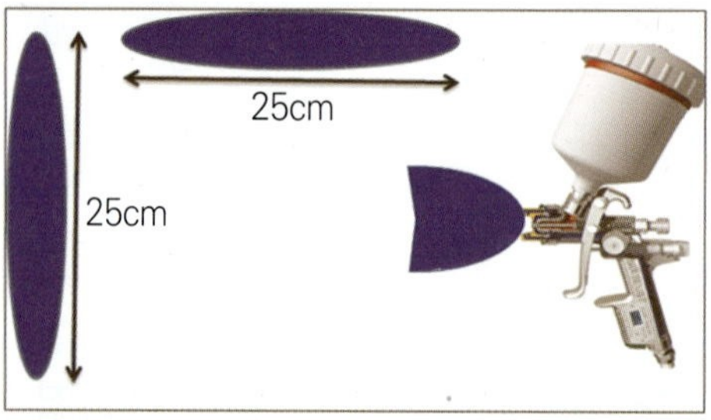

그림 9-6 스프레이 건 패턴 점검

도료 양이 너무 많은 경우 중간 부분이 흘러내릴 것이며, 도료 양이 너무 적을 경우 외관이 날림으로 지저분해 보이고 건조해질 것이다. 스프레이 건에 부착된 각 밸브를 통해 분사각도 조절, 분사량 조절, 에어 조절이 쉽게 가능하다. 각 레버를 시계방향으로 돌리면 조절하려는 값을 더 크게, 시계 반대 방향으로 돌리면 조절하려는 값을 줄일 수 있다.

① 분사각도 조절 : 분사각도 조절나사를 조정하여 도료의 분사각도를 조정한다.

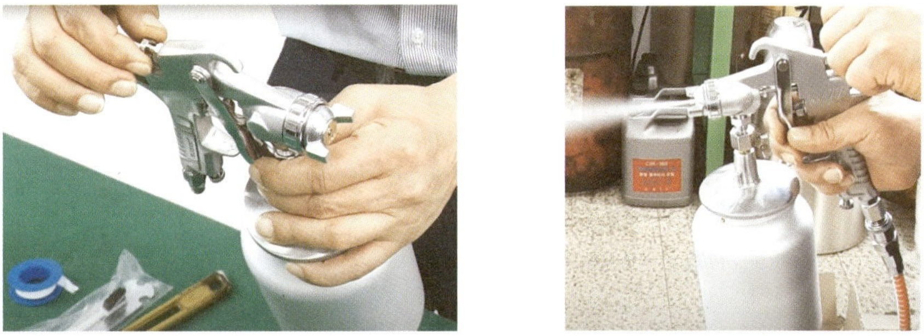

그림 9-7 분사각도 조절

② 분사량 조절 : 분사량 조절나사를 조정하여 도료의 분사량을 조정한다.

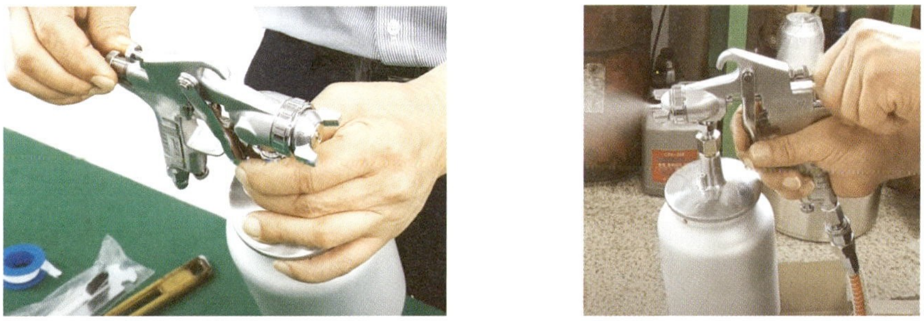

그림 9-8 분사량 조절

③ 에어량 조절 : 에어량 조절나사를 조정하여 에어량을 조정한다.

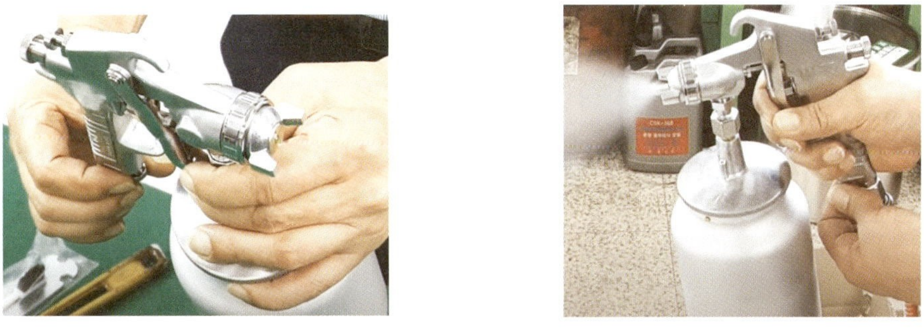

그림 9-9 에어량 조절

[5] 스프레이 건의 거리

거리	영향	비고
100~140mm	용제가 많은 표면에 적용 도막형성 불안정 메탈릭 상도의 이색현상. 흐름 발생 높음. 건과 패널이 너무 가까움.	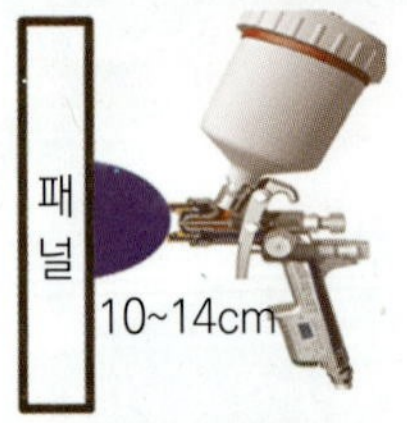 그림 9-10
270~300mm	원료의 손실 발생 날림도장, 먼지 발생 너무 빠른 건조, 도장 표면이 거칠어짐 원료의 부적절한 습윤 상태 은폐력, 광택, 불안정	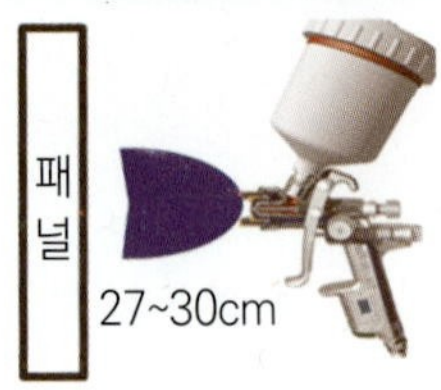 그림 9-11
150~200mm	올바른 건조와 경화 도료의 적절한 습윤 상태 부착성, 용해, 올바른 유동 적절한 도장패널과 거리	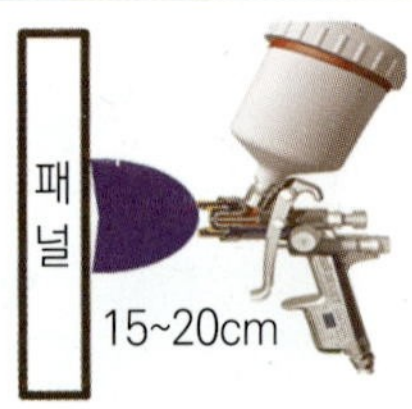 그림 9-12

[6] 스프레이 건 도장 순서(전체 도장을 할 경우)

보수도장에서 전체 도장을 할 경우 한 사람이 작업하는 경우가 일반적이다. 패널의 도장 순서가 맞지 않을 경우 도막을 형성하고, 인접패널을 도장을 할 경우 건도막이 발생하는 경우가 많으며, 이것을 방지하기 위하여 패널의 도장 순서를 숙지하여 공정순서에 맞게 하는 것이 좋다.

재도장을 위해 추천되는 도장 순서 건도막을 방지하고, 후방부위 패널작업 시 건도막 형성을 예방하기 위해 필요하다면, 숨기도장 시너를 사용을 하기도 한다.

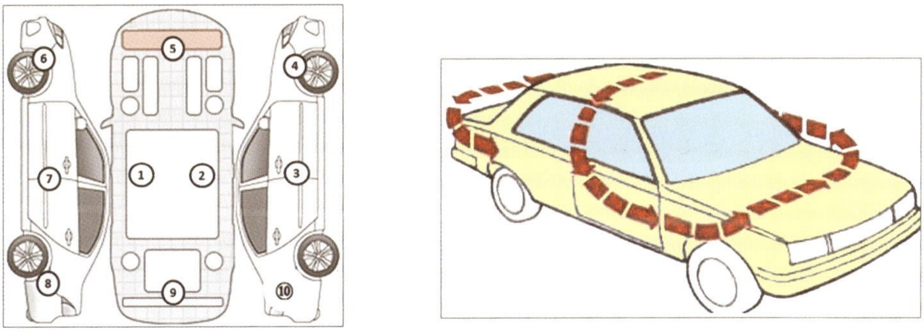

그림 9-13 패널 도장순서

[7] 스프레이 건 관리

스프레이 건의 문제가 발생할 경우 작업자의 기술력에 관계없이 도장결함으로 이어지며, 관련된 수공구와 스프레이 건, 장비상태를 점검 방법에 따라 주기적으로 정비를 해야 한다.

(1) 윗부분과 아랫부분이 볼록한 패턴

① 원인은 구경이나 에어캡의 오염 혹은 손상의 경우이다.

② 조치사항은 에어캡을 180° 회전하여 스프레이 패턴을 점검하고 원인을 확인한다.

③ 필요하다면 에어캡 등 스프레이 건 구경을 깨끗하게 세척하고, 점검 후 부품을 교환한다.

그림 9-14 스프레이 건 문제점(위, 아래 볼록형 패턴)

(2) 중앙 부분이 볼록한 패턴

① 원인은 에어 및 도료량 설정 불량한 경우 및 기타 점도와 스프레이 건 조절

② 조치사항은 점도가 높은 경우는 희석제로 희석할 것

③ 유체속도가 높음 - 속도를 감소(도료 패턴, 에어 조절나사)

④ 공기압이 낮은 경우, 압력을 증가시킴. 또한 노즐 구경이 넓음

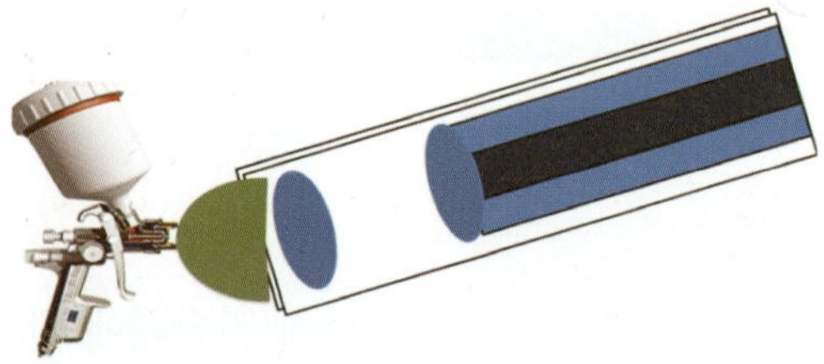

그림 9-15 스프레이 건 문제점(볼록형 패턴)

(3) 아령 모형의 패턴

① 원인은 사용되는 도료보다 공기량이 많은 경우이다.

② 조치사항은 조절기 압력을 감소한다.

③ 패턴조절나사로 패턴 크기를 바꾸거나 조절나사를 열어서 유체의 흐름을 증진시킨다.

④ 공기압력 조절나사로 같이 조절하며 문제를 해결한다.

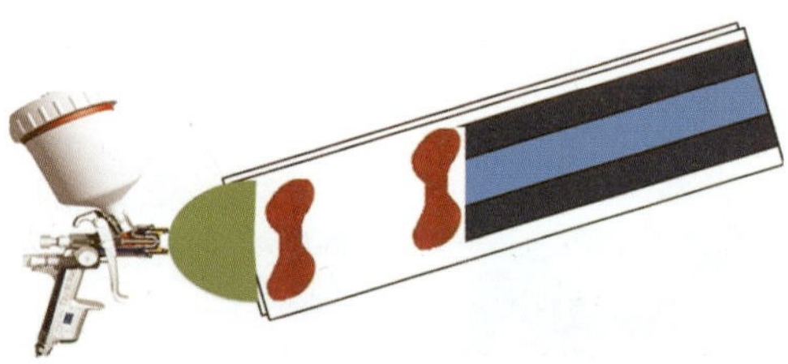

그림 9-16 스프레이 건 문제점(아령 패턴)

(4) 이중 아령 패턴

① 원인은 사용되는 도료보다 공기량이 많은 경우이다.

② 조치사항은 패턴 조절나사로 크기를 바꾸거나 조절나사를 열어서 유체의 흐름을 증진시킨다.

③ 공기압력 조절나사로 조절하며 공기압을 낮추며 분무상태를 확인한다.

그림 9-17 스프레이 건 문제점(이중아령 패턴)

(5) 양쪽 끝이 둥근 패턴

① 원인은 도료되는 도료량이 많은 경우이다.

② 조치사항은 구경을 작은 사이즈로 교체한다.

③ 손잡이 조절관을 이용하여 도료 흐름량을 감소한다.

④ 패턴 조절나사를 이용하여 패턴 사이즈를 줄이면서, 동시에 공기량을 같이 조절하며 패턴을 확인한다.

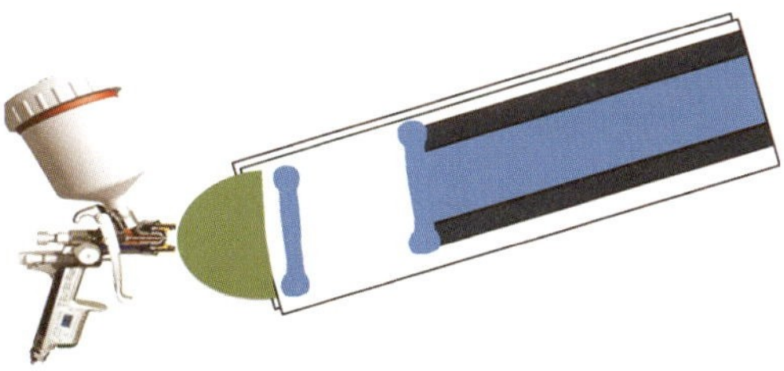

그림 9-18 스프레이 건 문제점(양쪽 끝이 둥근 패턴)

[8] 에어스프레이 건 세트 체결방법

(1) 체결방법

① 커플러를 바로 체결 시 에어가 샐 수 있으므로 테프론 테이프를 체결부위에 5~6바퀴 감은 후 스패너를 이용해 체결한다.

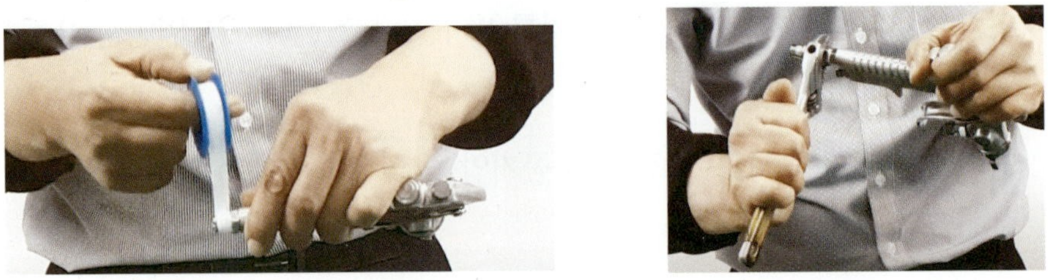

(a) 테프론 테이프 감기 (b) 스패너로 체결

그림 9-19 커플러 체결

② 에어스프레이 건 도료컵은 에어주입구가 아닌, 반드시 손잡이 전면에 위치한 도료컵 체결부에 맞춰 체결한다.

그림 9-20 에어스프레이 건 도료컵 체결

(2) 체결시 주의사항

① 에어스프레이 건 도료컵을 에어 체결부에 결합해서는 안된다. 에어 주입 불가로 사용이 불가하다.

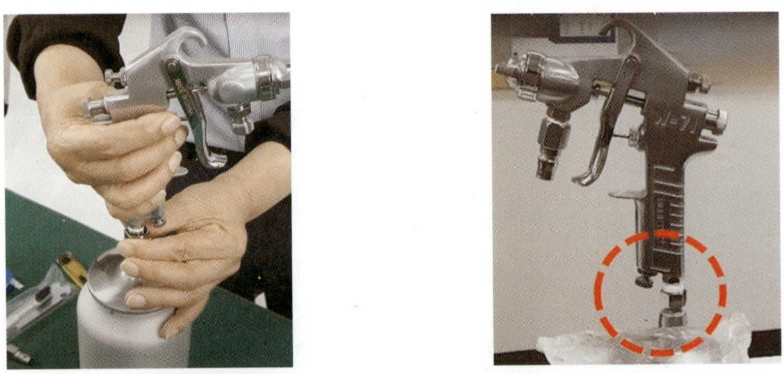

그림 9-21 에어스프레이 건 도료컵 설치 불량

② 커플러를 도료컵 체결부에 결속해서는 안된다. 해당 주입구에 결속 시 에어 사용이 불가하다.

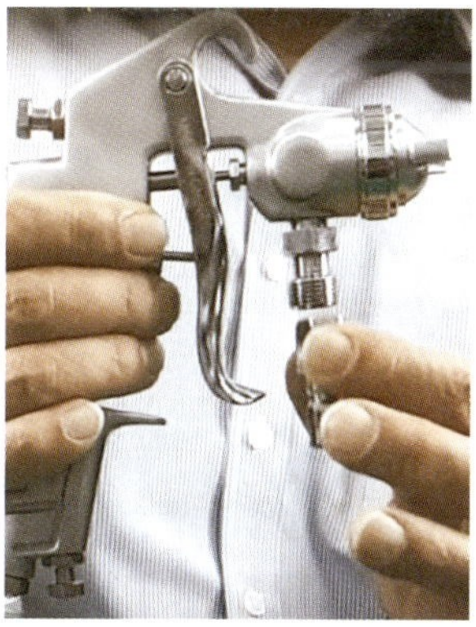

그림 9-22 커플러를 도료컵 체결부에 결속

③ 호스를 스프레이 건에 바로 결합해 사용해서는 안된다. 도료는 반드시 도료컵에 주입해서 사용해야 한다.

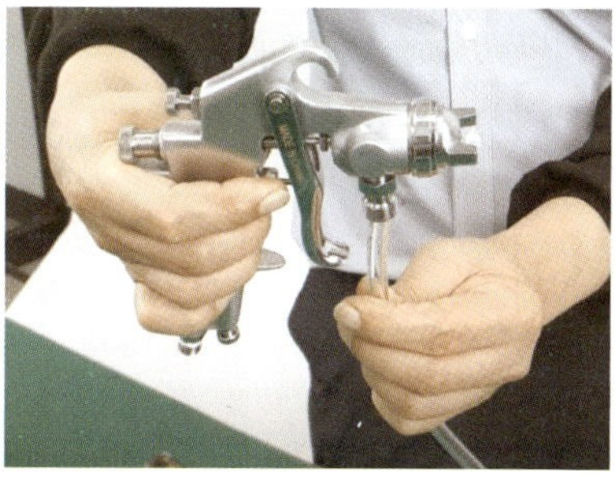

그림 9-23 호스 연결

[9] 스프레이 건 세척방법

(1) 흡상식 스프레이 건 세척

① 작업복, 방독마스크, 보안경, 내용제성 장갑(세척용) 등 안전보호구를 착용한다.

② 스프레이 건과 도료 용기를 분리한 후, 도료 용기 속에 남은 도료를 비운다. 그리고 도료용기에 세척용 시너를 조금 채우고 스프레이 건과 결합한다.

③ 면 걸레나 종이 타올로 공기캡 구멍을 막고 방아쇠를 당겨 도료 통로 속의 도료를 역류시키면서 도료 통로 내부를 세척한다.

④ 도료 용기를 분리한 후, 붓을 사용하여 용기의 내부와 외부 및 스프레이 건의 내부와 몸체를 세척한다.

⑤ 도료 분출량 조절 나사를 풀어 니들 스프링과 니들을 분해하여 세척한다.

⑥ 공기캡을 분해하고 스프레이 건 전용 스패너를 사용하여 노즐을 분해한 후 세척용 붓으로 공기캡과 노즐을 세척한다.

⑦ 세척용 전용 핀을 사용하여 공기캡, 노즐, 도료 용기의 공기구멍을 뚫고 세척한다.

⑧ 조립 전 마찰 부위는 스프레이 건 전용 그리스를 바른다.

⑨ 용기에 깨끗한 세척용 시너를 담아 한 번 더 면 걸레나 종이 타월로 공기캡 구멍을 막고 방아쇠를 당겨 도료 통로로 시너를 역류시키면서 도료 통로 내부를 세척한다. 세척 후에는 스프레이 건의 방아쇠를 당겨 분사시키면서 올바르게 분사되는지 확인한다.

⑩ 깨끗한 종이 타월로 스프레이 건의 내・외부에 묻어 있는 세척용 시너를 닦고, 에어건을 사용하여 세척용 시너를 불어내어 건조한다.

(2) 중력식 스프레이 건 세척

① 스프레이 건의 도료 용기 속에 사용 후 남은 도료를 비운다. 그리고 도료용기에 세척용 시너를 조금 채운다.

② 스프레이 건의 방아쇠를 당겨 분사시키면서 도료 통로를 세척한다.

③ 도료 용기를 분리하여 용기의 내・외부 및 뚜껑과 스프레이 건의 도료 용기 결합 부위와 몸체를 붓을 사용하여 세척한다.

④ 도료 분출량 조절 나사를 풀어 니들 스프링과 니들을 분해하여 세척한다.

⑤ 공기캡을 분해하여 세척용 붓으로 공기캡을 세척한다.

⑥ 스프레이 건 전용 스패너를 사용하여 노즐을 분해하여 세척한다.

⑦ 세척용 전용 핀을 사용하여 공기캡, 노즐, 도료 용기의 공기구멍을 뚫고 세척한다.

⑧ 조립 전 마찰 부위는 스프레이 건 전용 그리스를 바른다.

⑨ 분해의 역순인 노즐, 공기캡, 니들, 니들 스프링, 도료 분출량 조절나사 순으로 조립한다.

⑩ 도료 용기를 결합한 후, 깨끗한 세척용 시너를 담아 스프레이 건의 방아쇠를 당겨 분사시키면서 올바르게 분사되는지 확인한다.

⑪ 깨끗한 종이 타올로 스프레이 건의 내·외부에 묻어 있는 세척용 시너를 닦고, 에어건을 사용하여 세척용 시너를 불어내어 건조한다.

3.1.4 스프레이 건 세척기

[1] 스프레이 건 세척기의 기능과 조건

① 세척 기능 : 사용 후 스프레이 건의 세척을 재사용 세척제로 세척하는 기능이다.

② 헹굼 기능 : 1차 세척된 스프레이 건을 깨끗한 세척제로 헹굼하는 기능이다.

③ 분사 기능 : 수동으로 세척하거나 컵에 세척제를 받을 수 있는 분사 기능이다.

④ 브러시 기능 : 스프레이 건 외부를 세척하기 위한 브러시로 세척제가 공급된다.

⑤ 에어건 : 스프레이 건을 세척한 후에 세척제나 물기를 제거하기 위한 에어건이다.

⑥ 악취 배출 : 인체에 유해한 세척제를 사용하게 되므로 악취 배출 덕트 등의 적절한 배기 장치가 있어야 한다.

⑦ 방폭 구조 : 인화성이 강한 세척제를 사용하는 스프레이 건 세척기는 근본적으로 에어에 의해 작동되어야 하며, 정전기로 인한 화재를 방지하기 위하여 접지되어야 한다.

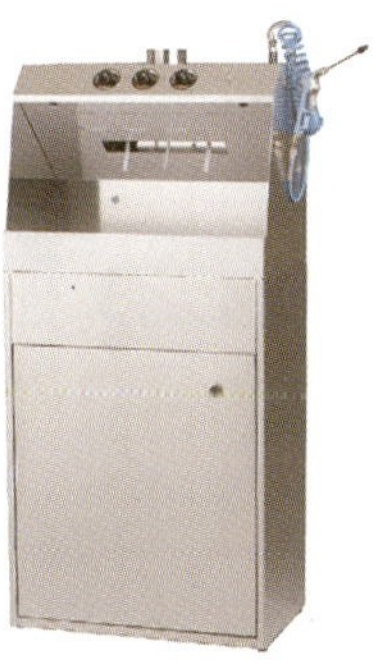

그림 9-24 스프레이 건 세척기

[2] 페인트 세척기의 종류

① 유성 페인트용 세척기 : 재사용 세척제로 1차 세척한 후 2차 세척은 깨끗한 세척제로 헹굼 기능을 갖춘 세척기로서 자동 및 수동이 있다.

② 수용성 페인트용 세척기 : 필터에 의해 걸러진 재생수로 세척한 후 깨끗한 세척수로 세척하는 기능을 갖춘 세척기로서 세척수가 공급되는 브러시가 있다.

③ 복합형 세척기 : 프라이머 서페이서와 클리어를 위한 유성 세척기의 기능과 베이스 코트를 위한 수용성 세척기의 기능을 결합한 세척기이다.

④ 간이형 세척기 : 에어캡을 제거하고 간단히 세척할 수 있는 세척기로서 주로 스프레이 부스 내에 설치하여 사용한다.

3.1.5 샌더기

[1] 샌더기 역할

도장용 샌더란 칠을 함에 있어서 차체에 미세한 상처가 있으면 그 부분을 제거하여 평활성을 확보한 후 도장의 접착성과 흡착성을 증진시키고, 도장 후 매끄러운 표면을 얻기 위해 하는 작업을 위한 공구로, 판금(정형) 작업 및 좁은 도장면의 구도막 제거 작업에 적합하다.

그림 9-25 샌더기

[2] 도장용 샌더의 종류

(1) 원(circular) 운동 샌더

① 싱글 액션 샌더 : 단순 원운동을 하는 샌더로서 연마력이 뛰어나 주로 강판의

녹을 제거하거나 구도막 제거용으로 사용한다.

② 더블 액션 샌더 : 편심 원운동을 하는 샌더로서 용도에 따라 편심값 3mm, 5mm, 7mm 등이 있는데, 퍼티 연마나 단 낮추기용으로 사용한다.

③ 기어 액션 샌더 : 기어 형상의 원운동을 하는 샌더로서 연마력과 접지성이 우수하며, 작업 속도가 빠르다. 퍼티 연마에 주로 사용한다.

(2) 궤도(orbital) 운동 샌더

압축 공기 또는 전기로 원 궤도 운동을 하여 도막 표면을 문지르는 형식이다. 사각 샌더가 이에 속하며 프라이머-서페이서 연마용으로 사용한다.

(3) 직선 운동 샌더

전후로 직선 운동을 하는 샌더로서 볼록하고 오목한 형태의 여러 가지 패드를 이용하여 차량이나 가구의 동일한 곡면 형상이 비교적 긴 작업 부위의 연마에 사용한다.

(4) 벨트 샌더

두 개의 축에 결합된 구동 풀리와 아이들 풀리의 회전력을 이용한 샌더로서 풀리에 벨트형태의 샌드페이퍼를 걸어 사용한다. 축간 거리와 풀리의 폭에 따라 여러 종류의 샌더가 있다.

[3] 샌딩 작업순서

① 에어 샌더기에 60#~80#~120#~180# 샌드 페이퍼를 선택하여 작업한다.

② 샌더기를 보수 면에 살며시 대어 누르면서 전후좌우로 이동하여 구도막과 녹을 제거한다. 샌더기의 밀착 시 손의 힘보다는 어깨, 가슴, 허리, 무릎 등을 이용하여 체중을 샌더기에 실어 전신의 힘으로 보수면을 이동하면서 작업하면 힘이 덜 들고 정확히 할 수 있다.

③ 샌더기는 표면에 15~20도의 각도를 이루게 하여 밀착시켜서 작업한다. 지나치게 각도를 주어서 작업할 경우는 작업면이 불균일하고 연마 자국이 남게 된다.

④ 구도막이 제거되는 상태를 확인하면서 샌더기를 운행하며, 보수면의 중심 부위에 나타난 금속면과 보수면 가장지리 구도막과의 경계는 경사가 완만히 되도록 갈아낸다.

⑤ 샌더기의 작업은 육안검사와 손바닥의 촉감 검사를 병행하면서 시행한다.

⑥ 구도막 제거 작업이 완료되면 면에 붙어있는 도막 가루를 에어 호스로서 불어낸다.

⑦ 솔벤트를 종이타월에 묻혀 퍼티 작업 시 부착성이 좋도록 면을 깨끗이 닦아낸다.

⑧ 샌딩 작업 후 육안으로 확인하면서 손으로 문질러 보아 특별히 튀어나온 돌출부가 발견되어 퍼티 작업에 영향이 있다고 판단되는 경우 망치로 조금씩 두드려서 평활하게 만든다.

3.1.6 샌딩용 흡진기

① 이동식 흡진기 : 분진을 포집하기 위한 이동식 흡진기로서 전원과 호스를 통해 압축 공기가 공급된다.

② 중앙 집중식 흡진기 : 다수의 샌딩 작업장을 운용할 때에는 동시에 여러 개의 샌더를 사용하게 되는데, 이때 발생하는 분진을 대용량의 흡진장치를 통해 포집하게 된다. 샌딩 작업 공간에 이동식 흡진기처럼 끌고 다니는 번거로움이 없어서 작업 효율은 물론 공간 활용 면에서도 효율적이다.

3.1.7 드라이젯(dry jet) 건

수용성 도료의 지촉 건조를 촉진하기 위한 도구로서, 도막 표면에 피사체 위의 공기 흐름이 느리면 느릴수록 더 많은 습기가 도장 표면에서 제거된다. 특히 수용성 도료의 건조 시간을 현저히 줄여 주는 도구로 사용된다.

3.2 도장 관련 장비 관리

3.2.1 소모품의 주기적인 교환

① 소모품 확보 유지 : 장비별 필요한 소모 자재와 내구성이 정해져 있는 부품의 리스트를 작성하고, 필요할 때 바로 교체할 수 있도록 적정량을 확보한다.

② 소모품 교체 일정표 : 장비별로 소모품의 교체 일정표를 작성하여 소모 자재이든 마모성 부품이든 수명을 초과하여 손상되거나 정상적인 부품까지 손상이 가지 않도록 교체 주기에 교체해야 한다.

3.2.2 에어필터의 종류 및 교체 주기

[1] 압축 공기 공급 라인

장비	종류(기능)	주기	비고(특성)
공기 압축기	흡입 필터(에어 크리너)	1500시간	사용 위치에 따라
압축기 후단	Pre-filter	6개월	
	Line filter	8개월	
	Coalescent filter	10개월	
사용처	유수 분리 필터	6개월	에어 룸
	Fine filter	6개월	유성 도료, 샌딩룸
	Charcoal filter	3개월	수용성 도료

[2] 스프레이 부스와 샌딩룸

장비	종류(기능)	주기	비고(특성)
스프레이 부스	Pre-filter(포켓 or 판넬)	300시간	급기 1차
	Ceiling filter(천장)	500시간	급기 2차, 품질에 따라
	Glass filter(바닥)	100시간	배기 1차
	Post filter(포켓 or 판넬)	200시간	배기 2차
	Activated charcoal(활성탄)	200시간	배기 3차
샌딩룸	Pre-filter(포켓 or 판넬)	500시간	급기 1차
	Ceiling filter(천장)	700시간	급기 2차, 품질에 따라
	Glass filter(바닥)	200시간	배기 1차
	Post filter(포켓 or 판넬)	300시간	배기 2차
흡진기	Bag filter(백 필터)	200시간	1차 필터
	Cartridge filter(카트리지)	500시간	2차 필터
원적외선 건조기	냉각 휀 후단 필터	200시간	청소 또는 교환

[3] 장비별로 사용되는 윤활유의 종류 및 교환

장비	종류(기능)	교환 or 주입	비고(특성)
공기 압축기	엔진 오일(스크루/피스톤)	1년/3000시간	
에어 샌더	기어 오일	매일	
교반기	선반 벨트 윤활유	3개월	소음 감소
	구동축, 선반 롤러 윤활유	1년	
스프레이 건	니들 스프링 부위, 전용 그리스	3개월	
원적외선 건조기	힌지 부위, 그리스	6개월	
폐 솔벤트 재생기	가열용 열유체, 사용 시간에 따라	보충	
페이트 쉐이크	기어 오일	매일	
샌딩용 리프트	힌지 부위, 그리스	6개월	

[4] 장비별로 구비해야 할 소모품과 교환

장비	종류(기능)	교환 or 주입	비고(특성)
공기 압축기	구동 벨트	2년	
에어 샌더	패드	매일	
교반기	선반 구동 벨트	3개월	소음 저감
	구동축 벨트	1년	
스프레이 건	노즐 세트	3년	
	디지털 게이지용 배터리	3년	
스프레이 부스	형광등, 사용 전기 환경에 따라	4년	샌딩룸
	안정기, 사용 환경에 따라	4년	샌딩룸
	휀 구동 벨트	2년	샌딩룸
	모터 베어링	2년	샌딩룸
	버너 컨트롤러, 사용 환경에 따라	4년	
	도어 가이드 부싱, 핸들	5년	
	연료 펌프(경유 버너)	4년	
	댐퍼용 실린더	5년	
건 세척기	에어 스위치	5년	
원적외선 건조기	램프	7년	

3.2.3 장비별 구동부 윤활

[1] 공기 압축기 구동부에 윤활유 주입

① 공기 압축기의 전원을 차단한다.

② 오일캡을 열고 오일의 충진량과 오염 정도를 점검한다.

③ 오염 정도가 심하면 드레인 코크를 열어서 오일을 받아 폐오일 탱크에 붓는다.

④ 단순히 오일량이 부족한 상태이면 보충하고 오일캡을 닫는다.

⑤ 공기 압축기를 가동시켜 가동상태를 점검한다.

[2] 페인트 교반기 구동부에 윤활유 주입

① 교반기의 전원 플러그를 제거한다.

② 선반에 꽂혀 있는 페인트 캔을 제거한다.

③ 선반 좌측의 구동축 커버를 제거하고 상단의 덮개를 제거한다.

④ 구동축과 각각의 롤러에 주유한다.

⑤ 덮개를 덮고 역순으로 조립한다.

⑥ 선반 위에 캔을 꽂고 전원 플러그를 꽂아 가동하고 소음 정도를 점검한다.

3.2.4 장비별 소모품 교환

[1] 페인트 교반기 벨트 교환

① 교반기의 전원 플러그를 제거한다.

② 선반에 꽂혀 있는 페인트 캔을 제거한다.

③ 선반 좌측의 구동축 커버를 제거한다.

④ 상단의 덮개를 제거한다.

⑤ 장력 롤러를 고정하고 있는 볼트를 풀고 벨트의 장력을 해제한다.

⑥ 이완된 벨트를 제거하고 각각의 리드를 구동하는 휠과 휠 사이로 벨트를 끼운다.

⑦ 덮개를 덮고 역순으로 조립한다.

[2] 스프레이 부스의 형광등 교환

① 부스의 가동을 중지하고 형광등만 켜 둔다.

② 안전유리 프레임을 고정하고 있는 볼트를 아래로부터 느슨하게 풀고 난 후 하단의 중간 볼트를 마지막에 풀면서 프레임이 상단의 걸고리에 걸리도록 한다.

③ 점등이 되지 않는 형광등을 제거하고 새 형광등을 끼운다.

④ 안전유리 프레임을 역순으로 조립한다.

3.2.5 장비별 필터 교환

[1] 공기 압축기 에어필터(크리너) 교환

① 메인 스위치를 내리고 안전장치를 한다.

② 레버 또는 체결 볼트나 나사를 풀고 에어필터의 커버를 연다.

③ 에어필터의 오염 상태를 확인하고 표면이 50% 이상 분진으로 덮여 있으면 새 필터로 교환한다.

④ 필터 커버를 덮고 볼트 또는 나사를 체결한다.

[2] 스프레이용 에어필터(크리너) 교환

① 필터 전단에 있는 공기 공급 밸브를 잠근다.

② 첫 번째 단의 상단에 있는 압력 조절기를 잠가서 배관 내부와 필터에 남아 있는 압축 공기를 빼거나 에어건으로 빼낸다.

③ 전용 레버로 각 단의 필터 하우징을 시계 반대 방향으로 돌려서 탈거한다.

④ 첫 단의 유수 분리기를 위한 사이클론 슬리브를 시계 반대 방향으로 돌려서 오염된 필터를 탈거하고 황동 소결 필터를 교환하고 역순으로 조립한다.

⑤ 두 번째 단의 파인(fine) 필터와 세 번째 단의 활성탄 필터의 하단 조임 나사를 풀어 오염된 필터를 탈거하고 새 필터로 교환한 후 역순으로 조립한다.

⑥ 전용 레버로 필터 하우징을 시계 방향으로 돌려서 조립한다.

⑦ 필터 내부에 에어 압력이 차 있는 상태에서 필터 하우징을 풀면 부품의 손상뿐 아니라 작업자가 다칠 수 있으므로 분해하기 전에 반드시 필터 내부의 압력을

제거한다.

[3] 스프레이 부스와 샌딩룸의 바닥 필터 교환

① 부스를 가동하는 상태라도 상관없지만 바닥 필터를 제거했을 때 부스 내부 압력에 부압이 형성되므로 반드시 부스의 문을 열어 둬야 한다.

② 부스 바닥에 깔려 있는 그레이팅을 브러시로 청소하고 한 줄씩 뜯어내면서 옆줄로 나란히 옮긴다.

③ 오염된 필터를 앞에서 뒤로 말아 제거하여 특정 폐기물 자루에 담는다.

④ 필터 받침판을 탈거하여 청소하고 다시 배열한다. 이때 공기 분배를 고려하여 배열한 필터 받침대 위의 위치가 바뀌지 않도록 한다.

⑤ 새 필터를 앞에서 뒤로 펴 가며 깐다.

⑥ 그레이팅을 다시 배열한다.

⑦ 같은 방식으로 나머지 열에 배열된 필터를 교환한다.

⑧ 필터를 교환한 후에 스프레이 부스를 가동시켜 부스 내압을 맞춘다.

[4] 스프레이 부스와 샌딩룸의 천장 필터 교환

① 반드시 부스의 매인 스위치를 끈다.

② 안전한 발판을 준비하고 각각의 천장 필터를 고정하고 있는 볼트를 풀고 필터와 함께 필터 프레임을 탈거한다.

③ 탈거한 프레임에서 오염된 필터를 제거하고 프레임의 오염된 부위를 세척한다.

④ 오염된 필터를 제거한 프레임에 새 필터를 끼우거나 고정한다.

⑤ 프레임을 탈거한 역순으로 볼트를 체결하고 부스를 가동시켜 부스의 내압을 맞춘다.

[5] 스프레이 부스와 샌딩룸의 급기 필터와 배기 2차 필터 교환

① 반드시 부스의 매인 스위치를 끈다.

② 필터 도어나 커버를 고정하고 있는 볼트를 푼다.

③ 슬라이딩 레일에 꽂혀 있는 필터를 제거하고 레일 부위를 청소한다.

④ 새 필터를 끼우고 커버를 체결한 후 부스를 가동시켜 부스의 내압을 맞춘다.

[6] 스프레이 부스의 활성탄 필터 교환

① 반드시 부스의 매인 스위치를 끈다.

② 필터 도어나 커버를 고정하고 있는 볼트를 푼다.

③ 슬라이딩 레일에 꽂혀 있거나 배기구에 배열되어 있는 활성탄 카트리지를 탈거하고 레일 부위를 청소한다.

④ 탈거한 카트리지 상단 등에 스크루나 볼트로 고정된 캡을 열고 오염된 활성탄을 특정 폐기물 자루에 부어 담는다.

⑤ 카트리지를 브러시로 청소하고 새 활성탄을 붓는다.

⑥ 탈거한 역순으로 캡을 다시 체결하고 카트리지를 레일에 끼우거나 배열한 다음 커버를 체결하고 부스를 가동시켜 부스의 내압을 맞춘다.

[7] 샌딩 흡진기의 백 필터 교환

① 흡진기의 전원 플러그를 콘센트로부터 분리한다.

② 흡진기 헤드를 고정하고 있는 잠금 장치를 풀고 헤드를 연다.

③ 흡진구의 백 필터캡을 제거한다.

④ 포집된 분진이 쏟아지지 않도록 백 필터 흡진 구멍을 캡으로 닫는다.

⑤ 분진통으로부터 백 필터를 들어내고 흡진 구멍을 닦는다.

⑥ 새 필터를 넣고 필터 캡을 채우고 헤드를 닫고 잠근다.

[8] 샌딩 흡진기의 카트리지 필터 교환

① 흡진기의 전원 플러그를 콘센트로부터 분리하여 헤드를 연다.

② 카트리지를 고정하고 있는 카세트의 잠금장치나 볼트를 풀고 카트리지를 제거한다.

③ 흡진구 등 챔버 내부를 닦고 새 필터를 넣는다.

④ 카세트 잠금장치를 잠그고 헤드를 닫은 후 잠근다.

4 안전관리

4.1 도장 안전기준

4.1.1 도장 안전작업수칙

① 도료와 용제에 의한 화재・폭발 위험방지를 위하여 폭발범위 내에서 작업해서는 안된다.

② 상품 표시는 적절하고 정확히 붙어있어야 한다.

③ 작업의 마감 재료는 화기로부터 보호받을 수 있는 공간에 보관한다.

④ 적절한 덮개 없이 저장실에 마감 재료를 저장해서는 안된다.

⑤ 작업은 항상 안전하게 실시한다.

⑥ 무릎을 들어 올리거나 구부리게 되는 경우 가해지는 무거운 하중에 신경을 써야 한다.

⑦ 안전하지 못하다고 생각되는 것은 안전하게 수정하고 보고한다.

⑧ 도장작업 시 비산하는 용제증기가 허용농도를 넘지 않도록 국소배기상치 또는 전체 환기장치를 가동하여 환기시킨다.

⑨ 국소배기장치는 적정하게 설치・작동되고 있는가를 점검한다.

⑩ 국소배기장치 및 전체 환기장치는 가동 중 작업자가 임의로 가동을 중지시켜서는 안된다.

⑪ 도장기기 및 설비에 대해서는 정전기 축적을 방지하기 위하여 접지를 한다.

⑫ 인체의 대전방지를 위하여 정전안전화 및 정전작업복을 착용하여 작업한다.

⑬ 도장설비에 사용되는 전기설비는 방폭구역 내에서는 방폭형으로 한다.

⑭ 작업장 내에서는 흡연 및 음식물을 취식하지 않는다.

⑮ 보관 창고에는 방폭 전등 및 밀폐 스위치를 사용해야 한다.

⑯ 도장 작업 중 유기용제의 비부접촉, 흡입 등의 경우는 즉시 응급조치를 취한다.

⑰ 사고의 발생 시는 응급조치를 하고 즉시 보고한다.

⑱ 보호 장비를 준비하여 양호한 상태로 유지시켜야 한다.

⑲ 비상시 사용한 호흡용 보호구는 1개월 또는 매 사용 후마다 소독하여 보관한다.
⑳ 도장작업장에는 소화기를 비치한다.
㉑ 현장은 정기적으로 청소해야 한다.
㉒ 작업자는 출·퇴근 시 탈의실, 샤워실 등 부대시설을 활용하여 개인위생관리를 철저히 하도록 한다.

4.1.2 손실예방 및 피해경감 대책

[1] 건물 및 장치 구조

(1) 벽, 천장 및 바닥

① 도장작업장을 구획하는 벽, 천장 및 바닥은 불연재료나 준불연재료로 안전하고 견고하게 설치해야 하며, 바닥이 가연재일 경우 불연재료로 덮을 것.
② 도장부스의 내면은 매끄러워야 하고, 잔류물의 침적을 방지할 수 있도록 설계해야 하며, 환기, 청소, 세척에 용이할 것.
③ 벽 또는 천장이 금속판인 경우 단면의 경우 두께는 1.2mm 이상, 양면의 경우 두께는 각각 0.9mm 이상일 것.
④ 도장실은 내화성능이 1시간 이상으로 방화 구획해야 하고, 모든 개구부에는 자동폐쇄식 방화문을 설치할 것.

(2) 컨베이어

① 컨베이어가 분무도장지역 내·외부를 통과하는데 필요한 개구부의 크기는 최소로 할 것
② 컨베이어 설비가 건물과 건물 사이에 연결되어 있는 경우 연결부위에 스프링쿨러 헤드가 설치된 불연성 또는 준불연성 통로를 설치하고, 바닥을 통과하는 경우 바닥판 아래쪽에 46cm 이상의 방연커튼으로 개구부 주위를 둘러싸야 하며, 방화문 설치가 불가능한 방화구획을 위한 벽을 통과하는 경우 개구부 양쪽에 스프링쿨러 헤드가 설치된 불연성 또는 준불연성터널을 설치할 것.

(3) 기타 작업장과의 이격

① 도장부스는 기타 작업장과 1m 이상 이격하거나 내화성능이 1시간 이상인 벽 또는 바닥/천장으로 구획할 것

② 도장부스는 사방 1m 이상의 공간을 유지해야 하며, 이 공간에는 저장소나 가연성 구조물이 없을 것

[2] 전기 및 기타 발화원

(1) 조명기구

① 조명기구용 투시판은 안전유리, 망입 유리이어야 하며, 증기, 미스트, 잔류물, 분진 및 침전물이 분무도장지역으로 유입되지 않도록 밀봉해야 하고, 투시판의 표면온도가 93℃를 초과하지 않도록 조명기구와의 간격을 유지할 것.

② 도장지역에서 도장작업 중에는 휴대용 조명등의 사용을 금지할 것.

(2) 정전기

분무도장실이나 분무도장부스 내에 있는 작업자, 전도성 부품, 배기덕트, 분무장치, 피도장물 또는 도료용기, 인화성액체, 가연성액체 또는 가연성고체 부유물을 운반하는 배관설비 등은 본딩 및 접지할 것.

[3] 환기설비

① 모든 분무도장지역에는 기계식 환기설비를 설치하여 증기 및 미스트를 제한하거나 안전한 장소로 제거할 수 있어야 하며, 배기되는 증기나 미스트의 농도는 연소하한계의 25%를 초과하지 말 것.

② 도장작업이 실시되는 동안 환기설비는 정상 작동상태에 있어야 하며, 작업이 종료된 이후에도 대규모 공기 건조의 솔벤트 도장의 경우 30분 이상, 솔벤트 도장의 경우 15분 이상, 수성 및 분체도장의 경우 3분 이상 환기설비가 계속 작동할 것.

③ 무인 자동분무도장설비는 배기팬이 작동되지 않으면 도료의 분무를 자동으로 정지시킬 수 있도록 인터록시킬 것.

④ 배기덕트의 재질은 스틸이어야 하며, 배출 지점까지 가장 짧은 직선 경로로 시공되고, 방화구획 벽을 관통해서는 안 되며, 배출구는 건물의 외벽이나 지붕에서 1.8m 이상 연장하여 설치하고, 다른 건물의 불연성이나 준불연성 외벽의 비방호 개구부로부터 7.5m 이상 및 다른 가연성 구조물로부터 7.5m 이상 이격할 것.

[4] 소방시설

① 도장작업장에는 자동식 소화설비를 설치해야 하며, 연속식 도장작업을 하는 경우 소화설비 작동 시 분무도장 작업장 부근에 있는 지구경보장치의 작동과 분무도장설비에 설치된 경보설비의 작동, 도료 이송설비, 모든 분무도장작업의 정지 및 분무도장지역 내·외부로 이동하는 컨베이어가 운전 정지되도록 할 것.

② 도장지역의 급기설비 및 배기설비는 화재경보설비와 연동되지 않고, 화재경보 시에도 계속 작동할 것.

③ 도장지역 및 배합실에는 습식 스프링쿨러설비를 설치해야 하고, 도장부스 및 배기덕트 내에 설치된 스프링쿨러헤드는 화재 시 가장 낮은 온도에서 그리고, 도장부스 외부 천장면의 스프링쿨러헤드는 141℃에서 작동하는 것일 것.

④ 스프링쿨러헤드는 도장부스, 도장실의 측벽 및 건식 도장집진기로부터 1.2m 이내에 설치할 것.

⑤ 도장지역 및 배합실의 배기덕트가 분리되어 있는 경우에는 각 부스 배기덕트의 교차부분에 스프링쿨러헤드를 설치할 것.

⑥ 스프링쿨러설비를 설치할 수 없거나 다른 유형의 소화설비가 분무도장 작업지역 방호에 더 적합한 경우 분말소화설비, 이산화탄소소화설비, 기타 가스계소화설비 등으로 분무도장지역 및 배합실을 방호할 것.

⑦ 발화시 0.5초 이내에 불꽃을 감지하여 도장지역에 있는 고압장치로 공급되는 전력을 차단한 후 도장설비의 전원을 차단시키도록 불꽃감지장치를 설치하여 방호할 것.

[5] 유지관리

① 화재의 지속시간과 강도를 억제하기 위해서는 가연성물질의 퇴적을 최소화 할 것.

② 잔류물의 퇴적을 방지하기 위하여 도장부스의 내부, 배기팬 날개, 배기덕트 등은 정기적으로 청소할 것.

③ 도료에 젖어 있는 천 조각이나 쓰레기는 금속 쓰레기통에 넣어 보관해야 하고, 금속 쓰레기통 내용물은 최소 매일 한 번 또는 각 교대 시마다 비울 것.

④ 세척제의 인화점은 37.8℃보다 높은 것을 사용할 것.

4.1.3 작업자 안전 대책

[1] 신체위험

① 필요한 마스크나 인공호흡기를 착용한다.

② 적절한 환기, 조명과 송풍 설비가 준비되어야 한다.

③ 손과 몸을 외부로부터 차단해야 한다.

[2] 화재위험

① 기름걸레는 밀폐되는 철재 용기에 보관한다.

② 도장실과 집진실은 깨끗이 청소되어야 한다.

③ 노출된 불꽃이나 전기 스파크를 피해야 한다.

④ 모든 마감 재료는 용제와 함께 밀봉되어야 한다.

⑤ 소화용 장비를 비치해야 한다. A급 화재는 목재, 직물, 종이와 고무의 화재이고, B급 화재는 인화성, 액체, 기름과 그리스의 화재이며, C급의 화재는 전기 화재이다.

[3] 질식

① 송기마스크 등 적절한 호흡용 보호구와 보안경, 보호장갑, 안전모 등 개인보호구를 착용한다.

② 작업 전, 작업 중 수시로 산소 및 가스 농도를 측정하면서 작업을 진행한다. 산소농도가 18% 미만인 장소에서는 송기마스크를 착용한다.

③ 비상대피로 등 대피시설을 확인하고, 작업 중 환기설비 작동 상태를 확인한다.

[4] 중독

① 제한된 공간에서는 도막의 건조 및 용제 증발을 폭발 한계 이하로 유지시키기 위하여 공기를 공급하여야 한다.

② 송기마스크 등 적절한 호흡용 보호구와 보안경, 보호장갑, 안전모 등 개인보호구를 착용한다.

③ 작업자는 작업 후 탈의실, 샤워실 등 부대시설을 활용하여 작업복을 세척제로 세탁하고, 몸을 깨끗이 씻어 개인위생관리를 철저히 하도록 한다.

4.2 산업안전 표지

4.2.1 금지 표지(8종)

바탕은 흰색, 기본 모형은 빨강색, 관련 부호 및 그림은 검은색

출입금지	보행금지	차량통행금지	사용금지	탑승금지

금연	**화기금지**	**물체이동금지**		

4.2.2 경고 표지(6종)

바탕은 무색, 기본 모형은 빨간색(검은색도 가능), 관련 부호 및 그림은 검은색

인화성물질경고	산화성물질경고	폭발성물질경고	급성독성물질경고	부식성물질경고

발암성·변이원성·생식독성·전신독성·호흡기 과민성 물질경고				

4.2.3 경고 표지(9종)

바탕은 노란색, 기본 모형은 검은색, 관련 부호 및 그림은 검은색

방사성물질경고	고압전기경고	매달린물체경고	낙하물경고	고온경고

저온경고	몸균형상실경고	레이저광선경고	위험장소경고	

4.2.4 지시 표시(9종)

바탕은 파란색, 관련 그림은 흰색

보안경착용	방독마스크착용	방진마스크착용	보안면착용	안전모착용

귀마개착용	**안전화착용**	**안전장갑착용**	**안전복착용**	

4.2.5 안내 표지(8종)

바탕은 흰색, 기본 모형 및 관련 부호는 녹색(바탕은 녹색, 기본 모형 및 관련 부호는 흰색)

녹십자표지	응급구표지	들것	세안장치	비상용기구

비상구	**좌측비상구**	**우측비상구**		

4.3 화재예방

4.3.1 화재의 종류

① 일반가연물 화재(A급 화재) : 연소 후 재를 남기는 종류의 화재로써 목재, 종이, 섬유, 플라스틱 등으로 만들어진 가재도구, 각종 생활용품 등이 타는 화재를 말한다. 소화기에 표시된 원형 표식은 백색으로 되어 있다.

② 유류 및 가스화재(B급 화재) : 연소 후 아무것도 남기지 않는 종류의 화재로써 휘발유, 경유, 알코올, LPG 등 인화성액체, 기체 등의 화재를 말한다. 소화기에 표시된 원형 표식은 황색으로 되어 있다.

③ 전기화재(C급 화재) : 전기기계 • 기구 등에 전기가 공급되는 상태에서 발생된 화재로서 전기적 절연성을 가진 소화약제로 소화해야 하는 화재를 말한다. 소화기에 표시된 원형 표식은 청색으로 되어 있다.

④ 금속화재(D급 화재) : 리튬, 나트륨, 마그네슘 같은 금속화재를 D급 화재로 분류한다. 소화기에 표시된 원형 표식은 회색, 은색으로 되어 있다.

4.3.2 소화원리

[1] 냉각소화

연소의 3요소 중에서 열이 계속적으로 발생하지 못하도록 차단하는 방법으로 불이 붙지 않는 온도로 낮춤으로써 불의 삼각형을 파괴하는 것이다. 가장 대표적인 소화 작업으로 물을 뿌리는 방법으로 물이 증발하면서 열을 빼앗아 가는 원리를 이용한 것이다.

[2] 질식소화

연소의 3요소 중에서 공기 중의 산소농도를 10%~14% 이하로 낮추기 위하여 불타고 있는 가연물을 감싸거나 불연성기체를 화재공간에 불어넣어 산소비율을 작게 만든다. 가장 대표적인 소화방법으로는 마른 모래를 뿌리거나, 물에 젖은 담요로 연소물을 덮거나 포(거품)소화설비 또는 이산화탄소소화설비를 작동시키는 방법이 있다.

[3] 제거소화

연소의 3요소 중에서 불타고 있는 장소에서 가연물을 다른 안전한 장소로 이동시키는 방법이다. 예를 들면, 주택에서 불이 났을 때 가재도구를 집 밖으로 꺼내어 더 이상 타지 않도록 하는 것과 산불이 났을 때 연소 저지선의 나무를 모두 베어버림으로써 더 이상 확대되지 않도록 하는 것도 제거소화의 한 방법이다.

[4] 부촉매효과

이 방법은 연소과정에서 고체가연물의 열분해가스, 액체가연물의 증발된 가스, 기체가연물을 소화약제와 반응시켜 더 이상 화학반응이 일어나지 못하도록 연쇄반응 체인을 끊어 화재를 억제하는 방법이다. 실제 생활에서는 물품이 처음부터 불이 잘 붙지 못하도록 하는 방염처리(커튼, 카펫트, 벽지 등에 불이 잘 붙지 않도록 약품 처리하는 것)하기도 하며, 이와 같은 원리를 이용하는 소화설비에는 할로겐화합물 할론 또는 분말소화설비가 있다.

4.4 도장장비 · 설비 안전

4.4.1 도장부스 안전작업

[1] 주요 위험요인

① 협착위험 : 이동식대차를 이용하여 판금차량 이동 시 차량 이탈에 의한 협착 및 공기정화장치의 동력전달부(V-belt) 부위에 협착

② 전도위험 : 그레이팅 구조의 배기구에 발이 걸려 넘어지는 등의 전도

③ 폭발위험 : 인화성액체의 증기 또는 가연성가스에 의한 폭발

④ 유기용제 중독 : 페인트의 희석제로 사용하는 유기용제(톨루엔 등) 중독

[2] 안전대책

① 협착위험 : 전용지그가 부착되어 차량 전면의 패널을 받쳐 안전하게 이동할 수 있는 판금차량 운반설비를 사용하고, 동력전달부(V-belt) 부위에 충분한 강도의 방호덮개를 설치한다.

② 전도위험 : 도장부스 바닥의 그레이팅 개구부 간격을 작업자의 발이 들어가지 않는 구조로 한다.

③ 폭발위험 : 도장부스 내에 설치된 전기설비(스위치, 형광등, 플러그)를 1종 방폭지역에서 사용하는 방폭 구조용 전기설비를 사용한다.

④ 유기용제 중독 : 국소배기장치를 설치하여 유기용제(톨루엔 등)가 도장부스 내에 체류되지 않도록 제거하고, 도장부스 내 스프레이 작업자는 방독마스크를 반드시 착용한다.

[3] 안전수칙

① 작업자는 보호구(방독마스크, 안전화, 보안경)를 착용하고 작업을 실시한다.
② 작업장 바닥의 호스 공구 등은 정리 정돈하여 청결한 상태로 유지한다.
③ 도장 대상차량 및 부품은 이탈되거나 움직이지 않도록 견고히 고정한다.
④ 도장부스 내 페인트 희석재 등의 비치를 금지하고 별도의 안전한 장소에 보관 사용한다.
⑤ 배풍기 구동모터 등의 동력전달부에 방호덮개 부착 여부를 확인한다.
⑥ 작업장 바닥에 페인트 또는 물기 등이 도포되어 미끄럽지 않도록 청결한 상태를 유지한다.
⑦ 형광등 등 부스 내 설치된 전기설비는 방폭구조용 전기설비를 사용한다.
⑧ 도장부스 내에서는 라이터 등 화기사용을 금지한다.
⑨ 페인트, 희석제 등 도장 관련 물질의 물질안전보건자료를 비치하고 내용을 숙지한다.
⑩ 국소배기장치의 정상 작동상태를 확인하고 충분한 환기여부를 확인한다(제어풍속 : 포위식 포위형후드, 0.4m/sec).
⑪ 판금차량을 도장부스내로 이동 시에는 전용지그가 부착된 운반설비를 사용한다.
⑫ 방독마스크 착용 지시표지판을 근로자가 보기 쉬운 장소에 부착한다.

4.5 도장 작업공구 안전

4.5.1 스프레이 건 작업

[1] 주요 위험요인

① GUN 방향이 사람 쪽으로 향하여 도료가 얼굴 또는 신체 일부에 분사되는 위험
② 작업 간 이동 시 또는 완료 후 안전핀 미사용으로 인한 도료분사 위험
③ Gun에 대한 응급조치 시 도료 호스 내 잔존압력으로 인한 갑작스러운 도료 분사로 인한 비래
④ 손바닥에 유기용제 침투(에어스프레이 건을 잘못 잡아 페인트가 분사되어 손바닥에 침투)

⑤ 고압의 공기에 의해 장 파열(작업 후 에어호스로 작업복 먼지를 불어 내다가 항문에 호스 끝단부 가근접하여 장 파열)

[2] 안전대책

① Gun 방향이 사람 쪽을 향하지 않도록 조치(상대방 또는 본인 얼굴)

② 블록 내부 이동 시, 사다리 승하강 시, 블록 격벽 이동 시 반드시 스프레이 건의 안전핀을 잠근 상태에서 이동

③ Gun 응급조치 시(Tip 막힘, 니들막힘 시) 반드시 보조자에게 연락하여 Airless Pump 에어밸브를 잠그고, 도료호스 내 잔존 압력을 제거한 후, 캡 또는 니들을 분해하여 찌꺼기를 제거

④ 안전핀이 부착되지 않은 스프레이 건 사용금지

⑤ 작동 중에는 "ON", 미작동 시에는 "OFF" 상태 유지

⑥ 에어리스 펌프는 고압장비이므로 취급 시 항상 주의

⑦ 사용 후 스프레이 건을 세척·정비하여 보관

⑧ 사용하지 않을 때는 공기밸브를 완전 차단 후 도료 호스에 잔류한 공기압력 제거

⑨ 손에 직접 분사되지 않도록 유의

4.6 유해물질 중독

4.6.1 주요 급성 중독 물질

물질명	표적장기
DMF	간, 피부, 신장, 눈, 심혈기관
벤젠(A2)	조혈기계, CNS, 간, 신장, 눈, 피부
사염화탄소(A2)	CNS, 간 신장, 눈, 피부
아크릴로니트릴(A2)	눈, 피부, 폐, 심혈관계, 간, CNS
1,1,2,2-테르라클로로에탄	간, 피부, CNS, 신장, 위장
퍼클로로에틸렌	눈, 피부, CNS, 간, 신장
TCE	CNS, 눈, 피부, 간, 심장, 신장
n-헥산	말초신경계, CNS, 눈, 피부

4.6.2 특별관리 물질

발암성, 생식세포 변이원성, 생식독성 물질(CMR 물질) 등 근로자에게 중대한 건강장해를 일으킬 우려가 있는 물질

참고 CMR 물질

발암성 물질(Carcinogenicity), 생식세포 변이원성 물질(Mutagenicity), 생식독성 물질(Reproductive toxicity)

4.6.3 질식

[1] 질식의 원인 및 영향

① 산소농도 18% 이상 : 안전한계

② 산소농도 16% : 호흡 및 맥박의 증가, 두통, 메스꺼움

③ 산소농도 12% : 어지러움, 구토, 근력저하, 추락

④ 산소농도 10% : 안면창백, 의식불명, 기도폐색

⑤ 산소농도 8% : 실신, 혼절(8분 이내 사망)

⑥ 산소농도 6% : 순간실신, 호흡정지, 경련(5분 이내 사망)

[2] 적정 공기농도 기준

① 보통공기 : 산소 21%, 질소 78%, 기타 1%

② 적정한 공기(안전보건 규칙 제 618조 규정)

㉮ 산소농도(O_2)의 범위 : 18% 이상 23.5% 미만

㉯ 탄산가스(CO_2)의 농도 : 1.5% 미만

㉰ 황화수소(H_2S)의 농도 : 10ppm 미만

③ 유해가스 : 탄산가스, 황화수소, 일산화탄소 등의 가스상 유해물질

[3] 질식재해 예방대책

① 출입사전 조사 : 작업여건 등 도면 및 현장조사
② 작업자 안전보건교육 실시
③ 가스 및 산소농도측정기 등 측정장비, 개인보호구 준비
④ 관계자외 출입금지 표지판 설치
⑤ 출입 전 산소 및 유해가스 농도 측정
⑥ 환기 실시
⑦ 밀폐공간 작업허가서 작성 및 허가자 결재
⑧ 출입인원 점검 및 통신수단 구비
⑨ 감시인 배치 및 감사모니터링 실시
⑩ 밀폐공간 작업허가서 작업장 게시

4.6.4 작업환경 관리

[1] 화학물질의 대체 사용

① 유해성 · 위험성이 높은 화학물질을 사용하는 경우 현재 취급하고 있는 물질보다 유해성 · 위험성이 적은 물질로 대체
② 유해화학물질을 대체하는 경우에는 물질안전보건자료(MSDS) 등을 면밀히 조사 · 검토하여 저독성 또는 무독성 물질로 대체

[2] 격리 및 밀폐

① 격리 : 원격조작, 제한된 공간에서의 취급 등으로 유해환경에의 노출을 최소화
② 밀폐 : 유해물질 발생지점 밀폐, 감시창 방식의 도입 등으로 노출을 차단

[3] 반산원의 밀폐 등 조치

유해화학물질의 발생원으로부터 근로자의 노출을 차단하기 위한 방법으로 다음과 같이 발산원을 밀폐하는 방법이 있다.

① 작업상 필요한 개구부를 제외하고는 완전히 밀폐시킨다.

② 유해화학물질의 보관 장소 등 밀폐된 작업 장소의 내부를 음압으로 유지하여 작업장 내부의 공기가 밖으로 나오지 않도록 한다.
③ 작업특성상 밀폐실 내부를 음압으로 유지하는 것이 곤란한 경우 또는 개구부 등을 통하여 유해화학물질이 누출되는 경우에는 해당 부위에 국소배기장치를 설치하여 유해화학물질의 발산을 최소화한다.
④ 유해화학물질이 들어있는 용기는 밀폐했다가 사용할 때만 열어 놓도록 한다.
⑤ 흔히 사업장에서 유해화학물질이 묻은 휴지나 헝겊을 그냥 버리는 경우가 많은데, 반드시 밀폐된 쓰레기통에 버리도록 하고, 자주 비워 주도록 한다.

[4] 산업환기시설의 조치

① 자업환경관리를 위하여 실제로 작업장에서 가장 많이 사용되는 방법은 국소배기와 전체 환기 방법이 있다.
② 발생되는 유해물질을 환기설비에 의해 외부로 배출하는 방법으로 작업환경 관리에 있어 가장 보편적인 방법
③ 유해물질의 노출을 최소화하기 위해서는 국소환기방식을 우선 고려
④ 전체 환기방식은 제한적으로 사용
⑤ 작업특성상 유해화학물질 발산원을 밀폐하는 설비의 설치가 곤란한 경우에는 작업 특성에 적합한 형식과 성능을 갖춘 국소배기장치를 설치하고 관리한다.
⑥ 국소배기장치의 후드는 작업방법, 유해화학물질의 발산 상태 등을 고려하여 유해화학물질을 흡인하기에 충분히 제어할 수 있는 구조와 크기로 하여야 하며, 후드, 덕트, 공기정화장치, 배풍기, 배기구의 순으로 설치한다.

4.7 위험물 취급

인체에 치명적인 영향을 미치는 독극물, 폭발물, 고압의 가스 등이 해당된다.

4.7.1 제1류 위험물(산화성 고체)

[1] 일반적인 성상

충격, 마찰 또는 열에 의해 쉽게 분해되므로 이때 많은 산소를 방출함으로써 가연물질의 연소를 도와주고 폭발을 일으킬 수 있다. 대부분 백색 분말이나 무색 결정으로 조해성이 있다.

[2] 저장 및 취급 방법

① 가열, 충격, 마찰을 피할 것.
② 화기와 이격을 시킬 것.
③ 분해를 일으키는 물질과 접촉을 피할 것.
④ 통풍이 양호한 곳에 저장하여야 하며 용기는 밀봉할 것.
⑤ 산 또는 산화성 물질과 격리시킬 것.

[3] 소화 방법

① 알칼리 금속 등의 과산화물은 물과 반응하여 발열하므로 건조사로 질식 소화한다.
② 분해로 방출되는 산소가 가연물의 연소를 도와주는 형태이므로 이를 방지하기 위하여 물로 냉각시켜야 한다.

4.7.2 제2류 위험물(가연성/인화성 고체)

[1] 일반적인 성상

① 낮은 온도에서 착화하기 쉬운 가연성 고체물질로 연소속도가 매우 빠르다.
② 연소 시 유독성가스를 발생한다.
③ 금속분류는 수분과 산에 접촉 시 발열한다.

[2] 저장 및 취급 방법

① 점화원 및 화기와 이격을 시킨다.

② 산화제와의 접촉을 피한다.

③ 철분, Mg, 금속분류 등은 수분 또는 산과의 접촉을 피한다.

[3] 소화 방법

① 주수 소화

② 철분, Mg, 금속분류 등은 건조사를 사용한다.

4.7.3 제3류 위험물(자연발화성 및 금수성 물질)

[1] 일반적인 성상

수분과의 반응 시 발열 또는 가연성 가스(H_2)를 발생시키며 발화한다.

[2] 저장 및 취급 방법

① 황린은 자연발화의 위험성이 있으므로 물속에 저장한다.

② 저장 용기의 부식, 파손에 유의하여야 하며 수분과의 접촉을 피하여야 한다.

③ 산과의 접촉을 금지하여야 한다.

④ 금수성 물질은 화기와의 접촉을 피한다.

[3] 소화 방법

① 초기 화재에는 건조사로 질식소화가 가능

② 팽창질석, 팽창진주암 사용

4.7.4 제4류 위험물(인화성 액체)

[1] 일반적인 성상

가연성 액체로 인화하기 쉽고 증기는 공기보다 무거우나 액체는 물보다 무겁다(단, 중유는 제외). 그러나 물에는 불용이며 주수 소화 시에는 물의 유동에 의해 화재면의 확대가 될 우려가 있다.

[2] 저장 및 취급 방법

① 인화점 이상이 되지 않도록 할 것.

② 발생된 증기는 폭발 범위 이하로 유지하여야 하며 통풍에 유의해야 한다.

③ 화기 및 그 밖의 점화원과 접촉을 피해야 한다.

④ 전기 설비는 모두 접지해야 한다.

[3] 소화 방법

① 공기의 공급을 차단하여 질식소화를 한다.

② 수용성 액체인 경우에는 내 알코올 포 소화약제를 사용한다.

③ 수용성 액체 이외의 경우에는 포말, 할로겐, 이산화탄소, 분말 등의 소화약제를 사용한다.

4.8 폐기물 처리

4.8.1 정의

① 폐기물이란 쓰레기, 연소재, 폐수, 오니, 폐산, 폐알칼리 및 동물의 사체 등으로서 사람의 생활이나 사업 활동에 필요하지 않게 된 물질을 말한다.

② 타인에게는 유용하게 이용될 수 있는 경우는 이를 폐기물이라 할 수 없고, 객관적으로 완전히 그 물질이 가치를 상실하였을 때 비로소 폐기물로 봐야 한다.

4.8.2 폐기물의 분류

폐기물의 분류에는 사업장 일반폐기물, 건설 폐기물, 지정 폐기물, 의료 폐기물, 생활 폐기물 등이 있다.

4.8.3 자동차 정비 작업장의 폐기물 관리

[1] 폐기물 보관

① 철저한 분리수거

② 발생일로부터 45일 이내에 위탁 처리
③ 사업장 폐기물 관리대장에 위탁 처리 내역을 기록

[2] 처리 결과 보고

① 지정 폐기물을 공동으로 수집 운반하는 경우 그 대표자가 환경부장관에게 보고한다.
② 폐기물 처리 계획서, 폐기물 분석 전문 기관의 폐기물 분석 결과서, 수탁처리자의 수탁확인서 등을 제출

[3] 폐기물 관리

① 폐시너 관리 : 뚜껑이 달린 통을 이용하여 분리수거하고 보관
② 폐도료 관리 : 사용 후 남은 도료는 뚜껑을 닫아 보관하고 사용이 가능한 시간이 지나면 폐기 처분

4.8.4 폐기물 처리

[1] 일반 정비 작업장 폐기물 처리

① 폐윤활유 : 드럼통이나 대형 용기에 밀폐 보관하였다가 재활용 업체에 위탁 처리
② 폐유기 용제(부동액) : 밀폐된 용기에 보관하여 수거 위탁 업체에 위탁 처리
③ 폐오일 필터 : 잔여 오일을 완전히 제거 후 마대에 포장 위탁 처리
④ 폐걸레 및 장갑 : 마대에 넣어 입구를 묶어 보관하였다가 위탁 처리
⑤ 폐오일통 : 마대 또는 별도 용기에 포장하거나 끈으로 엮어서 위탁 처리
⑥ 폐유 슬러지 : 물기를 완전히 제거 후 마대에 포장하여 위탁 처리
⑦ 폐배터리 : 폐배터리는 배출량이 소량이라 하여도 지정 폐기물 수집 운반업자를 통해 적법하게 위탁 처리하고 폐기물 관리대장에 처리량을 기록

[2] 도장 작업장 폐기물 처리

① 폐페인트(액상) : 밀폐된 용기에 보관하여 폐유기 용제 방법과 동일하게 처리

② 폐페인트(고상) : 스프레이 부스의 폐필터를 분진이 날리지 않도록 반드시 마대 또는 밀폐 포장하여 위탁 처리

③ 폐페인트(고상) : 도장 작업 시 발생하는 페인트 묻은 신문지, 비닐, 장갑 등은 지정 폐기물로 위탁 처리

4.9 안전보호구

4.9.1 보호구 구비조건

① 사용 목적에 적합해야 한다.

② 착용이 간편해야 한다.

③ 작업에 방해되지 않아야 한다.

④ 품질이 우수해야 한다.

⑤ 구조, 끝마무리가 양호해야 한다.

⑥ 겉모양, 보기가 좋아야 한다.

⑦ 유해, 위험에 대한 방호가 완전할 것

⑧ 금속성 재료는 내식성일 것

4.9.2 안전보호구의 선택 시 유의사항

① 절연성 : 작업선로의 사용전압에 견딜 수 있는 충분한 절연내력을 갖추어야 한다.

② 강인성 : 작업 시 보호구에 흠, 균열, 파손이 생기지 않는 강인성을 갖추어야 한다.

③ 유연성 : 작업자가 착용 후 작업 시 불편함을 느끼지 않도록 충분한 유연성을 갖추어야 한다.

④ 내구성 : 오랫동안 사용하여도 위의 성질이 변질되지 않는 내구성을 갖추어야 한다.

⑤ 보호구는 사용목적에 적합하여야 한다.

⑥ 무게가 가볍고 크기가 사용자에게 알맞아야 한다.

4.9.3 보호구 점검과 관리

보호구는 필요할 때 언제든지 사용할 수 있는 상태로 손질하여 놓아야 하며, 그러기 위해서는 다음과 같은 점에 주의해서 정기적으로 점검 및 관리한다.

① 적어도 한 달에 한 번 이상 책임 있는 감독자가 점검을 할 것.

② 광선을 피하고, 청결하고, 습기가 없으며, 통풍이 잘 되는 장소에 보관할 것.

③ 부식성액체, 유기용제, 기름, 화장품, 산 등과 혼합하여 보관하지 말 것.

④ 보호구는 항상 깨끗하게 보관하고 땀 등으로 오염된 경우에는 세척하고 건조시킨 후 보관할 것

⑤ 발열성 물질을 보관하는 주변에 가까이 두지 말 것

4.9.4 안전보호구 종류

① 안전모 : 물체가 떨어지거나 날아올 위험 또는 근로자가 추락할 위험이 있는 작업에 착용하는 보호구

② 안전대(안전그네) : 높이 또는 깊이 2미터 이상의 추락할 위험이 있는 장소에서 하는 작업에 사용하는 보호구

③ 안전화 : 물체의 낙하·충격, 물체에의 끼임, 감전 또는 정전기의 대전에 의한 위험이 있는 작업에 착용하는 보호구

④ 보안경 : 이물질을 차단하고 유해광선에 의한 시력장해를 방지하기 위해 눈에 착용하는 보호구

⑤ 보안면 : 용접 시 불꽃이나 물체가 흩날릴 위험이 있는 작업, 화학약품 등으로부터 보호하기 위해 착용하는 보호구

⑥ 전연용 보호구 : 감전의 위험이 있는 작업에 착용하는 보호구

⑦ 방열복 : 고열에 의한 화상 등의 위험이 있는 작업에 착용하는 보호구

⑧ 방진마스크 : 분진이 심하게 발생하는 작업에 착용하는 보호구

⑨ 방한도구 : 섭씨 영하 18도 이하인 급냉동어창에서 하는 작업에 착용하는 보호구

⑩ 보호복 : 고열, 방사선, 중금속, 유해물질로부터 보호하기 위해 몸에 착용하는 보호구

⑪ 안전장갑 : 물리적, 화학적 충격으로부터 손을 보호하기 위해 착용하는 보호구

4.9.5 안전보호구 사용법

[1] 방진마스크 착용

① 헤드밴드를 밑으로 늘어뜨리고 코 밀착 부분이 앞으로 오도록 가볍게 잡아준다.

② 마스크를 코와 턱을 감싸도록 안면에 맞춘다.

③ 왼손으로 마스크를 잡고 먼저 위 헤드밴드를 뒷머리 상단에 고정한다.

④ 아래 헤드밴드를 당겨 뒷목에 고정한다.

⑤ 노즈클립이 코와 밀착되도록 양손의 손가락으로 클립 부분을 눌러준다.

⑥ 양손으로 마스크 전체를 감싸고 숨을 깊이 내쉬며 공기의 누설 여부를 확인한다.

[2] 단구형 방독 호흡보호구 사용법

① 머리끈의 플라스틱 부분을 정수리 뒷부분에 걸어준다.

② 아래쪽 머리끈 양 끝을 손으로 잡고 살며시 잡아당기면서 면체가 코, 입, 턱 밑까지 충분히 감싸도록 위치시킨다.

③ 면체가 얼굴에 안정되도록 위치시킨 상태에서 잡아당긴 양 끈고리를 양손으로 목 뒤에서 걸어준다. 끈의 양쪽 끝부분을 당겨서 면제가 얼굴에 완전히 밀착되도록 조절한다.

④ 위 끈과 아래 끈이 고르게 조이고 있는지 확인하고 필요한 경우 끈을 다시 한 번 조절한다.

⑤ 정화통이나 필터를 부착하는 흡입부를 손바닥으로 막은 다음 숨을 들이마셔 마스크와 안면 사이의 밀착성을 검사한다.

[3] 보호복

(1) 용도별 보호복 선택

① 완전 밀폐된 보호복 선택 시 레벨 A 적색

② 유해 성분과 농도를 알고 있을 시 레벨 B 녹색

③ 치명적이지 않은 오염물질에 노출되었을 시 레벨 C 황색

④ 입자상의 유해 인자에 대한 방호, 자동차 보수도장에 레벨 D 흰색

(2) 자동차 보수도장 보호복 착용

① 자동차 보수용 도장 보호복은 레벨 D의 흰색 사용

② 도료의 분진과 유기화합물 및 VOC 등 유해 인자로부터 피부를 보호하여 피부의 건조증, 갈라짐, 피부 자극 등을 방호해야 한다.

③ 보호복 착용은 도료가 엎질러져 피부에 직접 노출되는 등의 사고로부터 피부를 보호할 수 있어야 한다.

[4] 보안경 착용

① 산업용보안경, 차광보안경, 용접보안경 및 스포츠보안경으로 구분한다.

② 유해 요인을 파악하고 고열, 화학물질, 비산먼지 등 목적에 맞는 보안경을 선택한다.

③ 다양한 얼굴 모양에 맞게 조절이 가능한 것을 선택한다.

④ 렌즈의 선택은 김서림 방지(anti-fog) 기능과 긁힘 방지(anti-scratch) 기능, 충격방지(hard coating) 기능, UV 차단 기능, 내화학성 및 정전기 방지 기능을 가지고 있는지 작업 조건에 맞게 선택하여야 한다.

⑤ 코받침이 부드럽고 조절이 가능한 것을 선택한다.

⑥ 시야가 넓고 렌즈 각도 조절이 가능한 것을 선택한다.

⑦ 작업 조건에 따라 렌즈의 색깔을 알맞게 선택하도록 한다.

[5] 고무장갑 착용

용제성, 방유 제품의 장갑으로 페인트를 혼합하거나 스프레이, 페인트 박리제(remover) 등 유기용제를 사용할 때에는 꼭 사용해야 하며 신축성과 밀착성이 좋은 1회용 장갑을 선택한다.

[6] 안전화 착용

안전화는 인체공학적 설계를 통하여 안전 확보는 물론 편안하고 안정적인 착화감으로 작업자가 장시간 사용하여도 피로를 감소시키며 작업 효율을 극대화할 수 있는 제품이어야 한다.

기출 문제

001 샌딩 작업 중 먼지를 줄이려면 어떻게 해야 되겠는가?

① 속도를 빠르게 한다.
② 속도를 느리게 한다.
③ 집진기를 장치한다.
④ 에어블로잉한다.

연마 후 에어블로잉 작업은 가급적 하지 않는다. 집진기를 이용하여 분진의 발생을 저감시키고 방진용 마스크를 착용하고 작업한다.

002 샌더기 패드의 설명이 옳지 않은 것은?

① 딱딱한 패드는 페이퍼의 자국이 깊어진다.
② 딱딱한 패드는 섬세한 요철을 제거할 수 없다.
③ 부드러운 패드는 고운 표면 만들기에 적합하다.
④ 부드러운 패드는 페이퍼 자국이 얕게 나타난다.

003 에어 트랜스포머의 설치 목적으로 옳은 것은?

① 압축 공기를 건조시키기 위해
② 압축 공기 중의 오일 성분을 제거하기 위해
③ 압축 공기의 정화와 압력을 조정하기 위해
④ 에어 공구의 작업 능력을 높이기 위해

에어 트랜스포머는 압축공기 중의 수분과 유분을 여과하는 동시에, 공기압력을 조절하는 장치로서 에어 배관의 말단에 설치한다.

004 에어 트랜스포머의 취급방법으로 틀린 것은?

① 배출밸브는 적어도 하루 1~2회 방출한다.
② 필터는 때때로 교환하거나 세척한다.
③ 압력조정 핸들은 사용하지 않을 때에는 풀어준다.
④ 에어 트랜스포머와 스프레이 건의 간격은 길수록 좋다.

| 정 | 답 | 001 ③ 002 ② 003 ③ 004 ④

005 공기압축기 설치장소로 적합하지 않은 것은?

① 건조하고 깨끗하며 환기가 잘되는 장소에 수평으로 설치한다.
② 실내온도가 여름에도 40℃ 이하가 되고 직사광선이 들지 않는 장소가 좋다.
③ 인화 및 폭발의 위험성을 피할 수 있는 방폭벽으로 격리된 장소에 설치한다.
④ 실내공간을 최대한 사용하여 벽면에 붙여서 설치한다.

공기압축기 설치장소
㉮ 직사광선을 피하고 환풍기 시설을 갖춘 장소
㉯ 습기나 수분이 없는 장소
㉰ 실내온도는 40℃ 이하인 장소
㉱ 수평이고 단단한 바닥 구조
㉲ 방음이 되고 보수점검이 가능한 공간
㉳ 먼지, 오존, 유해가스가 없는 장소

006 공기압축기 설치장소를 설명한 것이다. 맞는 것은?

① 건조하고 깨끗하며 환기가 잘되는 장소에 경사지게 설치한다.
② 실내온도가 여름에도 40℃ 이상이 되게 하고 직사광선이 들지 않는 장소가 좋다.
③ 인화폭발의 위험성을 피할 수 있는 광폭벽으로 격리되지 않고 도장시설물과 같이 설치되어야 한다.
④ 가능하면 소음방지와 유지관리를 위해 특별한 장소에 설치한다.

007 공기압축기 설치 장소를 설명한 것으로 옳은 것은?

① 환기가 잘 되는 장소에 경사지게 설치한다.
② 직사광선이 비치는 장소에 설치한다.
③ 도료 보관 장소에 같이 설치한다.
④ 소음방지와 유지관리가 가능한 장소에 설치한다.

008 압축공기 점검사항으로 맞는 것은?

① 공기탱크 수분을 1개월마다 배출시킨다.
② 매일 윤활유량을 점검하고 2년에 1회 교환한다.
③ 년 1회 공기여과기를 점검하고 세정한다.
④ 월 1회 구동벨트의 상태를 점검하고 필요하면 교환한다.

압축공기 점검사항
㉮ 하루에 한 번은 드레인 밸브를 열어 공기탱크 내의 수분을 배출시킨다.
㉯ 윤활유량은 정기적으로 점검하고 교환을 해야 할 경우에는 지정된 윤활유를 사용한다.
㉰ 주 1회 공기여과기를 청소하고 6개월에 한 번씩 교환한다.

| 정 | 답 | 005 ④ 006 ④ 007 ④ 008 ④

009 깨끗한 압축공기를 공급해야 하는 이유로 적합하지 않은 설명은?

① 깨끗한 작업환경 조성
② 에어 공구의 성능 유지
③ 에어 공구의 수명 연장
④ 좋은 품질의 도막 형성

010 압축공기 설비 조건으로 틀린 것은?

① 공기 압축비는 공장 전체에서 사용될 에어 공구 사용 정도를 고려하여 용량을 결정해야 한다.
② 공기 압축기는 작업상의 배치와 작업환경을 고려해야 한다.
③ 공기 압축기는 공기의 청정화와 압력저하 방지 및 수분 배출을 고려한 설계가 필요하다.
④ 배관은 압력저하를 방지하기 위해 지름이 작은 파이프를 사용해야 한다.

일반적인 배관의 압력저하는 작동 압력의 1.5% 이내로 해야 효율적이고, 모든 부품들은 가능한 짧게 설치하고 배관의 지름은 압축기 토출 연결부와 같아야 한다.

011 압축공기 배관을 설계할 때 주의할 사항으로 맞는 것은?

① 주배관은 끝으로 향하여 1/10의 기울기를 갖도록 설치한다.
② 배관의 끝에는 오토 드레인을 장착하여 정기적으로 물을 배출할 필요가 없다.
③ 분기관은 주배관에서 일단 상향으로 설치한 후 다시 하향하도록 한다.
④ 배관이 구부러진 부분은 90°로 이음한다.

㉮ 공압 배관은 공기흐름 방향으로 1/100 정도의 기울기로 설치한다.
㉯ 주배관의 끝에는 오염물 및 물 배출이 용이한 드레인 밸브를 설치하여 정기적으로 오염물 및 물을 배출시킨다.
㉰ 배관이 구부러진 부분은 U자 형태의 배관으로 이음한다.
㉱ 배관의 지름은 여유 있게 한다.
㉲ 배관의 중간에는 감압밸브나 에어 트렌스포머를 설치한다.
㉳ 배관의 이음을 적게 하고 공기압축기의 진동이 배관으로 가지 않도록 공기압축기와 배관의 연결은 플렉시블 호스로 연결하고 냉각효율이 좋게 한다.

012 공기 압축기의 점검 사항 중 틀린 것은?

① 매일 공기탱크의 수분을 배출시킨다.
② 월 1회 안전밸브의 작동을 확인 점검한다.
③ 년 1회에 공기 여과기를 점검하고 세정한다.
④ 매일 윤활유의 양을 점검한다.

| 정 | 답 | 009 ① 010 ④ 011 ③ 012 ③

013 에어 컴프레서의 압력이 전혀 오르지 않을 때의 원인이 아닌 것은?

① 역류방지 밸브 파손
② 흡기, 배기 밸브의 고장
③ 압력계의 파손
④ 언로더의 작동 불량

014 공기압축기 시동 시 유의사항으로 틀린 것은?

① 시동 전 오일을 점검하고 계절에 적당한 오일을 넣는다.
② 주변의 안전을 확인한 다음 스위치를 넣는다.
③ 부하 상태에서 작동 스위치를 넣는다.
④ 흡기구에 손을 대어 흡입 상태를 확인한다.

부하 상태에서는 작동 스위치가 OFF된다.

015 공기압축기의 안전장치 중 배관 중간에 설치하여 규정 이상의 압축에 달하면 작동하여 배출시키는 장치는?

① 언로더 밸브　② 체크 밸브
③ 압력계　④ 안전 밸브

공기압축기 구성품

㉮ 언로더 밸브 : 모터 작동 시 부하 방지를 위하여 장착된 밸브로 공기탱크 내의 압력이 5~7kg/cm^2 이상으로 상승하면 공기압축기의 흡입 밸브가 계속 열려 있도록 하여 압축작용을 정지시키는 역할을 한다.
㉯ 체크 밸브 : 압축공기를 한쪽 방향으로만 흐르게 하고 역방향으로는 못하게 하는 밸브이다.
㉰ 압력계 : 공기탱크 내의 압축공기 압력을 지시하는 역할을 한다.
㉱ 안전 밸브 : 공기탱크 내의 압력이 규정의 최고 사용압력(9.7kg/cm^2) 이상에 도달하였을 때 밸브를 열어 압축공기를 자동으로 방출하여 규정 이상의 압력이 되어 폭발되는 위험을 방지하는 자동밸브이다.

016 습식연마 작업용 공구로서 적절하지 않은 것은?

① 받침목
② 구멍 뚫린 패드
③ 스펀지 패드
④ 디스크 샌더

디스크 샌더는 건식 연마를 할 때 사용하는 공구이다.

017 안전보호구나 안전시설의 이용방법 중 분진 흡입을 줄이기 위한 방법이 아닌 것은?

① 방진용 마스크를 착용한다.
② 흡진기능이 있는 샌더를 이용한다.
③ 바닥면 및 벽면으로부터 분진을 흡입할 수 있는 시설에서 작업한다.
④ 작업 공정마다 에어블로 작업을 실시한다.

에어블로 작업을 시행하면 먼지가 비산되므로 가능하면 분진의 발생을 줄이기 위해서는 집진기를 이용하여 먼지를 털어내어 제거한다.

| 정 | 답 | 013 ③　014 ③　015 ④　016 ④　017 ④

018 안전보호구를 사용할 때의 유의사항으로 적절하지 않은 것은?

① 작업에 적절한 보호구를 사용한다.
② 사용하는 방법이 간편하고 손질하기 쉬워야 한다.
③ 작업장에는 필요한 수량의 보호구를 배치한다.
④ 무게가 무겁고 사용하는 사람에게 알맞아야 한다.

019 스프레이 부스에서 도장 작업을 할 때 반드시 착용하지 않아도 되는 것은?

① 마스크
② 앞치마
③ 내용제성 장갑
④ 보안경

020 공기 중에 포함된 유해요소 중 스프레이 작업 시 발생하는 미세한 액체 방울은?

① 흄 ② 분진
③ 도장분진 ④ 유해증기

021 작업장에 샌딩 룸이 없으면 생기는 현상이 아닌 것은?

① 샌딩 작업 때 먼지가 공장 내부에 쌓인다.
② 주위 작업자에게 피해를 준다.
③ 소음이 발생한다.
④ 페인트가 퍼진다.

022 다음 중 샌딩 작업 설명으로 틀린 것은?

① 샌딩부스의 배기 송풍기를 작동시킨다.
② 에어샌더 배출구에 집진기를 부착한다.
③ 방진마스크와 보안경을 착용한다.
④ 바람이 통하기 쉬운 넓은 장소에서 작업한다.

샌딩 작업시 분진을 포집할 수 있는 샌딩 룸에서 작업을 해야 한다.

023 도장 공해 예방에 따른 대책으로 환경친화적인 도장의 차원에서 감소되어야 하는 것은?

① 전착도장 ② 유성도장
③ 수용성도장 ④ 분체도장

㉮ 전착도장 : 전착도장은 전착용 수용성 도료 용액 중에 피도물을 양극 또는 음극으로 하여 침적시키고, 피도물과 그 대극 사이에 직류 전류를 통하여 피도물 표면에 전기적으로 도막을 석출시키는 도장방법
㉯ 유성도장 : 유용성이라는 도색방법은 유기용제(시너) 85%+안료/메탈릭 외 15%인데, 유용성 도색은 도색 중간에 발생하는 인체/대기 중에 해로울 수 있는 발암물질이 과다 배출되는 단점이 있다.
㉰ 수용성도장 : 수용성이라는 도색방법은 말 그대로 물 70%+첨가제 10% 안료/메탈릭 외 20%인데, 여기서 첨가제란 페인트와 수분을 결합시키는 과정에 사용되는 물질이고 안료/메탈릭이란 것은 색상을 결정하는 안료이다. 수용성 도색은 컬러 매칭으로 이루어지기 때문에 색감 또한 원색과 근접성이 매우 우수하다.

| 정 | 답 | 018 ④ 019 ② 020 ③ 021 ④ 022 ④ 023 ②

㉣ 분체도장 : 분체도장은 가루 모양의 도료를 금속에 직접 부착해서 가열하고 건조시키고 굳히는 도장법이다. 일반적인 도장에 쓰이는 용제를 전혀 사용하지 않기 때문에 환경, 인체에의 영향이 작다.

024 도장 부스에 대한 설명으로 맞는 것은?

① 공기는 강제 배기가 되므로 자연급기-강제급기, 강제급기-강제배기의 2가지 방식이 있다.
② 자연급기 타입은 룸 내부가 플러스 압력으로 되며, 틈새 먼지가 내부로 들어오지 못한다.
③ 강제급기 타입은 대부분 마이너스 압력으로 설정이 되어 있다.
④ 자연급기와 강제급기 타입은 공기 흐름이 항상 똑같아야 한다.

자연급기 타입과 강제급기 타입

㉮ 자연급기 타입 : 룸 내부가 마이너스 입력으로 되어 외부의 먼지가 도장실로 쉽게 들어올 수 있다.
㉯ 강제급기 타입 : 대부분 플러그 입력으로 설정이 되어 있다.

025 도장부스가 갖추어야 할 기능으로 틀린 것은?

① 안전한 온도상승 조절 및 공급기능이 확실하고 경제성을 제공해야 한다.
② 불순물과 먼지의 제거를 위해 통풍장치와 여과장치가 완전해야 한다.
③ 도장작업자의 보호를 위해 여과된 공기의 공급이 이루어져야 한다.
④ 도장 작업 시 바닥에 페인트 먼지와 유해한 페인트를 제거할 수 있는 장치가 필수적이며 배기 필터는 매일 교환해 주어야 한다.

026 도장작업장에서의 작업 준비사항이 아닌 것은?

① 박리제를 이용한 구도막 제거는 밀폐된 공간에서 안전하게 작업한다.
② 유기용제 게시판, 구분표시를 확인한다.
③ 조색실 등의 희석제를 많이 사용하는 특정 공간에서는 방폭장치를 사용하여야 한다.
④ 작업공간에 희석제 증기가 과도하지 않은가를 확인하고 통풍을 시킨다.

박리제를 이용한 구도막 제거는 통풍이 잘되는 장소에서 안전하게 작업해야 한다.

027 도장부스 작동 중 이상한 소음이나 진동 등이 발생할 경우 가장 먼저 해야 할 조치는?

① 상급자에게 보고한다.
② 발견자는 즉시 전원을 내린다.
③ 기계를 가동하면서 고장 원인을 파악한다.
④ 보조 요원이 올 때까지 기다린다.

| 정 | 답 | 024 ① 025 ④ 026 ① 027 ②

028 다음 중 도장 도막 건조 장비로 사용되지 않는 것은?

① 스팀 건조기
② 원적외선 건조기
③ 전기오븐
④ 열풍 건조기

029 도장 부스에서의 작업으로 적합한 것은?

① 샌딩 작업
② 그라인딩 작업
③ 용접 작업
④ 스프레이 작업

030 도장 부스에서 작업 시 안전사항으로 틀린 것은?

① 출입문을 열고 스프레이 작업을 한다.
② 부스 안에 음식물이나 음료수를 저장 혹은 먹어서는 안 된다.
③ 부스 안에서 금연을 한다.
④ 불꽃이 튀는 연장은 부스 안에서 사용을 금지한다.

도장 부스 출입문을 닫고 스프레이 작업을 해야 피도장물에 먼지, 오염물 등의 유입을 방지하고 비산되는 도료의 분진을 집진하여 환경의 오염을 방지한다.

031 스프레이 부스에서 바닥필터가 나쁘면 생기는 현상은?

① 유독가스의 배기가 안 된다.
② 흡기필터에서 공기 유입량이 많아진다.
③ 배기가 원활하여 공기의 흐름이 빨라진다.
④ 부스 출입문이 잘 열리지 않는다.

032 스프레이 부스에 대한 내용으로 맞지 않는 것은?

① 강제배기설비는 작업자가 스프레이 분진의 유해한 유기용제 가스를 흡입하는 것을 방지해야 한다.
② 흡기 필터는 먼지 등이 도막에 붙지 않도록 깨끗한 공기를 공급해야 한다.
③ 배기 필터는 스프레이 분진을 포집하여 작업장의 오염을 방지하고 또 주변 환경의 오염도 방지해야 한다.
④ 구도막을 제거하고 퍼티를 연마할 때 발생하는 분진을 흡입하여 여과시켜 배출한다.

| 정 | 답 | 028 ① 029 ④ 030 ① 031 ① 032 ④

033 스프레이 부스에 대한 설명으로 틀린 것은?

① 도장할 면을 항상 깨끗이 유지시켜 주어야 한다.
② 용제나 다른 오염물이 축적되어야 한다.
③ 화재로부터 안전해야 한다.
④ 작업자를 보호하고 대기오염을 시키지 말아야 한다.

034 스프레이 부스 내부의 최상 공기흐름 속도는?

① 0.1~0.2m/s
② 0.2~0.3m/s
③ 0.6~1.0m/s
④ 1.5~2.0m/s

스프레이 부스 유속
㉮ 유성 도료 분무용 : 0.3~0.5m/s
㉯ 수용성 도료 분무용 : 0.7~1.0m/s

035 도장작업 중에 발생되는 도료분진이 포함된 공기를 여과하여 배출하거나 작업장에 깨끗한 공기를 공급하도록 되어있는 도장시설물은?

① 스프레이 부스(Spray Booth)
② 에어 크리너(Air Cleaner)
③ 에어 트랜스포머(Air Transformer)
④ 에어 건조기(Air Dryer)

036 스프레이 부스의 설치 목적과 거리가 먼 것은?

① 작업자 위생을 위한 환기
② 먼지 차단
③ 대기 오염 방지
④ 색상 식별

스프레이 부스의 설치 목적
㉮ 비산되는 도료의 분진을 집진하여 환경의 오염을 방지한다.
㉯ 도장할 때 유기 용제로부터 작업자를 보호한다.
㉰ 전천후 작업을 가능케 한다.
㉱ 피도장물에 먼지, 오염물 등의 유입을 방지한다.
㉲ 도장의 품질을 향상시키고 도막의 결함을 방지한다.
㉳ 도장 후 도막의 건조를 가속화시킨다.

037 국소배기장치의 설치 및 관리에 대한 설명으로 틀린 것은?

① 배기장치의 설치는 유기용제 증기를 배출하기 위해서이다.
② 후드(hood)는 유기용제 증기의 발산원마다 설치한다.
③ 배기 덕트(duct)의 길이는 길게 하고 굴곡부의 수를 많게 한다.
④ 배기구를 외부로 개방하여 높이는 옥상에서 1.5m 이상으로 한다.

| 정 | 답 | 033 ② 034 ② 035 ① 036 ④ 037 ③

038 스프레이 패턴이 장구 모양으로 상하부로 치우치는 원인은?

① 도료의 점도가 높다.
② 도료의 점도가 낮다.
③ 공기캡을 꼭 조이지 않았다.
④ 공기캡의 공기구멍 일부가 막혔다.

㉮ 위나 아래쪽을 치우치는 원인
㉠ 공기캡과 도료 노즐과의 간격에 부분적으로 이물질이 묻어 있다.
㉡ 공기캡이 느슨하다.
㉢ 노즐이 느슨하다.
㉣ 공기캡과 노즐의 변형이 일어났다.
㉯ 좌측이나 우측으로 치우치는 패턴
㉠ 혼 구멍이 막혔다.
㉡ 도료의 노즐 맨 위와 아래에 페인트가 고착되어 있다.
㉢ 왼쪽이나 오른쪽 측면 혼 구멍이 막혔다.
㉣ 도료 노즐 왼쪽이나 오른쪽 측면에 먼지나 페인트가 고착되었다.
㉰ 가운데가 진한 패턴
㉠ 분사압력이 너무 낮다.
㉡ 도료의 점도가 높다.
㉱ 숨 끊김 패턴
㉠ 도료 통로에 공기가 혼입되었다.
㉡ 도료 조인트의 풀림이나 파손이 발생하였다.
㉢ 도료의 점도가 낮다.
㉣ 도료 통로가 막혔다.
㉤ 니들 조정 패킹이 풀리거나 파손이 발생하였다.
㉥ 흡상식의 경우 도료컵에 도료가 조금 있다.

039 스프레이 건에서 노즐의 구경 크기로 적합하지 않은 것은?(단위 : mm)

① 중도전용 : 1.2~1.3
② 상도용(베이스) : 1.3~1.4
③ 상도용(크리어) : 1.4~1.5
④ 부분도장(국소) : 0.8~1.0

중도 도장용 스프레이 건의 노즐 지름은 1.6~1.8mm 정도를 사용하는 것이 좋다. 최근에 사용되고 있는 도료 중에는 고형분이 높아지고, 수용성 도료의 사용으로 1.2mm 스프레이 건의 사용이 증가하고 있다.

040 스프레이 건 세척작업 시 착용해야 할 보호구로 적합하지 않은 것은?

① 보안경
② 귀마개
③ 방독마스크
④ 내용제성 장갑

041 압송식 스프레이 건에 대해 설명한 것은?

① 점도가 높은 도료에는 적합하지 않다.
② 에어의 힘으로 도료를 빨아올리므로 도료의 점도가 바뀌면 토출량도 변한다.
③ 건과 탱크를 세정하고 파이프까지 세정해야 하므로 불편하다.
④ 압력차에 의해 노즐에 도료를 공급하고 노즐 위에 도료컵이 위치한다.

| 정 | 답 | 038 ② 039 ① 040 ② 041 ③

042 흡상식 건의 설명으로 맞지 않는 것은?

① 도료컵은 건 아랫부분에 장착된다.
② 공기캡의 전방에 진공을 만들어서 도료를 흡상한다.
③ 가압된 압축으로 도료를 밀어서 분출한다.
④ 노즐은 캡 안쪽에 위치한다.

043 중력식 스프레이 건에 대한 설명이 아닌 것은?

① 도료컵이 건의 상부에 있다.
② 도료 점도에 의한 토출량의 변화가 적다.
③ 대량생산에 필요한 넓은 부위의 작업에 적합하다.
④ 수직 수평 작업 모두 용이하다.

044 도료에 높은 압력을 가하여 작은 노즐 구멍으로 도료를 밀어 작은 입자로 분무시켜 도장하는 방법은?

① 에어스프레이 도장
② 에어리스 스프레이 도장
③ 정전 도장
④ 전착 도장

> ㉮ 에어 스프레이 도장 : 공기 압축기의 압축공기를 이용하여 도료를 스프레이 건을 통해 피도체에 도장하는 방법
> ㉯ 정전 도장 : 도료를 안개 모양의 미세 입자로 하고, 피도체에 전압을 가하여 도료를 도장 면에 흡착시켜 도장하는 방법
> ㉰ 전착 도장 : 전착용 수용성 도료 용액 중에 피도물을 양극 또는 음극으로 하여 침적시키고, 피도물과 그 대극 사이에 직류 전류를 통하여 피도물 표면에 전기적으로 도막을 석출시키는 도장 방법

045 에어 스프레이 방법의 특징으로 맞지 않는 것은?

① 보수용 도료에 적용할 수 있다.
② 도착 효율이 좋다.
③ 비교적 가격이 싸고 취급도 간단하다.
④ 깨끗하고 미려한 도막을 얻을 수 있다.

> 에어 스프레이 도장의 경우 도착 효율이 가장 좋지 않고 도착 효율이 가장 좋은 도장 방법은 붓 도장이다.

046 보수도장에서 올바른 스프레이 건의 사용법이 아닌 것은?

① 건의 거리를 일정하게 한다.
② 도장할 면과 수직으로 한다.
③ 표면과 항상 평행하게 움직인다.
④ 건의 이동속도는 가급적 빠르게 한다.

> ㉮ 스프레이 건의 거리는 일반 건은 15~20cm, HVLP 건의 경우 10~15cm 정도가 적당하다.
> ㉯ 건의 이동 속도는 초당 30~60cm/s 정도이며 일정한 속도로 도장한다.
> ㉰ 스프레이 건의 분사방향은 도장할 면과 수직이 되도록 하고 평행하게 움직여야 한다.
> ㉱ 겹침 폭은 도료에 따라 차이가 있으나 3/4 정도가 적당하다.

| 정 | 답 | 042 ③ 043 ③ 044 ② 045 ② 046 ④

047 스프레이 건 공기캡에서 보조구멍의 역할에 대한 설명으로 틀린 것은?

① 미세하게 분사하는데 도움을 준다.
② 노즐 주변에 도료가 부착되는 것을 방지한다.
③ 분사되는 도료를 미립화시켜 패턴 모양을 만드는 역할은 하지 않는다.
④ 패턴의 형상을 안전하게 한다.

048 승용, 승합차의 보수도장에 적합한 스프레이 건끼리 짝지어진 것은?

① 중력식, 정전식
② 흡상식, 압송식
③ 중력식, 흡상식
④ 중력식, 압송식

049 스프레이 건의 세척작업에서 발생하는 유해물질이 아닌 것은?

① 산
② 과산화물
③ 폴리아미드
④ 이소시아네이트

050 스프레이 작업 시에 고려해야 할 사항 중 틀린 것은?

① 도료 분사 패턴
② 도료 분사 각도
③ 도료 분사 시간
④ 도료 분사 거리

051 스프레이 건에서 토출량을 증가했을 때 설명으로 올바른 것은?

① 패턴 폭만 줄이면 건조가 빨라진다.
② 도막이 두꺼워 건조가 늦어진다.
③ 에어 조절나사를 줄이면 건조가 늦어진다.
④ 패턴 폭 및 에어 조절나사를 많이 열면 건조가 늦어진다.

㉮ 패턴 폭만 줄이면 얼룩이 쉽게 생기며 부분적으로 웻도장(wet coat)이 된다.
㉯ 에어 조절나사를 줄이면 에어압력이 낮아져서 미립화되지 않은 도료가 토출된다.

052 HVLP건에 대한 설명 중 틀린 것은?

① 많은 양의 공기를 저압으로 분무함으로써 도료의 높은 흡착률을 갖는 스프레이 건이다.
② 오버 스프레이에 의한 더스트가 많고 평균 흡착률이 35~40% 정도이다.
③ VOC 발생을 억제하고 환경 친화적인 것이다.
④ 도료를 30%까지 절감할 수 있다.

HVLP 방식의 스프레이 건은 환경 친화적인 스프레이 건으로 평균도착효율이 65% 이상으로 낮은 공기압을 사용하지만 분당 사용되는 공기압은 높다.

| 정 | 답 | 047 ③ 048 ③ 049 ② 050 ③ 051 ② 052 ②

053 스프레이 도장 작업 시 필요로 하는 설비가 아닌 것은?

① 패널건조대
② 도장부스
③ 컴프레서
④ 에어트랜스포머

054 계량조색 시스템과 관계가 없는 것은?

① 용제회수기
② 전자 저울
③ 도료 교반기
④ 조색 배합 데이터

055 다음 중 공구의 안전한 취급 방법 중 틀린 것은?

① 스프레이 건의 도료 분무 시 방향이 다른 작업자의 인체를 향하지 않도록 한다.
② 사용한 공구는 현장의 작업장 바닥에 둔다.
③ 작업 종료 시에는 반드시 공구의 개수나 파손의 유무를 점검하여 다음 날 작업에 지장이 없도록 한다.
④ 전기 공구를 사용 시에는 항상 손에 물기를 제거하고 사용한다.

056 동력 공구 사용 시 주의사항 중 틀린 것은?

① 간편한 사용을 위하여 보호구는 사용하지 않는다.
② 에어 그라인더는 회전수를 점검한 후 사용한다.
③ 규정 공기압력을 유지한다.
④ 압축공기 중의 수분을 제거하여 준다.

057 일반적인 기계 동력전달장치에서 안전상 주의사항으로 틀린 것은?

① 기어가 회전하고 있는 곳은 뚜껑으로 잘 덮어 위험을 방지한다.
② 천천히 움직이는 벨트라도 손으로 잡지 않는다.
③ 회전하고 있는 벨트나 기어에 필요 없는 접근을 금한다.
④ 동력전달을 빨리하기 위해 벨트를 회전하는 풀리에 손으로 걸어도 좋다.

벨트를 걸 때는 기계를 정지시킨 상태에서 작업해야 한다.

058 폭발의 우려가 있는 장소에서 금지해야 할 사항으로 틀린 것은?

① 과열함으로써 점화의 원인이 될 우려가 있는 기계
② 화기의 사용
③ 불연성 재료의 사용
④ 사용 도중 불꽃이 발생하는 공구

| 정 | 답 | 053 ① 054 ① 055 ② 056 ① 057 ④ 058 ③

059 안전 및 건강을 위해 연마기에 부착해야 되는 것은?

① 집진기
② 스펀지
③ 샌드페이퍼
④ 전동기

060 밀폐된 작업장에서 도장작업 시 유의 사항이 아닌 것은?

① 도료 및 시너가 피부접촉을 피하기 위해 보호복을 착용해야 한다.
② 작업 중에는 용제 등의 증기 농도를 측정하여 적절히 환기하여야 한다.
③ 단독 작업이 안전성에 있어서 유리하다.
④ 용제 등의 증기 농도가 높기 때문에 방독 마스크를 착용하여야 한다.

061 도장 작업 시 안전 보호구로 눈에 보이지 않는 유독가스와 도장 분진으로부터 작업자를 보호하는 것은?

① 안전화
② 방독 마스크
③ 스프레이 보호복
④ 내용제성 고무장갑

062 열풍로 작동 시 점검 및 주의사항으로 틀린 것은?

① 열풍로 작동 시 인화물질 접근은 절대 엄금해야 한다.
② 열풍로 작동 시 취급자 이외에 출입을 금한다.
③ 열풍로에서 끌어낸 물체는 유해가스가 완전히 배출된 상태이며, 보호 마스크는 필요하지 않다.
④ 세탁물, 건조는 절대 금지시킨다.

063 전기 열풍기를 고장 없이 장시간 사용하기 위한 방법으로 옳은 것은?

① 사용 중 전원 플러그를 빼낸다.
② 처음 온도 사용 시 높은 온도에서 낮은 온도로 사용한다.
③ 안전한 사용을 위해 작업물로부터 1m 정도 간격을 유지한다.
④ 처음 시작은 낮은 온도로 시작해서 점차적으로 온도를 높여서 사용한다.

064 전기 열풍기 사용 시 안전사항으로 틀린 것은?

① 전원 콘센트를 점검・확인한다.
② 습기가 많은 곳에 보관한다.
③ 흡입구를 막지 않는다.
④ 전원 코드에 무리한 힘을 가하지 않는다.

습기가 많은 곳에 보관하면 사용 시 누전에 의한 감전 사고가 발생할 수 있다.

| 정 | 답 | 059 ① 060 ③ 061 ② 062 ③ 063 ④ 064 ②

065 전기로 작동되는 기계운전 중 기계에서 이상한 소음, 진동, 냄새 등이 날 경우 가장 먼저 취해야 할 조치는?

① 즉시 전원을 내린다.
② 상급자에게 보고한다.
③ 기계를 가동하면서 고장 여부를 파악한다.
④ 기계 수리공이 올 때까지 기다린다.

066 유류 화재 시 소화방법으로 적합하지 않은 것은?

① 분말소화기를 사용한다.
② 물을 부어 끈다.
③ 모래를 뿌린다.
④ ABS소화기를 사용한다.

㉮ 일반가연물 화재(A급 화재) : 연소 후 재를 남기는 종류의 화재
㉯ 유류 및 가스화재(B급 화재) : 연소 후 아무것도 남기지 않는 종류의 화재로써 휘발유, 경유, 알코올, LPG 등 인화성 액체, 기체 등의 화재
㉰ 전기화재(C급 화재) : 전기기계·기구 등에 전기가 공급되는 상태에서 발생된 화재
㉱ 금속화재(D급 화재) : 리튬, 나트륨, 마그네슘 같은 금속화재

067 일반 가연성 물질의 화재로서 물이나 소화기를 이용하여 소화하는 화재의 종류는?

① A급 화재 ② B급 화재
③ C급 화재 ④ D급 화재

068 도장설비에서 화재의 발화 원인으로 틀린 것은?

① 도료 가스등의 산화열에 의한 자연발화
② 용제 등 취급 중의 정전기 발화
③ 도료 가스등과 회전부분과의 마찰열에 의한 발생
④ 도료 사용방법 미숙

069 인화성 액체의 신중한 취급방법으로 틀린 것은?

① 작업 시 인화성 액체 등을 바닥에 쏟지 않도록 주의한다.
② 손이나 면포에 용제가 묻어 있는 상태로 방치하지 않도록 주의한다.
③ 인화성 물질은 방화 설비된 캐비넷에 보관하지 않도록 한다.
④ 작업장 내 충분한 환기 여건 조성을 한다.

인화성 물질은 방화 설비된 캐비넷에 보관해야 한다.

070 산업 재해는 직접 원인과 간접 원인으로 구분되는데 다음 직접 원인 중에서 인적 불안전 요인이 아닌 것은?

① 작업 태도 불안전
② 위험한 장소의 출입
③ 기계공구의 결함
④ 부적당한 작업복 착용

| 정 | 답 | 065 ① 066 ② 067 ① 068 ④ 069 ③ 070 ③

071 안전·보건표지에서 경고 표지의 색상으로 올바른 것은?

① 바탕은 파란색, 그림은 흰색
② 바탕은 흰색, 그림은 파란색
③ 바탕은 검정색, 그림은 노랑색
④ 바탕은 노란색, 그림은 검정색

072 안전-보건표지의 종류와 형태에서 그림이 나타내는 것은?

① 출입금지
② 사용금지
③ 이동금지
④ 보행금지

073 안전·보건표지의 종류와 형태에서 다음 그림이 나타내는 것은?

① 인화성물질경고
② 폭발성물질경고
③ 금연
④ 화기금지

074 안전·보건 표지의 종류와 형태에서 그림이 나타내는 것은?

① 출입금지
② 보행금지
③ 차량통행금지
④ 사용금지

075 안전·보건표지의 종류와 형태에서 그림이 나타내는 것은?

① 보행금지
② 비상구
③ 일방통행
④ 안전복 착용

076 방독면 사용 전 주의사항으로 바른 것은?

① 규정된 정화통의 여부
② 분진 같은 이물질 제거
③ 흡기와 배기의 조절구에 묻은 수분 제거
④ 고무제품의 세척

| 정 | 답 | 071 ④ 072 ④ 073 ③ 074 ④ 075 ② 076 ①

077 방진마스크의 필터 원리를 설명한 것 중 올바른 것은?

① 충돌 – 입자가 물질 자체의 중량으로 인해 여과된다.
② 확산 – 필터 내의 정전기로써 물질을 포집하여 여과된다.
③ 침강 – 흡입기류와 같이 들어와 부딪침으로써 여과된다.
④ 간섭 – 긴 모양의 분진 입자가 필터에 걸림으로써 여과된다.

078 방독마스크의 보관 방법으로 적합하지 않은 것은?

① 사용 마스크는 손질 후 직사광선을 피해 건조된 장소의 상자 속에 보관한다.
② 고무제품의 세척 및 취급에 주의한다.
③ 정화통의 상하 마개를 밀폐한다.
④ 방독마스크는 부피를 줄일 수 있게 잘 겹쳐 쌓아 정리 정돈하여 보관한다.

079 방독 마스크의 사용 후의 주의 사항은?

① 규정 정화통 여부
② 흡수제의 악취 여부
③ 분진 같은 이물질 제거
④ 정화통 몸체의 부식 여부

080 도장 작업 시 안전에 필요한 사항 중 관련이 적은 것은?

① 그라인더
② 고무장갑
③ 방독 마스크
④ 보안경

081 도장 작업장에서 도장 작업자의 준수사항이 아닌 것은?

① 점화물질 휴대금지
② 소화기 비치장소 확인
③ 일일 작업량 외의 여유분 도료를 넉넉히 작업장에 비치
④ 징이 박힌 신발 착용 금지

082 유기용제에서 제2석유류의 종류로 틀린 것은?

① 등유
② 중유
③ 크실렌
④ 셀로솔브

> ㉮ 제1석유류 : 벤졸, 톨루엔, 아세톤, 휘발류 등
> ㉯ 제2석유류 : 등유, 경유, 테레빈유, 스티렌, 장뇌유, 부틸알코올, 클로로벤젠, 아밀알코올 등
> ㉰ 제3석유류 : 중유, 크레오소트유, 아닐린, 니트로벤젠, 사에틸납, 담금질유, 메타크레졸, 페닐히드라진 등

| 정 | 답 | 077 ④ 078 ④ 079 ③ 080 ① 081 ③ 082 ②

083 유기용제로 인한 중독을 예방하기 위한 주의사항으로 맞는 것은?

① 유기용제의 용기는 사용 중에 개방한다.
② 작업에 필요한 양보다 넉넉히 반입한다.
③ 유기용제의 증기는 가급적 멀리한다.
④ 유기용제는 피부에 직접 닿아도 무방하다.

084 용제가 담긴 용기를 취급하는 방법 중 옳지 않은 것은?

① 화기 및 점화원으로부터 멀리 떨어진 곳에 둔다.
② 인화물질 취급 중이라는 표지를 붙인다.
③ 액체가 누설되거나 신체에 접촉하지 않게 한다.
④ 햇빛이 잘 드는 밝은 곳에 둔다.

085 생산라인에서 일반적으로 사용되는 씰링건은?

① 스프레인 건
② 소프트 칩 건
③ 펜슬 선
④ 하드 칩 건

086 작업장에서 지켜야 할 안전 사항으로 적합하지 않은 것은?

① 도료 및 용제는 위험물로 화재에 특히 유의하여 관리해야 한다.
② 인화성 도료 및 용제를 사용하는 작업장은 장소와 관계없이 작업이 가능하다.
③ 작업에 소요되는 규정량 이상의 도료 및 용제는 작업장에 적재하지 않는다.
④ 도장 작업 시 배출되는 유해물질을 안전하게 처리하여야 한다.

087 작업 조건과 환경조건에 포함되지 않는 것은?

① 채광
② 조명
③ 작업자
④ 소음

| 정 | 답 | 083 ③ 084 ④ 085 ③ 086 ② 087 ③

CHAPTER 10

블렌딩 도장 작업

1 블렌딩 방법 선택

1.1 블렌딩 특성

블렌딩 도장은 보카시, 숨김 도장이라고도 하며, 색상 차이가 예상되는 부분과의 경계면에 적용하거나, 구도막 제거로 인해 도장 범위를 구분하기 어려울 때 적용하는 방법으로 자동차 부분 도장 시 구도막(기존 자동차 도장 표면)과 신도막(부분 도장한 자동차 표면)의 색상 차이가 나지 않게 연결해 주는 도장 기술이다.

1.2 블렌딩 작업절차

① 작업범위 이외에 페인트가 묻는 것을 방지하기 위해 마스킹, 커버링으로 차단한다.

② 먼지, 기름 등의 오염 및 이물질을 제거한다.

③ 브랜딩 부위 연마

㉮ 손상부위를 보수(판금퍼티, 스크레치 제거, 프리이머 작업 등)한다.

㉯ 보수작업이 완료된 후 검정색 계통 색상은 베이스 도장부위보다 약 1배의 넓이로 연마하고, 실버 계통의 밝은 색상은 베이스 도장부위보다 약 2~3배 넓

이로 연마한다.

㉰ 투명도장부위까지는 #1000~1500사포로 연마하고 브랜딩부위는 #2000사포로 연마한다.

㉱ 브랜딩부위 연마가 끝나는 부위가 층이 생기지 않도록 수평으로 연마한다.

④ 베이스 도장

㉮ 송진포로 작업면의 먼지 등을 제거하면서 색상의 단차가 생기지 않도록 도포한다.

㉯ 도장 중간 중간 송진포로 베이스 오버스프레이를 제거한다.

㉰ 브랜딩 연마부위로 베이스가 날아가지 않도록 주의하며 도장한다.

㉱ 초보자는 먼저 프라이머 도장부위만 베이스를 도장하고 건조하여 #1000사포로 수연마한 후에 주변으로 베이스 브랜딩 도장한다.

⑤ 클리어 도장

㉮ 투명도료와 브랜딩시너를 같이 준비한다.

㉯ 투명도장 연마한 곳까지 클리어를 1회 가볍게 도포한다.

㉰ 1회 도포한 투명이 건조(2~3분)하면 브랜딩 부위 및 가상사리의 오버스프레이를 송진포를 사용하여 닦아낸다.

㉱ 투명 도장부위에 먼지가 부착하면 마스킹 테이프를 사용하여 제거한다.

㉲ 2회 도장은 광이 나도록 투명도장 연마 면까지 도포한다.

㉳ 2회 도장 후 3~5분 후에 마무리 도장한다. 마무리 도장면의 끝단 부분에 투명도장이 뭉치지 않도록 브랜딩 도장 면으로 살짝 날려준다.

⑥ 브랜딩 도장

㉮ 브랜딩 시너는 전용 건에 3분의 1만 넣어서 미리 준비하여 두었다가 투명도장 후 즉시 도포한다.

㉯ 투명도장이 끝나는 부위부터 도장한다.

㉰ 한꺼번에 분사하면 흘러내리므로 2~3회 나누어 분사한다.

㉱ 투명도장의 오버스프레이 자국이 없어질 때까지 분사한다.

2 블렌딩 전처리 작업

2.1 탈지 종류

[1] 유용성 탈지제

① 그리스 및 오일 성분 제거

② 아스팔트 타르 제거

③ 실리콘 및 왁스 성분 제거

[2] 수용성 탈지제

① 칼륨 및 염분 제거

② 작업자의 맨손 작업으로 인한 땀(Sweat) 성분 제거(땀은 99%가 물이고, 소금・칼륨・질소 함유물・젖산이 함유되어 있다.)

③ 나무 수액 및 송진 제거

2.2 탈지 방법

[1] 안전보호구를 사용한다.

내용제성 장갑과 유기용제용 마스크 등 안전보호구를 착용한다.

[2] 종이타월을 준비한다(2장).

① 1장은 탈지제를 묻히는데 사용하고 나머지 1장은 닦는데 사용한다.

② 한쪽 손에는 탈지제를 묻힌 종이타월을, 나머지 종이타월은 깨끗한 상태로 유지한다.

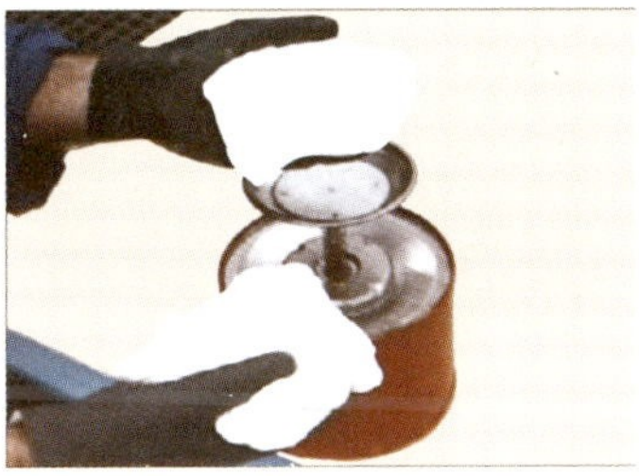

(a)

(b)

그림 10-1 탈지제와 종이타월

[3] 젖은 종이타월로 도장면 전체를 깨끗하게 닦는다.

탈지제를 묻힌 종이타월로 패널 전체를 골고루 닦는다.

[4] 마른 종이타월로 탈지제가 증발하기 전에 깨끗하게 닦는다.

탈지제가 증발하기 전 깨끗한 종이타월로 탈지제에 녹아있는 각종 이물질을 깨끗하게 제거될 때까지 닦아낸다. 탈지제가 패널표면에 남아있을 경우, 이물질 및 유분 등이 도막결함을 발생시키므로 깨끗한 타월로 닦아낸다.

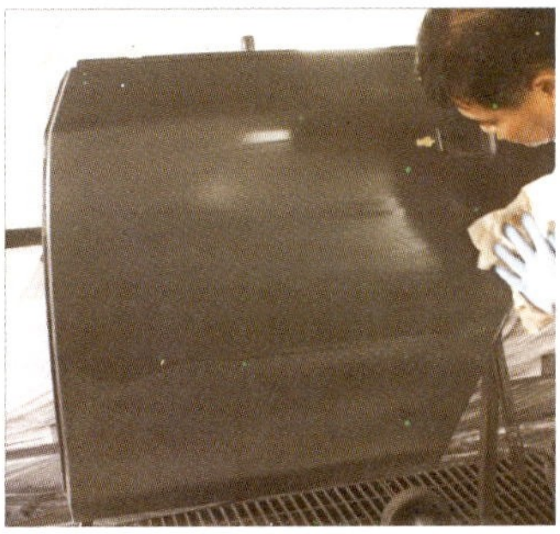

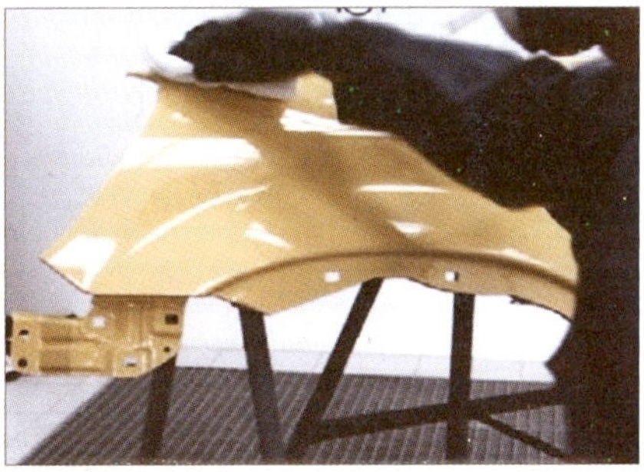

그림 10-2 탈지제에 의한 탈지 작업

3 블랜딩 작업

3.1 블랜딩 목적

① 작은 부위 작업으로 자동차 도장의 단가를 줄일 수 있다.

② 일부분을 도장하기 때문에 작업시간과 도장 재료 소모량을 줄일 수 있다.

③ 색상이 달라 보이는 이색현상을 줄일 수 있다.

④ 자동차 전체를 도장하지 않고 일부분의 흠집만 제거해도 자동차의 차량가치를 상승시킨다.

3.2 블랜딩 기법

① 스프레이 기술

② 미드코트(Mid coat) 적용 기술

③ 블랜딩 보수 부위를 최소화하여 작업하는 기술

④ 블랜딩 도장 범위를 정하는 기술

⑤ 블랜딩 시너 적용 기술

자동차 보수도장

기출 문제

001 자동차 보수도장 시 메탈릭이나 펄 등 도장할 때 주위 패널과 약간 겹치도록 도장을 하여 빛에 의한 컬러의 차이를 최대한 줄이도록 하는 도장 방법은?

① 전체 도장
② 패널 도상
③ 보수 도장
④ 숨김 도장

002 보수도장에서 부분도장하여 분무된 색상과 원 색상의 차이가 육안으로 나타나지 않도록 하거나 색상이 색을 최소화하는 작업을 무엇이라 하는가?

① 클리어 코트(clear coat)
② 웨트 코트(wet coat)
③ 숨김 도장(blenging coat)
④ 드라이 코트(dry coat)

003 보수도장 부위의 색상과 차체의 원래 색상과의 차이가 육안으로 구별되지 않도록 도장하는 방법은?

① 전체 도장
② 패널 도장
③ 보수 도장
④ 숨김 도장

004 블렌딩 도장의 스프레이 방법에 대한 설명으로 틀린 것은?

① 작업부분에 대해 한 번의 도장으로 도막을 올린다.
② 분무 작업은 3~5회로 나누어 실시한다.
③ 도료의 점도는 추천규정을 지킨다.
④ 도장 횟수에 따라 범위를 넓혀가며 분무한다.

| 정 | 답 | 001 ④ 002 ③ 003 ④ 004 ①

005 일반적인 블렌딩 도장의 조건 설명으로 옳은 것은?

① 분무되는 패턴의 모양은 원형을 피한다.
② 사용되는 도료의 점도는 무관하다.
③ 공기압력은 $5kg/m^2$ 이상이 되어야 한다.
④ 분무거리는 30cm 이상이 좋다.

006 일반적으로 블렌딩 도장 시 도막은 얇게 형성되어 층이 없고 육안으로 구분이 되지 않도록 하기 위한 방법 중 가장 거리가 먼 것은?

① 블렌딩 전용 시너를 사용한다.
② 도료의 분출량을 많게 한다.
③ 패턴의 모양을 넓게 한다.
④ 도장 거리를 멀게 한다.

007 거친 연마지를 블랜딩 도장 시 사용하면 어떤 문제가 발생되는가?

① 도막의 표면이 미려하게 된다.
② 도료가 매우 절약된다.
③ 건조작업이 빠르게 진행된다.
④ 도료용제에 의한 주름 현상이 발생된다.

008 베이스 코트 숨김(블랜딩) 도장 전 최종 연마지로 가장 적합한 것은?

① P320 ② P400
③ P1200 ④ P3000 이상

연마지 번호

㉮ 손상 부위 구도막을 제거하고 단 낮추기 : #60~80
㉯ 불포화 폴리에스테르 퍼티 연마 시 평활성 작업 : #80~320
㉰ 블랜딩 도장에서 메탈릭 상도 도막의 손상 부위 연마 : #600~800
㉱ 솔리드 도료를 블랜딩하기 전 구도막 표면 조성을 위한 작업부위 주변 표면 연마 : p1200~1500

009 블렌딩 도장에서 메탈릭 얼룩도막의 손상 부위를 연마할 때 가장 적정한 연마지는?

① #320~400
② #400~500
③ #600~800
④ #1000~2000

010 부분 보수도장 작업을 할 때 솔리드 도료를 블렌딩하기 전 구도막 표면조성을 위한 바탕면(작업 부위 주변 표면) 연마에 적합한 연마지는?

① p80~120
② p220~320
③ p400~800
④ p1200~1500

| 정 | 답 | 005 ① 006 ② 007 ④ 008 ③ 009 ③ 010 ④

011 블렌딩 도장 방법에 대한 설명으로 옳은 것은?

① 패널 전체를 일정한 도막상태로 한다.
② 최소 범위를 색상 차이가 나지 않도록 한다.
③ 면적의 크기는 무관하다.
④ 도료의 종류에 무관하게 분무 횟수는 동일하다.

012 다음 중 색상을 적용하는 동안 스프레이 건을 좌우로 이동시켜 작업하는 블렌딩 도장의 결과가 아닌 것은?

① 도막두께의 불규칙
② 불균일한 건의 조정
③ 불균일한 색상
④ 도막 질감의 불균일

013 블렌딩 도장작업에서 도막의 결함인 메탈릭 얼룩 현상이 발생될 수 있는 공정은?

① 표면조정 공정
② 광택 공정
③ 상도 공정
④ 중도 공정

| 정 | 답 | 011 ② 012 ② 013 ③

CHAPTER 11

플라스틱 부품 도장 작업

1 플라스틱 재질 확인

1.1 플라스틱 종류

[플라스틱 종류]

구분	종류
열가소성 플라스틱	폴리에틸렌(PE), 폴리프로틸렌(PP), 폴리염화비닐(PVC), 폴리스틸렌(PS), ABS수지, AS수지, 메타크릴수지(PMMA) 폴리비닐알코올(PVA), 폴리염화비닐렌(PVDC) 등
열경화성 플라스틱	페놀수지(PF), 우레아수지(UF), 멜라민수지(MF), 알키드수지, 불포화폴리 에스테르수지(UP), 에폭시수지(EP), 폴리우레탄수지(PUR), 실리콘수지, 디알릴프탈레이트수지 등

1.1.1 간단한 플라스틱의 구분방법

① 플라스틱의 표면을 라이터로 태워 녹는 것이 열가소성수지(리사이클 이용가능)라고 생각해도 좋다. 특히 용해한 부분을 당겨 실과 같은 상태로 늘어나면 압출기에서 재생이 가능한 것이다.

② 태워서 연기가 나지 않는 수지에는 PE, PP 등, 올레핀계수지, PMMA, 아크릴,

POM 등이 있으며, 타고 있는지 꺼져있는지 구별이 안된다.

③ 태워서 연기가 나는 수지에는 PS, ABS 등 스틸렌계 수지, PVC 등이 있으며, 불이 붙지 않고 염소를 뿜어낸다.

④ 양초를 태우는 냄새에는 LDPE는 사출성형, 압출성형(필름, Sheet, 전선), 중공성형 등 용도가 넓으며 부드러운 플라스틱이다.

1.1.2 수지의 특징

① 대표적으로 PP(폴리프로필렌)는 잘 타며 약간 달콤한 냄새가 나고, PS(폴리스틸렌)은 쉽게 연화, 다량의 연기를 내면서 타며, 휘발유에 녹는 특징을 가지고 있다.

② GPPS는 본래 투명하고 딱딱한 플리스틱이라 충격에 약하고, GPPS를 발포시킨 것(EPS)은 발포스티롤로 알려져 있다.

③ ABS는 타기 쉬운 PS와 비슷하지만 시너 냄새가 나며, 또 PS와 달리 휘발유에 용해가 안 된다. 아크릴과 부다디엔(고무)과 스틸렌을 중합한 플라스틱으로 HIPS보다 탄성이 있으며 표면에 광택이 있다.

④ PA(폴리아미드)는 잘 타지 않으며 연기는 나지 않고 양모 냄새가 난다. 나일론6와 나일론 66을 구별하는 방법은 불을 붙여서 잡다 당겨보면 나일론6는 실처럼 잘 늘어나지만 나일론66은 조금 늘어나다 끊어진다.

⑤ POM(폴리아세탈)은 푸른 불꽃을 내며 잘 타며, 눈에 자극을 주는 포르말린 냄새가 난다(타고 있는지 꺼져 있는지 분별이 어려우므로 주의). 내마모성, 내충격성이 뛰어나 기어 등 공업부품으로 사용된다.

1.1.3 열가소성 플라스틱(Thermo Plastic)

[1] 열가소성 플라스틱 특징

① 열가소성 플라스틱은 열에너지를 가하여 분자쇄가 유동성을 갖도록 한 후 금형에 사출하거나 일정한 단면적을 가진 다이(Die)를 통해 압출한 다음 냉각시켜 고화시킨 플라스틱을 말한다.

② 가열, 성형 공정 중 고분자의 화학적 변화 없이 물리적인 변화만 수반되는 재료

로 열을 가하면 연화되어 용융이 일어나고, 냉각하면 다시 고화(固化)되는 플라스틱을 말한다.

③ 유연하며 탄성이 있어 내충격성이 우수하다.

④ 이미 완성된 열가소성 플라스틱이라도 다시 열을 가하면 다른 형태로 재성형이 가능하다.

⑤ PE, PP, PVC, 엔지니어링 플라스틱 등 물성이 다른 수많은 종류로 구분된다.

⑥ 특성과 용도에 맞는 제품들로 개발되어 일상생활 및 산업용과 자동차 부품에 많이 사용되고 있다.

[2] 열가소성 플라스틱 종류

(1) 폴리 에틸렌(PE-Polyethylene)

① 유백색, 불투명 내지 반투명으로 분말 또는 입상으로 되어있다.

② 중합법(重合法)이 다르면 얻어지는 폴리에틸렌의 성질이 다르다. 고압법, 중압법, 저압법과 같이 제조하는 방법에 의해 분류할 수 있지만, 저밀도(0.910~0.925), 중밀도(0.926~0.940), 고밀도(0.941~0.965)로 분류되어 있다.

③ 폴리프로틸렌 등과 일괄하여 폴리올레핀이라고도 불린다.

④ 구부리면 구부린 자리가 하얗게 된다.

⑤ 내용제성을 가지나 톨루엔, 벤젠에 녹는다.

(2) 고밀도 폴리에틸렌(HDPE-High Density Polyethylene)

① 반투명 고체로서 분말 또는 입상

② 밀도가 0.94 이상으로써 강성이 있다.

③ 비중 : 0.941~0.965

④ 융점 : 130℃~134℃

⑤ 자동차 연료탱크, 테이프 등에 사용된다.

(3) 저밀도 폴리에틸렌(LDPE-Low density Polyethylene)

① 투명 고체로써 분말 또는 입상

② 비중 : 0.910~0.925

③ 융점 : 110℃

④ 하우스용 필름, 공업용 필름, 전선피복 등에 사용된다.

(4) 선형저밀도 폴리에틸렌(LLDPE-Liner Low Density Polyethylene)

① 투명 고체로써 분말 또는 입상

② 비중 : 0.926~0.940

③ 융점 : 118℃~125℃

④ 내충격성, 내열성 등이 우수하다.

⑤ 포장용, 식품용기, 캡, 전선피복, 파이프, 공업부품 등에 사용된다.

(5) 폴리프로필렌(PP-Polypropylene)

① 인장강도가 우수하며, 압축, 충격 강도가 양호하고 표면강도가 높다. 내열성이 높고, 유동성이 좋으며 내열, 내약품성이 양호하다.

② 밀도 : 0.9~0.91

③ 융점 : 160℃~170℃

④ 가전부품, 자동차 내외장재, 1회용 주사기, 주방용품, 배터리 케이스 등에 사용된다.

(6) 폴리염화비닐(PVC-Poly vinyl chloride)

① 무색무취의 분말로 불에 잘 타지 않고 전기적 성질이 좋으며, 내약품성이 우수하다. 자외선에 의해 분해되므로 반드시 안정제가 첨가되어야 한다.

② 밀도 : 경질 1.35~1.45, 연질 1.16~1.35

③ 내열온도 66℃~79℃, 120℃~150℃에서 가소성을 갖고 170℃에서 용융하며 190℃ 이상에서 염산을 방출하며 분해된다.

④ 기계, 전기부품, 잡화, 이음관, 파이프, 전선용 튜브, 바닥재, 창틀 등에 사용된다.

(7) 폴리스틸렌(PS-Polystylene)

① GPPS는 무미, 무취, 무독성으로 내수성이 높고 투명도와 치수 안정성이 좋으나 내충격성이 약하다.

② HIPS는 스틸렌 모노머를 중합시킬 때 합성고무 또는 고무라텍스를 첨가해 GPPS의 내충격성을 개량한 제품으로 성형성, 내약품성은 우수하나 투명성이 약하다.

③ GPS는 폴리스틸렌을 발포하여 만든 제품이다.

④ 휘발유에 녹는다.

⑤ 비중 : GPPS 1.04, HIPS 1.05, 내열그레이드 1.07

⑥ 성형설정온도 : 후부 160℃~250℃, 중앙 180℃~270℃, 전부 200℃~300℃, 노즐 200℃~280℃

⑦ 전기, 전자 부품, 문구, 완구, 건축재, 포장용기, 포장재, 건축재 등에 사용된다.

(8) ABS(Acrylonitrile Butadiene Styrene)

① 강하고 단단하며 자연색은 엷은 상아색을 띠지만 어떤 색으로든 착색할 수 있고 광택이 있는 성형품에 유리하다.

② 비중 : 난연 1.01~1.05, 투명 1.02~1.05, 발포 1.04~1.06, 도금 1.04~1.06

③ 성형설정온도 : 후부 150℃~180℃, 중간 180℃~260℃, 전부 218℃~280℃ 노즐 210℃~280℃

④ 아세톤에 녹는다.

⑤ 전기, 전자제품, 자동차 내외장재, 가구, 악기, 잡화 등에 사용된다.

(9) SAN/AS(Styrene Acrylonitrile)

① SAN 수지 또는 AS 수지로 알려진 Styrene과 Acrylonitrile의 중합체는 투명

성, 내열성이 우수하다.

② ABS 수지 제조 시 Blend용으로 사용된다.

③ 뛰어난 유동성을 가지고 있으며 성형 시 성형 Cycle을 단축시켜 높은 생산성 및 경제성을 보유하고 있다.

④ 비중 : 1.04~1.07

⑤ SAN은 Polystyrene에 비해 Acrylonitrile에 의해 0.3~0.6%의 수분을 함유하고 있어 흡수성이 높기 때문에 습도가 낮은 장소에 보관하여야 한다.

⑥ 건조는 열풍순환식 건조기, Hopper Dryer 80℃~85℃에서 2~4시간 건조하여 사용하는 것이 바람직하며, 장시간 건조 시 황색으로 변해지는 것에 주의하여야 한다.

⑦ SAN은 Methacryl계 수지에 비해 유동성이 좋으나 Polystyrene에 비해 유동성이 대등하거나 다소 나쁘기 때문에 실린더 온도, 사출압력, 금형온도 등의 성형조건에 주의해야 한다.

⑧ 일반적으로 실린더 온도 200℃~220℃이고 최고 260℃까지 가능하나 실린더 온도가 너무 높게 되면 변색 문제가 생긴다.

⑨ 주로 가전제품, 자동차, 포장, 건축, 의료기계 등에 사용되고 있다.

(10) 메타크릴수지(PMMA-Polymethlyl Methacry late)

① 메타크릴수지는 메타크릴산 에스테르 폴리머의 총칭이며, 일반적으로 메타크릴산 메타(MMA)을 주성분으로 하는 비결정성 플라스틱을 말한다.

② 투명플라스틱 중에서 가장 투명도가 좋고 가시광선영역(420~750Mm) 광선투과율은 두께 3mm로 약 93%이다.

③ 메타크릴수지는 모노머로 사용되는 경우와 폴리머로서 사용되는 경우가 있다.

④ 도료용, 시유개질용, 염화비닐수지개질제, 인공대리석, 차량용에는 미등, 햇빛가리개, 메타커버 등에 사용되고 있다.

(11) 폴리에틸렌 테레프탈레이트(PET-polyethylene telyeptallate)

① 테레프탈산과 에틸렌글리콜을 중합하여 얻어지는 포화 폴리에스테르이다.

② 내열성, 내약품성, 전기적 성질, 역학적 성질이 우수하다.

③ 결정화 속도가 늦어서 고온 금형이 필요하다.

④ 비중 : 1.34

⑤ 성형온도 : 240℃~270℃

⑥ 가전, 전자, 자동차, 드라이어, 다리미, 전기밥솥 등에 사용되고 있다.

1.1.4 열경화성 플라스틱(Thermosetting plastic)

[1] 열경화성 플라스틱 특징

① 열경화성 수지는 열을 가하면 우선 유동하지만, 다음에 3차원적으로 가치구조가 생성되면서 경화한다.

② 경화된 수지는 재가열해도 유동상태로 되지 않고 고온으로 가열하면 분해되어 탄화되는 비가역적 수지이다.

③ 열경화성 플라스틱은 경도가 높아 기계적 성질이나 전기적 성질이 뛰어나므로 공업재료나 식기 등으로 폭넓게 쓰이고 있다.

④ 열경화성 수지로는 페놀수지, 우레아수지, 불포화 폴리에스테르수지, 폴리우레탄, 알키드수지, 멜라민수지, 에폭시수지, 규소수지 등이 있다.

[2] 열경화성 플라스틱 종류

(1) 페놀수지(PF : Phenol, 석탄산수지)

① 일명 베크라이트라고 불리는 페놀수지는 플라스틱 중에서 가장 역사가 깊은 수지로 내열성, 치수 안정성, 가공성 등이 우수하다.

② 전기 절연물, 공업부품, 일용품 등에 폭넓게 사용되고 있다.

(2) 불포화 폴리에스터(UP- Unsaturated Polyester resin)

① 불포화 폴리에스터는 비교적 저점도의 액상수지로 사용법에 따라서는 실온에서도 경화한다.

② 경화 시에는 다른 많은 열경화수지와 같은 gas를 부생하지 않으므로 성형 시

거의 압력을 가하지 않아도 된다.

③ 약품탱크, 파이프, 굴뚝, 헬멧, 형광등, 안정기, 어선, 요트, 차량 바디, 의자, 연료탱크 등에 사용되고 있다.

(3) 우레아수지(UF : Urea-Formaldehyde, 요소수지)

① 무색투명의 열경화성 수지이다.

② 우레아수지는 착색이 자유롭고 접착강도가 크며 경화가 빠르고 가격이 저렴하여 생산량의 대부분(80% 이상)이 합판용 접착제로 사용된다.

③ 화장품 용기, 단추, 식기류, 조명기구, 라디오 케비넷, 전기부품, 바니시, 페인트, 붓 등으로 사용된다.

(4) 멜라민수지(MF : Melamine Formaldehyde)

① 멜라민수지는 Melamine(결정성 백색분말)과 Formaldehyde를 염기성 촉매 존재 하에 반응시킨 무색투명의 열경화성 수지이다.

② 비중이 1.48 정도이며 충전재에 의해 2.0 정도까지 가능하고, 표면 경도가 현재 생산되고 있는 합성수지 중 가장 단단하다.

③ 식기류, 커피잔, 식기, 일용품, 전기부품, 도료, 적층판 등으로 사용된다.

(5) 에폭시(EP : Epoxy)

① 에폭시수지는 도료, 접착제 같이 성형가공을 필요로 하지 않는 것이 많이 사용되지만, 주형품, 적층품, 성형품도 사용된다.

② 성형은 분말의 에폭시수지 성형 재료로 압축성형 트랜스퍼 성형으로 실시한다.

③ 전기적 성질이 우수하고, 내열성, 방한성, 역학적 성질이 좋으며, 경화할 때 물 이외에 부생성물이 없고 치수 안정성이 좋다.

④ 내수성, 내습성이 좋고, 금속 목재, 시멘트, 플라스틱과의 접착성이 좋다.

(6) 폴리우레탄(PU : Polyurethane)

① 탄성, 강인성이 풍부하고 인열강도가 크고 내마모성이나 내노화성 내유, 내용

제성이 우수하고 저온 특성도 우수하다.

② 가수분해가 쉽고, 산 알칼리에 비교적 약하고 일부의 수지를 제외하고 열이나 빛의 작용으로 황 변화하는 결점이 있다.

③ 액체 그대로 주형할 수 있으므로 용도가 넓다.

④ 구두밑창, 타이어 프레임, 합성피혁, 도료, 섬유, 우레탄 타일 등에 주로 사용된다.

(7) 실리콘(Silicone, 규소수지)

실리콘수지의 종류는 실리콘 고무, 실리콘 발포체, 실리콘유 등이 있다. 중합에의 생성된 고무에 충전제, 기타 첨가제를 혼합해서 고무 컴파운드를 만들고 이것을 가압, 가열해 좋은 탄성을 보유하고 전기적 성질이 뛰어난 성질의 실리콘 고무를 만든다.

1.2 플라스틱 특성

1.2.1 플라스틱의 장점

① 가볍고 강하다 : 금속이나 도자기에 비해 비중이 작기 때문에 가볍고 강한 제품을 만들 수 있다.

② 녹슬거나 썩지 않는다 : 여러 가지 약품에 강하고 초산 등을 넣어도 녹슬거나 썩지 않는다.

③ 투명성이 있으며 착색이 자유롭다 : 투명성이 뛰어나고 착색이 자유로워 아름다운 제품을 만들 수 있다.

④ 열성이 뛰어나다 : 플라스틱의 발포체는 단열제로서 탁월한 성능을 가진다.

⑤ 전기적 성질이 뛰어나다.

⑥ 전기 절연성이 뛰어나기 때문에 전기, 냉장고, TV, 오디오 등의 부품에 사용된다.

⑦ 방수, 방습성이 우수하다 : 방수, 방습성이 뛰어나므로 건축자재, 농업용 자재, 선박, 각종 저장탱크 등에 사용된다.

⑧ 위생적이고 식품보관에 뛰어나다 : 플라스틱은 청결하여 오염으로부터 식품을 위생적으로 보호한다.

⑨ 가공성이 좋다 : 금속, 유리, 도자기 등에 비해 형상이 자유롭고 정밀한 제품을 만들 수 있다.

⑩ 대량 생산이 가능하다 : 복잡한 형태라도 능률적으로 단시간 내에 대량생산이 가능하여 낮은 원가 제품 생산이 가능하다.

1.2.2 플라스틱의 단점

① 플라스틱은 열에 약하다 : 플라스틱의 가장 큰 결점이라고 할 수 있는데 불이나 고온에서 형태가 변질된다.

② 표면이 부드럽고 먼지가 묻기 쉽다 : 금속이나 도자기에 비해 정전기 발생으로 먼지 등이 달라붙는다.

③ 어떤 종류의 의약품에는 약하다 : 일반적으로 플라스틱 제품은 약품에 강하지만 개중에 벤젠이나 알코올 등에 약한 것도 있다.

1.2.3 플라스틱 첨가제

① 가소제(Plasticizers) : 가소제는 합성수지를 연화시켜 물성을 부드럽게 하는 첨가제이다.

② 열안정제(Heat Stabilizer) : 보통 플라스틱은 압출이나 사출성형, 칼렌더링 등의 가공을 거치는 동안 열에 의해 분해되거나 변질되기가 쉽다. 열안정제는 여러 수지에 혼합하여 가공과 완성된 제품의 사용기간 중 수지의 물리적, 화학적 성질을 유지하도록 도와주는 화합물이다.

③ 산화방지제(Antioxidant) : 플라스틱 성형품도 유기화합물이므로 공기 중의 산소와 반응하면 산화되어 분해되기 때문에 산화열화반응을 억제, 방지한다.

④ 자외선 안정제(Ultraviolet Stabilizer) : 플라스틱 성형품은 자외선에 의한 광열화 작용으로 분해되므로 자외선 흡수제를 사용한다. 자외선 흡수제는 300~400nm의 유해한 자외선을 차단하거나 흡수한다.

⑤ 충진제(Filler) : 충진제를 혼입하는 목적은 FRP처럼 성형품의 강도, 외관 등의 물성을 개량할 목적으로 첨가하는 경우와 증량하여 원가를 줄이려는 builder의

목적으로 첨가하는 경우가 있다.

⑥ 착색제(Colorant) : 착색을 위하여 안료 및 염료가 사용되며 안료로는 카본 블랙, 티탄 화이트, 크롬 옐로 등이 쓰이고 있고, 염료에는 오일 옐로, 오일 블루, 오일 레드 같은 유용성 염료가 많이 사용된다.

⑦ 난연제(Flame Retardants) : 플라스틱의 불연화, 난연화를 위해서는 첨가제를 가하는 경우와 고분자 물질 자체를 불연화시키는 방법이 있다.

⑧ 발포제(Foaming or Blowing Agents) : 우레탄폼, 발포폴리스틸렌, 발포폴리에틸렌, 스폰지 등의 플라스틱 내에 발포를 형성하여 충격 등을 완화시킬 목적으로 사용된다.

⑨ 활제(Lubricant) : 제조공정을 촉진하기 위한 윤활제로 HDPE, 알킬아민, 실리콘유, 금속비누(Zinc stearate) 등이 사용된다.

⑩ 대전방지제(Antistatic Agents) : 플라스틱 제품의 가공 시 발생하는 정전기를 억제하고, 이로 인한 위험을 방지하기 위하여 사용되며 아민 4차 암모늄 등이 사용된다.

⑪ 기타 첨가물 : 그 외에 요구되는 플라스틱의 성상과 물성에 따라 이형제(離型劑), 블로킹 방지제, 분해 촉진제 등이 사용되기도 한다.

1.2.4 플라스틱 도장 목적

① 수지(플라스틱) 착색으로서는 곤란한 메탈릭과 나무무늬, 섬유 모양 등의 느낌을 준다.

② 다색 소수 생산에 대해서 경제적이다.

③ 하나의 성형품에 다색 착색이 가능하다.

④ 수지도금, 진공증착에 의해 금속감을 부여한다.

⑤ 색, 광택의 조정이 용이하다.

⑥ 성형 시에 발생하는 표면 상처, 색상 차이, 접착 흔적을 감춘다.

⑦ 표면 경도를 높여 내마모성, 내찰성을 향상한다.

⑧ 표면의 전기 저항치를 저하시켜 대전에 의한 먼지 부착을 방지한다.

⑨ 표면의 전기 저항치를 저하시켜 상도의 정전도장을 가능하게 한다.

⑩ 화학적 저항성이 낮은 플라스틱에는 내약품성, 내용제성, 내오염성 등을 향상시킨다.

⑪ 내후성을 향상시킨다.

2 플라스틱 부품 보수

2.1 수지퍼티 특성

2.1.1 2액형 에폭시 접착제

① 플라스틱 부품의 긁힘, 파임, 벗겨짐, 변형 수리

② 연마와 단 낮추기가 쉽다.

③ 온도에 관계없이 상온에서 5분 경화형으로 사용이 편리하다.

④ 경화 후 수축이 없고 안전성이 높다.

⑤ 혼합비율 자동 계산

2.1.2 2액형 우레탄 접착제

① 접착력이 강하고, 반응 시 부생성물이 없다.

② 상온경화와 사용온도 범위가 넓다.

③ 내충격성 및 유연성이 좋고 경화 후 원래 부품보다 더 단단해진다.

④ 다양한 플라스틱, 복합재 및 도장 부품 접합

⑤ 작업 시간 : 20초

⑥ 고정시간 : 1시간

⑦ 완전경화 : 24시간

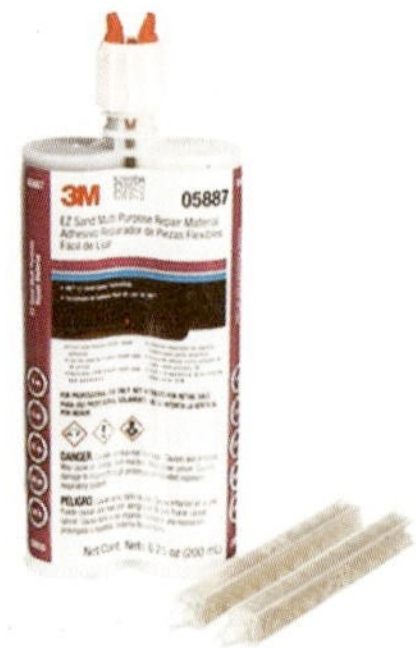

그림 11-1 2액형 에폭시 접착제

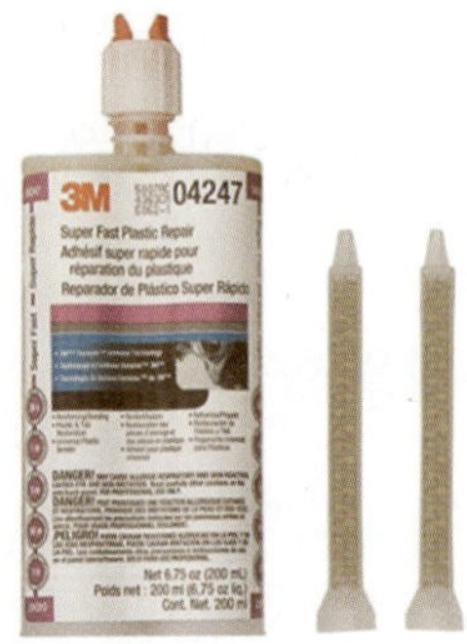

그림 11-2 2액형 우레탄 접착제

2.1.3 플라스틱 바디 패치

수지퍼티로 구멍을 메우기 전 붙이는 패치

그림 11-3 플라스틱 바디 패치

2.1.4 수지 접착제 전용 건

사용 전 2액형 접착제를 카트리지에서 미리 섞어 시간과 비용을 절감하고, 1:1 또는 2:1 카트리지에서 직접 2액형 접착제를 올바르게 혼합한다.

그림 11-4 수지 접착제 전용 건

2.2 플라스틱 프라이머 특성

① 부품의 불규칙성과 균열을 부드럽게 한다.

② 베이스와 페인트 사이의 부착성과 접착력을 제공한다.

③ 물성이 아주 묽어서 시너의 느낌 정도이고 끈적임이 있다.

2.3 플라스틱 수리기법

2.3.1 수지 퍼티 수리

벌어진 틈새를 메꾸거나 움푹패인 곳을 채워 평활성을 확보하는 일종의 접착제이다.

2.3.2 플라스틱 용접 수리

[1] 플라스틱 핫 스테이플러 용접

핫 스테이플러는 철심에 열을 가할 수 있게 만든 것이다.

① 핫 스테이플러(철심)를 용접기에 삽입한다.

② 전원을 넣으면 수십 초 내로 철심이 열을 받아 벌겋게 달아오른다.

③ 파손된 플라스틱 부위에 철심을 삽입 후 분리한다.

④ 용접기 핀으로 플라스틱 파손된 부분을 촘촘히 접합한다.

⑤ 마름질, 샌딩, 페인팅 등으로 마무리한다.

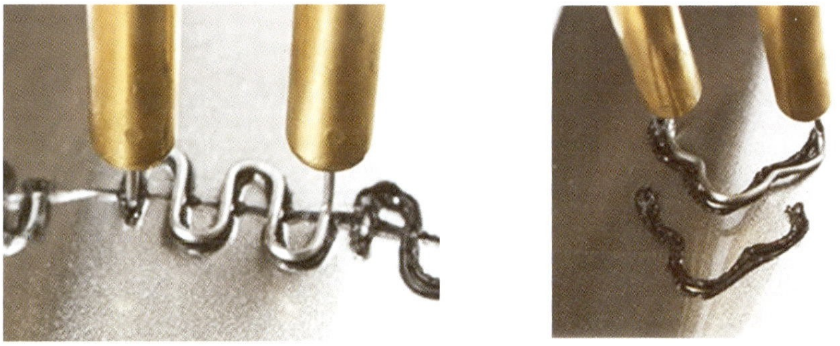

그림 11-5 플라스틱 핫 스테이플러 용접

[2] 플라스틱 용접 도구 인두기

플라스틱에 균열이 있거나 분리된 조각을 용접하여 결합할 때 사용한다. 인두 팁이 모두 가열되면 균열 길이를 따라 팁을 실행한다. 온도가 충분히 높으면 균열 근처의 플라스틱 재료가 부드럽고 움직일 수 있다. 이때 플라스틱 조각이 제대로 맞도록 최대한 조정하고 플라스틱이 올바르게 녹았다면 균열이 플라스틱으로 적절히 밀봉되어야 한다.

그림 11-6 플라스틱 용접 도구 인두기

3 플라스틱 부품 도장

3.1 플라스틱 프라이머 도장

3.1.1 자동차 플라스틱 부품 도장 공정

표면 탈지 → 연마 → 표면탈지 → 공기 불기 → 택 크로스 작업 → 프라이머 → 상도

3.1.2 전처리 공정

① 성형품 표면을 검사하여 기름, 이형제, 먼지 등의 부착물을 제거한다.

② 변형된 성형품은 원래 상태로 열 등을 가해서 모양을 복원한다.

③ 성형품 표면의 변형, 주름, 크랙 등의 표면 결함을 제거한다.

④ 극성의 부여로 도막과의 부착성을 향상한다.

⑤ 피도물이 대전하고 있으면 먼지가 부착하기 때문에 정전 방지액 등으로 제거하여 도장 불량을 방지한다.

3.1.3 보수 플라스틱(범퍼) 도장 공정

[1] 하도

탈지 → 퍼티 도포 → 퍼티 연마 → 탈지

[2] 중도

서페이서 도포 → 가이드 코팅 → 서페이서 연마 → 탈지

[3] 상도

조색 → 베이스 도포 → 건조 → 클리어 도포 → 건조

3.1.4 교환 플라스틱(범퍼) 도장 공정

[1] 중도

정전기 제거 → 탈지 → 플라스틱 프라이머 도포

[2] 상도

조색 → 베이스 도포 → 건조 → 클리어 도포 → 건조

3.2 플라스틱 부품 도장 방법

3.2.1 플라스틱 부품 도장 시 주의해야 할 사항

① 도료업체의 추천에 따라 도료에 유연제를 정확히 혼합한다.

㉮ 양이 부족할 때 : 유연성이 부족해 크랙의 원인이 된다.

㉯ 양이 너무 많을 때 : 건조하는데 시간이 많이 걸리고 내수성에 약하게 되어

물자국이 발생된다.

② 범퍼 표면에 이형제가 묻어 있을 경우 박리현상(Peel-off)과 크레터링의 원인이 될 수 있으므로 도장하기 전에 제거한다.

③ PP 범퍼는 적정한 프라이머 도장 없이는 도료와 범퍼 간에 부착이 나오지 않게 된다. 따라서 퍼티 도포 전이나 프라이머-서페이서 도장 전에는 반드시 프라이머를 선행, 도장한다.

④ PP 범퍼는 표면 위로 연마작업 후에 부푸러기가 발생되므로 히터 건 등으로 제거해야 한다.

3.2.2 범퍼에 플라스틱 프라이머 도장 방법

① 스카치 브라이트를 이용해서 굴곡진 면을 연마한다.

② 넓은 면은 더블 액션 샌더에 중간 패드를 부착하고 연마지 P600을 부착하여 연마한다.

③ 에어 더스트 건으로 압축 공기를 불어 연마 가루와 먼지를 완전히 불어내고 깨끗이 탈지한다. 플라스틱은 재질 특성상 연마 등의 마찰을 가하면 정전기가 발생하여 주변의 먼지나 이물질을 끌어당기는 성질이 있으므로 주의하여 탈지해야 한다.

④ 플라스틱 전용 프라이머를 준비한다. 작업성을 향상시키기 위해 사용하는 플라스틱 전용(범퍼 및 몰드류) 프라이머는 1액형이며, 범퍼 및 몰드류(사이드 몰딩, 가니쉬 등)는 전용 스프레이 건을 지정하여 사용하면 효과적이다.

(a)

(b)

그림 11-7 플라스틱(범퍼) 프라이머

⑤ 플라스틱 프라이머 전용 스프레이 건의 도료 용기에 플라스틱 프라이머를 여과지로 여과하여 담는다.

⑥ 스프레이 건에 에어호스를 연결하고 시험 분무하면서 공기압 게이지 확인으로 공기압력 조정과 도장 부위의 사이즈에 알맞게 패턴 조정 및 도료 분출량을 조정한다.

⑦ 플라스틱 프라이머를 도장한다. 플라스틱용 프라이머는 접착성을 증진시키기 위한 목적으로 균일하고 얇게 도장하는 것이 중요하며, 가볍고 얇게 1차 도장한다.

⑧ 플레쉬 오프 타임을 1~5분 정도 부여한다.

⑨ 플라스틱 프라이머를 2차 도장한다.

3.3 플라스틱 부품 도장 건조

상온에서 자연적으로 건조될 때까지 방치하는 자연건조와 오븐(Oven) 같은 곳에서 열처리를 하여 건조를 촉진하여 생산성을 올리는 강제건조가 있다. 철판과 비교해 플라스틱 부품은 낮은 열전도 계수를 가지므로 더 많은 열이 필요하다. 그러므로 건조에 알맞은 강제건조 열처리를 해야 한다. 만약, 적외선 건조기에 건조시킨다면 전체적으로 균일하게 열이 받을 수 있도록 해주어야 한다. 그러나 너무 높은 열에는 변형이 발생될 수 있으므로 80℃ 이하의 열이 닿게 해야 한다.

기출 문제

001 다음 중 플라스틱의 특징이 아닌 것은?

① 복잡한 형상으로 제작하기가 쉽다.
② 유기용제에 침식되거나 변형되지 않는다.
③ 저온에서 경화하고 고온에서 열 변형이 발생한다.
④ 약품이나 용제에 내성을 갖는다.

플라스틱의 특징
㉮ 아름다운 색으로 착색이 된다.
㉯ 비중이 0.9~1.3 정도로 가볍고 튼튼하다.
㉰ 방진, 방음, 내식성, 내습성이 우수하다.
㉱ 제품의 가공이 쉬워 복잡한 형상의 성형이 가능하다.
㉲ 저온에서 경화하고 고온에서 열 변형이 발생한다.
㉳ 약품이나 용제에 내성을 갖는다.

002 자동차에 플라스틱 재료를 사용하는 주된 목적은?

① 색상의 다양화
② 차량무게 경감
③ 광택 향상
④ 차체강도 향상

003 자동차에서 사용되는 플라스틱 소재의 특성에 대한 설명이 아닌 것은?

① 금속보다 무게가 가볍다.
② 내식성이 우수하다.
③ 저온에서도 열변형이 발생한다.
④ 유기용제에 나쁜 영향을 받는다.

004 시너(thinner)를 사용해서 표면을 세척해도 되는 자동차용 플라스틱 소재는?

① 폴리프로필렌(PP)
② 폴리우렌탄(UR)
③ 폴리카보네이트(PC)
④ 아크릴로니트릴부타디엔(ABS)

005 고온에서 유동성을 갖게 되는 수지로 열을 가해 녹여서 가공하고 식히면 굳는 수지는?

① 우레탄 수지
② 열가소성 수지
③ 열경화성 수지
④ 에폭시 수지

| 정 | 답 | 001 ② 002 ② 003 ③ 004 ① 005 ②

006 플라스틱 재료 중에서 열경화성 수지의 특성이 아닌 것은?

① 가열에 의해 화학변화를 일으켜 경화 성형한다.
② 다시 가열해도 연화 또는 용융되지 않는다.
③ 가열 및 용접에 의한 수리가 불가능하다.
④ 가열하여 연화 유동시켜 성형한다.

열가소성 수지는 열을 가하면 가소성을 갖게 되고 냉각하면 고화되어 성형되는 것으로서, 이와 같은 가열용융, 냉각고화 공정의 반복이 가능하게 되는 수지이며, 열경화성 수지는 경화된 수지를 다시 가열하여도 유동상태로 되지 않고 고온으로 가열하면 분해되어 탄화되는 비가역 수지이다.

007 플라스틱 소재인 합성수지의 특징이 아닌 것은?

① 내식성, 방습성이 우수하다.
② 고분자 유기물이다.
③ 금속보다 비중이 크다.
④ 투명하고 착색이 자유롭다.

합성수지의 특징

㉮ 금속에 비해서 비중이 적다.
㉯ 색채가 미려하여 착색이 자유롭다.
㉰ 연소 시 유독가스를 발생시킨다.
㉱ 고온에서 연화되고 연질되어 다시 가공하여 사용할 수 있다.
㉲ 가소성, 가공성이 좋다.
㉳ 전성, 연성이 좋다.
㉴ 강도, 경도, 내식성, 내구성, 내후성, 방습성이 좋다.
㉵ 내산, 내알칼리 등의 내화학성 및 전기 절연성이 우수하다.

008 플라스틱 소재인 합성수지의 특징이 아닌 것은?

① 내식성, 방습성이 나쁘다.
② 열가소성과 열경화성 수지가 있다.
③ 방진, 방음, 절연, 단열성이 있다.
④ 각종 화학물질의 화학반응에 의해 합성된다.

강도, 경도, 내식성, 내구성, 내후성, 방습성이 좋다.

009 플라스틱 소재인 합성수지의 특징이 아닌 것은?

① 내식성, 방습성이 우수하다.
② 고분자 유기물이다.
③ 금속보다 비중이 크다.
④ 투명하고 착색이 자유롭다.

010 각종 플라스틱 부품 중에서 내용제성이 약하기 때문에 청소할 때 알코올 또는 가솔린을 사용해야 하는 수지의 명칭은?

① ABS(스틸렌계)
② PVC(염화비닐)
③ PUR(폴리우레탄)
④ PP(폴리프로필렌)

| 정 | 답 | 006 ④ 007 ③ 008 ① 009 ③ 010 ①

011 내용제성이 강하지만 도료와의 밀착성이 나쁘기 때문에 접착제나 퍼티도포 전 프라이머 등을 도장해야 하는 플라스틱 소재는?

① ABS(스티렌계)
② PC(폴리카보네이트)
③ PP(폴리프로필렌)
④ PMMA(아크릴)

012 P.P(폴리프로필렌) 재질이 소재인 범퍼의 경우 플라스틱 프라이머로 도장해야만 하는데, 그 이유로 맞는 것은?

① 녹슬지 않게 하기 위해서
② 부착력을 좋게 하여 도막이 박리되는 것을 방지하기 위해서
③ 범퍼에 유연성을 주기 위해서
④ 플라스틱 변형을 막기 위해서

플라스틱 프라이머는 도장이 안 된 폴리프로필렌 재질의 소재에 직접 도포하여 부착력을 좋게 하고 도막이 박리되는 것을 방지하고, 소재의 내후성을 향상, 상도의 정전도장을 할 수 있도록 도전성을 부여한다.

013 플라스틱 부품의 프라이머 도장에 대한 설명 중 틀린 것은?

① 후속 도장의 부착성을 강화한다.
② 소재의 내후성을 향상시킨다.
③ 상도의 정전도장을 할 수 있도록 도전성을 부여한다.
④ 도막의 물성은 향상되나 충격 등에 대한 흡수성은 약해진다.

014 폴리에스테르 수지를 유리섬유에 침투시켜 적층한 형태로 사용하는 소재의 명칭은?

① 불포화 폴리에스테르(UP)
② 섬유강화 플라스틱(FRP)
③ 폴리카보네이트(PC)
④ 나일론(PA)

015 다음 중 자동차 범퍼 재료로 많이 사용되는 플라스틱용 수지의 종류가 아닌 것은?

① ABS
② PUR
③ PP
④ TPUR

플라스틱용 수지의 기호

㉮ ABS : 합성 수지
㉯ PUR : 열경화성 폴리우레탄
㉰ PP : 폴리프로필렌
㉱ TPUR : 열가소성 폴리우레탄

016 플라스틱의 부품의 판단법에서 가솔린의 내용제성이 가장 약한 것은?

① 폴리우레탄 부품
② 폴리프로필렌 부품
③ 폴리에스테르 부품
④ 폴리에틸렌 부품

| 정 | 답 | 011 ③ 012 ② 013 ④ 014 ② 015 ① 016 ①

017 자동차 부품 중 플라스틱 재료로 사용할 수 없는 것은?

① 사이드미러 커버
② 라디에이터 그릴
③ 실린더 헤드
④ 범퍼

실린더 헤드는 알루미늄 합금을 사용한다.

018 플라스틱 도장의 목적이 아닌 것은?

① 장식효과
② 외관 보호효과
③ 대전 방지로 인한 먼지부착 방지효과
④ 표면경도나 충격능력 완화효과

플라스틱 도장 목적

㉮ 경도 향상
㉯ 표면 착색
㉰ 다색 생산에 경제적
㉱ 내후성 향상
㉲ 내약품성, 내용제성, 내오염성 향상
㉳ 대전에 의한 먼지 부착 방지
㉴ 수지도금과 진공 증착에 의해 금속질감 가능
㉵ 성형시 생긴 불량 감춤

019 플라스틱 도장의 목적 중 틀린 것은?

① 방진성을 부여한다.
② 내약품성, 내용제싱을 향상시킨다.
③ 표면의 내마모성을 향상시킨다.
④ 오염성을 향상시킨다.

020 플라스틱 범퍼의 도장 시 주의사항 중 틀린 것은?

① 우레탄 타입 범퍼의 퍼티 도포 시 80℃ 이상 열을 가하지 않는다.
② 우레탄 타입 범퍼의 과도한 건조 온도는 핀홀 또는 크레터링의 원인이 된다.
③ 플라스틱 전용 탈지제를 사용한다.
④ 이형제가 묻어 있으면 박리현상과 크레터링의 원인이 된다.

021 플라스틱 부품류 도장 시 주의해야 할 사항으로 옳은 것은?

① 유연성을 주기 위해 점도를 낮게 한다.
② 유연성을 주기 위해 점도를 높게 한다.
③ 건조 온도는 90℃ 이상으로 한다.
④ 건조 온도는 80℃ 이하에서 실시한다.

플라스틱 재질을 도장할 경우에는 플라스틱 유연제를 사용하여 도료의 유연성을 부여하며 너무 고온으로 가열 건조할 경우 플라스틱의 변형이 일어나기 때문에 너무 고온에서 건조시키거나 적정한 온도에서 건조시킬 때에도 바닥에 붙어 있지 않을 경우 휘어짐이나 처짐이 발생할 수 있다.

| 정 | 답 | 017 ③ 018 ④ 019 ④ 020 ① 021 ④

022 플라스틱 부품의 상도 도장 목적 중 틀린 것은?

① 색상 부여
② 내광성 부여
③ 부착성 부여
④ 소재의 보호

플라스틱 재질의 도장에 사용하는 하도로서 플라스틱 프라이머가 있으며, 소재 위에 도장함으로써 상도 도막이 박리되는 것을 방지하여 부착성을 증대시키는 공정이다.

023 플라스틱 부품류 도장 시 불량을 방지하고자 표면 탈지를 실시하여야 하는데, 그 이유는 표면에 어떤 물질이 존재하기 때문인가?

① 수지
② 용제
③ 이형제
④ 광택제

이형제는 각종 수지를 성형할 때 금형에 도포하여, 성형품의 분리를 원활하게 해주는 약제로 이형제가 묻어 있으면 박리 현상과 크레터링 현상이 발생되므로, 플라스틱 전용의 탈지제를 사용하여 표면을 탈지하여야 한다.

024 플라스틱 부품 도장의 공정으로 맞는 것은?

① 표면탈지 → 연마 → 표면탈지 → 공기불기 → 택크로스 작업 → 프라이머 → 상도
② 연마 → 표면탈지 → 택크로스 작업 → 공기불기 → 상도 → 프라이머 → 표면탈지
③ 공기불기 → 연마 → 표면탈지 → 택크로스 작업 → 표면탈지 → 프라이머 → 상도
④ 택크로스 작업 → 표면탈지 → 공기불기 → 표면탈지 → 연마 → 프라이머 → 상도

025 플라스틱 도장 시 프라이머 도장 공정의 목적은?

① 기름 및 먼지 등의 부착물을 제거한다.
② 변형 및 주름 등의 표면 결함을 제거한다.
③ 소재와 후속 도장의 부착성을 강화한다.
④ 적외선 및 자외선을 차단하고 내광성을 향상시킨다.

①은 탈지공정, ②는 중도공정, ④는 상도공정의 목적이다.

| 정 | 답 | 022 ③ 023 ③ 024 ① 025 ③

026 다음 플라스틱 범퍼의 보수 방법이 아닌 것은?

① 가열 수정 작업
② 용접 보수 작업
③ 우레탄 보수 작업
④ 접착제 보수 작업

027 플라스틱 용접을 하기 전에 소재의 종류를 알아보기 위한 시험법의 종류가 아닌 것은?

① 녹임 시험
② 솔벤트 시험
③ 굵힘 시험
④ ISO코드 확인(색깔코드)

028 자동차 부품용 플라스틱 소재를 용접하는 방법이 아닌 것은?

① 열풍 용접
② 에어리스 용접
③ 접착제 용접
④ 아르곤 용접

029 자동차용 플라스틱 부품 보수 시 주의사항 중 틀린 것은?

① 플라스틱 접착은 강력순간접착제를 사용한다.
② ABS, PC, PPO 등은 내용제성이 약하기 때문에 알코올로 탈지한다.
③ PVC, PUR, PP 등은 탈지제를 사용할 수 있다.
④ PVC, PUR, PP 등은 유연성이 높아 취급에 주의한다.

FRP(유리섬유강화 플라스틱)의 경우 손상부위를 청소하고 형상을 갖춘 후 필요한 크기로 커팅한 유리섬유의 매트에 적합한 경화제를 첨가한 폴리에스테르의 용액을 위에서부터 칠하고 롤러로 눌러 접착시킨다.

030 연질의 범퍼를 교환 도장 후 충격에 의해 도막이 깨어지거나 균열이 생기는 결함이 발생하였다. 그 해당 원인으로 가장 적합한 것은?

① 건조를 오래하였다.
② 크리어에 경화제를 과다하게 넣었다.
③ 유연성을 부여하는 첨가제를 넣지 않았다.
④ 플라스틱 프라이머 공정을 빼고 도장하였다.

연질의 플라스틱 도장의 경우 플라스틱 유연제를 첨가하여 도장하면 약한 충격에 도장 면이 깨지는 것을 방지할 수 있다.

| 정 | 답 | 026 ③ 027 ③ 028 ④ 029 ① 030 ③

031 자동차 범퍼를 교환 도장하였으나 도막이 부분적으로 벗겨지는 현상이 일어났다. 그 원인은?

① 유연제를 첨가하지 않고 도장하였다.
② 플라스틱 프라이머를 도장하지 않고 작업하였다.
③ 건조를 충분히 하지 않았다.
④ 고운 연마지로 범퍼 연마 후 도장하였다.

폴리프로필렌 재질의 플라스틱 범퍼의 도장공정은 플라스틱-프라이머(PP)를 도장하고 중도공정이 생략되며 바로 상도도장으로 이루어진다.

032 플라스틱 범퍼에 자동차 도장 색상 차이가 발생되었다면, 자동차 생산업체의 원인으로 가장 적합한 것은?

① 도료제조용 안료의 변경
② 자동차의 부품이 서로 다른 도장 라인에서 도장되는 경우
③ 제조공정에서 교반이 불충분
④ 표준색과 상이한 도료 출고

033 플라스틱 부품의 보수도장 시 주의 사항 중 틀린 것은?

① 유연제가 부족하면 도막에 크랙의 원인이 된다.
② 유연제가 과다하면 건조시간이 많이 걸리고 내수성이 강하다.
③ 표면에 이형제가 남아있으면 박리현상과 크레터링의 원인이 된다.
④ 건조 시 높은 열에 의해 부품 자체의 변형이 발생하므로 주의한다.

플라스틱 유연제는 플라스틱 재질 특성상 수축 후 복원될 때 충격에 도막이 깨지지 않도록 하기 위해서 첨가하는 첨가제이며, 유연제가 과다하면 내수성에 약하게 되어 물 자국이 발생된다.

034 플라스틱 부품의 보수도장에 대한 문제점 중 틀린 것은?

① 열경화성플라스틱(PUR)은 부착성이 우수하나 이형제 제거를 위해 표면조정 작업이 필요하다.
② 폴리카보네이트(PC) 부품은 내용제성이 취약하여 도료 선정 시 주의가 필요하다.
③ 폴리프로필렌(PP) 부품은 부착성이 양호하다.
④ 폴리프로필렌(PP) 부품은 전용 프라이머를 사용한다.

| 정 | 답 | 031 ② 032 ② 033 ② 034 ③

035 수지퍼티를 이용한 플라스틱 부품의 보수방법 중 틀린 것은?

① 수세 및 탈지작업을 철저히 한다.
② 표면조정 작업 및 파손 부위에 V홈 작업을 한다.
③ 수지퍼티의 주제와 경화제의 비율은 보통 100 : 1이다.
④ PP범퍼의 경우 전용 프라이머를 얇게 도장한다.

036 플라스틱 부품의 도장에 필요한 도료의 요구조건 중 틀린 것은?

① 고온 경화형 도료 사용
② 밀착형 프라이머 사용
③ 유연성 도막의 도료 사용
④ 전처리 함유 용제 사용

도료는 크게 저온 건조형(100℃ 이하에서 건조), 중온 건조형(100℃~150℃에서 건조), 고온 건조형(150℃ 이상에서 건조)으로 나뉜다. 플라스틱 재질의 특성상 100℃가 넘어가면 유동성이 생기기 때문에 저온 건조형 도료를 사용하여 도장한다.

037 신 제작 자동차의 플라스틱 소재 위에 도장하는 첫 번째 도료는?

① 퍼티
② 프라이머
③ 프라이머-서페이서
④ 상도 베이스

신품 폴리프로필렌 소재의 도장공정은 프라이머 → 상도도장을 한다.

038 플라스틱 부품 도장 시 유연제의 양이 너무 많을 때 나타나는 현상은?

① 건조가 빠르다.
② 건조가 느리다.
③ 용제가 적게 든다.
④ 용제가 많이 든다.

㉮ 양이 부족할 때 : 유연성이 부족해 도막에 크랙의 원인이 된다.
㉯ 양이 너무 많을 때 : 건조하는데 시간이 많이 걸리고 내수성에 약하게 되어 물 자국이 발생된다.

039 유연성을 가지고 있는 범퍼에 유연제를 부족하게 넣었을 때 나타날 수 있는 결함은?

① 유연성이 감소하여 작은 충격에 크랙이 발생할 수 있다.
② 고속 주행 중 바람의 영향에 의해 도막이 박리될 수 있다.
③ 시너(thinner)에 잘 희석되며 열에 의해 쉽게 녹는다.
④ 범퍼는 유연제가 부족하면 광택이 소멸된다.

| 정 | 답 | 035 ③ 036 ① 037 ② 038 ② 039 ①

040 플라스틱 부품의 전처리 공정 중 틀린 것은?

① 기름, 이형제, 먼지 등의 부착물을 제거한다.
② 변형, 주름, 크랙 등의 표면 결함을 제거한다.
③ 극성의 부여로 도막과의 부착성을 향상한다.
④ 정전도장이 가능하도록 부도전성을 부여한다.

정전도장이 가능하도록 소재에 전도성을 부여한다.

| 정 | 답 | 040 ④

CHAPTER 12

도장 검사 작업

1 도장결함 검사

1.1 도장 결함 종류

1.1.1 도료 작업 전 발생하는 결함 종류

① 겔화(Gelling) : 알키드 에나멜계 도료에서 용제가 증발하면서 도료 표면이 공기 중에 산소와 반응하여 젤리처럼 되는 현상

② 침전(Settling) : 용기의 밑바닥에 안료가 가라앉아 딱딱하게 된 상태

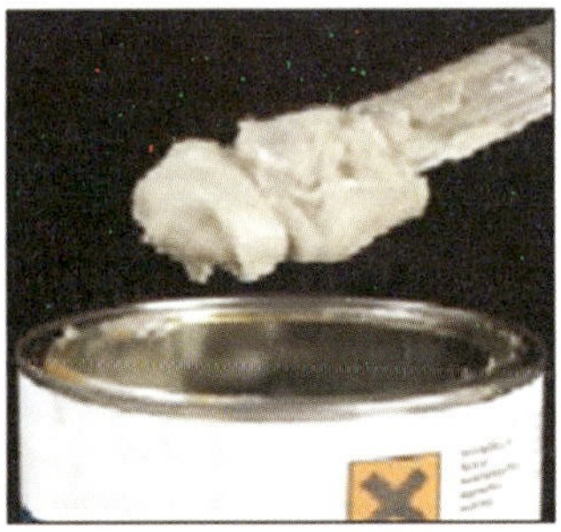

그림 12-1 겔화

그림 12-2 침전현상

③ 피막(Skinning) : 도료의 표면이 말라붙어 피막이 형성된 상태

그림 12-3 **피막현상**

④ 점도상승(Fattening) : 도료 보관 중 점도가 높아진 상태

⑤ 가스 발생(Gasing) : 용기 내 가스 발생으로 보관 용기가 부풀어 오름

⑥ 색분리(Flooding) : 유색 도료에서 수지와 안료의 친화성이 좋지 않아 서로 분리된 상태

⑦ 변색(Discoloration) : 도료 색상이 초기의 색이 다른 색으로 변색한 상태

1.1.2 도장 작업 중 발생하는 결함 종류

① 크레이터링(Cratering, Fish-eye, 분화구 현상) : 도막 표면에 분화구 같은 요철 형태가 생기는 모양

② 흐름(Sagging, Running) : 도막이 균일하게 도장되지 않고 부분적으로 두껍게 중복 도장되어 도막이 흘러서 처지는 현상

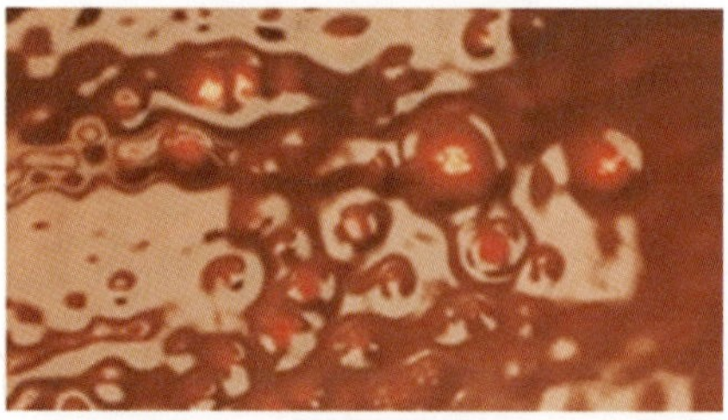

그림 12-4 **크레이터링(분화구현상)**

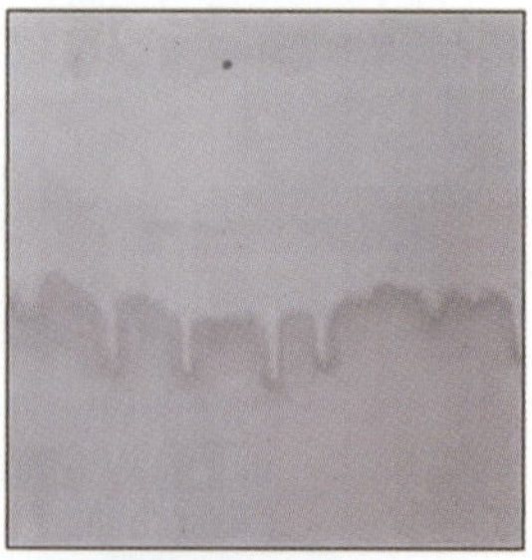

그림 12-5 **흐름현상**

③ 색번짐(Bleeding) : 구도막 또는 서페이서의 색상이나, 소재의 색상이 도장하는 도막 표면에 떠올라오는 현상

④ 메탈릭 얼룩(Metallic floating) : 메탈릭(은분, 알루미늄) 입자의 배열 불균일로, 부분적으로 발색 상태가 다른 현상

그림 12-6 색 번짐 현상

그림 12-7 메탈릭 얼룩

⑤ 연마자국(Sanding mark, 샌딩 자국) : 연마지(샌드페이퍼) 자국이 도막 표면에 나타난 상태

⑥ 퍼티자국(Putty mark) : 퍼티를 도포한 면과 가장자리에 단차가 생겨 상도 도막면으로 퍼티 도포 모양이 보이는 현상

그림 12-8 연마 자국(샌딩 자국)

그림 12-9 퍼티 자국

⑦ 퍼티기공(Putty stoma) : 퍼티를 두껍게 도포하여 기공이 발생한 상태

⑧ 먼지고착(Dust inclusion, 낙진) : 도막이 건조되기 전에 먼지 입자들이 표면에 떨어져서 건조 후 도막 깊이 박혀있는 현상

⑨ 은폐 불량(Poor covering) : 페인트가 완전히 은폐되지 않아 부분적으로 소재가 보이는 현상

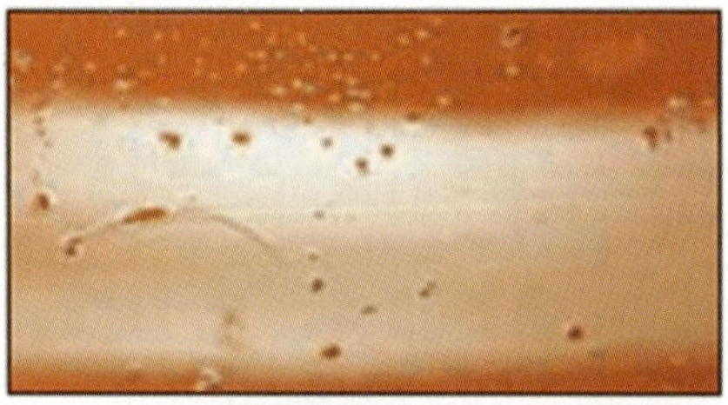

그림 12-10 **먼지 고착**

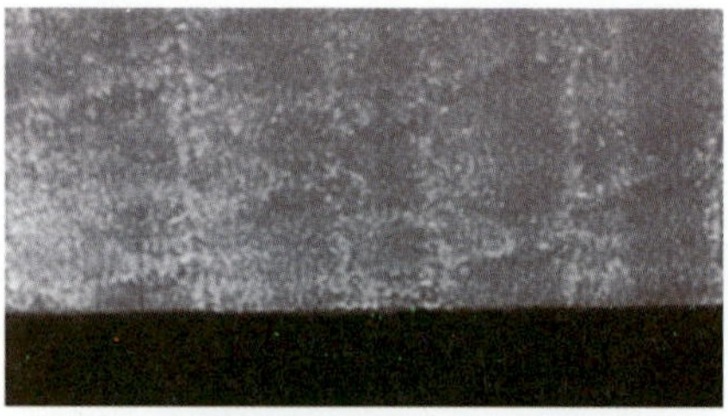

그림 12-11 **은폐 불량**

⑩ 오렌지필(Orange peel) : 도장한 도막이 오렌지 또는 귤 껍질처럼 보이는 현상

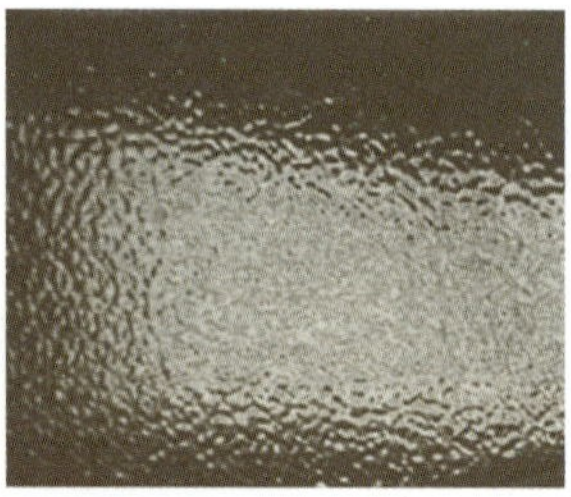

그림 12-12 **오렌지 필**

⑪ 실끌림(Cobwebbing) : 분무도장할 때 점도가 높아 미립이 되지 않고 거미줄과 같은 실 모양으로 분무되는 현상

⑫ 시딩(Ceeding) : 페인트 도막에 서로 다른 형태, 크기로 된 알갱이가 들어 있는 상태

⑬ 색 분리현상(Flotation) : 대부분의 컬러는 여러 가지 안료들의 혼합으로 이루어져 있는데, 각 안료의 비중이 서로 달라서 가벼운 안료들은 위쪽으로 뜨고 무거운 안료들은 바닥으로 가라앉게 되어 발생하는 현상

그림 12-13 시딩

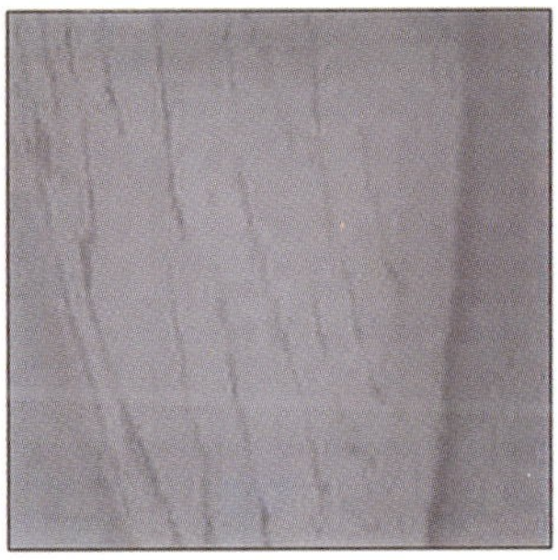

그림 12-14 색 분리현상

⑭ 오버 스프레이(Over steady) : 도막이 건조된 상태에서 페인트 더스트가 도막 위에 앉아서 더 이상 도막에 흡수가 되지 않아 발생하며 모래를 뿌려 놓은 듯한 외관이 발생

⑮ 들뜸 현상(lifting) : 스프레이하는 동안 소재가 용해되어 쭈글쭈글해지며 들뜨는 현상

그림 12-15 오버 스프레이

그림 12-16 들뜸 현상

1.1.3 도장 작업 후 발생하는 결함 종류

① 핀홀(Pinhole, Bubble) : 도막에 바늘구멍과 같은 구멍이 생긴 현상

② 부풀음(Blistering, 블러스터) 현상 : 도막층 사이에 크고 작은 수포(부풀음)가 수없이 생긴 현상

그림 12-17 핀홀

그림 12-18 부풀음 현상

③ 주름(Lifting wrinkling) 현상 : 도막 표면에 주름이 나타나는 현상

④ 도막박리(Peeling) : 색 도료와 투명 층간의 도막이 벗겨지는 상태

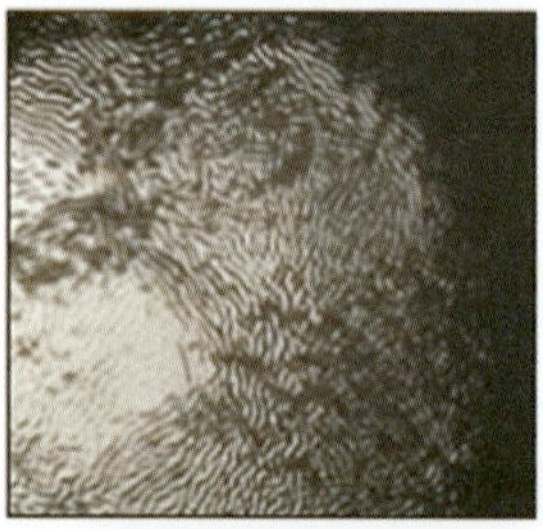

그림 12-19 주름 현상

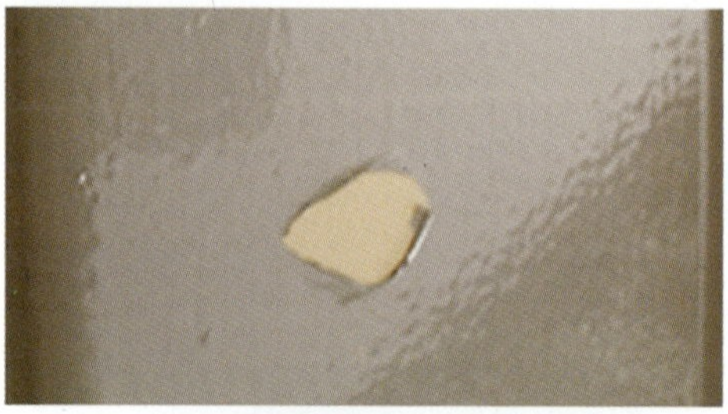

그림 12-20 도막박리

⑤ 물 자국(Water spotting, 워터 스폿) : 도막 표면에 물방울 크기의 자국 혹은 반점이 도막에 패인 현상

⑥ 황변(Yellowing) 현상 : 가열 건조가 과하여 도막이 누렇게 변하는 현상

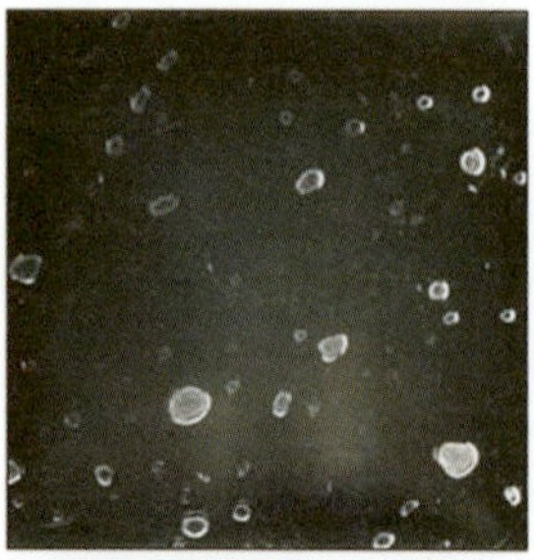

그림 12-21 물 자국

그림 12-22 황변 현상

⑦ 백화(Blushing, Blooming) 현상 : 갓 적용된 도막이 뿌옇게 보이는 현상으로, 원하는 색이나 광택이 나질 않는 상태

⑧ 부식 현상(Rusting) : 페인트 도막이 부분적으로 비정상적인 무늬로 블리스터(Blister)와 비슷하게 부풀어 오르는 경우, 이 부분에 구멍을 뚫어 확인해 보면 금속 소재에 습기가 차서 부식(녹)이 발생한 것

그림 12-23 백화 현상

그림 12-24 부식 현상

⑨ 초킹 현상(Chalking, 백악화) : 페인트 도막 표면이 가루처럼 부서지는 현상

그림 12-25 초킹 현상

⑩ 크랙(Cracks) : 도장 후 일정 시간 경과 후에 넓은 부위에 아주 미세한 균열들이 발생

⑪ 광택 저하(Low gloss) : 페인트 도막에 광택 저하나 광택 소실이 나타나는 현상

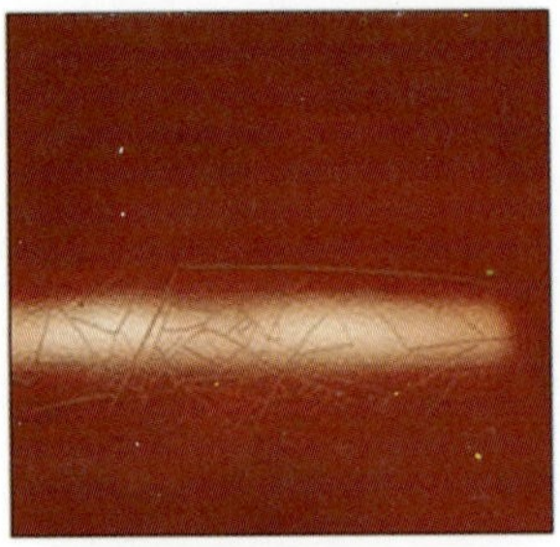

그림 12-26 크랙

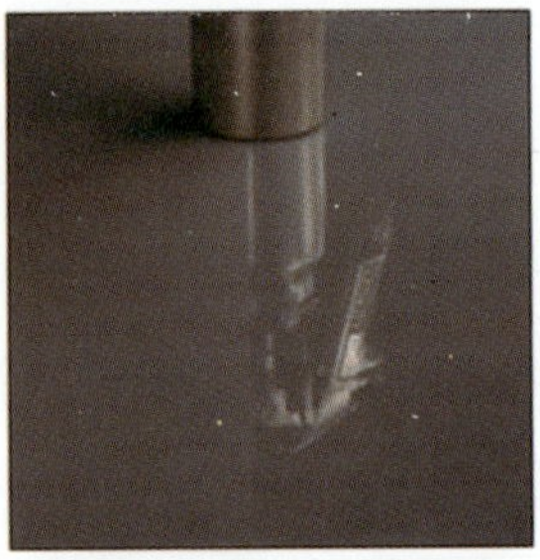

그림 12-27 광택 저하

⑫ 변색(Discoloration) : 도막이 외부로부터 영향을 받아 유채색의 안료가 다른 색으로 변한 상태

⑬ 부착 불량(Poor adhesion) : 페인트 도막이 소재로부터 떨어져 나가는 현상

그림 12-28 변색

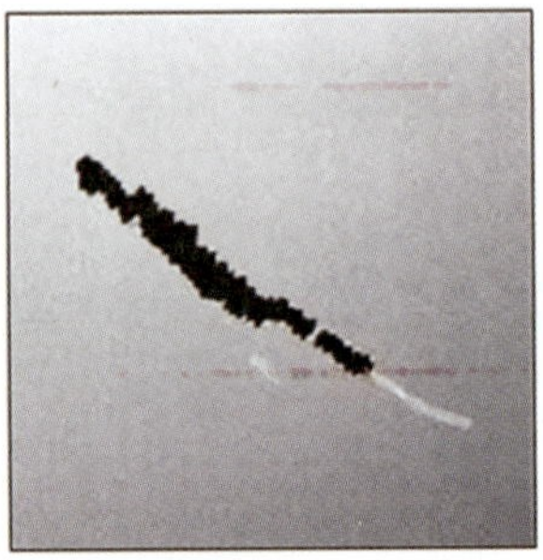

그림 12-29 부착 불량

⑭ 싱케이지(Sinkage) : 표면에 균일하지 못한 작은 무늬나 모양이 나타나며 표면의 광택이 떨어지는 현상

⑮ 솔벤트 팝(Solvent pop) : 갓 건조된 도막에 작은 기포들이 생기는 현상으로 도막 안의 솔벤트가 완전히 증발되지 않은 상태에서 도막이 건조되는 경우에 발생

그림 12-30 싱케이지

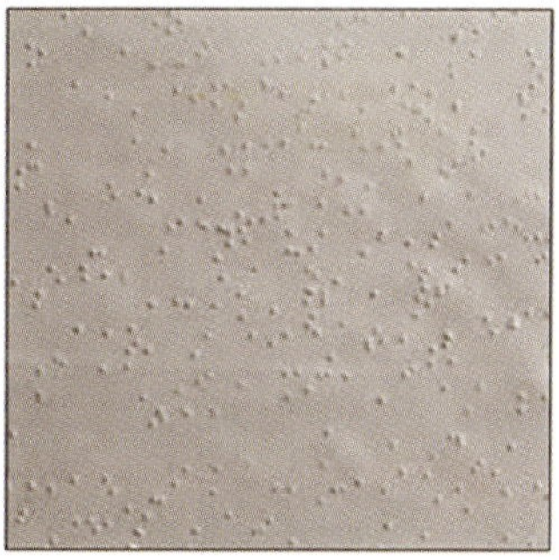

그림 12-31 솔벤트 팝

⑯ 등고선 현상(Contour Mapping) : 탑코트가 완전히 은폐되지 않아 하부코트의 모서리 부분이 드러나거나 보수한 부분 주위로 샌딩 자국이 보이는 현상

⑰ 기포(Bubble) : 도장 시 생긴 기포가 사라지지 않고 남아있는 상태

그림 12-32 등고선 현상

그림 12-33 기포

⑱ 가스 체킹(Gas crazing) : 도막이 건조될 때 열원의 연소 생성 가스의 영향을 받아 도막면에 주름, 옅은 균열, 광택소실이 생긴 상태

⑲ 치핑(Chipping) 현상 : 도막 표면의 작은 조각들이 소재로부터 깨져서 떨어져 나간 것으로 때로는 하부 도막(프라이머)까지 깨진 경우

⑳ 경화불량(Poor Through Harding) : 일정 시간 경과 후에도 페인트 도막이나 폴리에스터 바디필러(퍼티)가 완전히 경화(건조)되지 않는 현상

그림 12-34 치핑 현상

그림 12-35 경화불량

2 결함원인 파악

2.1 도장작업 전 결함

[1] 침전(Settling)

① 저장 공간의 온도가 너무 낮거나 외부 온도와 차이가 큰 경우
② 페인트의 유효 기간이 경과한 경우
③ 믹싱 머신의 토너가 정기적으로 교반되지 않는 경우
④ 희석된 상태에서 오랜 기간 저장한 경우

[2] 겔화(Gelling)

① 도료의 용기 뚜껑을 열어 놓아 용제가 증발되었을 때
② 우레탄 경화제의 뚜껑을 열어 놓아 수분 또는 물이 혼입되었을 때
③ 직사광선을 받는 곳이나 온도가 높은 곳에 장기간 보관되었을 때
④ 서로 성분이 다른 도료가 혼합되었을 때
⑤ 용해력이 없는 불량 시너를 첨가했을 때
⑥ 우레탄 도료에 경화제를 넣은 상태로 8시간 이상 보관했을 때
⑦ 저장기간이 오래되었을 때

[3] 피막(Skinning)

① 도료 용기 뚜껑 밀봉 불량으로 용기 내의 도료가 공기 중의 산소와 결합했을 때
② 큰 용기에 도료가 적게 들어 공간이 많은 경우
③ 건조제 과량 첨가되었을 때
④ 증발이 빠르고 용해력이 약한 용제를 사용한 경우

[4] 점도상승(Fattening)

① 부적당한 시너 사용
② 오랜 저장 중 산화, 중합반응 발생
③ 주제와 경화제의 반응
④ 도료 중의 용제나 희석제가 증발한 상태

[5] 색 분리(Flooding)

① 도료를 높은 온도에서 저장하였을 경우
② 서로 다른 이종 도료가 들어갔을 경우
③ 도료 저장 기간이 오래되어 저장 안정성이 저하된 경우

[6] 가스 발생(Gasing)

① 도료성분의 반응
② 고온하에 보관
③ 장기 보관

[7] 변색(Discoloration)

① 안료의 강산성 수지 반응
② 안료 상호간의 작용

2.2 도장작업 중 결함

[1] 색 번짐(Bleeding)

① 페인트의 먼지나 이물질(낙진, 아스팔트 분진 등)이 도막 표면에 박혀있는 경우

② 폴리에스터 제품의 경화제를 과잉으로 혼합한 경우

③ 경화제와 폴리에스터 제품을 완전히 혼합하지 않은 경우

④ 피도면에 매직잉크 등을 완전히 지우지 않고 도장한 경우

[2] 오렌지 필(Orange peel)

① 스프레이 점도가 너무 높은 경우

② 너무 빠른 속건형의 시너를 사용한 경우

③ 스프레이 압력이 너무 높거나 너무 낮은 경우

④ 스프레이 건 구경이 너무 큰 경우

⑤ 작업장 온도가 너무 높거나, 낮은 경우

⑥ 페인트 온도가 너무 낮은 경우

⑦ 안티실리콘 첨가제가 너무 많이 첨가된 경우

[3] 흐름(Sagging, Running)

① 소재가 완전히 탈지되지 않아서 도막이 소재와 부착성이 떨어지는 경우

② 느린 지건형 시너를 선택한 경우

③ 과량의 시너가 첨가된 경우

④ 스프레이 거리가 너무 가깝거나 부분적으로 도막이 너무 두꺼운 경우

⑤ 스프레이 건 구경이 너무 큰 경우

⑥ 작업장 온도가 너무 낮아서 시너의 증발이 너무 느린 경우

⑦ 작업물의 표면온도가 너무 낮은 경우

⑧ 페인트 자체의 온도가 너무 낮은 경우

[4] 크레이터링(Cratering, 분화구 현상)

① 그리스, 오일, 비누, 물, 먼지 등이 소지에 잔존

② 실리콘 왁스의 부착

③ 성분이 다른 도료의 스프레이 다스트 부착

④ 압송공기 중의 수분, 유분의 존재

⑤ 마스킹테이프의 접착제 성분이 소지에 잔존

⑥ 밀폐로 중에 용제증기가 과도하게 충만(환기불량)해 있을 때

[5] 연마 자국(Sanding mark)

① 도장 시 온도가 낮고 풍속이 느려 용제 증발이 늦을 때

② 히부 코트에 너무 거친 샌드페이퍼를 사용한 경우

③ 보수 경계 부위가 제대로 샌딩되지 않은 경우

④ 프라이머나 필러가 완전히 건조되기 전에 샌딩한 경우

⑤ 샌딩하는 동안 샌딩 재료가 먼지 등에 오염된 경우

⑥ 너무 거친 샌드페이퍼로 손 샌딩하는 경우

[6] 퍼티 자국(Putty mark)

① 도장 시 온도가 낮거나 풍속이 느려 용제 증발이 늦을 때

② 퍼티 건조가 불충분한 상태에서 도장하였을 때

③ 락카계 퍼티를 두껍게 도장했을 때(주름 현상도 나타난다.)

④ 퍼티면의 연마 상태가 불량할 때

⑤ 락카계 도막 위에 포리솔 퍼티를 샌드위치 도장했을 때(가장자리는 주름현상)

⑥ 과잉 희석된 도료를 두껍게 도장했을 때

⑦ 상도 도료의 용해력이 강하거나 겹치기 도장용 시너를 너무 많이 사용했을 때

[7] 메탈릭 얼룩(Metallic floating)

① 에어압력이 낮고 풍속이 느릴 때

② 도장 시 온도가 낮을 때

③ 스프레이 건의 노즐구경이 클 때

④ 스프레이 건의 청소 불량으로 도장 폭이 불균일하거나 토출량이 일정하지 않을 때

⑤ 피도체의 소재 온도가 너무 낮을 때

⑥ 스프레이 시 토출량이 많거나 도장 폭이 좁을 때

⑦ 건의 속도를 느리게 도장하거나 도장간격이 짧을 때

⑧ 색도장 시 너무 얇고 여러 번 나누어서 도장했을 때

⑨ 투명 도장을 초기에 너무 두껍게 도장했을 때

⑩ 시너(희석제)의 증발이 느리거나 너무 빠를 때

⑪ 스프레이 도장 시 점도가 높아 미립화 분사가 안될 때

[8] 퍼티 기공(Putty stoma)

① 퍼티를 한 번에 두껍게 도포했을 때

② 퍼티의 점도가 지나치게 높을 경우

[9] 먼지 고착(Dust inclusion, 낙진)

① 샌딩 입자들이 표면에 앉는 경우

② 스프레이하는 동안 창문이나 휠 모서리 등으로부터 먼지가 달라붙는 경우

③ 마스킹 테이프를 깨끗이 제거하지 않은 경우

④ 먼지 입자들이 표면에 남아있는 경우

⑤ 페인트가 먼지에 오염된 경우

⑥ 먼지로 오염된 작업복을 입고 작업한 경우

⑦ 플라스틱 부품에 정전기가 발생하여 먼지가 들러붙는 경우

[10] 실 끌림(Cobwebbing)

① 용해력이 좋지 않은 시너 사용

② 고점도로 도장할 경우

[11] 시딩(Seeding)

① 저장기간이 지나 덩어리진 페인트를 사용했을 때

② 경화제나 희석제 사용이 잘못되었을 때

③ 이액형 도료일 경우 가사시간이 지난 제품을 사용했을 때

④ 분산이나 교반이 충분하지 못했을 때

[12] 색 분리(Flotation)

① 너무 느린 지건형 시너를 사용한 경우

② 과도하게 도막을 올린 경우

③ 중간 건조시간이 너무 짧은 경우

④ 스프레이 거리가 너무 짧은 경우

⑤ 너무 큰 구경의 건을 사용한 경우

⑥ 주위 온도나 작업 패널의 온도가 너무 낮은 경우

[13] 오버 스프레이(Over steady)

① 너무 빠른 속건형의 시너를 사용하는 경우

② 희석이 불충분하여 스프레이 점도가 너무 높은 경우

③ 스프레이 압력이 너무 높은 경우

④ 스프레이 패턴이 너무 빠르거나 작업 패널과의 거리가 너무 먼 경우

⑤ 스프레이 건 구경이 너무 작은 경우

⑥ 스프레이 건이 오염되었거나 이상이 있는 경우

[14] 들뜸 현상(lifting)

① 적용된 페인트시스템이 소재와 맞지 않는 경우

② 도막과 소재와의 부착성이 불량한 경우

③ 소재가 완전히 건조되거나 경화되지 않은 경우

④ 페인트를 너무 강하게 스프레이한 경우

⑤ 너무 긴 중간 건조시간으로 인하여 도막층이 용제에 의해 용해된 경우

2.3 도장작업 후 결함

[1] 핀홀(Pin hole, Bubble)

① 아래와 같은 원인에 의해 필러(퍼티)를 적용하는 동안 기포가 갇힌 경우

㉮ 필러와 경화제와의 혼합 방법이 잘못된 경우

㉯ 필러 적용이 올바르지 않은 경우

㉰ 제품의 가사시간이 경과한 경우

② 아래와 같은 원인에 의해 스프레이하는 동안 기포가 도막 안에 갇힌 경우

㉮ 스프레이 건 구경이 너무 크거나 작은 경우

㉯ 도막이 너무 두껍게 올라간 경우

㉰ 제품의 가사시간이 경과한 경우

㉱ 중간 건조시간이 너무 짧은 경우(도막에 남아 있는 용제가 증발하지 못하고 고온으로 경화하는 동안 핀 홀을 형성한다)

[2] 부풀음(Blistering)

① 소지와 주변 환경과의 온도 차에 의한 경우

② 도장실 내부 습도가 높을 경우

③ 도장 면이 오염됐을 경우

④ 스프레이 설비에 수분이 혼입되었을 경우

[3] 주름(Lifting wrinkling) 현상

① 부적절한 경화제나 시너를 사용한 경우

② 소재 위에 적용된 페인트가 부분적으로 건조된 경우

③ 중간 건조시간이 정확하지 않은 경우(프라이머가 건조되지 않은 상태에서 탑코트를 도장한 경우)

④ 스프레이 점도가 너무 높거나 도막을 한 번에 과도하게 올린 경우

[4] 도막박리(Peeling)

① 테이프를 붙였다가 제거 시 벗겨짐

② 도료의 흡수성이 클 때

③ 너무 낮은 온도에서 도장한 경우

④ 플라스틱 소재에 프라이머를 도장하지 않은 경우

⑤ 전처리 상태가 양호하지 못한 경우

⑥ 연마를 하지 않고 도장한 경우

⑦ 금속면 연마를 너무 매끈하게 연마한 경우

[5] 물 자국(Water spotting, 워터 스폿)

① 경화제 혼합량이 정확하지 않은 경우

② 도막을 너무 과도하게 올려서 추천된 건조시간 내에 충분히 건조되지 않은 경우

③ 도막을 냉각시키는 과정에서 물방울, 땀 등이 떨어진 경우

④ 도막이 완전히 건조되지 않은 경우

⑤ 화학제품이 묻은 후 장시간 방치한 경우

⑥ 새의 배설물이 묻었을 경우 장시간 제거하지 않았을 때

[6] 황변(Yellowing) 현상

① 질화면(NC)이 함유된 락카를 사용 시

② 우레탄의 경우 황변성 경화제를 사용한 경우

③ 자외선이 강한 환경지역에서 장시간 노출 시

[7] 백화(Blushing, Blooming)

① 너무 빠른 속건형 시너를 사용하는 경우(이런 경우 표면을 그만큼 빨리 냉각시키므로, 건조되지 않은 도막에 즉각적으로 습기가 응축되도록 한다.)

② 과도한 에어 압력으로 스프레이하는 경우(이때 습기가 응축함)

③ 작업환경이 너무 습하고 차가운 경우

④ 작업환경의 공기 순환이 너무 빠른 경우
⑤ 작업하고자 하는 패널을 충분하게 건조시키지 않아 도막 내에서 응축이 발생하는 경우

[8] 부식 현상(Rusting)

① 소재를 완전히 탈지하지 않아서 방청 역할을 하는 프라이머나 페인트 시스템이 소재와 부착력이 떨어지는 경우
② 부식된 부분이 샌딩으로 완전히 제거되지 않은 경우
③ 워시 프라이머에 경화제가 소량 혼합된 경우
④ 도막 두께가 충분하지 못한 경우

[9] 초킹 현상(Chalking)

① 부정확한 경화제나 시너 양을 첨가하는 경우
② 부적합한 경화제나 시너를 사용하는 경우
③ 자동차를 깨끗하게 관리하지 않는 경우
④ 자동차를 부적합한 세척제로 관리하거나 너무 거친 재료로 폴리싱하는 경우
⑤ 저급의 도료 사용
⑥ 자외선, 외적 풍화로 도막 분해

[10] 크랙(Cracks)

① 도막에 이미 균열이 발생해 있는 경우
② 2액형 제품에서 경화제를 너무 적게 혹은 너무 많이 혼합한 경우
③ 1액형 제품에서 시너를 너무 많이 첨가한 경우
④ 프리이머를 충분히 교반하지 않은 경우
⑤ 베이스코트를 너무 두껍게 올린 경우
⑥ 탑코트를 너무 두껍게 올린 경우

[11] 광택저하(Low gloss)

① 왁스나 유분 오염물이 도막에 흡수되는 경우
② 필러가 충분히 경화되기 전에 샌딩하는 경우
③ 너무 거친 연마지를 사용한 경우
④ 너무 빠른 속건형의 시너를 사용한 경우
⑤ 부적합한 경화제나 시너를 사용한 경우
⑥ 부정확한 양의 경화제나 시너를 혼합한 경우
⑦ 2액형의 주제와 경화제가 완벽히 혼합되지 않은 경우
⑧ 중간 건조시간을 무시한 경우
⑨ 메탈릭 컬러의 미스트 코트가 너무 과도하게 올라간 경우
⑩ 웨트 온 웨트 시스템에서 중간 건조시간이 너무 짧거나 긴 경우
⑪ 건조 온도가 높거나 시간이 긴 경우
⑫ 에어의 공급이 불충분한 경우
⑬ 1액형 탑코트가 완전히 건조되기 전에 폴리싱하는 경우

[12] 변색(Discoloration)

① 자외선, 화학약품, 대기오염 등으로 안료가 변질된 경우
② 건조제를 과다하게 사용한 경우
③ 열이나 자외선으로 수지가 변질된 경우
④ 피도면의 화학성분과 안료의 반응이 일어난 경우

[13] 부착 불량(Poor adhesion)

① 부적합한 페인트시스템을 적용한 경우
② 페인트층 중의 하나가 오염으로 인해 부착력이 불충분한 경우
③ 샌딩이 불충분하거나 샌딩 재료를 잘못 선택한 경우
④ 부적합한 경화제나 시너가 사용된 경우
⑤ 너무 빠른 속건형 시너를 사용한 경우

⑥ 희석이 잘못된 경우

⑦ 스프레이 건 구경이 너무 크거나 작은 경우

⑧ 한 번에 과도한 도막이 올라간 경우

⑨ 중간 건조시간이 불충분한 경우

⑩ 너무 건조하게 스프레이된 경우

⑪ 스프레이 온도가 너무 높거나 낮은 경우

⑫ 스프레이된 표면 온도가 너무 낮아서 습기가 응축된 경우

[14] 싱케이지(Sinkage)

① 상도 도장 전 하도의 건조가 충분치 못했을 때

② 하도가 너무 두껍게 도장되어 건조가 잘 되지 않았을 때

③ 하도면이 너무 거칠었을 때

④ 상도가 얇게 도장되었을 때

⑤ 상도를 두껍게 도장했을 경우 도막에 존재하는 용제의 증발이 서서히 일어날 때

[15] 솔벤트 팝(Solvent pop)

① 1회에 너무 두껍게 도장했을 때

② 건조가 빠른 부적합한 시너를 사용 시

③ 세팅 시간을 짧게 주었을 때

④ 건조를 촉진시키기 위해 열 발생 장치(원적외선 램프와 같은)로 강제 건조시켰을 때

⑤ 물체와 열매체 사이의 간격이 너무 좁을 때

[16] 등고선 현상(Contour Mapping)

① 소재에 적합한 바디 필러를 선택하지 않아 표면 장력에 차이가 생기는 경우

② 샌딩하기 전에 소재를 완전히 탈지하지 않은 경우

③ 너무 고운 샌드페이퍼를 사용하여 필러를 샌딩하는 동안 부착 불량으로 인하여 모서리 부분이 부서지는 경우

④ 보수할 부분의 경계 부위의 원 도막을 적절하게 벗겨내지 않은 경우
⑤ 소재를 너무 거친 샌드페이퍼로 샌딩한 경우
⑥ 도막의 작은 얼룩이나 반점이 충분히 제거되지 않은 경우
⑦ 바디 필러가 곱게 샌딩되지 않은 경우
⑧ 바디 필러가 부분적으로 구 도막의 탑코트 위에 남아있는 경우
⑨ 바디 필러가 모서리 주변까지 고르게 적용되지 않은 경우

[17] 기포(Bubble)

① 도료의 점도가 너무 높을 경우
② 한 번에 두껍게 과도막으로 도장했을 경우
③ 소지 면의 상태가 안 좋은 경우
④ 지정되지 않은 희석제나 희석비를 사용한 경우
⑤ 우레탄 도료의 경우 건조가 빠른 시너를 사용하거나, 1회 도막을 두껍게 도장 및 하도 미건조 상태로 도장할 경우

[18] 가스 체킹(Gas crazing)

① 탈지 때 완전히 제거되지 못한 트리클로로에틸렌 성분이 남아있거나 건조로 혼입
② 열풍대류형으로 건조 시 연소가스 중의 NO, SO 등의 산성가스 성분이 도막 표면 건조를 촉진한 경우
③ 건조로 내 잔류한 습기나 수분이 도막 표면에 수증기로 접촉한 경우

[19] 치핑(Chipping) 현상

① 여러 개의 도막층 중에서 소재와의 부착이 불량한 층이 있는 경우와 하부 코트에 비해 탑코트의 도막이 너무 딱딱한 경우
② 도막 두께를 규정 이상으로 과도하게 올린 경우

[20] 경화불량(Poor Through Harding)

① 소재가 유분에 의해 오염된 경우

② 부적합한 경화제를 사용한 경우

③ 경화제가 과량 혹은 소량 혼합된 경우

④ 베이스코트가 과다하게 적용된 경우

⑤ 작업장 주위 온도가 너무 낮은 경우

⑥ 작업장 온도가 너무 낮은 경우

⑦ 건조시간이 너무 짧은 경우

⑧ 부스 내 온도가 너무 낮은 경우

⑨ 부스 내 공기 순환이 부족한 경우

3 결함대책 수립

3.1 도장작업 전 결함대책

[1] 침전(Settling)

① 냉암소(20℃ 이하)에 보관하고, 장기간 저장하는 경우에는 정기적(2개월 이내)으로 뒤집어 놓아준다.

② 적정량의 재고를 확보하고 선입선출을 반드시 지킨다.

③ 토너는 한 번에 15분 동안 교반하는 것이 적당하며 특히 새 토너로 교환하였을 경우에는 사용 전 반드시 15분 동안 교반한다.

④ 희석된 상태로 보관하지 말고 반드시 사용 직전에 희석한다.

[2] 겔화(Gelling)

① 저장 시 용기의 뚜껑을 완전히 밀폐하여 서늘한 곳에 보관한다.

② 우레탄 도료는 주제와 경화제를 혼합한 후 가사시간 이내에 사용한다.

③ 도료의 성분이 같은 도료만 사용한다.

④ 경화제는 사용 직후 밀폐하여 보관한다.

⑤ 습도가 높은 날에는 가능한 사용을 하지 않는다.

⑥ 수지의 산가 조절이 필요하다.

[3] 피막(Skinning)

① 도료 용기 뚜껑을 완전히 밀폐하여 보관한다.

② 건조제를 적량 첨가한다.

③ 사용한 도료는 가급적 빨리 사용한다.

④ 지정 시너를 사용한다.

[4] 점도상승(Fattening)

① 도료를 사용하지 않을 때는 완전히 밀봉하여 보관한다.

② 지정 시너를 사용한다.

③ 보관상태 및 지정 기간을 철저히 지킨다.

④ 사용가능한 양만 혼합한다.

[5] 색분리(Flooding)

① 도료를 고온에서 보관을 금지한다.

② 희석제가 혼합된 도료를 원래 도료에 넣지 않는다.

③ 도료를 잘 교반하고 여과한 후 사용한다.

[6] 가스 발생(Gasing)

① 조기에 사용하고 장기적인 저장을 피한다.

② 냉암소에 저장한다.

[7] 변색(Discoloration)

① 안료를 선별하여 사용한다.

② 수지의 산가조절이 필요하다.

3.2 도장작업 중 결함대책

[1] 색번짐(Bleeding)

① 노후화가 심한 구도막은 완전히 벗겨낸 다음 재도장한다.

② 불포화 폴리에스테르계 퍼티에 은분(알루미늄 분말)을 섞어서 사용하지 않는다.

③ 사용 용구를 잘 세척하여 사용한다.

④ 에나멜 도료의 적색 계통 도막일 때는 색 블리이딩 방지제(카베리 코트)를 도장한 다음 중도도장하고 색도장해야 한다.

⑤ 용제에 잘 녹는 안료를 가급적 피해야 한다.

[2] 오렌지필(Orange peel)

① 도장 온도에 맞는 시너를 사용한다.

② 도료의 점도를 적절하게 맞춘다.

③ 스프레이 압력을 적절하게 하고 피도체와의 거리를 잘 맞춘다.

④ 표준 도장 조건에서 작업을 한다.

[3] 흐름(Sagging, Running)

① 작업 전에는 반드시 탈지 공정을 거친다.

② 작업량의 크기, 작업장 주위 온도, 작업장 내 공기 공급량과 순환 상태를 고려하여 시너를 선택한다.

③ 믹싱 스틱과 점도 컵을 이용해서 정확한 혼합 비율을 지킨다.

④ 특성에 맞는 적절한 스프레이 테크닉을 사용한다.

⑤ 제품 기술자료의 지시사항에 따른다.

⑥ 이상적인 작업 온도는 20℃이며, 필요한 경우에는 약간 더 빠른 시너를 선택한다.

⑦ 작업물의 온도가 작업장 온도와 일치하도록 한다.
⑧ 페인트 저장 온도는 항상 20~25℃를 유지한다.
⑨ 여러 번에 나누어 도장한다.

[4] 분화구 현상(Cratering, 크레이터링)

① 작은 크레이터링은 미스트 스프레이 방법으로 해결이 가능하다.
② 시판되는 크레이터링 방지제를 2% 이내로 사용한다.
③ 폴리싱 콤파운드는 실리콘이 없는 것을 사용한다.
④ 전용 탈지제로 유・수분을 완전히 제거한다.
⑤ 도장 설비 중의 에어라인과 공기 크리너를 하루 2~3회 점검하여 수분 등을 제거한다.
⑥ 기름성분이나 왁스나 증발되는 오일 발생원을 제거한다.

[5] 연마자국(Sanding mark, 샌딩자국)

① 추천된 종류의 샌딩재료를 사용한다.
② 경계 부위는 #100 정도 더 고운 샌드페이퍼를 사용한다.
③ 샌딩하기 전에 충분히 건조되었는지 확인한다.
④ 항상 오염물을 제거하면서 샌딩한다.
⑤ 손으로 샌딩하는 경우 한 단계 고운 샌드페이퍼를 사용한다.

[6] 퍼티자국(Putty mark)

① 샌드위치 도장된 도막일 경우는 보호용 중도를 도장하여 완전 건조한 후에 퍼티 작업하고, 건조한 다음 퍼티 위에 중도를 도장한다.
② 공정별 사용되는 도료에 가능하면 추천된 시너(희석제)를 사용한다.
③ 점도를 적절하게 맞춰서 도장한다.
④ 단 낮추기를 규정대로 하여 단차가 발생하지 않도록 한다.
⑤ 퍼티면의 마무리 연마는 #240~#320 연마지로 연마하며, 면을 평활하게 조정하

는 것은 퍼티작업으로 완벽하게 한다.

⑥ 중도 도장 시 퍼티면부터 1회 초벌 도장하고, 전체적으로 도장한다.

[7] 메탈릭 얼룩(Metallic floating)

① 도료의 점도를 잘 맞춘다.

② 지정 시너를 사용한다.

③ 도막의 두께를 일정하게 도장한다.

④ 스프레이 건 사용 시 겹침을 잘 준수하고 거리를 적절하게 유지한다.

⑤ 클러어 코트 1차 도장 시 얇게 도장한다.

[8] 퍼티기공(Putty stoma)

① 얇게 여러 번에 걸쳐서 도장을 한다.

② 퍼티 점도를 적절하게 유지한다.

[9] 먼지고착(Dust inclusion, 낙진)

① 작업 전 주변 부위를 깨끗이 세척한다.

② 샌딩 후에는 에어 블로우로 제거한다.

③ 양질의 마스킹 테이프를 사용하도록 하고, 끝부분은 접어서 붙인다.

④ 송진포를 항상 포장지 안에 보관하고 스프레이 전 주의해서 닦아낸다.

⑤ 페인트를 건 컵에 부울 때는 반드시 필터링을 한다.

⑥ 깨끗하고, 방진, 방전의 작업복을 착용한다(나일론 계열).

⑦ 안티스테틱 디그리저를 사용한다. 단, 이 제품사용 후에 다시 탈지를 하여서는 안 된다.

⑧ 부수 내에서는 불필요한 행동을 삼간다.

⑨ 정기적으로 부스 내 압력을 점검한다.

⑩ 정기적으로 필터를 교체한다.

⑪ 부스 바닥을 항상 깨끗하게 유지하고 불필요한 장비는 부스 안에 두지 않는다.

⑫ 정기적으로 청소한다.

⑬ 2m 정도의 에어라인에 건과 오래된 택렉을 결합하여 청소하고, 사용 후에 바닥에 두지 말고 걸어 놓는다.

[10] 실끌림(Cobwebbing)

① 도장 시 도료 점도를 낮게 한다.

② 도장 시 농도를 저하시킨다.

③ 진용제 함유가 많은 시너로 교체한다.

[11] 시딩(Ceeding)

① 가사시간을 준수한다.

② 사용 전 충분히 교반하고 사용한다.

③ 기술자료집의 지정 시너나 경화제를 사용한다.

[12] 색 분리현상(Flotation)

① 추천된 시너를 사용한다.

② 메탈릭 컬러는 과도한 스프레이를 삼가고 충분한 중간 건조시간을 준다.

③ 충분한 중간 건조시간을 준다.

④ 굴곡진 부분을 작업할 때 스프레이 거리가 일정하도록 주의한다.

⑤ 제품별로 기술자료를 참조한다.

⑥ 작업 전에는 항상 부스 내 온도와 자동차의 표면의 온도를 20℃ 정도로 유지한다.

[13] 오버 스프레이(Over steady)

① 믹싱 스틱을 이용하여 혼합 비율을 정확히 지킨다.

② 해당 제품의 기술자료를 참조하여 추천된 스프레이 압력으로 낮춘다.

③ 적절하게 스프레이 방법을 조정한다.

④ 해당 제품의 기술자료를 참조한다.

⑤ 매일 건을 깨끗이 세척하고 이상 유무를 확인한다.

[14] 들뜸 현상(lifting)

① 보수할 부분의 소재를 정확히 파악하여야 한다.

② 소재와 적합한 프라이머와 필러를 선택해야 하고 정확한 혼합비율을 준수한다.

③ 정확한 건조시간과 온도를 준수한다.

④ 정확한 작업방법을 숙지한다.

⑤ 추천된 중간 건조시간 후 즉시 다음 코트를 올린다.

[15] 은폐 불량(Poor covering)

① 사용 전 믹싱 컬러들을 항상 충분히 교반한다.

② 추천된 도장 횟수 혹은 완전히 은폐될 때까지 스프레이한다.

③ 정확하고 균일하게 스프레이한다.

④ 충분한 중간 건조시간을 갖는다.

⑤ 폴리싱 작업 시 열에 의한 영향으로 작업시 한곳에 너무 오래 있지 않도록 한다.

3.3 도장작업 후 결함대책

[1] 핀홀(Pinhole, Bubble)

① 두 개의 나이프로 필러와 경화제를 혼합하고 혼합하는 동안 기포가 생기지 않도록 한다.

② 나이프를 사용하는 가장 좋은 각도는 60°이다.

③ 스프레이 건은 추천된 건 구경을 사용한다.

④ 믹싱 스틱을 이용해 정확한 비율로 혼합한다.

⑤ 가사시간이 경과하지 않도록 한다.

⑥ 작업장 온도, 시너의 증발 속도, 작업장 내 공기 공급량과 순환 상태에 따라 중간 건조시간을 설정한다.

[2] 부풀음(Blistering, 블러스터)

① 탈지하는 동안 주의 깊게 표면을 관찰하여야 한다.

② 스프레이하기 전에는 항상 탈지하는 습관을 갖도록 한다.

③ 습하고 차가운 날씨에는 스프레이하기 전에 항상 패널을 주위 온도에 맞추어야 한다.

④ 샌딩 후에는 반드시 깨끗한 물로 완전히 헹구어내고 건조시켜야 한다.

⑤ 샌딩 더스트를 제거하기 위해서는 압축 공기를 사용하는 것이 적절하다.

⑥ 폴리에스터 필러는 반드시 건 샌딩해야 한다.

⑦ 반드시 알맞은 제품용 경화제와 시너를 사용해야 한다.

⑧ 경화제를 사용한 후에는 반드시 마개를 밀봉해야 한다.

⑨ 오일, 수분 분리기를 항상 확인하고 정기적으로 배출하도록 한다.

[3] 주름(Lifting wrinkling) 현상

① 제품에 적합한 경화제와 시너를 사용한다.

② 탈지나 샌딩하기 전에 완전히 건조되었는지 확인한다.

③ 추천된 중간 건조시간을 지키고 공기 순환 상태를 확인한다.

④ 추천된 도막 코트 수를 따르고 정확한 스프레이 테크닉을 사용하되 도막을 두껍게 도장하는 것을 피한다.

[4] 도막박리(Peeling)

① 작업 전 소지 처리를 확실히 한다.

② 도장실 온도를 표준도장 온도로 맞춘다.

③ 플라스틱 소재에 프라이머를 도장한다.

④ 접착력이 약한 테이프를 사용한다.

[5] 물 자국(Water spotting, 워터 스폿)

① 믹싱 스틱을 이용해서 정확하게 측정한다.

② 과도한 도막 적용을 피한다.

③ 추천된 건조시간과 온도를 정확히 지킨다.

④ 건조된 도막이 완전히 냉각되기 전에 세차하거나 물과 접촉하는 것을 피한다.

[6] 황변(Yellowing) 현상

① 결함부위를 콤파운딩 작업을 한다.

② 무황변 타입의 도료로 재도장

③ 규정 온도에서 가열 건조한다.

④ 강한 자외선이나 태양열을 피한다.

⑤ 규정 도료를 사용한다.

[7] 백화(Blushing, Blooming)

① 습한 날씨에는 약간 지건형의 시너를 사용한다.

② 추천된 에어 압력으로 스프레이한다.

③ 너무 습하고 차가운 곳에서의 작업을 피한다.

④ 작업장 내의 공기 순환 속도를 정기적으로 점검한다.

⑤ 작업 목적에 맞는 추천된 건조시간을 준수한다.

[8] 부식 현상(Rusting)

① 스프레이 전에는 반드시 추천된 제품을 사용하여 탈지하여야 한다.

② 부식된 부분을 완전히 제거해야 한다.

③ 해당 제품 기술 자료를 참조하여 정확한 양을 혼합해야 한다.

④ 추천된 도막 두께까지 올린다.

[9] 초킹 현상(Chalking)

① 경화제나 시너를 혼합하는 경우에는 믹싱 자를 이용해서 정확한 양을 첨가한다.

② 반드시 추천된 경화제와 시너를 사용한다.

③ 자동차는 산업 오염물이 제거될 수 있도록 정기적으로 세차하여 깨끗하게 관리한다.

④ 차주에게 적합한 세정제를 사용하도록 권고한다.

[10] 크랙(Cracks)

① 탈지하는 동안 주의 깊게 표면을 관찰한다.

② 믹싱 스틱을 이용해서 정확한 비율로 혼합한다.

③ 모든 페인트는 사용 전 충분히 교반하여야 한다.

④ 과도한 스프레이를 피하고, 추천된 도막 두께를 초과하지 않도록 한다.

⑤ 추천된 도막 횟수를 지키고 기술자료에서 제시한 적용방법을 지킨다.

[11] 광택저하(Low gloss)

① 사용할 제품에 적합한 경화제와 시너를 사용해야 한다.

② 작업장의 온도와 공기 순환량, 작업량에 따라 적절한 시너를 선택한다.

③ 적절한 스프레이 건 구경을 사용한다.

④ 베이스(컬러)코트를 스프레이하는 경우 적절한 스프레이 기술을 사용한다.

⑤ 오버랩(중첩)을 스프레이하는 경우 적절한 스프레이 기술을 사용한다.

⑥ 추천된 중간 건조시간을 지키고 필요에 따라 시간을 늘린다.

⑦ 미스트 스프레이를 위한 정확한 기술을 구사한다.

[12] 변색(Discoloration)

① 건조제를 규정량만 사용한다.

② 용도에 맞는 도료를 사용한다.

③ 내후성이 좋은 안료를 사용한다.

④ 변색이 잘 일어나지 않는 수지를 사용한다.

[13] 부착 불량(Poor adhesion)

① 해당 제품의 기술 자료를 참조한다.

② 샌딩과 스프레이 전에는 반드시 탈지하도록 한다.

③ 그 다음에 적용될 제품을 위해서 추천된 장비, 재료를 사용해서 샌딩한다.

④ 반드시 추천된 경화제와 시너를 사용한다.

⑤ 작업장 온도와 공기 순환속도에 맞는 시너를 선택한다.

⑥ 믹싱 스틱과 점도 컵을 사용해서 정확한 양의 시너를 첨가한다.

⑦ 추천된 구경 사이즈를 사용한다.

⑧ 한 번에 적당량을 스프레이한다.

⑨ 작업장 온도, 시너의 증발속도, 작업장 내 공기 공급량과 순환 상태에 따라 중간 건조시간을 설정한다.

⑩ 한 번에 적당량을 스프레이한다.

⑪ 최적 온도는 20℃이다.

⑫ 표면온도가 너무 낮은 경우, 작업장 주위 온도와 같아질 때까지 기다린다.

[14] 싱케이지(Sinkage)

① 상도나 하도 도장 시 자료집에 규정된 도막 두께를 준수한다.

② 도장 시 충분한 세팅시간을 준다.

[15] 솔벤트 팝(Solvent pop)

① 세팅시간을 적절하게 준다.

② 건조 시 적외선 건조기와의 거리를 준수한다.

③ 도장 온도에 맞는 시너를 사용한다.

④ 추천된 제품별 도막 두께를 유지한다.

[16] 등고선 현상(Contour Mapping)

① 작업 전 소재를 먼저 파악해야 하며, 폴리에스터 바디 필러는 반드시 맨 철판이

나 EP 프라이머 위에 올려야 한다.

② 샌딩 전 반드시 완벽히 탈지한다.

③ 추천된 입자크기의 샌드페이퍼를 사용한다.

④ 필러를 올리기 전에 경계 부위의 원 도막을 적절히 벗겨낸다.

⑤ 원 도막의 작은 얼룩이나 반점도 반드시 샌딩하여 제거한다.

⑥ 샌딩 블록을 이용하고 표면이 매끄럽게 샌딩되었는지 항상 확인한다.

⑦ 구 도막 탑코트 위에 남아 있는 필러는 샌딩하여 제거한다.

⑧ 바디 필러가 모서리 주변까지 고르게 적용한다.

[17] 기포(Bubble)

① 점도를 보다 저하시켜 작업한다.

② 충분한 숙성시간이 지난 후 작업한다.

③ 교반 후 자연탈포되면 사용한다.

④ 규정의 점도로 작업한다.

⑤ 피도물을 청결히 한다.

⑥ 소지 조정 후 도장한다.

[18] 가스 체킹(Gas crazing)

① 배기가 잘되게 하고 불완전한 연소가 없도록 할 것

② 분해가 쉬운 트리크로로 에틸렌 등을 건조로 부근에서 사용하지 말 것

③ 건조로를 가열하여 수분을 제거한 후 사용한다.

[19] 치핑(Chipping) 현상

① 해당 소재와 적합한 페인트시스템을 적용한다.

② 과도한 스프레이를 피한다.

[20] 경화불량(Poor Through Harding)

① 작업 전에 반드시 작업 부위를 탈지한다.

② 반드시 추천된 경화제를 사용한다.

③ 믹싱 스틱을 이용해서 혼합 비율을 정확히 지켜야 하며 혼합이 잘되도록 교반기를 이용한다.

④ 절대로 추천 도막 이상 올리지 말고 한 번에 과도한 도막을 올리지 않는다.

⑤ 이상적인 작업 온도는 20℃이며, 작업 패널을 이 온도에 맞추어야 한다.

⑥ 저온에서는 경화 촉진제를 사용한다.

⑦ 기술자료의 건조시간을 정확히 지킨다.

⑧ 부스 내 온도를 수시로 측정하고 온도 조절 장비를 정기적으로 점검한다.

⑨ 부스 내 필터와 공기의 흡입, 배출 장치를 정기적으로 점검한다.

자동차 보수도장

기출 문제

001 다음 작업 중 겔(gel)화 원인이 아닌 것은?

① 성분이 다른 도료를 혼합
② 불량 시너를 첨가한 도료
③ 소량의 경화제 사용
④ 뚜껑의 밀폐된 상태로 저온 보관

겔화 원인
㉮ 도료 용기의 뚜껑을 닫지 않아 용제가 증발한 경우
㉯ 저장 기간이 오래되어 도료가 굳은 경우
㉰ 성분이 다른 도료를 혼합한 경우
㉱ 경화제가 들어 있는 도료를 혼합한 경우
㉲ 불량 시너를 첨가한 경우
㉳ 온도가 높은 곳에서 보관한 경우

002 겔(gel)화 현상 설명으로 옳은 것은?

① 도료의 점도가 높아져 젤리처럼 되는 현상
② 도료에 희석제가 과다하게 혼합되어 굳지 않는 현상
③ 도료를 재활용할 수 있는 상태로 보관된 현상
④ 도료를 상온에서 장시간 노출시켜 재활용하는 현상

003 도료 저장 중(도장 전) 발생하는 겔(gel)화 결함으로 방지대책 및 조치사항을 설명하였다. 바르지 못한 것은?

① 도료 저장 시 도료 뚜껑을 완전히 닫은 후 20℃ 이하 실내에 보관한다.
② 장기간 저장한 것은 사용하지 않아야 한다.
③ 피도면의 충분한 세정 및 탈지 작업을 한다.
④ 결함 상태가 약한 것은 굳은 부분을 제거 후 희석제로 잘 희석하여 사용한다.

004 도료의 점도가 여러 가지 요인에 의해서 높아져 도료의 유통성이 없는 젤리처럼 되는 현상은?

① 침전
② 피막
③ 겔화
④ 분리현상

| 정 | 답 | 001 ④ 002 ① 003 ③ 004 ③

005 도료 저장 중 발생하는 결함의 방지대책 및 조치사항을 설명하였다. 어떤 결함인가?

> ㉠ 사용하지 않을 시 밀폐 보관한다.
> ㉡ 규정시너를 사용한다.
> ㉢ 보관상태 및 기간에 유의한다.
> ㉣ 규정된 시간 내에 사용할 만큼의 양만 배합한다.

① 피막
② 점도 상승
③ 겔(GEL화)
④ 도료 분리 현상

006 도료 저장 중 침전결함의 발생 원인이 아닌 것은?

① 수지와 안료의 비율 중 안료의 양이 많은 경우
② 저장 시 주변 온도가 높은 경우
③ 도료의 저장 기간이 오래되었을 경우
④ 구도막의 열화 및 산화가 일어난 경우

007 도료의 보관 장소에서 우선하여 고려되어야 할 사항은?

① 상온유지
② 환기
③ 습도
④ 청소

008 도료보관 방법으로 가장 적합한 것은?

① 직사광선이 드는 내화구조의 창고에 보관
② 햇빛이 적당히 비치는 밀폐된 창고에 보관
③ 통풍, 차광이 알맞은 내화구조의 창고에 보관
④ 인화방지를 위해 밀폐 창고를 이용

009 도료의 보관 장소로 가장 적절한 것은?

① 통풍과 차광이 알맞은 내화구조
② 햇빛이 잘 드는 밀폐된 구조
③ 경화 방지를 위한 밀폐된 구조
④ 직사광선이 잘 드는 내화구조

010 도료의 저장 과정 중에 발생하는 결함에 대해 바르게 설명한 것은?

① 침전 : 안료가 바닥에 가라앉아 딱딱하게 굳어 버리는 현상
② 크레터링 : 도막이 분화구 모양과 같이 구멍이 패인 현상
③ 주름 : 도막의 표면층과 내부층의 뒤틀림으로 인하여 도막 표면에 주름이 생기는 현상
④ 색번짐 : 상도 도막면으로 하도의 색이나 구도막의 색이 섞여서 번져 나오는 현상

> 도료의 저장 과정 중에 발생하는 결함은 침전, 겔, 피막 등이 있다.

| 정 | 답 | 005 ② 006 ④ 007 ② 008 ③ 009 ① 010 ①

011 도료를 도장하여 건조할 때 도막에 바늘구멍과 같이 생기는 현상을 핀 홀이라고 한다. 다음 중 핀 홀의 원인이 아닌 것은?

① 두껍게 도장한 경우
② 세팅타임을 너무 많이 주었을 때
③ 점도가 높은 경우
④ 속건 시너 사용 시

핀 홀의 발생원인
㉮ 도장 후 세팅타임을 적절하게 주지 않고 급격히 온도를 올린 경우
㉯ 증발속도가 빠른 속건 시너를 사용할 경우
㉰ 하도나 중도에 기공이 잔재해 있을 경우
㉱ 점도가 높은 도료를 플래시 타임 없이 두껍게 도장할 경우

012 핀 홀(pin hole)이 발생하는 경우로 틀린 것은?

① 열처리를 급격하게 했을 때
② 플래쉬 오프 타임(Flash off Time) 시간이 적을 때
③ 도막이 얇을 때
④ 용제의 증발이 너무 빠를 때

013 용제 퍼핑의 상태를 설명한 것은?

① 상도나 프라서페에 함유된 용제에 의해 거품이 생긴 경우
② 상도 도장 또는 건조 시 표면이 일그러지거나 오그라드는 상태
③ 도막 표면에 용제가 흘러 심하게 주름이 생긴 형태
④ 구도막이나 하도를 연마한 자국이 표면에 확대되어 나타난 상태

014 다음 중 하도 작업 불량 시 발생되는 도막의 결함은?

① 오렌지 필(Orange Peel)
② 핀 홀(Pin Hole)
③ 크레터링(Cratering)
④ 메탈릭(Metallic) 얼룩

㉮ 오렌지 필 : 스프레이 도장 후 표면에 오렌지 또는 귤 껍질 모양으로 요철이 생기는 현상
㉯ 핀홀 : 도료를 도장하여 건조할 때 도막에 바늘구멍과 같이 생기는 현상
㉰ 크레터링 : 도장 중 오일, 왁스, 물 등의 이물질 등으로 도막 표면이 분화구처럼 움푹 패이는 현상
㉱ 메탈릭 얼룩 : 상도 도장 시 스프레이 건의 취급이 부적당하거나 도료의 점도가 지나치게 묽은 경우, 도장 두께의 불균일, 클리어 코트 도장 시 발생하는 부의 얼룩 등이 있으며, 메탈릭 입자가 불균일 혹은 줄무늬 등을 형성한 상태로 발생

015 도장 작업 후에 일어나는 불량이라 볼 수 없는 것은?

① 녹 발생
② 황변 현상
③ 크랙 현상
④ 메탈릭 얼룩

메탈릭 얼룩은 도장 작업 중에 발생한다.

| 정 | 답 | 011 ② 012 ③ 013 ① 014 ② 015 ④

016 다음 중 보수도장 작업 중에 발생하는 도막의 결함이 아닌 것은?

① 크레터링(cratering)
② 물 자국(water spot)
③ 오렌지 필(orange peel)
④ 메탈릭(metallic) 얼룩

물 자국, 부풀음, 핀홀, 박리현상, 광택저하, 균열, 크래킹, 변색 등은 작업 후에 발생되는 결함이다.

017 도장 작업 후에 발생하는 불량이라고 볼 수 없는 것은?

① 박리 현상
② 황변 현상
③ 광택 소실
④ 메탈릭 얼룩

㉮ 도장 전 결함 : 침전, 겔화, 피막 등
㉯ 도장 작업 중 결함 : 연마자국, 퍼티자국, 퍼티기공, 메탈릭 얼룩, 먼지고착, 크레터링, 오렌지 필, 흘림, 백화, 번짐 등
㉰ 도장 작업 후 결함 : 부풀음, 리프팅, 핀홀, 발리 현상, 녹, 변색, 크래킹, 화학적 오염, 물 자국 광택저하, 균열 등

018 도료 저장 중(도장 전) 발생하는 결함의 방지 대책 및 조치사항을 설명하였다. 어떤 결함인가?

㉠ 도료 용기 봉합 상태를 확실히 한다.
㉡ 용기에 완전히 충전시켜 보관한다.
㉢ 산화 반응이 일어나지 않도록 빠른 시간 내에 사용한다.
㉣ 사용하고 남은 도료를 보관할 때 시너를 혼합하여 보관한다.
㉤ 한 번 개봉한 통은 잘 밀폐하고 충분히 흔들어 준다.

① 점도 상승
② 겔(gel)화 현상
③ 도료 분리 현상
④ 피막

019 도료 저장 중 (도장 전) 침전결함의 발생 원인을 모두 고른 것은?

㉠ 수지와 안료의 비율 중 안료의 양이 많은 경우
㉡ 저장 시 주변 온도가 높은 경우
㉢ 도료의 저장 기간이 오래되었을 경우
㉣ 도료의 토출량이 많은 경우

① ㉠, ㉡
② ㉠, ㉡, ㉢
③ ㉠, ㉡, ㉢, ㉣
④ ㉢, ㉣

| 정 | 답 | 016 ② 017 ④ 018 ④ 019 ②

020 도료 저장 중 (도장 전) 도료분리 현상의 발생 원인을 모두 고른 것은?

> ㉠ 도장면의 온도가 낮은 경우
> ㉡ 서로 다른 타입의 도료가 들어갈 경우
> ㉢ 저장기간이 오래되어 도료의 저장성이 나빠졌을 경우
> ㉣ 주변 온도가 높은 상태에서 저장을 할 경우

① ㉠, ㉡, ㉢
② ㉠, ㉡, ㉣
③ ㉠, ㉢, ㉣
④ ㉡, ㉢, ㉣

021 도료 저장 중 발생하는 결함의 방지 대책 및 조치사항을 설명하였다. 어떤 결함인가?

> ㉠ 사용하지 않을 시 밀폐 보관한다.
> ㉡ 규정 시너를 사용한다.
> ㉢ 보관상태 및 기간에 유의한다.
> ㉣ 규정된 시간 내에 사용할 만큼의 양만 배합한다.

① 피막 ② 점도상승
③ 겔(gel)화 ④ 도료분리현상

022 다음 중 도료 저장 중 (도장 전) 발생하는 결함으로 바른 것은?

① 겔(gel)화 ② 오렌지 필
③ 흐름 ④ 메탈릭얼룩

023 피막 결함이 도료 저장 중(도장 전) 발생하는 경우로 틀린 것은?

① 도료 용기의 뚜껑이 밀폐되지 않아 공기의 유통이 있는 경우
② 저장 중의 온도가 높은 상태로 장시간 저장한 경우
③ 도료 안에 건성유 성분이 많은 때나 건조제가 과다한 경우
④ 공기와의 접촉면이 없는 경우

024 도료 저장 중 (도장 전) 발생하는 결함의 방지대책 및 조치사항을 설명하였다. 어떤 결함인가?

> ㉠ 도료 저장할 때 20℃ 이하에서 보관한다.
> ㉡ 장기간 사용하지 않고 보관할 때에는 정기적으로 도료 용기를 뒤집어 보관한다.
> ㉢ 충분히 흔들어 사용한다.
> ㉣ 딱딱한 상태인 경우에는 도료를 폐기하여야 한다.
> ㉤ 유연한 상태인 경우에는 잘 저은 후 여과하여야 한다.

① 도료 분리 현상
② 침전
③ 피막
④ 점도상승

| 정 | 답 | 020 ④ 021 ② 022 ① 023 ④ 024 ②

025 상도 작업 중 발생되는 도막 결함이 아닌 것은?

① 오렌지 필
② 흐름
③ 색 번짐
④ 백악화

백악화는 도장 작업 중에 발생한다.

026 상도 도장 작업 후 용제의 증발로 인해 도장 표면에 미세한 굴곡이 생기는 현상은?

① 부풀음
② 오렌지필
③ 물자국
④ 황변

㉮ 부풀음 : 피도면에 습기나 불순물의 영향으로 도막 사이의 틈이 생겨 부풀어 오른 상태
㉯ 물 자국 : 완전 건조되지 않은 도장 면에 물의 부착으로 인하여 도막 표면에 물방울 크기의 자국 혹은 반점이 도막에 패인 현상
㉰ 황변 : 가열 건조가 과하여 도막이 누렇게 변하는 상태

027 상도 도장 후에 도장면에 반점이 발생하는 결함은?

① 워터 스폿(물 자국)
② 지문 자국
③ 메탈릭 얼룩
④ 흐름(sagging)

028 상도 도장 작업 후 용제의 증발로 인해 도장 표면에 미세한 굴곡이 생기는 현상은?

① 부풀음 ② 오렌지 필
③ 물 자국 ④ 황변

029 도막의 벗겨짐(peeling) 현상의 발생 요인은?

① 용제의 용해력이 충분할 때
② 마스킹 테이프를 즉시 떼어냈을 때
③ 도료와 강판의 친화력이 좋을 때
④ 구 도막 표면의 연마가 미흡할 때

벗겨짐(peeling) 현상의 원인
㉮ 소재의 전처리 상태가 불량한 경우
㉯ 상도와 하도 및 구도막 간의 밀착이 불량한 경우
㉰ 실리콘, 오일, 기타 불순물이 있는 표면에 연마나 탈지를 충분히 하지 않고 후속 도장 하였을 경우
㉱ 희석재의 용해력이 약하거나 증발속도가 빠른 경우

030 다음 벗겨짐(peeling) 현상의 원인으로 올바르지 않은 것은?

① 스프레이 후 플레시 타임을 오래 주었을 경우
② 상도와 하도 및 구도막끼리의 밀착 불량
③ 피도물의 오염물질 제거 불량
④ 희석제의 용해력이 약하거나 증발 속도가 빠른 경우

| 정 | 답 | 025 ④ 026 ② 027 ① 028 ② 029 ④ 030 ①

031 박리(벗겨짐) 현상의 발생 원인이 아닌 것은?

① 구도막이나 도막면의 연마부족 시
② 이물질제거 부족 시
③ 경화제 혼합량 부족 시
④ 구도막의 거친 샌드페이퍼로 연마 시

032 도막의 결함 중 건조 직후에 발생하는 결함은?

① 칩핑(chipping)
② 핀홀(pin hole)
③ 황변(yellowing)
④ 크레터링(cratering)

033 도막에 작은 바늘구멍과 같이 생기는 현상은?

① 오렌지 필(orange peel)
② 메탈릭 얼룩(blemish)
③ 핀홀(pin hole)
④ 벗겨짐(peeling)

034 도막표면에 분화구와 같은 구멍이 생성되는 현상은?

① 크레터링(cratering)
② 핀홀(pin hole)
③ 오렌지 필(orange peel)
④ 주름(wrinkle)

035 부풀음(blister)의 예방법 중 틀린 것은?

① 도장할 면을 깨끗하게 탈지 · 탈청할 것
② 부착력이 좋은 도료로 도장할 것
③ 공기 내의 수분 및 유분을 제거 후 도장할 것
④ 서페이서에 경화제를 많이 넣어 단단하게 할 것

부풀음 예방법
㉮ 도장 부스 내의 온도 및 습도를 적절히 유지한다.
㉯ 각 도장 단계 시 이물질이 남아 있지 않도록 탈지 작업을 확실하게 한다.
㉰ 물 연마 후에는 수분을 확실하게 건조시킨다.
㉱ 깨끗한 압축공기를 사용하고 에어호스 내의 먼지나 수분을 제거한다.

036 도장표면에 오일, 왁스, 물 등이 있는 상태에서 도장 작업 시 나타나는 현상은?

① 오렌지 필
② 점도 상승
③ 크레터링
④ 흐름

㉮ 점도 상승 : 도료 보관 중 점도가 높아진 상태로 도료의 뚜껑을 열어두어 용제가 증발하여 발생
㉯ 흐름 : 도막이 균일하게 도장되지 않고 부분적으로 두껍게 중복 도장되어 도막이 흘러서 쳐지는 현상으로 점도가 낮은 도료를 한 번에 두껍게 도장하거나 증발 속도가 느린 지건 시너를 많이 사용할 때 발생한다.

| 정 | 답 | 031 ④ 032 ② 033 ③ 034 ① 035 ④ 036 ③

037 도료 저장 중 (도장 전) 발생하는 결함의 방지 대책 및 조치사항을 설명하였다. 어떤 결함인가?

a. 가능한 한 고온에서 장기간 저장하는 것을 피한다.
b. 희석된 도료는 원래 도료에 희석하지 말고 별도의 용기에 보관하고 사용해야 한다.
c. 장기간 보관하게 되면 정기적으로 용기를 뒤집어 보관한다.
d. 도료를 충분히 잘 저어 여과시켜 사용한다.

① 침전
② 점도 상승
③ 도료분리현상
④ 피막

㉮ 침전 : 도료 중 수지, 안료가 분해되어 안료의 도료 용기 바닥에 가라앉아 있는 현상
㉯ 점도 상승 : 도료 보관 중 점도가 높아진 현상
㉰ 피막 : 도표의 표면이 말라붙어 피막이 생긴 현상

038 백화 현상(blushing)의 원인이 아닌 것은?

① 고온다습한 장마철에 작업
② 시너의 증발로 인한 공기 중의 수분이 도막 표면에 응축
③ 지건성 시너의 사용
④ 스프레이 건의 공기압이 높음

백화 현상
㉮ 발생원인 : 도장 시 도장 주변의 열을 흡수하여 피도면에 공기 중의 습기가 응축 안개가 낀 것처럼 하얗게 되고 광택이 없는 상태
㉯ 발생원인 : 도장실의 습도가 높다, 건조가 빠른 시너 사용, 스프레이 건의 사용압력이 지나치게 높다.

039 녹(rusting)이 발생하였다. 원인으로 틀린 것은?

① 리무버 사용 후 세척을 제대로 못했을 경우
② 피도면의 표면처리(방청)작업을 제대로 못했을 경우
③ 도막의 손상부위로 습기가 침투하였을 경우
④ 구도막면의 연마가 미흡한 경우

040 보수도장 시 탈지가 불량하여 발생하는 도막의 결함은?

① 오렌지 필(Orange Peel)
② 크레터링(Cratering)
③ 메탈릭(Metallic) 얼룩
④ 흐름(Sagging and Running)

결함 발생원인
㉮ 오렌지 필 : 시너의 증발이 빠를 경우, 도장실의 온도 및 도료의 온도가 너무 높을 경우, 스프레이 건의 이동속도가 빠르거나 사용 공기압력이 높을 경우, 피도체와의 거리가 멀 때

| 정 | 답 | 037 ③ 038 ③ 039 ④ 040 ②

㉯ 크레터링 : 탈지가 불량하여 도장표면에 오일, 왁스, 물 등이 있는 상태에서 도장시
㉰ 메탈릭 얼룩 : 과다한 시너량, 스프레이 건의 취급 부적당, 도막 두께의 불균일, 지건 시너의 사용, 도장 간 플래시 오프타임 불충분, 클리어 코트 1회 도장 시 과다한 분무
㉱ 흐름 : 도료의 점도가 낮을 경우, 증발속도가 늦은 지건 시너를 많이 사용, 저온 도장 후 즉시 고온에서 건조, 스프레이 건의 이동속도나 패턴의 겹침 폭이 잘못되었을 때

041 탈지를 철저히 하지 않았을 때 발생할 수 있는 결함은?

① 흐름
② 연마자국
③ 벗겨짐
④ 흡수에 의한 광택저하

벗겨짐은 연마를 충분히 하지 않아 도장면의 표면 에너지가 적을 경우에 발생

042 보수 도장한 자동차가 비를 맞은 후 며칠이 지나 세차를 하였는데 원형에 가까운 반점 같은 것이 도장면에 많이 생겨났다. 어떤 결함인가?

① 핀홀
② 물자국
③ 백화
④ 크레타링

043 보수도막의 용제가 도막에 침투되어 구도막의 색상이 보수도막의 색상과 혼합되는 결함은?

① 핀홀　② 박리 현상
③ 번짐　④ 크랙 현상

044 열, 빛, 물 등에 의해 수지가 노화되어 안료가 표면에 노출되는 현상은?

① 백악화(Chalking) 현상
② 부풀음(Blistering) 현상
③ 색번짐(bleeding) 현상
④ 침전(Settling) 현상

045 자동차 도장에 대한 [보기]의 설명은 어떤 결함인가?

〈 보기 〉

후드(hood) 도장을 하고 오랜 시간이 지나면서 크리어층이 분해되어 날아가 버리고 광택이 손실되면서 도막이 분말화 결함이 발생하였다.

① 초킹(chalking)
② 크랙 현상(cracking)
③ 박리 현상(peeling)
④ 광택 손실(fading)

초킹 현상은 백악화라고 하며 도막의 표면에 분말 상으로 되어 흰 가루를 뿌려놓은 듯한 형태이다.

| 정 | 답 | 041 ③　042 ②　043 ③　044 ①　045 ①

046 오렌지 필이 발생하는 원인이 아닌 것은?

① 도료의 점도가 높을 때
② 스프레이 건의 공기압이 높을 때
③ 페더에지 작업이 불량일 때
④ 스프레이 건 이동속도가 빠를 때

047 흐름 현상이 일어나는 원인이 아닌 것은?

① 시너 증발이 빠른 타입을 사용한 경우
② 한 번에 두껍게 칠하였을 경우
③ 시너를 과다 희석하였을 경우
④ 스프레이 건 거리가 가깝고 속도가 느린 경우

흐름 현상은 한 번에 두껍게 도장하여 도료가 흘러내려 도장 면이 편평하지 못한 상태

048 보수도장 후 출고된 자동차가 크리어층에 균열이 생기고 갈라져 있었다면 어떤 결함인가?

① 도막박리 ② 크랙 현상
③ 녹 ④ 부풀음

㉮ 도막박리 : 도막 층간에 부착력이 저하되어 떨어지는 현상
㉯ 녹 : 페인트 도막 내부에서 발청에 의한 도막 손상
㉰ 부풀음 : 습기나 불순물의 영향으로 도막 사이에 틈이 생겨 부풀어 오르는 현상

049 도장 중 주름(lifting, wrinkling) 현상이 발생되었다. 그 원인으로 틀린 것은?

① 연마 주변의 도막이 약한 곳에 용제가 침해하였다.
② 작업할 바탕도막에 미세한 균열이 있다.
③ 건조가 불충분하고 도장계통이 다른 도막에 작업을 하였다.
④ 2액형의 프라이머 서페이서를 사용하였다.

2액형의 프라이머 서페이서를 사용하면 주름 현상이 방지된다.

050 보수도장에서 열처리 후 시너를 묻힌 걸레를 문질러서 페인트가 묻어나는 원인은?

① 경화제 부족 및 경화불량 때문에
② 지정 시간보다 오래 열처리를 해서
③ 도막이 너무 얇아서
④ 래커 시너를 사용하여 도장을 해서

| 정 | 답 | 046 ③ 047 ① 048 ② 049 ④ 050 ①

051 물 자국(water spot) 현상의 발생 원인이 아닌 것은?

① 새의 배설물이 묻었을 경우 장시간 제거하지 않았을 때 발생할 수 있다.
② 도막이 두꺼워서 건조가 부족한 경우 발생할 수 있다.
③ 급하게 열처리를 했을 경우에 생길 수 있다.
④ 건조가 되지 않은 상태에서 물방울이 묻었을 때 나타날 수 있다.

㉮ 물 자국 현상 : 물 자국 현상은 도막 표면에 물방울 크기의 자국 혹은 반점이나 도막의 패임이 있는 상태이다.
㉯ 발생원인
㉠ 경화제 혼합량이 정확하지 않은 경우
㉡ 도막을 너무 과도하게 올려서 추천된 건조시간 내에 충분히 건조되지 않은 경우
㉢ 도막을 냉각시키는 과정에서 물방울, 땀 등이 떨어진 경우
㉣ 도막이 완전히 건조되지 않은 경우
㉤ 화학제품이 묻은 후 장시간 방치한 경우
㉥ 새의 배설물이 묻었을 경우 장시간 제거하지 않았을 때

| 정 | 답 | 051 ③

CHAPTER 13

도장 후 마무리 작업

1 마스킹 종류와 재료

1.1 광택 필요성 판단

1.1.1 광택의 정의

광택은 자동차의 페인트 도장 위에 묻은 먼지나 타르 등 잘 떨어지지 않은 때나 긁힌 자국 등의 흠집을 제거하기 위해 페인트 도장을 얇게 벗겨내어 새차처럼 반짝거림을 복원시키는 것을 말한다. 보통 연마기와 연마재를 이용하는 것만으로도 반짝거리는 외형을 만들 수 있다.

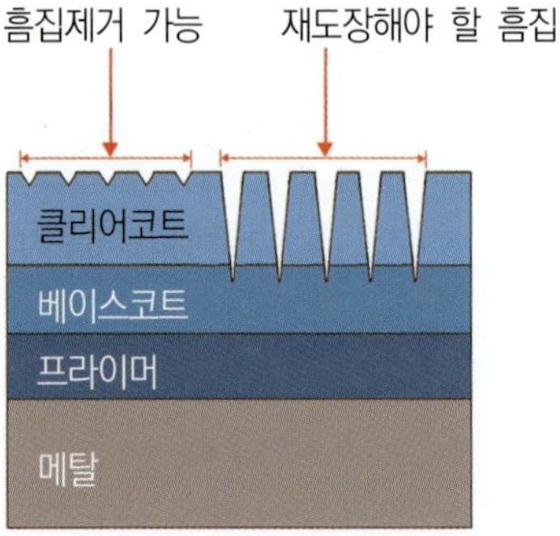

그림 13-1 광택 작업

코팅은 페인트 도장에 보호막을 입혀 반짝거림을 높이고 흠집이 잘 생기지 않도록 하여 차의 외장 수명을 늘리고, 때가 덜 타고 세차가 쉬워 반짝거림을 오래도록 유지하게 된다. 보통은 광택을 낸 후 코팅을 한다.

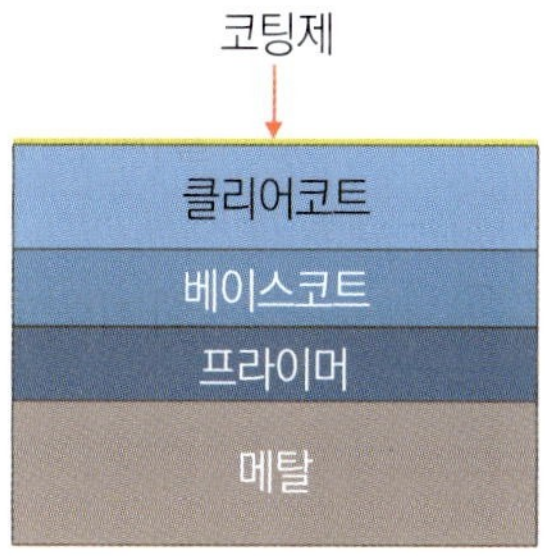

그림 13-2 코팅

1.1.2 광택 작업의 목적

① 자동차 출고 후 태양열 등 외적인 요인으로 감소된 도장 표면의 광택을 윤기가 나도록 하여 미관을 향상시킨다.

② 도막의 다듬질로 깨끗한 도막을 조성하여 스크래치 발생을 방지한다.

③ 자동차 도장 후 발생한 이물질 부착, 오렌지 필, 흐름, 백화 현상, 물방울 자국 등의 결함을 수정한다.

④ 대기 중의 수분, 자외선 또는 산성비 등 공해 오염 등에 의한 산화작용으로부터 도막을 보호한다.

⑤ 아스팔트, 콜타르 등 각종 오염물질의 흡착을 방지한다.

⑥ 자동차 도장면의 흠집 및 시멘트 물, 새 분비물을 제거하고, 이물질 고착을 제거한다.

⑦ 블랜딩 부분과 기존 도장 부분과의 차이가 있을 때 광택 작업을 통하여 격차를 최소화할 수 있다.

1.2 부품 탈착 및 마스킹

1.2.1 부품 탈거

광택 작업 시 광택 작업용 샌더나 폴리셔를 구동할 때 간섭되는 부품은 탈거한다.

1.2.2 마스킹

광택 작업을 할 때 간섭되는 부품의 탈거가 어려울 경우에는 마스킹을 한다. 마스킹은 내수 기능이 있는 마스킹 테이프를 사용하고, 광택 작업 중 떨어지지 않게 부착을 해야 한다. 안쪽에서 바깥쪽으로 마스킹하고 광택작업이 끝낸 후에는 제거가 쉽도록 부착을 한다.

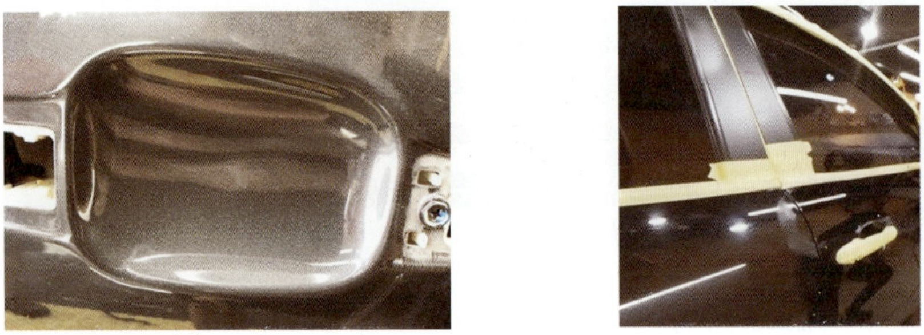

(a) 부품탈거 (b) 마스킹

그림 13-3 부품탈착 및 마스킹

2 광택 작업

2.1 광택 재료 및 작업공구

그림 13-4 광택 재료 및 작업공구

2.1.1 광택 재료

[1] 마스킹

도장작업 및 광택작업 시 마스킹할 때 사용

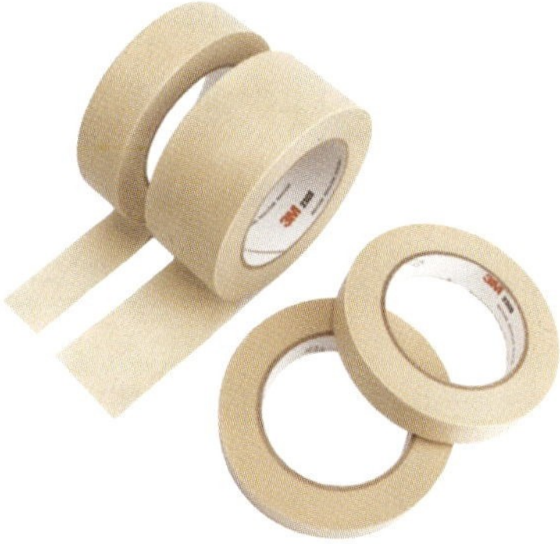

그림 13-5 마스킹

[2] 연마지

연마지는 쉽게 말해 사포를 의미한다. 금강사나 유리가루, 규석 등 입자를 고르게 갈아내어 천이나 종이에 붙인 것을 의미한다. 경도가 높은 재료이므로 쇠붙이의 녹을 없애거나 표면을 매끄럽게 하는 작업인 자동차 수리, 자동차 광택 등에 주로 사용되고 작업 시 대부분 습식 연마를 한다.

그림 13-6 연마지

[3] 컴파운드, 버프

(1) 컴파운드

컴파운드는 굵은 스크래치, 가벼운 스크래치 제거부터 광택까지 단계별로 적용한다. 사용방법은 다음과 같다.

① 서늘한 곳에서 깨끗한 도장면에 작업한다.

② 용기를 충분히 흔들어 준 후, 스펀지 패드를 사용하여 도장면에 균일하게 도포한다.

③ 스크래치가 제거될 때까지 스펀지로 충분히 작업한다.

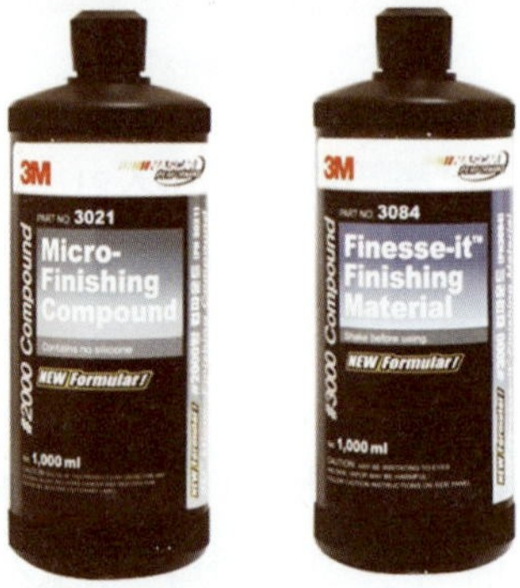

그림 13-7 컴파운드

(2) 버프

버프 연마는 금속 표면을 연마하는 기술의 일종으로 면이나 울 등의 소재로 만들어진 휠 모양의 연마도구를 가리킨다. 버프는 연마제를 붙이고 고속으로 회전시켜, 워크에 접촉시키면 연마할 수 있다.

(3) 버프 종류

① 마 버프 : 주로 거친 연마에 사용하는 버프

② 양모 버프 : 대마 버프에 비해 타격이 부드럽고 중간 연마와 마무리 연마에 사용하는 버프

③ 타월 버프 : 소재의 살결이 세세하고, 두께가 있는 버프로 연마력이 높고 작업

이 빠르지만 도막면의 버프 상처가 깊어지기 쉽다.

④ 스펀지 버프 : 울 버프보다 연마력이 작고, 연마 상처가 나기 어려운 버프로 도장한 개소의 마무리나 왁스용으로서 사용한다.

그림 13-8 버프

[4] 크림 왁스

차체에 광택을 낼 때 사용하기 좋은 크림 왁스로 깨끗한 도장면에 펴 바른 후 닦아내 사용한다.

그림 13-9 크림 왁스

[5] 광택기

일반적으로 자동차 외관의 흠집, 이물질, 페인트 등을 제거하고 광택을 내는 공구이다. 종류에는 유선방식, 무선방식, 에어방식 등이 있다.

① 유선방식 : 전기선을 연결해야 하기 때문에 장소의 제약이 있지만 성능은 뛰어나다.

② 무선방식 : 무선이라 작업이 편리하지만 배터리가 방전되면 작업을 할 수 없다.

③ 에어방식 : 에어를 공급해줄 별도의 장비가 필요하고 장소의 제약도 있지만 가격이 저렴하고 성능도 뛰어나다.

그림 13-10 광택기

2.2 광택공정

2.2.1 표면처리

광택 작업 시 광택 작업용 샌더나 폴리셔를 구동할 때 간섭되는 부품은 탈거하거나 마스킹한다. 세척하고 전처리한다. 페인트에 혼합된 물질을 P1500 혹은 P2000 사포로 깎아낸다. 보풀 없는 천을 사용해 사포질한 표면을 세척한다.

그림 13-11 표면처리

2.2.2 컴파운딩 공정

자동차의 맨 상위 클리어코트가 이물질이 붙어있지 않고 상처도 없으면 빛이 일정하게 반사되어 우리들 눈에는 광이 나는 상태가 된다. 하지만 클리어코트 층에 상처가 많고 노폐물들이 많이 끼게 되면 빛이 난사가 되어 제대로 된 광을 보기 어려운 상태가 된다. 그래서 약재를 사용하여 노폐물과 상처가 난 클리어코트 부분을 갈아내어 평평하게 만들어 주는 작업을 한다.

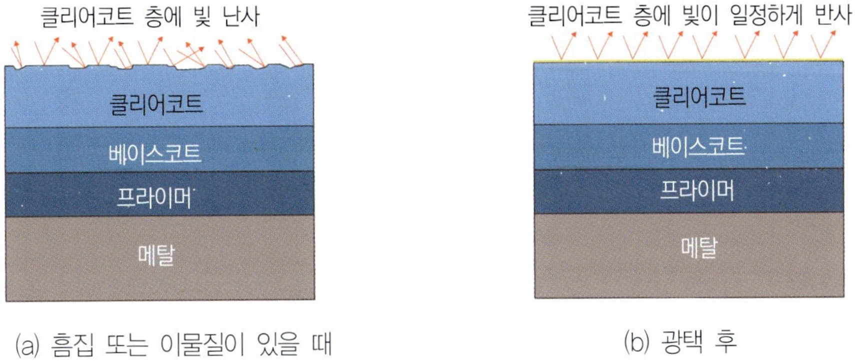

그림 13-12 **광택의 원리**

① 처음부터 강한 약재를 사용하지 않고 부드러운 약재로 표면의 상태를 확인한 후 점차 강한 약재로 전환하여 사용한다.

② 작업 범위는 약 가로 50cm×세로 50cm 정도로 하여 약재를 일직선으로 도포하여 작업한다.

③ 양모 패드는 패드 세척기 또는 버프클리어로 자주 세척하며, 패드에 묻은 이물질을 제거하여 깨끗한 상태로 유지한다.

④ 양털패드를 사용할 때 과도한 힘과 압력을 주게 되면 열이 발생하여 깊은 스월마크(swirl mark) 또는 도막이 타는(burn through) 현상과 도막이 밀리는 현상이 발생할 가능성이 높으므로 주의해야 한다.

⑤ 폴리셔의 회전수는 1500~2000rpm 또는 2500rpm 이하로 하며 그 이상 초과시켜 작업하지 않도록 한다.

⑥ 사포질한 표면에 사포 자국을 따라 광택제로 컴파운드 작업을 한다.

⑦ 첫 45초 동안은 느린 속도로 컴파운드 및 폴리싱 작업을 한다.

⑧ 마무리할 때는 가장 미세한 알갱이가 사용되도록 속도를 올린다.

⑨ 더 많은 컴파운딩이 필요하다면 광택제를 다시 도포하고, 위 ⑦ 단계부터 반복한다.

그림 13-13 컴파운딩

2.2.3 폴리싱 공정

컴파운딩 공정에서 발생한 스월마크, 패드기스(홀로그램) 제거

그림 13-14 폴리싱 공정

2.2.4 코팅 공정

[1] 코팅 작업 시 주의사항

① 글레이징 작업은 타월 스크래치에도 민감하므로 깨끗한 전용 타월을 사용하여 닦아낸다.

② 듀얼 액션 샌더로 가볍게 작업한다.

③ 패드기스(홀로그램) 또는 깊은 스월마크는 상태에 따라 전 단계부터 재 작업해야 한다.

④ 목장갑은 도막 표면에 스크래치를 형성할 수 있으므로 주의한다.

⑤ 약제는 과도하게 두껍게 바르지 않도록 한다.

⑥ 차의 표면이 뜨거운 상태에서는 약제를 바르거나 작업해서는 안된다.

⑦ 수작업으로 코팅패드를 사용하여 코팅제를 도포할 경우에는 2ml 이하의 양으로 최대한 작은 원(반경 10cm 정도)을 그려 도포한다.

⑧ 듀얼 액션 폴리셔와 같은 기계 작업을 할 경우에는 고운 피니싱 패드를 부착하여 패드 면적의 1/2씩 겹침이 되도록 촘촘하게 중첩시켜 작업한다.

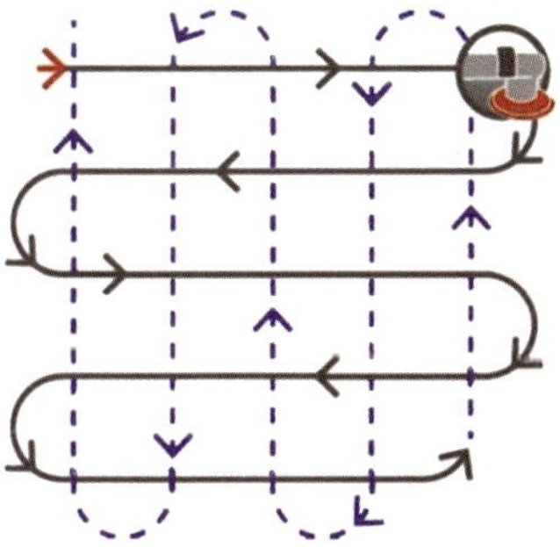

(a) 광택 순서

(b) 중첩 작업

그림 13-15 광택작업 방법

⑨ 코팅을 한 후 한 번 더 코팅을 하고자 할 때에는 약 5분 정도 후에 다시 도포한다. 일반적으로 2회까지는 코팅 효과가 향상되지만 그 이상일 경우에는 효과가 미약하다.

⑩ 코팅제를 바른 다음 일정 시간이 지나 손가락으로 코팅제를 부드럽게 닦아보았을 때 도포 면이 맑게 닦여져 나오면 표면 건조가 된 것으로 판단하고, 도포 면이 미끌리듯 나오면 좀 더 기다린 다음 작업해야 한다.

⑪ 얼룩이 발생한 경우에는 일정 시간 경과 후 닦아내거나 전용 천을 사용하여 과도하게 도포된 부분을 닦아낸다.

⑫ 광택제는 왁스 성분이 포함되지 않은 것을 사용한다.

⑬ 코팅 작업을 완료한 뒤에는 에어를 이용하여 틈새에 남은 약제를 깨끗하게 불어낸 다음 전용 타월을 이용하여 구석구석 묻어 있는 약제를 닦아낸다.

[2] 코팅 작업 순서

① 폴리셔에 스펀지 패드를 부착한다.

② 작업하기 전 스펀지 패드는 적당히 젖어 있어야 한다.

③ 도막의 작업 면에 머신 글레이즈를 적당량 골고루 묻힌다.

④ 무리한 힘을 가하지 않은 상태에서 폴리셔를 구동시켜 작업한다.

⑤ 폴리싱 공정에서 없앨 수 없는 컬러샌딩 자국은 다시 컴파운딩 작업을 해야 한다.

⑥ 폴리셔의 힘 조절, 회전 속도 및 작업 시간을 확인하고 스월마크 등 역효과가 발생하지 않도록 주의하여 작업한다.

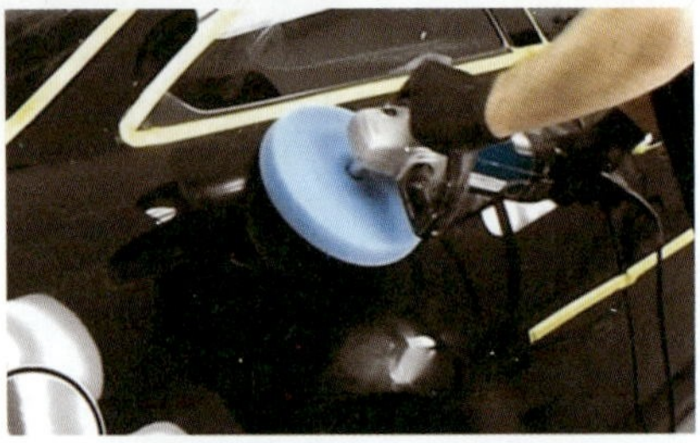

그림 13-16 **코팅 작업**

⑦ 약재가 적당히 마르면 깨끗한 광택용 타월을 이용하여 닦아낸다.

⑧ 광택 측정기를 이용하여 광택도를 측정한다.

그림 13-17 **광택도 측정**

⑨ 광택 타월을 이용하여 틈새 및 몰딩 주변의 약재를 깨끗이 닦아낸다.

[3] 보호막 코팅

새로 칠한 도장을 보호하기 위해서는 보호막 코팅 작업이 필요하다. 보호 실런트를 피니쉬 작업이 된 표면에 직접 도포하고 보호막 코팅 도포가 완료된 후 표면을 극세사 천으로 닦아낸다.

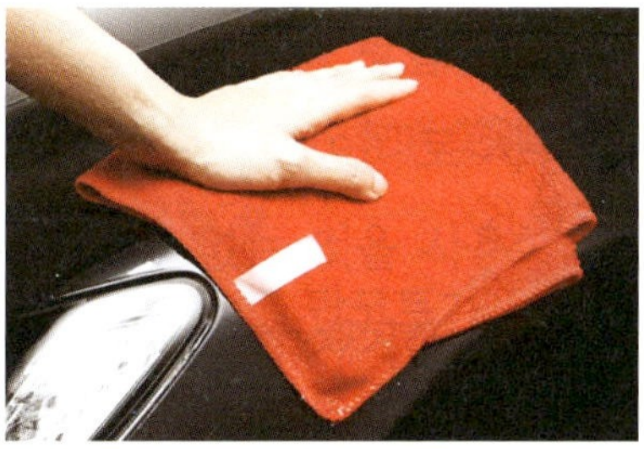

그림 13-18 보호막 코팅

3 품질검사

3.1 광택 품질검사

3.1.1 결함 발생 원인

[1] 먼지 고착(Dust inclusion, 낙진)

① 샌딩 입자들이 표면에 앉는 경우

② 스프레이하는 동안 창문이나 휠 모서리 등으로부터 먼지가 달라붙는 경우

③ 마스킹 테이프를 깨끗이 제거하지 않은 경우

④ 먼지 입자들이 표면에 남아있는 경우

⑤ 페인트가 먼지에 오염된 경우

⑥ 먼지로 오염된 작업복을 입고 작업한 경우

⑦ 플라스틱 부품에 정전기가 발생하여 먼지가 들러붙는 경우

[2] 크레이터링(Cratering, 분화구 현상)

① 그리스, 오일, 비누, 물, 먼지 등이 소지에 잔존

② 실리콘 왁스의 부착

③ 성분이 다른 도료의 스프레이 다스트 부착

④ 압송공기 중의 수분, 유분의 존재

⑤ 마스킹테이프의 접착제 성분이 소지에 잔존

⑥ 밀폐로 중에 용제증기가 과도하게 충만(환기불량)해 있을 때

[3] 오렌지 필(Orange peel)

① 스프레이 점도가 너무 높은 경우

② 너무 빠른 속건형의 시너를 사용한 경우

③ 스프레이 압력이 너무 높거나 너무 낮은 경우

④ 스프레이 건 구경이 너무 큰 경우

⑤ 작업장 온도가 너무 높거나, 낮은 경우

⑥ 페인트 온도가 너무 낮은 경우

⑦ 안티실리콘 첨가제가 너무 많이 첨가된 경우

[4] 흐름(Sagging, Running)

① 소재가 완전히 탈지되지 않아서 도막이 소재와 부착성이 떨어지는 경우

② 느린 지건형 시너를 선택한 경우

③ 과량의 시너가 첨가된 경우

④ 스프레이 거리가 너무 가깝거나 부분적으로 도막이 너무 두꺼운 경우

⑤ 스프레이 건 구경이 너무 큰 경우

⑥ 작업장 온도가 너무 낮아서 시너의 증발이 너무 느린 경우

⑦ 작업물의 표면온도가 너무 낮은 경우

⑧ 페인트 자체의 온도가 너무 낮은 경우

[5] 시딩(Seeding)

① 저장기간이 지나 덩어리진 페인트를 사용했을 때

② 경화제나 희석제 사용이 잘못되었을 때

③ 이액형 도료일 경우 가사시간이 지난 제품을 사용했을 때

④ 분산이나 교반이 충분하지 못했을 때

[6] 주름(Lifting wrinkling) 현상

① 부적절한 경화제나 시너를 사용한 경우

② 소재 위에 적용된 페인트가 부분적으로 건조된 경우

③ 중간 건조시간이 정확하지 않은 경우(프라이머가 건조되지 않은 상태에서 탑코트를 도장한 경우)

④ 스프레이 점도가 너무 높거나 도막을 한 번에 과도하게 올린 경우

[7] 핀홀(Pin hole, Bubble)

① 아래와 같은 원인에 의해 필러(퍼티)를 적용하는 동안 기포가 갇힌 경우

㉮ 필러와 경화제와의 혼합 방법이 잘못된 경우

㉯ 필러 적용이 올바르지 않은 경우

㉰ 제품의 가사시간이 경과한 경우

② 아래와 같은 원인에 의해 스프레이하는 동안 기포가 도막 안에 갇힌 경우

㉮ 스프레이 건 구경이 너무 크거나 작은 경우

㉯ 도막이 너무 두껍게 올라간 경우

㉰ 제품의 가사시간이 경과한 경우

㉱ 중간 건조시간이 너무 짧은 경우(도막에 남아 있는 용제가 증발하지 못하고 고온으로 경화하는 동안 핀 홀을 형성한다)

[8] 물 자국(Water spotting, 워터 스폿)

① 경화제 혼합량이 정확하지 않은 경우

② 도막을 너무 과도하게 올려서 추천된 건조시간 내에 충분히 건조되지 않은 경우
③ 도막을 냉각시키는 과정에서 물방울, 땀 등이 떨어진 경우
④ 도막이 완전히 건조되지 않은 경우
⑤ 화학제품이 묻은 후 장시간 방치한 경우
⑥ 새의 배설물이 묻었을 경우 장시간 제거하지 않았을 때

[9] 솔벤트 팝(Solvent pop)

① 1회에 너무 두껍게 도장했을 때
② 건조가 빠른 부적합한 시너를 사용 시
③ 세팅 시간을 짧게 주었을 때
④ 건조를 촉진시키기 위해 열 발생장치(원적외선 램프와 같은)로 강제 건조시켰을 때
⑤ 물체와 열매체 사이의 간격이 너무 좁을 때

[10] 백화(Blushing, Blooming)

① 너무 빠른 속건형 시너를 사용하는 경우(이런 경우 표면을 그만큼 빨리 냉각시키므로, 건조되지 않은 도막에 즉각적으로 습기가 응축되도록 한다.
② 과도한 에어 압력으로 스프레이하는 경우(이때 습기가 응축함)
③ 작업환경이 너무 습하고 차가운 경우
④ 작업환경의 공기 순환이 너무 빠른 경우
⑤ 작업하고자 하는 패널을 충분하게 건조시키지 않아 도막 내에서 응축이 발생하는 경우

3.1.2 결함 제거방법

① 이물질이 있는 부분은 컬러샌딩 후 광택작업을 한다.
② 컬러샌딩 후 광택작업을 해도 제거되지 않은 경우에는 재도장한다.

3.2 광택 결함 보정

[1] 먼지고착(Dust inclusion, 낙진)

① 작업 전 주변 부위를 깨끗이 세척한다.
② 샌딩 후에는 에어 블로우로 제거한다.
③ 양질의 마스킹 테이프를 사용하도록 하고, 끝부분은 접어서 붙인다.
④ 송진포를 항상 포장지 안에 보관하고 스프레이 전 주의해서 닦아낸다.
⑤ 페인트를 건 컵에 부울 때는 반드시 필터링을 한다.
⑥ 깨끗하고, 방진, 방전의 작업복을 착용한다(나일론 계열).
⑦ 안티스테틱 디그리저를 사용한다. 단, 이 제품 사용 후에 다시 탈지를 하여서는 안 된다.
⑧ 부스 내에서는 불필요한 행동을 삼간다.
⑨ 정기적으로 부스 내 압력을 점검한다.
⑩ 정기적으로 필터를 교체한다.
⑪ 부스 바닥을 항상 깨끗하게 유지하고 불필요한 장비는 부스 안에 두지 않는다.
⑫ 정기적으로 청소한다.
⑬ 2m 정도의 에어라인에 건과 오래된 택렉을 결합하여 청소하고, 사용 후에 바닥에 두지 말고 걸어 놓는다.

[2] 크레이터링(Cratering, 분화구 현상)

① 작은 크레이터링은 미스트 스프레이 방법으로 해결이 가능하다.
② 시판되는 크레이터링 방지제를 2% 이내로 사용한다.
③ 폴리싱 컴파운드는 실리콘이 없는 것을 사용한다.
④ 전용 탈지제로 유·수분을 완전히 제거한다.
⑤ 도장 설비 중의 에어라인과 공기 크리너를 하루 2~3회 점검하여 수분 등을 제거한다.
⑥ 기름성분이나 왁스나 증발되는 오일 발생원을 제거한다.

[3] 오렌지 필(Orange peel)

① 도장 온도에 맞는 시너를 사용한다.

② 도료의 점도를 적절하게 맞춘다.

③ 스프레이 압력을 적절하게 하고 피도체와의 거리를 잘 맞춘다.

④ 표준 도장 조건에서 작업을 한다.

[4] 흐름(Sagging, Running)

① 작업 전에는 반드시 탈지 공정을 거친다.

② 작업량의 크기, 작업장 주위 온도, 작업장 내 공기 공급량과 순환 상태를 고려하여 시너를 선택한다.

③ 믹싱 스틱과 점도 컵을 이용해서 정확한 혼합 비율을 지킨다.

④ 특성에 맞는 적절한 스프레이 테크닉을 사용한다.

⑤ 제품 기술자료의 지시사항에 따른다.

⑥ 이상적인 작업 온도는 20℃이며, 필요한 경우에는 약간 더 빠른 시너를 선택한다.

⑦ 작업물의 온도가 작업장 온도와 일치하도록 한다.

⑧ 페인트 저장 온도는 항상 20~25℃를 유지한다.

⑨ 여러 번에 나누어 도장한다.

[5] 시딩(Ceeding)

① 가사시간을 준수한다.

② 사용 전 충분히 교반하고 사용한다.

③ 기술 자료집의 지정 시너나 경화제를 사용한다.

[6] 주름(Lifting wrinkling) 현상

① 제품에 적합한 경화제와 시너를 사용한다.

② 탈지나 샌딩하기 전에 완전히 건조되었는지 확인한다.

③ 추천된 중간 건조시간을 지키고 공기 순환 상태를 확인한다.

④ 추천된 도막 코트 수를 따르고 정확한 스프레이 테크닉을 사용하되 도막을 두껍게 도장하는 것을 피한다.

[7] 핀홀(Pinhole, Bubble)

① 두 개의 나이프로 필러와 경화제를 혼합하고 혼합하는 동안 기포가 생기지 않도록 한다.
② 나이프를 사용하는 가장 좋은 각도는 60°이다.
③ 스프레이 건은 추천된 건 구경을 사용한다.
④ 믹싱 스틱을 이용해 정확한 비율로 혼합한다.
⑤ 가사시간이 경과하지 않도록 한다.
⑥ 작업장 온도, 시너의 증발 속도, 작업장 내 공기 공급량과 순환 상태에 따라 중간 건조시간을 설정한다.

[8] 물 자국(Water spotting, 워터 스폿)

① 믹싱 스틱을 이용해서 정확하게 측정한다.
② 과도한 도막 적용을 피한다.
③ 추천된 건조시간과 온도를 정확히 지킨다.
④ 건조된 도막이 완전히 냉각되기 전에 세차하거나 물과 접촉하는 것을 피한다.

[9] 솔벤트 팝(Solvent pop)

① 세팅시간을 적절하게 준다.
② 건조 시 적외선 건조기와의 거리를 준수한다.
③ 도장 온도에 맞는 시너를 사용한다.
④ 추천된 제품별 도막 두께를 유지한나.

[10] 백화(Blushing, Blooming)

① 습한 날씨에는 약간 지건형의 시너를 사용한다.

② 추천된 에어 압력으로 스프레이한다.

③ 너무 습하고 차가운 곳에서의 작업을 피한다.

④ 작업장 내의 공기 순환 속도를 정기적으로 점검한다.

⑤ 작업 목적에 맞는 추천된 건조시간을 준수한다.

기출 문제

001 광택 작업 중 주의사항으로 틀리게 기술한 것은?

① 폴리셔 작동은 도막 면에 버프를 밀착시키고 작업한다.
② 마스크와 보안경은 항상 반드시 착용한다.
③ 도막 표면에 컴파운드를 장시간 방치하지 않는다.
④ 버프는 세척력이 강한 세제로 세척해서 깨끗하게 보관한다.

버프의 세척은 미지근한 물에 세척한다.

002 다음 중 광택장비 및 기구가 아닌 것은?

① 핸드블록 ② 샌더기
③ 폴리셔 ④ 버프 및 패드

003 다음 중 광택 장비 및 기구가 아닌 것은?

① 실링 건 ② 샌너기
③ 폴리셔 ④ 버프 및 패드

004 광택 작업 공정 중 컴파운딩 공정을 잘못 설명한 것은?

① 컬러 샌딩 자국이 없어질 때까지 수시로 확인하면서 작업한다.
② 한 곳에 집중적으로 힘을 가해 작업한다.
③ 베이스 층이 드러나지 않게 작업한다.
④ 콤파운드 작업이 완료되면 전용 타월을 사용해서 닦아낸다.

한 곳을 집중적으로 작업할 경우 도장면에 열과 홀로그램이 발생한다.

005 광택 작업 공정 시 컴파운딩 작업 후 이루어지는 공정은?

① 폴리싱 공정
② 컬러 샌딩 공정
③ 하지 공정
④ 베이스 컬러 공정

광택 공정
컬러 샌딩 → 컴파운딩 → 폴리싱 공정

| 정 | 답 | 001 ④ 002 ① 003 ① 004 ② 005 ①

006 코팅(왁스) 작업 시 유의해야 될 사항을 잘못 설명한 것은?

① 보수도장 후 즉시 실리콘 성분이 포함된 코팅제를 사용한다.
② 광택 전용 타월을 사용한다.
③ 일반적인 경우 페인트의 완전 건조는 90일 정도 걸린다.
④ 표면을 골고루 닦아 주면서 광택제가 없어질 때까지 문지른다.

도막이 완전히 건조된 다음 왁스, 코팅 작업을 해야 한다.

007 세정작업에 대한 설명으로 틀린 것은?

① 몰딩 및 도어 손잡이 부분의 틈새, 구멍 등에 낀 왁스 성분을 깨끗이 제거한다.
② 탈지제를 이용할 때는 마르기 전에 깨끗한 마른 타월로 닦아내야 유분 및 왁스 성분 등을 깨끗하게 제거할 수 있다.
③ 세정작업은 연마 전후에 하는 것이 바람직하다.
④ 타르 및 광택용 왁스는 좀처럼 제거하기 어려우므로 강용제를 사용하여 제거한다.

세정작업을 할 때에는 세정액이 묻어 있는 타월로 오염물을 제거하고 즉시 깨끗한 타월을 이용하여 세정액이 마르기 전 남아있는 오염물을 제거한다. 또한 세정작업은 공정 시작 전과 후에 해야 하며 전용 세정제를 사용한다.

008 일반적인 광택제의 보관 온도로 적당한 것은?

① −5℃ ② 5℃
③ 20℃ ④ 40℃

009 컴파운딩 공정의 주된 목적은?

① 도막 보호
② 컬러 샌딩 연마 자국 제거
③ 도막의 은폐
④ 스월마크 제거

컴파운딩 공정의 목적은 오렌지 필을 제거한 도장면을 컴파운드를 사용하여 광택이 나도록 하는 공정이다.

010 도막 표면에 생긴 결함을 광택 작업 공정으로 제거할 수 있는 범위는?

① 서페이서
② 베이스
③ 클리어
④ 펄도막

011 컴파운딩 작업의 주된 목적으로 맞는 것은?

① 스월마크 제거
② 샌딩마크 제거
③ 표면 보호
④ 오렌지 필 제거

| 정 | 답 | 006 ① 007 ④ 008 ③ 009 ② 010 ③ 011 ④

012 컴파운딩 공정으로 제거하기 힘든 작업은?

① 퍼티의 굴곡
② 클리어층에 발생한 거친 스크래치
③ 산화 상태
④ 산성비 자국

퍼티의 굴곡은 하도공정에서 거친 연마지로 평활성을 확보해야 한다.

013 전기 광택기 관리 요령으로 틀린 것은?

① 각부에 장치되어 있는 나사가 느슨해져 있는 곳은 없는지 정기적으로 점검한다.
② 카본 브러시는 브러시 홀더 내에서 자유롭게 활주할 수 있도록 깨끗하게 한다.
③ 전선 부분에 상처를 내지 않고 기름이나 물이 묻지 않도록 각별히 주의한다.
④ 작업 후 보관은 특별히 신경 쓸 필요 없이 찾기 쉬운 곳에 둔다.

014 광택용 동력공구 중 공기 공급식에 대한 설명으로 바르지 못한 것은?

① 전동식에 비해 가볍다.
② 전동식에 비해 비싸다.
③ 전입조정기로 회전수를 조정한다.
④ 부하 시 회전이 불안정하다.

전압조정기로 회전수를 조정하는 광택용 공구는 전기식이다.

015 다음 중 광택작업의 4단계가 아닌 것은?

① 컬러샌딩(Color Sanding) 공정
② 컴파운딩(Compounding) 공정
③ 페더 엣지(Feather Edge) 공정
④ 폴리싱(Polishing) 공정

페더 엣지 공정은 하도공정에서 퍼티도장하기 전 구도막의 단을 낮추는 공정과 퍼티도포 후 구도막과의 단차를 제거하는 공정이다.

016 컬러 샌딩 공정의 주된 목적이 아닌 것은?

① 오렌지 필 제거
② 흐름 제거
③ 먼지 결함 제거
④ 스월마크 제거

컬러 샌딩의 목적

㉮ 도막의 광택과 윤기를 내기 위해
㉯ 블랜딩 부분의 연마
㉰ 수분 및 대기의 오염으로부터 도막을 보호하기 위해
㉱ 먼지, 이물질, 흘림 등을 제거하기 위해
㉲ 균일한 도막을 내기 위해

| 정 | 답 | 012 ① 013 ④ 014 ③ 015 ③ 016 ④

017 보수도장 작업 후에 폴리싱을 하는 이유가 아닌 것은?

① 도장 도막의 미관을 향상시키기 위해
② 도장과 건조 중에 생긴 결함을 제거하기 위해
③ 먼지나 이물질 등을 제거하기 위해
④ 도막 속에 있는 연마자국을 제거하기 위해

도막 속에 있는 연마자국을 제거하기 위해서는 재도장을 해야 한다.

018 폴리싱 전 오렌지필 현상이 있는 도막을 평활하게 하기 위하여 어떤 연마지로 마무리하는 것이 가장 적합한가?

① P200~P300
② P400~P500
③ P600~P700
④ P1000~P1500

019 광택 작업 공정 중에서 컬러 샌딩 공정 시 사용될 수 있는 적절한 연마지는?

① P80
② P400
③ P600
④ P1200

020 폴리싱 작업 중 마스크를 착용해야 할 이유는?

① 먼지가 많이 나기 때문에
② 광택이 잘 나기 때문에
③ 손작업보다 쉽기 때문에
④ 소음 때문에

021 광택 작업용으로 사용하는 버프(Buff)가 아닌 것은?

① 타월 버프
② 샌딩 버프
③ 양모 버프
④ 스펀지 버프

| 정 | 답 | 017 ④ 018 ④ 019 ④ 020 ① 021 ②

CHAPTER 14

종합문제

자동차 보수도장

종합 문제 1차

001 렛 다운(Let-Down) 시편의 설명 중 올바른 것은?

① 정확한 메탈릭 베이스의 도장 횟수를 결정하기 위한 것이다.
② 펄 베이스의 도장 횟수에 따라 컬러 변화를 알아보기 위한 것이다.
③ 컬러 베이스의 은폐력 확인을 위한 것이다.
④ 솔리드 컬러의 은폐력 확인을 위한 것이다.

렛 다운은 컬러 베이스 도장 후 펄 베이스의 도장횟수에 따른 색상 차이를 확인하기 위한 작업 방법이다.

002 보수 도장 중 구도막 제거시 안전상 가장 주의해야 할 것은?

① 보안경과 방진 마스크를 꼭 사용한다.
② 안전을 위해서 습식 연마를 시행한다.
③ 분진이 손에 묻는 것을 방지하기 위해 내용제성 장갑을 착용한다.
④ 보안경 착용은 필수적이지 않다.

| 정 | 답 | 001 ② 002 ①

003 상도 도장 작업에서 일반적으로 스프레이 건의 이동 속도로 적당한 것은?

① 1~5cm/sec
② 10~20cm/sec
③ 30~60cm/sec
④ 100~150cm/sec

004 솔리드 조색 시 주의할 사항으로 틀린 것은?

① 지정 색과의 색상 비교 시 수정할 조색제를 한꺼번에 모두 넣고 수정하는 것이 시간절약 및 정확한 조색으로 효과를 볼 수 있다.
② 조색제 투입 시에는 한 가지씩 넣어 조색제 특징을 살려 비교하는 것이 바람직하다.
③ 수정할 조색제는 한꺼번에 투입해서 조색하지 않는 것이 좋다.
④ 조색 작업 시 너무 적은 양으로 조색하면 오차가 심하게 발생할 수 있다.

㉮ 자동차 보수도장 조색 시 항상 조색제는 미량 첨가해야 한다.
㉯ 솔리드 조색뿐 아니라 메탈릭, 펄 조색 시에도 미량 첨가해야 한다.

005 자동차용 플라스틱 부품 보수 시 주의사항 중 틀린 것은?

① 플라스틱 접착은 강력순간접착제를 사용한다.
② ABS, PC, PPO 등은 내용제성이 약하기 때문에 알코올로 탈지한다.
③ PVC, PUR, PP 등은 탈지제를 사용할 수 있다.
④ PVC, PUR, PP 등은 유연성이 높아 취급에 주의한다.

FRP(유리섬유강화 플라스틱)의 경우 손상부위를 청소하고 형상을 갖춘 후 필요한 크기로 컷팅한 유리섬유의 매트에 적합한 경화제를 첨가한 폴리에스테르의 용액을 위에서부터 칠하고 롤러로 눌러 접착시킨다.

006 퍼티 자국의 원인이 아닌 것은?

① 퍼티작업 후 불충분한 건조
② 단 낮추기 및 평활성이 불충분할 때
③ 도료의 점도가 높을 때
④ 지건성 시너 혼합량의 과다로 용제 증발이 늦을 때

도료의 점도가 낮을 때 발생한다.

| 정 | 답 | 003 ③ 004 ① 005 ① 006 ③

007 다음 중 자동차 범퍼 재료로 많이 사용되는 플라스틱용 수지의 종류가 아닌 것은?

① ABS
② PUR
③ PP
④ TPUR

플라스틱용 수지의 기호

㉮ ABS : 합성수지
㉯ PUR : 열경화성 폴리우레탄
㉰ PP : 폴리프로필렌
㉱ TPUR : 열가소성 폴리우레탄

008 솔리드 2액형 도료의 상도 스프레이 시 적당한 도막 두께는?

① 3~5μm
② 8~10μm
③ 15~20μm
④ 40~50μm

도막의 두께

㉮ 2~5μm : 워시 프라이머, 플라스틱 프라이머의 건조도막 두께
㉯ 15~20μm : 컬러 베이스 코트의 건조도막 두께
㉰ 40~50μm : 솔리드 2액형 도료, 크리어의 건조도막 두께

009 플라스틱 부품 도장의 공정으로 맞는 것은?

① 표면탈지 → 연마 → 표면탈지 → 공기불기 → 택크로스 작업 → 프라이머 → 상도
② 연마 → 표면탈지 → 택크로스 작업 → 공기불기 → 상도 → 프라이머 → 표면탈지
③ 공기불기 → 연마 → 표면탈지 → 택크로스 작업 → 표면탈지 → 프라이머 → 상도
④ 택크로스 작업 → 표면탈지 → 공기불기 → 표면탈지 → 연마 → 프라이머 → 상도

010 자동차 보수도장에서 색상과 광택을 부어하여 외관을 향상시켜 원래의 모습으로 복원하는 도장 방법은?

① 하도 작업
② 중도 작업
③ 상도 작업
④ 광택 작업

011 폴리에스테르 수지를 유리섬유에 침투시켜 적층한 형태로 사용하는 소재의 명칭은?

① 불포화 폴리에스테르(UP)
② 섬유강화 플라스틱(FRP)
③ 폴리 카보네이트(PC)
④ 나일론(PA)

| 정 | 답 | 007 ① 008 ④ 009 ① 010 ③ 011 ②

012 퍼티 샌딩작업 시 분진의 위험을 차단하는 인체의 방어기전으로 틀린 것은?

① 섬모 ② 콧털
③ 호흡 ④ 점액층

013 다음 중 도료의 첨가제가 아닌 것은?

① 침전 방지제
② 표면 평활제
③ 색 분리 방지제
④ 피막 처리제

014 저비점 용제의 비점은 몇 ℃ 정도인가?

① 100℃ 이하
② 150℃
③ 180℃
④ 200℃

015 플라스틱 부품류 도장 시 불량을 방지하고자 표면 탈지를 실시하여야 하는데, 그 이유는 표면에 어떤 물질이 존재하기 때문인가?

① 수지 ② 용제
③ 이형제 ④ 광택제

이형제는 각종 수지를 성형할 때 금형에 도포하여, 성형품의 분리를 원활하게 해주는 약제로 이형제가 묻어 있으면 박리 현상과 크레터링 현상이 발생되므로, 플라스틱 전용의 탈지제를 사용하여 표면을 탈지하여야 한다.

016 불소수지의 상도 도료에 대한 특징이 아닌 것은?

① 내후성
② 내식성
③ 발수성
④ 내오염성

017 유기용제 중 제2석유류의 인화점으로 맞는 것은?

① 21℃ 미만
② 21~70℃
③ 70~200℃
④ 200℃ 이상

제2석유류는 등유, 경유, 크실렌, 미네랄스피릿, 셀루솔브 등으로 인화점이 21~70℃이다.

018 작업성이 뛰어나고 휘발건조에 의해 도막을 형성하는 수지타입의 도료는?

① 우레탄 도료
② 1액형 도료
③ 가교형 도료
④ 2액형 도료

1액형 도료는 별도의 경화제 없이 시간이 경과함에 따라 건조되면서 피도면을 미려하게 꾸미거나 보호하는 기능을 하는 도료로 락카나 에나멜 수성페인트 등이 있다.

| 정 | 답 | 012 ③ 013 ④ 014 ① 015 ③ 016 ② 017 ② 018 ②

019 최근 자동차 보수용에 사용되는 퍼티로 거리가 가장 먼 것은?

① 오일 퍼티
② 폴리에스테르 퍼티
③ 스무스(판금) 퍼티
④ 래커(레드) 퍼티

자동차 보수도장에 사용하는 퍼티는 판금퍼티, 폴리퍼티, 래커퍼티, 스프레이퍼티가 있다. 이 중 사용 빈도로 보면 폴리퍼티>래커퍼티>판금퍼티>스프레이퍼티 순이다.

020 다음 중 중도용 도료로 사용되는 수지로서 요구되는 성질이 아닌 것은?

① 광택성 ② 방청성
③ 부착성 ④ 내치핑성

중도용 도료는 연마한 후 후속도장이 이루어지기 때문에 광택성은 필요 없다.

021 도료 저장 중(도장 전) 발생하는 결함의 방지대책 및 조치사항을 설명하였다. 어떤 결함인가?

> 가. 도료를 저장할 때 20℃ 이하에서 보관한다.
> 나. 장기간 사용하지 않고 보관할 때에는 정기적으로 도료 용기를 뒤집어 보관한다.
> 다. 충분히 흔들어 사용한다.
> 라. 딱딱한 상태인 경우에는 도료를 폐기하여야 한다.
> 마. 유연한 상태인 경우에는 잘 저은 후 여과하여 사용한다.

① 도료 분리 현상
② 침전
③ 피막
④ 점도 상승

022 도막이 가장 단단한 구조를 갖는 건조 방식은?

① 용제 증발형 건조 방식
② 산화 중합 건조 방식
③ 2액 중합 건조 방식
④ 열 중합 건조 방식

023 공기 중에 포함된 유해요소 중 스프레이 작업 시 발생하는 미세한 액체 방울은?

① 흄 ② 분진
③ 도장분진 ④ 유해증기

024 싱글 액션 샌더의 용도에 적합하게 사용되는 연마지는?

① #40, #60
② #180, #240
③ #320, #400
④ #600, #800

싱글 액션 샌더는 구도막을 박리시킬 때 사용하므로 연마지는 #40~60 정도의 연마지를 사용한다.

| 정 | 답 | 019 ① 020 ① 021 ② 022 ④ 023 ③ 024 ①

025 물 자국(Water Spot) 현상의 발생원인이 아닌 것은?

① 새의 배설물이 묻었을 경우 장시간 제거하지 않았을 때 발생할 수 있다.
② 도막이 두꺼워서 건조가 부족한 경우 발생할 수 있다.
③ 급하게 열처리를 했을 경우 생길 수 있다.
④ 건조가 되지 않은 상태에서 물방울이 묻었을 때 나타날 수 있다.

> 물 자국 현상의 발생원인
> ㉮ 불완전 건조 상태에서 습기가 많은 장소에 노출하였을 경우
> ㉯ 베이스코트에 수분이 있는 상태에서 클리어 도장을 하였을 경우
> ㉰ 오염된 시너를 사용한 경우
> ㉱ 새의 배설물이 묻었을 경우 장시간 제거하지 않았을 경우
> ㉲ 도막이 두꺼워서 건조가 부족한 경우

026 유기용제의 영향으로 인체에 나타나는 현상 중 기관지 장해를 일으키는 용제는?

① 톨루엔
② 메틸알코올
③ 부틸아세테이트
④ 메틸이소부틸케톤

027 압축공기 중의 수분을 제거하는 공기여과기의 방식이 아닌 것은?

① 충돌판 이용방법
② 전기 히터 이용법
③ 원심력 이용법
④ 필터 또는 약제 사용법

028 프라이머 서페이서의 작업과 건조 불량으로 발생하는 결함이 아닌 것은?

① 연마 자국이 있다.
② 퍼티 자국이 있다.
③ 상도의 광택이 부족하다.
④ 물자국 현상(Water spot)이 발생한다.

029 코팅(왁스) 작업 시 유의해야 될 사항을 잘못 설명한 것은?

① 보수도장 후 즉시 실리콘 성분이 포함된 코팅제를 사용한다.
② 광택 전용 타월을 사용한다.
③ 일반적인 경우 페인트의 완전 건조는 90일 정도 걸린다.
④ 표면을 골고루 닦아 주면서 광택제가 없어질 때까지 문지른다.

> 도막이 완전히 건조된 다음 왁스, 코팅 작업을 해야 한다.

| 정 | 답 | 025 ③ 026 ④ 027 ② 028 ④ 029 ①

030 프라이머 서페이서의 성능으로 잘못 설명한 것은?

① 퍼티 면이나 부품 패널의 프라이머 면에 분무하여 일정한 도막의 두께를 유지한다.
② 도막 내에 침투하는 수분을 차단한다.
③ 상도와의 부착성을 향상시킨다.
④ 상도 도장에는 큰 영향을 미치지 않는다.

중도 도장은 상도 도장에 가장 큰 영향을 준다.

031 도료의 보관 장소로 가장 적절한 것은?

① 통풍과 차광이 알맞은 내화 구조
② 햇빛이 잘 드는 밀폐된 구조
③ 경화 방지를 위한 밀폐된 구조
④ 직사광선이 잘 드는 내화 구조

032 컴파운딩 작업의 주된 목적으로 맞는 것은?

① 스월 마크 제거
② 샌딩 마크 제거
③ 표면 보호
④ 오렌지 필 제거

033 자동차 보수용 하도용 도료의 사용방법에 대한 내용이다. 가장 적합한 것은?

① 하도 도료는 베이스코트보다 용제(시너)를 많이 사용하는 편이다.
② 포오드컵 NO#4(20℃) 기준으로 20초 이상의 점도로 사용된다.
③ 포오드컵 NO#4(20℃) 기준으로 10초 이하의 점도로 사용된다.
④ 점도와 무관하게 사용해도 살오름성이 좋다.

034 작업장에 샌딩 룸이 없으면 생기는 현상이 아닌 것은?

① 샌딩 작업 때 먼지가 공장 내부에 쌓인다.
② 주위 작업자에게 피해를 준다.
③ 소음이 발생한다.
④ 페인트가 퍼진다.

035 흐름 현상이 일어나는 원인이 아닌 것은?

① 시너 증발이 빠른 타입을 사용한 경우
② 한 번에 두껍게 칠하였을 경우
③ 시너를 과다 희석하였을 경우
④ 스프레이 건 거리가 가깝고 속도가 느린 경우

흐름 현상 발생원인

㉮ 한 번에 너무 두껍게 도장하였을 경우
㉯ 도료의 점도가 너무 낮을 경우
㉰ 증발속도가 늦은 지건 시너를 많이 사용하였을 경우

| 정 | 답 | 030 ④ 031 ① 032 ② 033 ② 034 ④ 035 ①

㉣ 저온 도장 후 즉시 고온에서 건조시킬 경우
㉤ 스프레이 건의 운행 속도의 불량이나 패턴 겹치기를 잘못하였을 경우

036 에어식 샌더기의 설명으로 적합하지 않은 것은?

① 가볍고 사용이 간편하다.
② 로터를 회전시킨다.
③ 회전력과 파워가 일정하고 힘이 좋다.
④ 종류가 다양하여 작업 내용에 따라 선별해서 사용할 수 있다.

에어식 샌더의 경우 연마면 쪽으로 힘을 주면 회전력이 저하되는 단점이 있다. 이러한 단점을 보완한 제품으로 전기식의 기어 액션 샌더가 있다.

037 스프레이 부스에서 도장 작업을 할 때 반드시 착용하지 않아도 되는 것은?

① 마스크
② 앞치마
③ 내용제성 장갑
④ 보안경

038 프라이머 서페이서의 면을 습식 연마할 때 연마에 적절한 연마지는?

① P80~P120 ② P120~P220
③ P220~P320 ④ P320~P800

039 도료의 저장 과정 중에 발생하는 결함에 대해 바르게 설명한 것은?

① 침전 : 안료가 바닥에 가라앉아 딱딱하게 굳어 버리는 현상
② 크레터링 : 도막이 분화구 모양과 같이 구멍이 패인 현상
③ 주름 : 도막의 표면층과 내부층의 뒤틀림으로 인하여 도마 표면에 주름이 생기는 현상
④ 색 번짐 : 상도 도막면으로 하도의 색이나 구도막의 색이 섞여서 번져 나오는 현상

도료저장 과정 중에 발생하는 결함은 침전, 겔화, 피막 등이 있다.

040 상도 도장 작업 중에 발생하는 도막의 결함이 아닌 것은?

① 오렌지 필(Orange Peel)
② 핀홀(Pin Hole)
③ 크레터링(Cratering)
④ 메틸릭(Metallic) 얼룩

도장 작업 중 결함은 연마자국, 퍼티자국, 퍼티기공, 메탈릭 얼룩, 먼지고착, 크레터링, 오렌지 필, 흘림, 백악화, 번짐 등이 있다.

| 정 | 답 | 036 ③ 037 ② 038 ④ 039 ① 040 ②

041 세정작업에 대한 설명으로 틀린 것은?

① 몰딩 및 도어 손잡이 부분의 틈새, 구멍 등에 낀 왁스 성분을 깨끗이 제거한다.
② 탈지제를 이용할 때는 마르기 전에 깨끗한 마른 타월로 닦아내야 유분 및 왁스 성분 등을 깨끗하게 제거할 수 있다.
③ 세정작업은 연마 전후에 하는 것이 바람직하다.
④ 타르 및 광택용 왁스는 좀처럼 제거하기 어려우므로 강용제를 사용하여 제거한다.

세정작업을 할 때에는 세정액이 묻어 있는 타월로 오염물을 제거하고 즉시 깨끗한 타월을 이용하여 세정액이 마르기 전 남아있는 오염물을 제거한다. 또한 세정작업은 공정 시작 전과 후에 해야 하며 전용 세정제를 사용한다.

042 도막의 벗겨짐(peeling) 현상의 발생 요인은?

① 용제의 용해력이 충분할 때
② 마스킹 테이프를 즉시 떼어냈을 때
③ 도료와 강판의 친화력이 좋을 때
④ 구 도막 표면의 연마가 미흡할 때

벗겨짐(peeling) 현상의 원인

㉮ 소재의 진처리 상대기 불량한 경우
㉯ 상도와 하도 및 구도막 간의 밀착이 불량한 경우
㉰ 실리콘, 오일, 기타 불순물이 있는 표면에 연마나 탈지를 충분히 하지 않고 후속 도장을 하였을 경우
㉱ 희석재의 용해력이 약하거나 증발 속도가 빠른 경우

043 도료의 부착성과 차체패널의 내식성 향상을 위해 도장면의 표면처리에 사용하는 화학약품은?

① 인산아연
② 황산
③ 산화티타늄
④ 질산

044 거친 연마지를 블렌딩 도장 시 사용하면 어떤 문제가 발생되는가?

① 도막의 표면이 미려하게 된다.
② 도료가 매우 절약된다.
③ 건조작업이 빠르게 진행된다.
④ 도료 용제에 의한 주름현상이 발생된다.

045 차량의 앞, 뒷면 유리의 고무 몰딩에 적합한 마스킹 테이프는?

① 라인 마스킹 테이프
② 트림 마스킹 테이프
③ 평면 마스킹 테이프
④ 플라스틱 마스킹 테이프

| 정 | 답 | 041 ④ 042 ④ 043 ① 044 ④ 045 ②

046 응급 치료센터 안전표시 등에 사용되는 색으로 가장 알맞은 것은?

① 흑색과 백색
② 적색
③ 황색과 흑색
④ 녹색

047 도장 작업장에서 도장 작업자의 준수사항이 아닌 것은?

① 점화물질 휴대금지
② 소화기 비치장소 확인
③ 일일 작업량 외의 여유분 도료를 넉넉히 작업장에 비치
④ 징이 박힌 신발 착용 금지

048 플라스틱 도장 시 프라이머 도장 공정의 목적은?

① 기름 및 먼지 등의 부착물을 제거한다.
② 변형 및 주름 등의 표면 결함을 제거한다.
③ 소재와 후속 도장의 부착성을 강화한다.
④ 적외선 및 자외선을 차단하고 내광성을 향상시킨다.

①은 탈지공정, ②는 중도공정, ④는 상도공정의 목적이다.

049 다음 배색 중 색상 차가 가장 큰 것은?

① 녹색과 청록
② 파랑과 남색
③ 빨강과 주황
④ 주황과 파랑

색상 차이가 가장 큰 배색은 색상환에서 보색인 관계의 색이 가장 크다. 10색상환에서 보색 관계는 빨강-청록, 주황-파랑, 노랑-남색, 연두-보라, 녹색-자주이다.

050 도료를 도장하여 건조할 때 도막에 바늘 구멍과 같이 생기는 현상을 핀 홀이라고 한다. 다음 중 핀 홀의 원인이 아닌 것은?

① 두껍게 도장한 경우
② 세팅타임을 너무 많이 주었을 때
③ 점도가 높은 경우
④ 속건 시너 사용 시

핀 홀의 발생원인

㉮ 도장 후 세팅타임을 적절하게 주지 않고 급격히 온도를 올린 경우
㉯ 증발속도가 빠른 속건 시너를 사용할 경우
㉰ 하도나 중도에 기공이 잔재해 있을 경우
㉱ 점도가 높은 도료를 플래시 타임 없이 두껍게 도장 할 경우

| 정 | 답 | 046 ④ 047 ③ 048 ③ 049 ④ 050 ②

051 마스킹 작업의 주 목적이 아닌 것은?

① 스프레이 작업으로 인한 도료나 분말의 날림부착 방지
② 프라이머–서페이서 도막두께 조정
③ 도장부위의 오염이나 이물질 부착 방지
④ 작업하는 피도체의 오염방지

052 3코트 펄 조색 시 컬러 베이스의 건조가 불충분할 때 나타나는 현상은?

① 정면 톤과 측면 톤의 변화가 심해진다.
② 광택성이 저하되며 도료가 흘러내린다.
③ 연마자국이 나타난다.
④ 펄 입자의 배열이 균일하다.

053 용제 퍼핑의 상태를 설명한 것은?

① 상도나 프라서페에 함유된 용제에 의해 거품이 생긴 형태
② 상도 도장 또는 건조 시 표면이 일그러지거나 오그라드는 상태
③ 도막 표면에 용제가 흘러 심하게 주름이 생긴 상태
④ 구도막이나 하도를 연마한 자국이 표면에 확대되어 나타난 상태

054 자동차 보수도장 시 메탈릭이나 펄 등을 도장할 때 주위 패널과 약간 겹치도록 도장을 하여 빛에 의한 컬러의 차이를 최대한 줄이도록 하는 도장방법은?

① 전체 도장
② 패널 도장
③ 보수 도장
④ 숨김 도장

055 도장 작업 시 안전에 필요한 사항 중 관련이 적은 것은?

① 그라인더
② 고무장갑
③ 방독 마스크
④ 보안경

056 도료 저장 중 발생하는 결함의 방지 대책 및 조치사항을 설명하였다. 어떤 결함인가?

〈 보기 〉

가. 사용하지 않을 시 밀폐 보관한다.
나. 규정 시너를 사용한다.
다. 보관상태 및 기간에 유의한다.
라. 규정된 시간 내에 사용할 만큼의 양만 배합한다.

① 피막
② 점도 상승
③ 젤(gel)
④ 도료 분리 현상

| 정 | 답 | 051 ② 052 ① 053 ① 054 ④ 055 ① 056 ②

057 다음 보기는 자동차 도장 색상 차이의 원인 중 어떤 경우를 설명한 것인가?

〈 보기 〉

가. 교반이 충분하지 않을 때
나. 색상 혼합을 잘못 했을 때
다. 바르지 못한 조색제를 사용한 경우

① 도료 업체의 원인
② 자동차도장 기술자에 의한 원인
③ 자동차 생산업체의 원인
④ 현장 조색시스템관리 도료대리점의 원인

058 일반적인 블렌딩 도장의 조건 설명으로 옳은 것은?

① 분무되는 패턴의 모양은 원형을 피한다.
② 사용되는 도료의 점도는 무관하다.
③ 공기 압력은 $5kg/cm^2$ 이상이 되어야 한다.
④ 분무거리는 30cm 이상이 좋다.

059 워시 프라이머의 특징을 설명한 것으로 틀린 것은?

① 수분이나 오염물 등에서 철판을 보호하기 위한 부식방지 기능을 가지고 있는 하도용 도료이다.
② 습도에 민감하므로 습도가 높은 날에는 도장을 하지 않는 것이 좋다.
③ 경화제 및 시너는 전용제품을 사용해야 한다.
④ 물과 희석하여 사용할 때는 PP(폴리프로필렌)컵을 사용하여야 한다.

워시 프라이머는 지정된 시너를 지정된 비율에 따라 희석, 사용해야 한다.

060 응급 치료센터 안전표시 등에 사용되는 색으로 가장 알맞은 것은?

① 흑색과 백색
② 적색
③ 황색과 흑색
④ 녹색

| 정 | 답 | 057 ② 058 ① 059 ④ 060 ④

자동차 보수도장

종합 문제 2차

001 다음 중 리무버에 대한 설명으로 맞는 것은?

① 건조를 촉진시키는 것이다.
② 도면을 평활하게 하는데 사용하는 것이다.
③ 광택을 내는네 사용하는 것이다.
④ 오래된 구도막 박리에 사용한다.

구도막의 박리제인 리무버는 붓을 사용하여 작업하며 피부나 눈에 묻지 않도록 주의해서 작업해야 한다.

002 방독마스크의 보관 방법으로 적합하지 않은 것은?

① 사용 마스크는 손질 후 직사광선을 피해 건조된 장소의 상자 속에 보관한다.
② 고무제품의 세척 및 취급에 주의한다.
③ 정화통의 상하 마개를 밀폐한다.
④ 방독마스크는 부피를 줄일 수 있게 잘 겹쳐 쌓아 정리 정돈하여 보관한다.

003 블렌딩 도장의 스프레이 방법에 대한 설명으로 틀린 것은?

① 작업부분에 대해 한 번의 도장으로 도막을 올린다.
② 분무 작업은 3~5회로 나누어 실시한다.
③ 도료의 점도는 추천 규정을 지킨다.
④ 도장 횟수에 따라 범위를 넓혀가며 분무한다.

004 블랜딩 작업을 하기 전 손상 부위에 프라이머 서페이서를 도장할 때 적합한 마스킹 방법은?

① 일반 마스킹
② 터널 마스킹
③ 리버스 마스킹
④ 이중 마스킹

| 정 | 답 | 001 ④ 002 ④ 003 ① 004 ③

005 연질의 범퍼를 교환 도장 후 충격에 의해 도막이 깨어지거나 균열이 생기는 결함이 발생하였다. 그 해당 원인으로 가장 적합한 것은?

① 건조를 오래하였다.
② 크리어에 경화제를 과다하게 넣었다.
③ 유연성을 부여하는 첨가제를 넣지 않았다.
④ 플라스틱 프라이머 공정을 빼고 도장하였다.

연질의 플라스틱 도장의 경우 플라스틱 유연제를 첨가하여 도장하면 약한 충격에 도장 면이 깨지는 것을 방지할 수 있다.

006 다음 중 펄 안료와 관계있는 재료는?

① 현무암 ② 운모
③ 광명단 ④ 유색 안료

운모란 화강암으로 층상구조를 가지고 있으며 일반적으로 육가 판상 결정형이다. 쪼개질 때 밑면에 대하여 수평으로 쪼개지고, 아주 얇게 벗겨지며 탄력이 강하다.

007 플라스틱 부품류 도장 시 주의해야 할 사항으로 옳은 것은?

① 유연성을 주기 위해 점도를 낮게 한다.
② 유연성을 주기 위해 점도를 높게 한다.
③ 건조 온도는 90℃ 이상으로 한다.
④ 건조 온도는 80℃ 이하에서 실시한다.

플라스틱 재질을 도장할 경우에는 플라스틱 유연제를 사용하여 도료의 유연성을 부여하며 너무 고온으로 가열 건조할 경우 플라스틱의 변형이 일어나기 때문에 너무 고온에서 건조시키거나 적정한 온도(80℃ 이하)에서 건조시킬 때에도 바닥에 붙어있지 않을 경우 휘어짐이나 처짐이 발생할 수 있다.

008 워시 프라이머 도장 후 점검사항으로 옳지 않은 것은?

① 구도막에 도장되어 있지 않은가?
② 균일하게 분무하였는가?
③ 두껍게 도장하지 않았는가?
④ 거친 연마 자국이 있는가?

워시 프라이머는 철판 위에 최초로 작업되는 도료로 녹을 방지하는 역할을 한다. 후속 작업으로 퍼티나 프라이머 서페이서 도장을 하기 때문에 도장 부분의 스크레치는 무시하여도 된다.

009 플리싱 전 오렌지 필 현상이 있는 도막을 평활하게 하기 위하여 어떤 연마지로 마무리하는 것이 가장 적합한가?

① P200~P300
② P400~P500
③ P600~P700
④ P1000~P1500

| 정 | 답 | 005 ③ 006 ② 007 ④ 008 ④ 009 ④

010 베이스 코트 숨김(블랜딩) 도장 전 최종 연마지로 가장 적합한 것은?

① P320
② P400
③ P1200
④ P3000 이상

연마지 번호
㉮ 손상 부위 구도막을 제거하고 단 낮추기 : #60~80
㉯ 불포화 폴리에스테르 퍼티 연마 시 평활성 작업 : #80~320
㉰ 블랜딩 도장에서 메탈릭 상도 도막의 손상 부위 연마 : #600~800
㉱ 솔리드 도료를 블랜딩하기 전 구도막 표면 조성을 위한 작업부위 주변 표면 연마 : P1200~1500

011 조착연마에 대한 설명으로 맞는 것은?

① 조착연마는 후속도장의 도료와 피도면의 부착력을 증대시키기 위해 연마하는 작업을 말한다.
② 부착이 쉽게 되는 것을 막기 위해 약간의 여유시간을 마련하기 위한 연마 작업을 말한다.
③ 도료의 표면장력을 낮춰 피도물과의 부착이 어렵도록 하기 위해 하는 연마작업을 말한다.
④ 퍼티의 조착연마는 #240부터 한다.

012 보수도장에서 부분도장하여 분무된 색상과 원 색상의 차이가 육안으로 나타나지 않도록 하거나 색상이색을 최소화하는 작업을 무엇이라 하는가?

① 클리어 코트(clear coat)
② 웨트 코트(wet coat)
③ 숨김 도장(blending coat)
④ 드라이 코트(dry coat)

013 다음 중 플라스틱의 특징이 아닌 것은?

① 복잡한 형상으로 제작하기가 쉽다.
② 유기용제에 침식되거나 변형되지 않는다.
③ 저온에서 경화하고 고온에서 열변형이 발생한다.
④ 약품이나 용제에 내성을 갖는다.

014 프라이머 서페이서에 관한 설명으로 맞는 것은?

① 프라이머 서페이서는 세팅타임을 주지 않아도 된다.
② 도막이 두꺼워지면 핀 홀이 생길 수 있다.
③ 프라이머 서페이서는 플래시 타임을 주지 않아도 된다.
④ 프라이머 서페이서는 구도막 상태가 나쁘면 두껍게 도장해도 된다.

| 정 | 답 | 010 ③ 011 ① 012 ③ 013 ② 014 ②

015 보수도장 작업 후에 폴리싱을 하는 이유가 아닌 것은?

① 도장 도막의 미관을 향상시키기 위해
② 도장과 건조 중에 생긴 결함을 제거하기 위해
③ 먼지나 이물질 등을 제거하기 위해
④ 도막 속에 있는 연마자국을 제거하기 위해

도막 속에 있는 연마자국을 제거하기 위해서는 재도장으로만 제거할 수 있다.

016 다음은 어떤 도장의 특징을 설명한 것인가?

〈 보기 〉

도료는 은폐가 안된다는 점을 착안하여 백색계통의 솔리드를 먼저 도장한 후 건조시키고 그 위에 은폐력이 떨어지는 펄을 도장하여 바탕색이 백색의 솔리드 색상이 비추어 보이게 하는 효과를 이용한 도료이다.

① 3코트 펄도장
② 메탈릭 도장
③ 터치업 부분 도장
④ 우레탄 도장

017 자동차 소지철판에 도장하기 전 행하는 전 처리로 적당한 것은?

① 쇼트 블라스팅
② 크로메이트 처리
③ 인산아연 피막처리
④ 프라즈마 화염처리

018 자동차 보수 도장에서 동력공구를 사용한 폴리에스테르 퍼티 연마에 적합한 연마지는?

① P24~P60 ② P80~P320
③ P400~P500 ④ P600~P1200

019 프라이머 서페이서 건조가 불충분했을 때 발생하는 현상이 아닌 것은?

① 샌딩을 하면 연마지에 묻어나서 상처가 생긴다.
② 상도의 광택 부족
③ 우수한 부착성
④ 퍼티자국이나 연마자국

020 도장용어 중 세팅타임이란?

① 건조가 되기를 기다리는 시간
② 열을 주지 않고 용제가 자연 휘발하는 시간
③ 열처리하는 시간
④ 열처리하고 난 후 식히는 시간

| 정 | 답 | 015 ④ 016 ① 017 ③ 018 ② 019 ③ 020 ②

021 다음 중 도막표면에 연마자국이나 퍼티 자국이 생기는 원인은?

① 플래시 타임을 적게 주었을 때
② 페더 에지(Feather edge) 작업 불량일 때
③ 용제의 양이 너무 많을 때
④ 서페이서를 과다하게 분사했을 때

022 보수도장 시 탈지가 불량하여 발생하는 도막의 결함은?

① 오렌지 필
② 크레터링
③ 메탈릭 얼룩
④ 흐름

023 건조가 불충분한 프라이머-서페이서를 연마할 때 발생되는 문제점이 아닌 것은?

① 연삭성이 나쁘고 상처가 생길 수 있다.
② 연마 입자가 페이퍼에 끼어 페이퍼의 사용량이 증가한다.
③ 물 연마를 해도 별 문제가 발생하지 않는다.
④ 우레탄 프라이머 서페이서를 물 연마하면 경화제의 성분이 물과 반응하여 결함이 발생할 경우가 많다.

024 유리컵에 담겨 있는 포도주나 얼음덩어리를 보듯이 일정한 공간에 부피감이 있는 것 같이 보이는 색은?

① 공간색(Bulky color)
② 경영색(Mirrored color)
③ 투영면색(Transparent color)
④ 표면색(Surface color)

025 보수도장에서 전처리 작업에 대한 목적으로 틀린 것은?

① 피도물에 대한 산화물 제거로 소지면을 안정화하여 금속의 내식성 증대에 그 목적이 있다.
② 피도면에 부착되어 있는 유분이나 이물질 등의 불순물을 제거함으로써 도료와의 밀착력을 좋게 한다.
③ 피도물의 요철을 제거하여 도장면의 평활성을 향상시킨다.
④ 도막내부에 포함된 수분으로 인해 도료와의 내수성을 향상시킨다.

026 운모에 이산화티탄을 코팅한 것으로서, 빛을 반사 투과하므로 보는 각도에 따라 진주광택이나 홍채색 등 미묘한 색상의 빛을 내는 안료를 지칭하는 것은?

① 무기안료
② 유기안료
③ 메탈릭
④ 펄(마이카)

| 정 | 답 | 021 ② 022 ② 023 ③ 024 ① 025 ④ 026 ④

027 마스킹 작업의 목적이 아닌 것은?

① 도료의 부착을 좋게 하기 위해서 한다.
② 도장부위 이외의 도료나 도료 분말의 부착을 방지한다.
③ 작업할 부위 이외의 부분에 대한 오염을 방지한다.
④ 패널과 패널 틈새 등으로부터 나오는 먼지나 이물질을 방지한다.

도료의 부착을 좋게 하기 위해서는 연마를 하고 표면의 유분을 제거하기 위해서는 탈지를 한다.

028 다음 도료 중 하도도료에 해당하지 않은 것은?

① 워시 프라이머
② 에칭 프라이머
③ 래커 프라이머
④ 프라이머-서페이서

프라이머-서페이서는 중도용 도료로서 건조 후 연마 공정을 할 경우에는 서페이서의 기능을 강조한 것이며 웨트 온 웨트(Wet On Wet) 방식으로 도장할 경우 프라이머의 기능을 강조한 것이다.

029 전동식 샌더기의 설명이 잘못된 것은?

① 회전력과 파워가 일정하고 힘이 좋다.
② 도장용으로는 사용하지 않는다.
③ 요철 굴곡 제거가 쉬우며 연삭력이 좋다.
④ 에어 샌더에 비해 다소 무거운 편이다.

전동식 샌더기는 도장용, 목공용으로 사용한다.

030 빨강과 노랑색이 서로의 영향으로 빨강은 연두색 기미가 많은 빨강으로, 노랑색은 연두색 기미가 많은 노랑으로 변해 보이는 현상은?

① 계시 대비
② 색상 대비
③ 보색 대비
④ 채도 대비

031 우리 눈에 어떤 자극을 주어 색각이 생긴 뒤에 자극을 제거한 후에도 그 흥분이 남아서 원자극과 같은 성질의 감각경험을 일으키는 현상은?

① 정의 잔상
② 부의 잔상
③ 조건등색
④ 색의 연상 작용

| 정 | 답 | 027 ① 028 ④ 029 ② 030 ② 031 ①

032 상도 도장 전 준비 작업으로 틀린 것은?

① 폴리셔 준비
② 작업자 준비
③ 도료 준비
④ 차량 준비

폴리셔 준비는 광택작업 시 준비사항이다.

033 일반적인 광택제의 보관 온도로 적당한 것은?

① −5℃ ② 5℃
③ 20℃ ④ 40℃

034 가산혼합에서 빨강(Red)과 초록(Green) 색을 혼합하면 무슨 색이 되는가?

① 파랑(Blue)
② 청록(Cyan)
③ 자주(Magenta)
④ 노랑(Yellow)

035 박리(벗겨짐) 현상의 발생 원인이 아닌 것은?

① 구도막이나 도막면의 연마 부족 시
② 이물질 제거 부족 시
③ 경화제 혼합량 부족 시
④ 구도막의 거친 샌드페이퍼로 연마 시

박리현상의 발생원인

㉮ 도장면에 오염물이 묻어 있는 것을 제거하지 않고 조장할 경우 발생
㉯ 연마를 하지 않고 도장할 경우
㉰ 경화제의 혼합량이 부족한 상태로 도장한 경우

036 다음 중 일반적으로 가장 무거운 느낌의 색은?

① 녹색 ② 보라
③ 검정 ④ 노랑

037 다음 중 도장할 장소에 의한 분류에 해당되지 않는 것은?

① 내부용 도료
② 하도용 도료
③ 바닥용 도료
④ 지붕용 도료

하도용 도료는 도장 공정별 분류로 하도용 도료, 중도용 도료, 상도용 도료 등으로 나뉜다.

038 색채의 중량감은 색의 3속성 중에서 주로 어느 것에 의하여 좌우되는가?

① 명도 ② 색상
③ 채도 ④ 순도

중량감은 명도에 의해서 좌우되며, 가장 무게가 느껴지는 색은 검정, 가장 가볍게 느껴지는 색은 흰색이다.

| 정 | 답 | 032 ① 033 ③ 034 ④ 035 ④ 036 ③ 037 ② 038 ①

039 제3종 유기용제 취급 장소의 색 표시는?

① 빨강
② 노랑
③ 파랑
④ 녹색

> **유기용제의 종류**
> ㉮ 1종 유기용제 표시 색상 : 빨강
> ㉯ 2종 유기용제 표시 색상 : 노랑
> ㉰ 3종 유기용제 표시 색상 : 파랑

040 워시 프라이머 사용에 대한 설명으로 맞는 것은?

① 워시 프라이머 건조 시 수분이 침투되면 부착력이 급속히 상승하기 때문에 바닥에 물을 뿌려 양호한 상태로 만든 다음 도장한다.
② 건조도막은 내후성 및 내수성이 약하므로 도장 후 8시간 이내에 후속 도장을 해야 한다.
③ 2액형 도료의 경우 혼합된 도료는 가사시간이 지나면 점도가 낮아져 부착력이 향상된다.
④ 경화제와 시너는 프라이머-서페이서 도료의 경화제와 혼용하여 사용해도 무방하다.

041 자동차 보수도장에서 표면 조정 작업의 안전 및 유의사항으로 틀린 것은?

① 연마 후 세정 작업은 면장갑과 방독마스크를 사용한다.
② 박리제를 이용하여 구도막을 제거할 경우에는 방독마스크와 내화학성 고무장갑을 착용한다.
③ 작업범위가 아닌 경우에는 마스킹을 하여 손상을 방지한다.
④ 연마 작업은 알맞은 연마지를 선택하고 샌딩 마크가 발생하지 않도록 주의한다.

042 하나의 색상에서 무채색 포함량이 가장 적은 색은?

① 파랑색 ② 순색
③ 탁색 ④ 중성색

> 무채색은 색상과 채도가 없고 명도만 가지고 있는 색으로 흰색과 검정색의 양만 가지고 있다.

043 2액형 우레탄 수지의 도료를 사용하기 위해 혼합하였을 때 겔화, 경화 등이 일어나지 않고 사용하기에 적합한 유동성을 유지하고 있는 시간을 나타내는 것은?

① 지촉건조
② 경화건조
③ 가사시간
④ 중간건조시간

| 정 | 답 | 039 ③ 040 ② 041 ① 042 ② 043 ③

044 수지의 분류 방법 중 주로 동식물에서 추출 또는 분해되는 수지를 일컫는 것은?

① 합성 수지
② 천연 수지
③ 열가소성 수지
④ 열경화성 수지

045 솔리드 색상의 색상변화에 대한 설명 중 틀린 것은?

① 솔리드 색상은 시간경과에 따라 전과 후의 색상변화가 없다.
② 색을 비교해야 할 도막 표면은 깨끗하게 닦아야 정확한 색을 비교할 수 있다.
③ 색상 도료를 도장하고, 클리어 도장을 한 후의 색상은 산뜻한 느낌의 색상이 된다.
④ 베이지나 옐로우 계통의 색상에 클리어를 도장했을 때 산뜻하면서 노란색 감이 더 밝아 보이는 경향이 있다.

자동차보수용 컬러는 건조 전·후, 클리어 도장 유무에 따라 색상이 변화된다.

046 도막에 작은 바늘 구멍과 같이 생기는 현상은?

① 오렌지 필(orange peel)
② 메틸릭 얼룩(blemish)
③ 핀 홀(pin hole)
④ 벗겨짐(peeling)

047 다음 배색 중 가장 눈에 잘 띄는 색은?

① 녹색–파랑
② 주황–노랑
③ 보라–파랑
④ 빨강–청록

048 도료의 보관 장소에서 우선하여 고려되어야 할 사항은?

① 상온 유지
② 환기
③ 습기
④ 청소

049 압송식 스프레이 건에 대해 설명한 것은?

① 점도가 높은 도료에는 적합하지 않다.
② 에어의 힘으로 도료를 빨아올리므로 도료의 점도가 바뀌면 토출량도 변한다.
③ 건과 탱크를 세정하고 파이프까지 세정해야 하므로 불편하다.
④ 압력차에 의해 노즐에 도료를 공급하고 노즐 위에 도료컵이 위치한다.

| 정 | 답 | 044 ② 045 ① 046 ③ 047 ④ 048 ② 049 ③

050 다음 중 구도막의 제거작업 순서로 맞는 것은?

① 탈지작업–세차작업–손상부위 점검 및 표시작업–손상부위 구도막 제거작업–단낮추기(표면조정작업)–탈지작업–화성피막작업
② 세차작업–탈지작업–손상부위 점검 및 표시작업–손상부위 구도막 제거작업–단낮추기(표면조정작업)–탈지작업–화성피막작업
③ 손상부위 구도막제거작업–세차작업–탈지작업–손상부위 점검 및 표시작업–단낮추기(표면조정작업)–탈지작업–화성피막작업
④ 단낮추기(표면조정작업)–탈지작업–화성피막작업–손상부위 구도막제거작업–세차작업–탈지작업–손상부위 점검 및 표시작업

051 상도 도장 작업 후 용제의 증발로 인해 도장 표면에 미세한 굴곡이 생기는 현상은?

① 부풀음
② 오렌지 필
③ 물 자국
④ 황변

052 솔리드 색상을 조색하는 방법의 설명 중 틀린 것은?

① 주 원색은 짙은 색부터 혼합한다.
② 견본 색보다 채도는 맑게 맞추도록 한다.
③ 색상이 탁해지는 색은 나중에 넣는다.
④ 동일한 색상을 오랫동안 주시하면 잔상현상이 발생되기 때문에 피한다.

053 도장 부스에 대한 설명으로 맞는 것은?

① 공기는 강제 배기가 되므로 자연급기–강제급기, 강제급기–강제배기의 2가지 방식이 있다.
② 자연급기 타입은 룸 내부가 플러스 압력으로 되며, 틈새 먼지가 내부로 들어오지 못한다.
③ 강제급기 타입은 대부분 마이너스 압력으로 설정이 되어 있다.
④ 자연급기와 강제급기 타입은 공기 흐름이 항상 똑같아야 한다.

| 정 | 답 | 050 ② 051 ② 052 ① 053 ①

054 우레탄계 도료에서 사용되는 경화제를 취급할 때 유의사항으로 적합하지 않은 것은?

① 이소시아네이트 경화제는 독성이 없어 장갑이나 보호 마스크 착용이 필요없다.
② 공기 중의 수분과 반응하므로 경화제 뚜껑을 확실히 닫는다.
③ 경화제가 젤 모양이나 하얗게 탁해진 것은 사용하지 않는다.
④ 경화제의 배합은 분무하기 바로 전에 한다.

055 피막결함이 도료 저장 중(도장 전) 발생하는 경우로 틀린 것은?

① 도료 용기의 뚜껑이 밀폐되지 않아 공기의 유동이 있는 경우
② 저장 중의 온도가 높은 상태로 장시간 저장한 경우
③ 도료 안에 건성유 성분이 많은 때나 건조제가 과다한 경우
④ 공기와의 접촉면이 없는 경우

056 조색 작업 시 명암 조정에 대한 설명 중 틀린 것은?

① 솔리드 색상을 밝게 하려면 백색을 첨가한다.
② 메탈릭 색상을 밝게 하려면 알루미늄 조각(실버)을 첨가한다.
③ 솔리드, 메탈릭 색상의 명암을 어둡게 하려면 배합비 내의 흑색을 첨가한다.
④ 솔리드, 메탈릭 색상의 명암을 어둡게 하려면 보색을 사용한다.

색상 조색에서 보색은 사용하지 않으며, 빨강색의 경우 명도를 조정하기 위하여 백색을 첨가하면 분홍색이 되므로 첨가하지 않는다.

057 도장 용제에 대한 설명 중 틀린 것은?

① 수지를 용해시켜 유동성을 부여한다.
② 점도조절 기능을 가지고 있다.
③ 도료의 특정 기능을 부여한다.
④ 희석제, 시너 등이 사용된다.

도료의 특정 기능을 부여하는 요소는 첨가제이다.

| 정 | 답 | 054 ① 055 ④ 056 ④ 057 ③

058 핀홀(pin hole)이 발생하는 경우로 틀린 것은?

① 열처리를 급격하게 했을 때
② 플래시 오프 타임 시간이 적을 때
③ 도막이 얇을 때
④ 용제의 증발이 너무 빠를 때

핀홀은 도장 건조 후에 도막에 바늘로 찌른 듯한 조그마한 구멍이 생긴 상태를 말한다.

059 자동차 보수도장에서 사용하는 도료 분류 방법이 아닌 것은?

① 아크릴 타입(1Coat−1Bake)
② 메탈릭 타입(2Coat−1Bake)
③ 솔리드 2액형 타입(1Coat−1Bake)
④ 2코트 펄 타입(3Coat−1Bake)

060 다음 중 도장 도막 건조 장비로 사용되지 않는 것은?

① 스팀 건조기
② 원적외선 건조기
③ 전기 오븐
④ 열풍 건조기

도장 후 습도가 높을 경우에는 백화현상이 발생한다.

| 정 | 답 | 058 ③ 059 ① 060 ①

종합 문제 3차

001 자동차 주행 중 작은 돌이나 모래알 등에 의한 도막의 벗겨짐을 방지하기 위한 도료는?

① 방청 도료
② 내스크래치 도료
③ 내칩핑 도료
④ 바디실러 도료

002 동일 색상의 배색에서 받는 느낌을 가장 옳게 설명한 것은?

① 화려하고 자극적인 느낌
② 활동적이고 발랄한 느낌
③ 부드럽고 통일성 있는 느낌
④ 강한 대칭의 느낌

003 다음 중 도막제거의 방법이 아닌 것은?

① 샌더에 의한 제거
② 리무버에 의한 제거
③ 샌드 블라스터에 의한 제거
④ 에어 블로잉에 의한 제거

004 마스킹 페이퍼 디스펜서의 설명이 아닌 것은?

① 마스킹 테이퍼에 롤 페이퍼가 부착될 수 있게 세트화되었다.
② 고정식과 이동식이 있다.
③ 너비가 다른 롤 테이퍼를 여러 종류 세트시킬 수 있다.
④ 10cm 이하 및 100cm 이상은 사용이 불가능하다.

005 프라이머 서페이서 연마의 목적과 이유가 아닌 것은?

① 도막의 두께를 조절하기 위해서이다.
② 상도 도료의 밀착성을 향상시키기 위해서이다.
③ 프라이머 서페이서 면을 연마함으로써 면의 평활성을 얻을 수 있다.
④ 상도 도장의 표면을 균일하게 하여 미관상 마무리를 좋게 한다.

| 정 | 답 | 001 ③ 002 ③ 003 ④ 004 ④ 005 ①

006 색광의 3원색에 해당되는 것은?

① 빨강(R)-파랑(B)-노랑(Y)
② 빨강(R)-초록(G)-자주(M)
③ 빨강(R)-파랑(B)-초록(G)
④ 빨강(R)-파랑(B)-자주(M)

> ㉮ 색광의 3원색(가산혼합) : 빨강(Red)-녹색(Green), 파랑(Blue)
> ㉯ 색료의 3원색(감산혼합) : 마젠타(Magenta), 노랑(Yellow), 시안(Cyan)

007 도장용 주걱(스푼)으로 부적합한 것은?

① 나무주걱
② 고무주걱
③ 플라스틱주걱
④ 함석주걱

008 마스킹 페이퍼와 마스킹 테이프를 한곳에 모아 둔 장치로 마스킹 작업 시에 효율적으로 사용하기 위한 장치는?

① 틈새용 마스킹재
② 마스킹용 플라스틱 스푼
③ 마스킹 커터 나이프
④ 마스킹 페이퍼 편리기

009 도료가 완전 건조된 후에도 용제의 영향을 받는 것은?

① NC 래커
② 아미노 알키드
③ 아크릭
④ 표준형 우레탄

010 상도 도장 전 수연마(water sanding)의 단점으로 가장 적합한 것은?

① 먼지 제거
② 부식 효과
③ 연마지 절약
④ 평활성

011 흰색에 대하여 추상적으로 연상되는 감정이 아닌 것은?

① 청결 ② 순수
③ 침묵 ④ 소박

> 흰색은 청결, 소박, 순수, 순결 등의 감정이 연상되는 색이다.

012 불포화 폴리에스테르 퍼티 연마 시 평활성 작업에 가장 적합한 연마지는?

① #80~#320
② #400~#600
③ #800~#1000
④ #1200~#1500

| 정 | 답 | 006 ③ 007 ④ 008 ④ 009 ① 010 ② 011 ③ 012 ①

013 다음 색 중 명도가 가장 낮은 것은?

① 주황 ② 보라
③ 노랑 ④ 연두

014 폴리싱 작업 중 마스크를 착용해야 할 이유는?

① 먼지가 많이 나기 때문에
② 광택이 잘 나기 때문에
③ 손작업보다 쉽기 때문에
④ 소음 때문에

015 연마에 사용하는 샌더기 중 중심축을 회전하면서 중심축의 안쪽과 바깥쪽을 넘나드는 형태로 한 번 더 스트로크(stroke)히여 연마하는 샌더기는?

① 더블 액션 샌더(Double Action Sander)
② 싱글 액션 샌더(Single Action Sander)
③ 오비탈 샌더(Obital Sander)
④ 스트레이트 샌더(Straight Sander)

016 다음 도료 중 하도 도료에 해당하지 않는 것은?

① 워시 프라이머
② 에칭 프라이머
③ 래커 프라이머
④ 프라이머-서페이서

프라이머 서페이서는 중도 도료이며, 기능으로는 차단성, 평활성 등이 있다.

017 메틸릭 입자에 대한 설명으로 옳은 것은?

① 입자가 둥근 메탈릭 입자는 은폐력이 약하다.
② 입자의 종류는 크게 3가지로 구분된다.
③ 입자 크기에 따라 정면과 측면의 밝기를 조절할 수 있다.
④ 관찰하는 각도에 따라 색상의 밝기가 달라진다.

018 컴파운팅 공정의 주된 목적은?

① 도막 보호
② 컬러 샌딩 연마 자국 세거
③ 도막의 은폐
④ 스월마크 제거

컴파운딩 공정의 목적은 오렌지 필을 제거한 도장면을 컴파운드를 사용하여 광택이 나도록 하는 공정이다.

019 프라이머-서페이서 연마 시 샌더 연마용으로 적절한 것은?

① P40~80
② P80~120
③ P80~320
④ P400~600

| 정 | 답 | 013 ② 014 ① 015 ① 016 ④ 017 ① 018 ② 019 ④

020 상도 작업에서 컴파운드, 왁스 등이 묻거나 손의 화장품, 소금기 등으로 인하여 발생하기 쉬운 결함을 제거하기 위한 목적으로 실시하는 작업은?

① 에어 블로잉
② 탈지 작업
③ 송진포 작업
④ 수세 작업

탈지 작업은 도장 표면에 있는 유분이나 이형제 등을 제거하는 것이다.

021 스프레이 건 세척 작업 시 필히 착용해야 할 보호구는?

① 보안경
② 귀마개
③ 안전헬멧
④ 내용제성 장갑

022 우레탄 프라이머 서페이서를 혼합할 때 경화제를 필요 이상으로 첨가했을 때 발생하는 원인이 아닌 것은?

① 건조가 늦어진다.
② 작업성이 나빠진다.
③ 공기 중의 수분과 반응하여 도막에 결로가 되므로 블리스터의 원인이 된다.
④ 경화불량 균열 및 수축의 원인이 된다.

023 클리어(투명)가 인체에 유해하여도 사용되는 이유 중 틀린 것은?

① 도막이 아름답기 때문에
② 도장용 성능이 우수하기 때문에
③ 도막이 오래 가기 때문에
④ 습관상 오래 사용했기 때문에

024 그라인더 작업 시 안전 및 주의사항으로 틀린 것은?

① 숫돌 교체 및 시험운전은 담당자만 하여야 한다.
② 그라인더 작업에는 반드시 보호안경을 착용하여야 한다.
③ 숫돌의 받침대가 3mm 이상 열렸을 때에는 사용하지 않는다.
④ 숫돌 작업은 정면에서 작업하여야 한다.

숫돌 작업은 안전을 위하여 정면을 피한 위치에서 한다.

025 다음 중 가산혼합에 대한 설명으로 바른 것은?

① 색료를 혼합할 때 색 수가 많을수록 혼합결과의 명도는 낮아진다.
② 컬러영화필름, 색채사진 등이 가산혼합의 예이다.
③ 가산혼합의 3원색은 마젠타, 노랑, 시안이다.
④ 2가지 이상의 색광을 혼합할 때 혼합결과의 명도가 높아진다.

| 정 | 답 | 020 ② 021 ④ 022 ④ 023 ④ 024 ④ 025 ④

㉮ 가산혼합 : 빨강(red), 녹색(green), 파랑(blue)을 모두 혼합하면 백색광을 얻을 수 있는데 이는 혼합 전의 상태보다 색의 명도가 높아진다.
㉯ 감산혼합 : 자주(magenta), 노랑(yellow), 시안(cyan)을 모두 혼합하면 혼합할수록 혼합 전의 상태보다 색의 명도가 낮아진다.

026 내약품성, 부착성, 연마성, 내스크래치성, 선명성들이 우수하여 자동차보수도장 상도용으로 사용되는 수지는?

① 아크릴 멜라민 수지
② 아크릴 우레탄 수지
③ 에폭시 수지
④ 알키드 수지

027 신차용 자동차 도료에 사용되며 에폭시 수지를 원료로 하여 방청 및 부착성 향상을 위해 사용하는 도료는?

① 전착 도료
② 중도 도료
③ 상도 베이스
④ 상도 투명

028 수연작업에서 작업 방법이 부적합한 것은?

① 손에 힘을 너무 많이 주면 균일한 속도와 힘을 유지할 수 없다.
② 힘을 균일하게 주지 않을 경우 도막 연마 상태에 영향을 주게 된다.
③ 힘과 속도는 일정해야 할 필요가 없다.
④ 연마지를 잡은 손의 힘은 균일하여야 한다.

힘과 속도는 일정해야 한다.

029 다음 배색 중 가장 따뜻한 느낌의 배색은?

① 파랑과 녹색
② 노랑과 녹색
③ 주황과 노랑
④ 빨강과 파랑

030 다음 그림은 색의 3속성을 나타낸 것이다. 여기서 A에 해당되는 요소는?

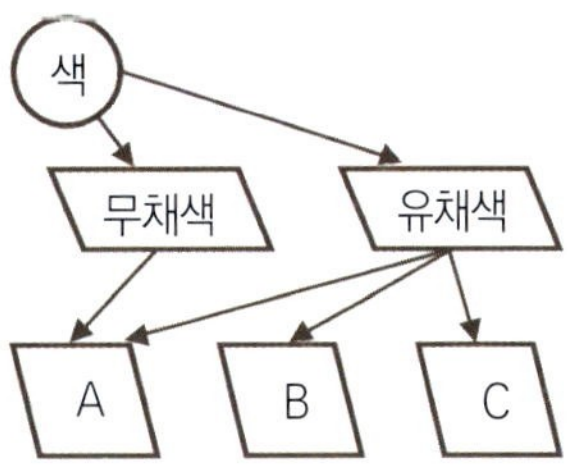

① 색상
② 명도
③ 채도
④ 명시도

| 정 | 답 | 026 ② 027 ① 028 ③ 029 ③ 030 ②

031 다음 중 워시 프라이머의 도장작업에 대한 설명으로 적합하지 않은 것은?

① 추천 건조도막 두께로 도장하기 위해 4~6회 도장
② 2액형 도료인 경우, 주제와 경화제의 혼합 비율을 정확하게 지켜 혼합
③ 혼합된 도료인 경우, 가사시간이 지나면 점도가 상승하고 부착력이 떨어지기 때문에 재사용은 불가능
④ 도막을 너무 두껍게도 얇게도 도장하지 않도록 한다.

> 워시 프라이머는 녹 방지와 부착성을 위해서 작업한다. 도료에 따라 도막 두께는 다르지만 1액형의 경우 30μm, 2액형은 10μm 정도 도장한다.

032 블렌딩 도장작업에서 도막의 결함인 메탈릭 얼룩 현상이 발생될 수 있는 공정은?

① 표면조정 공정
② 광택 공정
③ 상도 공정
④ 중도 공정

033 다음 중 동시 대비와 거리가 먼 것은?

① 색상 대비 ② 명도 대비
③ 보색 대비 ④ 면적 대비

> 동시 대비는 가까이 있는 두 가지 이상의 색을 동시에 볼 때 일어나는 현상으로 색상 대비, 명도 대비, 채도 대비, 보색 대비가 있다.

034 탈지제를 이용한 탈지작업에 대한 설명으로 틀린 것은?

① 도장면을 종이로 된 걸레나 면걸레를 이용하여 탈지제로 깨끗하게 닦아 이물질을 제거한다.
② 탈지제를 묻힌 면 걸레로 도장면을 닦은 다음 도장면에 탈지제가 남아 있지 않도록 해야 한다.
③ 도장할 부위를 물을 이용하여 깨끗하게 미세먼지까지 제거한다.
④ 한쪽 손에는 탈지제를 묻힌 것을 깨끗하게 닦은 다음 다른 쪽 손에 깨끗한 면 걸레를 이용하여 탈지제가 증발하기 전에 도장면에 묻은 이물질과 탈지제를 깨끗하게 제거한다.

035 자기 반응형(2액 중합건조)에 대한 설명 중 틀린 것은?

① 주제와 경화제를 혼합함으로써 수지가 반응한다.
② 아미노알키드수지도료와 같이 신차 도장에서 주로 사용된다.
③ 5℃ 이하에서는 거의 반응이 없다가 40~80℃에서는 건조시간이 단축된다.
④ 도막은 그물(망상)구조를 형성한다.

| 정 | 답 | 031 ① 032 ③ 033 ④ 034 ③ 035 ②

036 플라스틱 범퍼에 자동차 도장 색상 차이가 발생되었다면, 자동차 생산업체의 원인으로 가장 적합한 것은?

① 도료제조용 안료의 변경
② 자동차의 부품이 서로 다른 도장 라인에서 도장되는 경우
③ 제조공정에서 교반이 불충분
④ 표준색과 상이한 도료 출고

037 구도막 제거 시 샌더와 도막 표면의 일반적인 유지 각도는?

① 15° ~ 20°
② 25° ~ 30°
③ 30° ~ 35°
④ 35° ~ 45°

038 플라스틱 부품의 도장에 필요한 도료의 요구조건 중 틀린 것은?

① 고온 경화형 도료 사용
② 밀착형 프라이머 사용
③ 유연성 도막의 도료 사용
④ 전처리 함유 용제 사용

도료는 크게 저온 건조형, 중온 건조형, 고온 건조형으로 나뉜다. 플라스틱 재질의 특성상 100℃가 넘어가면 유동성이 생기기 때문에 저온 건조형 도료를 사용하여 도장한다.

039 보수 도장에서 올바른 스프레이 건의 사용법이 아닌 것은?

① 건의 거리를 일정하게 한다.
② 도장할 면과 수직으로 한다.
③ 표면과 항상 평행하게 움직인다.
④ 건의 이동속도는 가급적 빠르게 한다.

건의 이동 속도는 초당 50~60cm 정도이며 일정한 속도로 도장한다.

040 도장 표면에 오일, 왁스, 물 등이 있는 상태에서 도장작업 시 나타나는 현상은?

① 오렌지 필
② 점도 상승
③ 크레터링
④ 흐름

041 회색을 흰색 바탕 위에 놓으면 회색이 더욱 어둡게 보이는 현상은?

① 색상 대비
② 명도 대비
③ 채도 대비
④ 보색 대비

| 정 | 답 | 036 ② 037 ① 038 ① 039 ④ 040 ③ 041 ②

042 블렌딩 도장에서 메탈릭 상도 도막의 작은 손상부위를 연마할 때 가장 적당한 연마지는?

① P240~320 ② P400~500
③ P600~800 ④ P1200~1500

도료별 추천 연마지
㉮ 솔리드 도장 : P400~600
㉯ 메틸릭 도장 : P600~800
㉰ 3coat 펄 도장 : P800~1,000

043 저명도와 저채도의 설명 중 옳은 것은?

① 저명도는 어둡고 저채도는 맑다.
② 저명도는 어둡고 저채도는 탁하다.
③ 저명도는 밝고 저채도는 맑다.
④ 저명도는 밝고 저채도는 탁하다.

044 다음 중 플라스틱의 특징이 아닌 것은?

① 비중이 0.9~1.3 정도로 가볍다.
② 내식성, 방습성이 우수하다.
③ 방진, 방음, 절연, 단열성이 있다.
④ 복잡한 형상의 성형이 불리하다.

플라스틱의 특징
㉮ 제품의 가공이 쉬워 복잡한 형상의 성형이 가능하다.
㉯ 아름다운 색으로 착색이 된다.
㉰ 절연, 단열성이 있어 전기나 열을 전달하기 어렵다.
㉱ 비중이 0.9~1.3 정도로 가볍고 튼튼하다.
㉲ 방진, 방음, 내식성, 내습성이 우수하다.

045 자동차 상도 도장 시 솔리드 컬러 베이스 위에 펄 베이스를 한 번 더 도장한 후 투명작업을 하는 도장 시스템은?

① 1coat−1bake
② 2coat−1bake
③ 2coat−2bake
④ 3coat−1bake

046 스프레이 부스에서 바닥필터가 나쁘면 생기는 현상은?

① 유독가스의 배기가 안 된다.
② 흡기필터에서 공기 유입량이 많아진다.
③ 배기가 원활하여 공기의 흐름이 빨라진다.
④ 부스 출입문이 잘 열리지 않는다.

047 상도 도장 전 준비 작업으로 틀린 것은?

① 폴리셔 준비
② 작업자 준비
③ 도료 준비
④ 피도물 준비

폴리셔는 광택공정에 사용하는 공구로서 빠른 회전력으로 도장면의 오렌지 필 등을 제거할 때 사용한다.

| 정 | 답 | 042 ③ 043 ② 044 ④ 045 ④ 046 ① 047 ①

048 다음 중 광택 장비 및 기구가 아닌 것은?

① 실링건
② 샌더기
③ 폴리셔
④ 버프 및 패드

049 유기 용제가 인체에 미치는 영향으로 맞는 것은?

① 피부로는 흡수되지 않는다.
② 급성중독은 없고 만성중독이 위험하다.
③ 중추신경 등 중요기관을 침범하기 쉽다.
④ 유지류를 녹이고 스며드는 성질은 없다.

050 녹(rusting)이 발생하였다. 원인으로 틀린 것은?

① 리무버 사용 후 세척을 제대로 못했을 경우
② 피도면의 표면처리(방청) 작업을 제대로 못했을 경우
③ 도막의 손상부위로 습기가 침투하였을 경우
④ 구도막 면의 연마가 미흡한 경우

051 스프레이 건에서 노즐의 구경 크기로 적합하지 않는 것은?(단위 : mm)

① 중도전용 : 1.2~1.3
② 상도용(베이스) : 1.3~1.4
③ 상도용(크리어) : 1.4~1.5
④ 부분도장(국소) : 0.8~1.0

중도 도장용 스프레이 건의 노즐 지름은 1.6~1.8mm 정도를 사용하는 것이 좋다.

052 각종 플라스틱 부품 중에서 내용제성이 약하기 때문에 청소할 때 알코올 또는 가솔린을 사용해야 하는 수지의 명칭은?

① ABS(스틸렌계)
② PVC(염화비닐)
③ PUR(폴리우레탄)
④ PP(폴리프로필렌)

053 박리제(romover) 사용 중 유의사항으로 틀린 것은?

① 표면이 넓은 면적의 구도막 제거 시 사용한다.
② 가능한 밀폐된 공간에서 작업한다.
③ 보호 장갑과 보호안경을 착용한다.
④ 구도막 제거 시 제거하지 않은 부분은 마스킹 용지로 보호한다.

| 정 | 답 | 048 ① 049 ③ 050 ④ 051 ① 052 ① 053 ②

054 탈지를 철저히 하지 않았을 때 발생할 수 있는 결함은?

① 흐름
② 연마자국
③ 벗겨짐
④ 흡수에 의한 광택저하

벗겨짐의 경우는 연마를 충분히 하지 않아 도장면의 표면 에너지가 적을 경우에 발생하는 결함이다.

055 플라스틱 부품의 상도 도장 목적 중 틀린 것은?

① 색상 부여
② 내광성 부여
③ 부착성 부여
④ 소재의 보호

플라스틱 재질의 도장에 사용하는 하도로서 플라스틱 프라이머가 있으며, 소재 위에 도장함으로써 상도 도막이 박리되는 것을 방지하여 부착성을 증대시키는 공정이다.

056 3코트 펄 도장 시 3C1B의 도장 순서가 올바른 것은?

① 컬러 베이스–펄 베이스–크리어
② 펄 베이스–컬러 베이스–크리어
③ 펄 베이스–펄 베이스–크리어
④ 컬러 베이스–컬러 베이스–크리어

057 도장표면에 오일, 왁스, 물 등이 있는 상태에서 도장작업시 나타나는 현상은?

① 오렌지 필
② 점도상승
③ 크레터링
④ 흐름

058 다음 중 도료 저장 중(도장 전) 발생하는 결함으로 바른 것은?

① 겔(gel)화
② 오렌지 필
③ 흐름
④ 메탈릭 얼룩

도료 저장 중 결함에는 겔화, 침전, 피막 등이 있다.

059 공기압축기 설치장소로 적합하지 않은 것은?

① 건조하고 깨끗하며 환기가 잘되는 장소에 수평으로 설치한다.
② 실내온도가 여름에도 40℃ 이하가 되고 직사광선이 들지 않는 장소가 좋다.
③ 인화 및 폭발의 위험성을 피할 수 있는 방폭벽으로 격리된 장소에 설치한다.
④ 실내공간을 최대한 사용하여 벽면에 붙여서 설치한다.

| 정 | 답 | 054 ③ 055 ③ 056 ① 057 ③ 058 ① 059 ④

공기압축기 설치장소

㉮ 직사광선을 피하고 환풍기 시설을 갖춘 장소
㉯ 습기나 수분이 없는 장소
㉰ 실내온도는 40℃ 이하인 장소
㉱ 수평이고 단단한 바닥 구조
㉲ 방음이 되고 보수점검이 가능한 공간
㉳ 먼지, 오존, 유해가스가 없는 장소

060 다음 중 색상을 적용하는 동안 스프레이 건을 좌우로 이동시켜 작업하는 블렌딩 도장의 결과가 아닌 것은?

① 도막 두께의 불규칙
② 불균일한 건의 조정
③ 불균일한 색상
④ 도막 질감의 불균일

| 정 | 답 | 060 ②

드레스업 튜닝

PART 02

CHAPTER 01

자동차 튜닝 (Car Tuning)

1 자동차 튜닝이란?

자동차의 튜닝은 제작차의 성능 향상에 대한 욕구에서 시작되었다. 특히 남보다 안전하고 빠르고 돋보이는 차를 만들고 싶은 욕구가 반영되어 자동차 튜닝이 시작되었다고 해도 과언이 아니다.

국내에서도 점점 자동차 튜닝에 대한 관심이 높아져가고 있다. 튜닝(Tuning)이란 커스텀(Custom)이라고 불리기도 하는데 일본 최고의 커스텀 전문가인 기시하라 야스노리는 "튜닝은 차량의 성능을 끌어올리려고 엔진과 브레이크 등 성능적인 부분을 개조하는 것을 의미하고, 커스텀은 튜닝을 포함한 모든 것을 개조하고 만드는 것을 의미한다."라고 구분했다.

하지만 일반적으로 튜닝과 커스텀은 의미의 큰 차이 없이 사용되고 있는데, 자동차의 성능적인 부분에 대한 개조나 도색 및 랩핑, 시트와 같은 인테리어나 블랙박스 장착, 틴팅(Tinting, 선팅)과 같은 외관상 변화를 주기 위해 자동차에 가하는 모든 작업들 또한 자동차 튜닝의 종류에 들어간다.

그림 1-1 자동차 튜닝

2 튜닝 제도

2.1 튜닝(구조변경) 제도란

튜닝 제도란 성능향상 및 사용목적에 적합하게 구조, 장치 일부를 변경하거나 부착물을 추가하는 자동차에 대하여 안전도 확인을 통해 운행 자동차의 안전성 확보와 환경오염을 예방하기 위한 제도다.

2.2 법적 근거

자동차관리법 제34조(자동차의 튜닝)

① 자동차소유자가 국토교통부령으로 정하는 항목에 대하여 튜닝을 하려는 경우에는 시장・군수・구청장의 승인을 받아야 한다.

② 제1항에 따라 튜닝 승인을 받은 자는 자동차정비업자 또는 국토교통부령으로 정하는 자동차제작자 등으로부터 튜닝 작업을 받아야 한다. 이 경우 자동차제작자 등의 튜닝 작업 범위는 국토교통부령으로 정한다.

③ 제1항에 따른 승인 대상 항목에 대한 승인기준 및 승인절차에 관한 사항은 국토교통부령으로 정한다.

2.3 승인대상 및 기준

승인대상	• 자동차관리법 시행규칙 제55조 제1항에서 규정하고 있으며, 자동차의 구조로는 길이·너비 및 높이, 총중량(차량중량, 최대적재량 및 승차정원에 65㎏을 곱한 중량의 합계를 말한다) • 자동차의 장치로는 원동기(동력발생장치) 및 동력전달장치, 주행장치(차축에 한정한다), 조향장치, 제동장치, 연료장치 및 전기·전자장치(연료장치 및 「자동차 및 자동차부품의 성능과 기준에 관한 규칙」 제2조제52호에 따른 고전원전기장치에 한정한다), 차체 및 차대, 연결장치 및 견인장치, 승차장치 및 물품적재장치, 소음방지장치, 배기가스발산방지장치, 전조등·번호등·후미등·제동등·차폭등·후퇴등 기타 등화장치, 내압용기 및 그 부속장치, 기타 자동차의 안전운행에 필요한 장치로서 국토교통부령이 정하는 장치
승인기준	• 자동차관리법 시행규칙 제55조, 제56조 및 자동차 및 자동차부품의 성능과 기준에 관한 규칙(안전기준), 자동차 및 자동차부품의 성능과 기준 시행세칙과 동 업무처리와 관련하여 국토교통부장관이 시달한 각종지침 등 자동차관리법령에서 정하는 기준에 적합하여야 하며, 자동차의 종류 및 특성에 따라서는 이러한 허용기준 외에도 그 밖에 다른 법령에 따라 자동차의 안전을 위하여 적용하여야 하는 기준에 따라 자동차운수사업법령, 위험물 안전관리법령, 고압가스 관리법령, 액화석유가스의 안전관리 및 사업법령, 계량에 관한 법령 등등 각각 해당 법령의 적용을 받는 자동차에 대하여는 해당 법령에 적합하여야 한다.

3 튜닝(Tuning) 승인 절차

튜닝하는 구조나 장치에 대한 안전성을 확보하기 위해 빌드업 튜닝(Build Up Tuning)과 튠업 튜닝(Tune Up Tuning)은 일부 항목에 대해서 교통안전공단에 승인을 받아야 한다. 직접 교통안전공단 검사소에 방문하여 승인 신청 서류를 제출하는 방법과 온라인으로 승인을 받는 방법이 있다.

우선 교통안전공단(http://www.kotsa.or.kr/main.do)에 접속하면 제일 첫 페이지에 "튜닝(구조변경) 전자 승인"이라는 화면을 확인할 수 있는데, 클릭하게 되면 전자 승인 절차를 안내해주고 신청할 수 있는 페이지를 볼 수 있다.

하지만 편의를 위해 만들어진 이러한 전자 승인 절차와 가이드라인 자체가 다소 복잡하기 때문에 실질적으로 이용하기 어려운 부분이 있다는 의견도 있다.

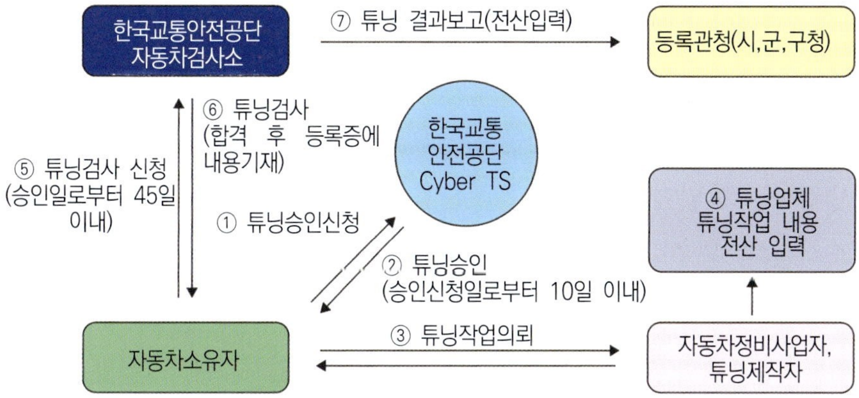

그림 1-2 자동차 튜닝 승인 절차

4 튜닝(Tuning)의 종류

4.1 빌드업 튜닝(Build Up Tuning)

빌드업 튜닝(Build Up Tuning)이란 일반 승합차, 화물차를 사용 목적에 따라 특수한 적재함이나 차실 등의 구조를 변경하거나 원래 형태로 변경하는 튜닝이다. 내장, 냉동탑차, 견인차, 탱크로리, 청소차, 크레인 카고, 구급차, 어린이 승합차, 소방차, 이동도서관차 등이 여기에 해당한다.

그림 1-3 **빌드업 튜닝(예 : 어린이 승합차)**

[1] 승인이 필요한 빌드업 튜닝(사례)

빌드업 튜닝은 난이도가 가장 높은 튜닝으로 특수 적재함 등을 장착해 자동차의 구조를 변경하는 방법이다.

이동 도서관차, 특수 구급차, 일반 구급차, 어린이 운송용 승합차, 하드탑, 하프탑, 유류 탱크로리, LPG 탱크로리, 설탕 운반 탱크로리, 분뇨 탱크로리, 살수차, 활어 운반차, 유압적하기, 재활용품 수집차, 유압 크레인차, 워크스루밴, 포장탑(윙바디형), 이동식 화장실차, 내장 탑차, 냉동 탑차, 윙바디차, 붐렉카, 언더리프트 렉카, 줄렉카, 진개덤프트럭, 소방차, 이동검진차, 방송보도차, 휠체어 리프트 차, 덤프형 화물차, 셀프로더, 리프트 게이트 등

[2] 승인이 필요 없는 빌드업 튜닝(사례)

화물차 등에 공구함 설치, 포장탑 설치 등

[3] 불법 빌드업 튜닝(사례)

① 일반 승합차 → 캠핑카 개조

② 일반형 화물차 → 견인차 개조

③ 가변식 트레일러 개조, 격벽 탈거

④ 좌석 설치, 축 추가

⑤ 적재함 임의 확장, 고소작업대 임의 설치

⑥ 적재함 보조 틀 설치 등

4.2 튠업 튜닝(Tune Up Tuning)

튠업 튜닝(Tune Up Tuning)은 주로 엔진 등 동력 장치의 성능을 높이는 자동차 튜닝 방법인데, 엔진, 동력전달장치, 제동·조향·주행·연료·차체 및 차대·연결 및 견인·승차·소음방지·배출가스 발산 방지·등화장치 등 자동차의 각종 장치들의 성능 향상을 위해 개선하거나 교체하는 튜닝을 의미한다. 일반적으로 우리가 차량 정비를 받는 것도 이 과정에 속할 수 있다. 낡은 부품이나 냉각수를 교체하는 것도 자동차 성능 향상을 위한 교체이기 때문이다.

단, 주행이나 연료, 소음 방지 등과 관련한 튜닝이나 터보 엔진, 타이어 돌출, 차체 높임 등의 튜닝은 규제에 민감하니 규제에 어긋나는 튜닝이 아닌지 반드시 확인해야 한다.

이외에도 머플러, 변속기, 원동기 등이 교체가 가능하다. 하지만 튠업 듀닝은 특히나 자동차 안전기준, 배출가스 및 소음 기준에 적합한지를 튜닝 후에 교통안전공단에 승인을 받아야 한다.

[1] 승인이 필요한 튠업 튜닝(사례)

원동기 교체, 실린더 블록 교체, BC 트렌터 공기압축기, 가변 축, 후륜차 복륜 타이어, 4륜 구동 자동차, 휘발유·LPG 겸용, 휘발유·CNG 겸용, 경유·CNG/LNG 겸용, 연료탱크 추가 설치, 연결 장치, 장방향 경광등, 방전식 전조등(HID), 주간 주행등, 차폭등, 촉매장치 변경, CNG 내압용기, 저공해 가스 엔진, 변속기(수동 ↔ 자동), 터보/인터쿨러, 동력인출장치(PTO), 소음기 변경, 터보 ASS'Y 장착 등

[2] 승인이 필요 없는 튠업 튜닝(사례)

흡기매니폴드, 에어 클리너, 변속기 클러치 디스크, 배기매니폴드, 스노클, 시동 리모컨, 점화시스템, 보조 브레이크 페달 등

그림 1-4 튠업 튜닝(예 : 에어 클리너)

[3] 불법 튠업 튜닝(사례)

① 터보엔진 → 터보 제거

② 3,000cc → 2,000cc 엔진(출력 저하)

③ 차체 높임

④ 타이어 돌출 등

그림 1-5 불법 튠업 튜닝(예 : 타이어 돌출)

4.3 드레스업 튜닝(Dress Up Tuning)

드레스업 튜닝(Dress Up Tuning)이란 차량 소유주 개인 취향에 맞게 차량의 외관을 변경·색을 바꾸거나 부착물 등을 추가하는 튜닝으로 자동차 안전기준을 위반하지 않는 범위에서 튜닝이 가능하고, 별도의 승인이나 검사가 필요하지 않아 가장 대중적인 튜닝이라고 알려져 있다.

드레스업 튜닝의 경우 빌드업 튜닝(Build Up Tuning)과 튠업 튜닝(Tune Up

Tuning)이 다른 점은 취향에 맞게 색칠을 하거나 시트를 붙이고 소품을 다는 정도의 가벼운 튜닝인데 차량을 꾸미기 위한 튜닝이기 때문에 정비업체에서 블랙박스를 설치하거나 자동차 외관에 색상이나 취향에 맞는 디자인으로 랩핑을 하기도 하고 타이어나 휠 변경을 하기도 한다. 튜닝이 처음이라면, 가볍게 드레스업 튜닝부터 도전해 볼만하다. 규제가 가장 덜하고 쉽게 할 수 있어 튜닝의 입문 과정이라고 할 수 있다. 단, 번호판에 스티커를 부착하거나 라이트를 튜닝하는 것은 안전상의 이유로 허용되지 않는다.

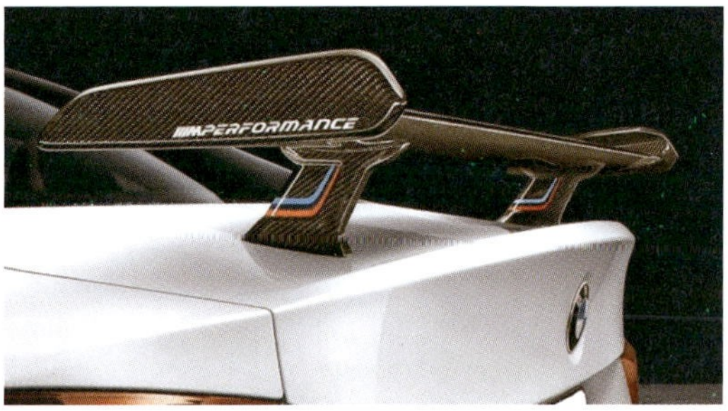

그림 1-6 드레스업 튜닝(예 : 에어 스포일러)

[1] 승인이 필요 없는 드레스업 튜닝(사례)

블랙박스, 자동차 색상, 내장 도장, 보호필름, 실내 방음시설, 내비게이션, 경보장치, 계기판, 오디오 및 스피커, 보조 번호판, 러닝 보드, 픽업 천 덮개, 안개등 커버, 수화물 운반구, 그릴 가드, 루프탑 텐트, 휠 변경, 캘리퍼 도색, 사이드 스텝, 에어댐, 안테나, 스키 캐리어, 선바이저, 선루프, 열선시트, 통풍시트, 자동 조절 시트, 후방 카메라, 타이어 변경, 휠 커버, 주유구 연료캡, 브레이크 디스크, 배기관 팁, 타이어체인, 루프캐리어, 에어 스포일러, 후드 스쿠프, 조향핸들, 안개등, 노선 표시등, 후미등, 보조 방향지시등, 실내등화 등

[2] 불법 드래스업 튜닝(사례)

배기구 방향 교체, 배기구 돌출, 번호판 스티커 부착, 번호판 네온등, 스마일 램프, 과시용 등화, 자동 조절이 안 되는 HID, 클리어 램프, 불법 등화, 불법 경음기,

공기식 경음기, 꺾임 번호판, 차체 너비 증가, 에어댐 돌출, 후부안전판 탈거, 엔진 후드업, 에어 스포일러 돌출, 철제 범퍼 설치, 레이싱 핸들 등

그림 1-7 불법 드레스업 튜닝(예 : 배기구 돌출)

CHAPTER 02

드레스업 튜닝 (Dress Up Tuning)

최근 드레스업 튜닝의 각광받는 분야로는 자동차유리에 자외선 차단, 열 차단 및 개인 프라이버시 보호 등을 목적으로 특수하게 제작된 필름을 유리에 시공하는 작업인 윈도우틴딩(Window Tinting), 자동차 외관 표면을 도색하는 대신 차량 전용 시트지(필름)를 이용하여 차량의 색상을 바꿔주거나 꾸미는 작업인 자동차랩핑(Car Skin) 등이 있다.

1960년대 군용헬기의 프로펠러 날 보호를 목적으로 개발되었으며 항공, 레이싱 등 다양한 분야에서 사용되었고 요즘에는 신차 페키지 등 미래의 수익 창출 분야로 기대되는 PPF(Paint Protection Film), 물 위에 얇은 필름을 띄우고 활성제(Activator)를 도포한 후 대상 물체에 필름을 입히는 작업으로 다양한 산업에 적용 가능한 기술인 수전사(Water transfer), 고객의 요청에 따라 제품의 표면을 아름답게 표현해 주는 페인팅인 커스텀페인팅(Custom Painting) 등이 있다.

참고 활성제(Activator)

전사필름을 수조에 띄우고 인쇄패턴을 소재 표면에 평활성 및 점착성을 주기 위하여 필름의 고정층을 녹이는 물질

참고 **수전사(Water Transfer)**

다양한 문양으로 제작된 수전사 필름을 물에 띄우고 활성제를 뿌린 다음, 도색할 대상물을 조심스럽게 한쪽부터 물에 담그며 표면에 문양을 입히는 방법으로 굴곡지고 요철의 형태를 가진 물체에 일반 도장으로는 생각할 수 없는 화려하고 신비로운 멋진 문양을 입혀 도색할 수 있는 방법이다. 대상물은 차량부품(범퍼나 휠, 내장재 등)부터 자전거와 각종 용품까지 거의 모든 물건에 적용할 수 있다.

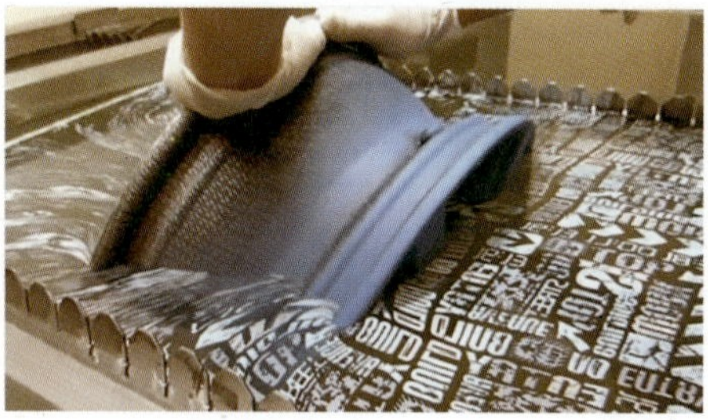

그림 2-1 수전사

1 드레스업 튜닝 종류

드레스업 튜닝에는 크게 2가지로 나눌 수 있다. 자동차 실내를 아름답게 꾸미는 인테이어(Interior)와 문짝, 틀 따위 자동차 외부의 부속 구조물 또는 그것들을 포함한 공간을 아름답게 꾸미는 익스테리어(Exterior)가 있다.

1.1 데코레이션 튜닝(Decoration Tuning)

최근 차량에 자신의 스타일을 손쉽게 표현할 수 있는 스티커를 이용한 데코레이션 튜닝이 간편하면서도 본인의 개성을 잘 살릴 수 있는 방법 중 하나이기 때문에 인기가 높다. 실내에는 카본 패브릭 스티커를 많이 사용하고 외부에는 필름 재질을 사용하는 것이 좋다.

그림 2-2 데코레이션 튜닝

1.2 커스텀 페인팅(Kustom Painting, 도색)

차체에 색을 입히거나 그림을 그리는 방법이다. 에어브러시(Air Brush)로 색, 그림을 그리는 방식으로 색을 바꾸는 간단한 도색부터 패턴을 입히거나 그림을 덮는 랩핑, 아트워크 등으로 분류하며 외관에 가장 눈에 띄는 변화를 줄 수 있어서 개성을 표현하기 좋은 방법 중 하나이다.

그림 2-3 커스텀 페인팅

커스텀 페인팅은 의뢰인의 요구를 수용하여 제품의 표면을 아름답게 해주는 페인팅 공법으로 높은 품질을 만들어 내기 위해 다양한 도구들과 재료들이 사용된다. 커스텀 페인팅은 상처 난 부위를 복원하고 색을 입히는 과정부터 고난도의 그림을 그리는 작업까지 모두 소화할 수 있으며 다양한 분야에 폭넓게 활용할 수 있다. 때문에 페인터들은 다양한 사물에 페인팅을 적용하려 노력하고 제품의 수준이 더 높아질 수 있도록 다양한 도구들을 사용하여 제품을 만들어낸다.

참고 에어브러시(Air Brush)

에어브러시는 말 그대로 공기압(에어)을 붓(브러시)으로 사용하는 기법으로 스프레이 도색의 일종이다. 컴프레서나 에어 캔에서 공급되는 압축 공기를 뿜어내서 그 분출 효과로 노즐에서 도료를 빨아내어 안개 상태로 만들어 뿌리는 구조이다.

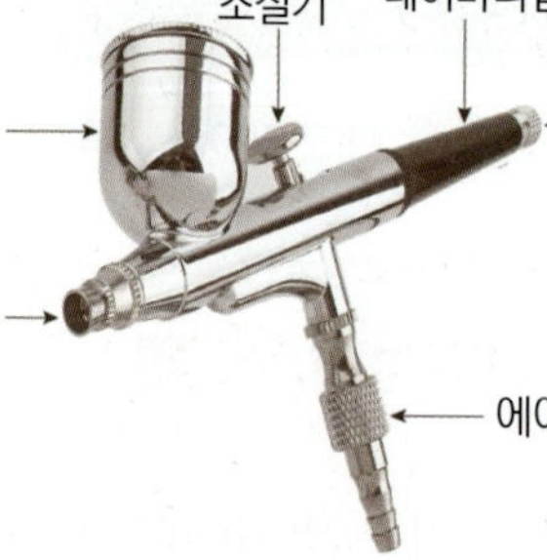

그림 2-4 에어브러시

1. 세부 명칭

① 노즐캡 : 바늘을 보호해주며 살짝 풀거나 막아서 에어브러시 세척이 가능하다.
② 도료컵 : 도료를 담는 컵으로 사용 시 도료가 넘치지 않도록 절반 정도만 담아 사용한다.
③ 조절기 : 에어브러시를 사용할 때 누르는 버튼으로, 누르면 바람이 나오고 누른 상태로 뒤로 당기면 도료가 분사된다(더블액션).
④ 공기 호스 : 연결부 컴프레서의 압축된 공기가 들어가는 호스 연결부이다.
⑤ 레어바디캡 : 니들을 빼거나 분해할 수 있으며, 분해하여 세척이 가능하다.
⑥ 분사량 조절 나사 : 에어브러시의 분사량을 조절해주는 부분이다. 잠그면 분사량이 줄고 풀면 분사량이 증가한다.

2. 작업 과정

① 에어브러시와 컴프레서를 연결한다.
② 도료 컵(종이컵 등)에 도료를 넣어 도료 색을 제조한다.
③ 신너와 도료를 1:1 비율로 섞어 도료통에 넣는다.
④ 조절기를 눌러 도료를 분사한다. 도료 분사 시 모형 바깥에서 안쪽으로 뿌려 작업하는 것이 좋다.

3. 장단점

장점	단점
1. 붓자국 등을 남기지 않고 고르게 도색하기 좋다. 2. 붓 등을 이용하는 도색법보다 건조 속도가 빠르다. 3. 경계선이 없는 그라데이션(Gradation, 그림, 사진, 인쇄물 따위에서 밝은 부분부터 어두운 부분까지 변화해 가는 농도의 단계) 등의 표현이 필요할 때 효과적이다. 4. 장비를 구비해두면 캔 스프레이를 통한 도색보다 재료 단가가 저렴하다.	1 .재료의 특성상 냄새가 심하기 때문에 환기 시설이 충분히 갖춰져 있어야 한다. 2. 주변에 먼지가 있을 경우 도색하는 물체의 표면에 쉽게 달라붙을 수 있다.

4. 관리방법

① 에어브러시 내의 도료를 뽑아내 도료가 더 이상 나가지 않는 상태로 만든다.
② 희석제를 에어브러시 도료컵에 따른다.
③ 미술용 붓으로 에어브러시 도료컵을 문질러 도료컵에 남아있는 도료를 닦아내며 분사한다.
④ 니들캡 부분을 휴지나 손가락으로 막고 에어브러시를 분사하면 도료컵 내부에 거품이 생기면서 세척된다.
⑤ 니들캡을 막은 휴지/손을 떼고 에어브러시를 분사한다.
⑥ 도료컵이 깨끗한 상태가 될 때까지/희석제만 나올 때까지 2~5회 반복한다.
⑦ 니들을 청소하기 위해 핸들조절기를 시계 반대 방향으로 돌려 분리한다.

그림 2-5 핸들 조절기 분리

⑧ 니들 조절 나사도 시계 반대 방향으로 돌려 분리한다.

그림 2-6 니들 조절 나사 분리

⑨ 니들을 분리할 때 니들의 끝이 휘면 도료가 분사되지 않기 때문에 끝이 휘지 않도록 주의한다.

그림 2-7 니들 끝이 휘지 않도록 주의

⑩ 니들캡 1과 2를 분리한다. 이때 앞쪽에 도료가 묻어있으면 면봉 등으로 닦아준다.

(a) 니들캡 1분리 (b) 니들캡 2분리

그림 2-8 니들캡 분리

⑪ 스패너를 이용해 노즐을 분리한다.

그림 2-9 노즐 분리

⑫ 니들, 니들 캡, 노즐, 노즐 캡을 세척한다.
⑬ 세척을 마친 부품을 다시 조립하여 보관한다. 이때 무리하게 조일 경우 파손될 수 있으니 주의한다.

5. 주의사항
① 도료의 종류나 작업 환경에 따라 비율이 달라질 수 있으나 도료와 신너의 비율은 기본적으로 1:1로 섞어 사용한다.
② 도료가 너무 묽으면 여러 번 나눠 말리면서 칠해야 하기 때문에 도색 시간이 오래 걸릴 수 있다. 또, 도색 시 도료가 흘러내릴 수 있어 주의해야 한다.
③ 도료가 너무 짙으면 도료가 모형에 안착되기 전에 굳어서 표면이 거칠어지는 반 건조현상이 나타나거나 노즐이 막힐 수 있다.
④ 습한 환경에서 도색을 하면 백화현상이 일어날 수 있다.

1.3 램프 튜닝(Lamp Tuning)

비교적 간편하고 손쉽게 할 수 있는 튜닝이기 때문에 운전자들이 많이 선택하는 튜닝 중 하나이다. 전조등, 안개등, 번호등, 후미등 같은 라이트만 튜닝해도 이미지가 확연히 달라지기 때문에 큰 효과를 볼 수 있는 튜닝으로 꼽힌다. 라이트는 크게 헤드라이트와 테일 램프로 나누어진다. 헤드라이트는 야간 주행 시 시각적인 부분을 확보해주는 것뿐만 아니라 디자인적 요소로 자동차 외관에 많은 영향을 미친다. 보통 헤드라이트 튜닝은 HID라 불리는 제논램프를 이용한 튜닝과 LED를 이용한 튜닝 등이 있다.

테일 램프는 대한민국 법으로 규정된 사항을 보면 브레이크등은 “적색”, 방향지시등은 “황색(노란색)”, 후진등은 “백색”으로 규정되어 있다. 테일 램프의 튜닝 시 이 색을 바꾸면 불법이다. 기타로 헤드라이트와 테일 램프 외에도 많이 하는 라이트 튜닝이 있다. 먼저 트렁크 라인에 네온이나 LED바를 설치하는 스마일 램프로 별것 아니라고 생각할 수 있는 튜닝인데도 실제로 자동차 검사를 받으러 가면 불합격 판정을 받는 일이 대부분이다. 또한 보조 안개등, 또는 서치라이트도 불법이다. 캠핑, 레저 인구가 늘면서 그 용도에 맞게 꾸미는 자동차가 늘어나고 있는데, 단순 멋내기용으로 장착하는 등화장치는 불법일 수 있으므로 신중하게 선택해야 한다. 추가적으로 램프를 보호하기 위한 무색 타입의 보호 필름은 관계없지만 “스모크”라고 불리는 어두운 필름은 불법이다.

앞서 말한 대로 라이트를 튜닝하는 것은 원칙상 불법에 해당한다. 단, 고장이나 성능 저하로 교체하는 것은 가능하다. 헤드램프가 너무 밝으면 다른 운전자의 시야를 방해할 수 있으므로 지나치게 밝은 램프로 튜닝하는 것은 피해야 한다.

그림 2-10 램프 튜닝

1.4 범퍼 튜닝(Bumper Tuning)

범퍼에 추가 부품을 더하거나 범퍼 전체를 교체하는 방식이 있다. 주로 범퍼 하단에 에어스포일러(Air Spoiler)를 장착해 스포츠카 외형으로 꾸미거나 상위클래스 차량의 범퍼와 유사한 디자인으로 교체해 범퍼를 업그레이드하는 방식을 사용한다.

(a) 튜닝 전

(b) 튜닝 후

그림 2-11 범퍼 튜닝

1.5 에어댐 튜닝(Air Dam Tuning)

에어로파츠의 일종인 에어댐은 차량의 고속 주행 시 몸체가 뜨지 않고 바닥으로 가라앉도록 만드는 기능을 한다. 공기저항을 낮추고 접지력을 높이기 위한 파트이지만, 차에 장착했을 경우 장식효과가 뛰어나 드레스업 튜닝을 원하는 이들 사이에서 선호도가 높은 편이다. 단, 튜닝 이후 과속방지턱이나 도로 요철에 따라 파손될 위험이 있기 때문에 주의해서 주행해야 한다. 에어댐을 비롯한 에어로파츠 튜닝은 단순히 멋을 내기 위한 것만이 아니라 주행 시 안정감을 더해주는 기능이 있다.

그림 2-12 에어댐 튜닝

1.6 게이지 튜닝(Gauge Tuning)

차량의 상태를 쉽고 자세히 확인하기 위해 장착하는 게이지. 성능을 높이기 위한 튜닝을 할 경우 다양한 파트의 상태를 자주 확인할 수 있도록 게이지를 추가로 장착하게 되는데, 최근에는 따로 성능적인 튜닝을 하지 않더라도 인테리어 효과를 위해 게이지를 추가로 다는 경우가 늘고 있다.

엔진 회전수를 나타내는 RPM 게이지, 차량 전압상태를 표시하는 볼트게이지, 유압게이지, 배기온게이지, 부스트게이지, 터보게이지, 공연비게이지, 진공게이지 등 다양한 종류의 게이지가 있다. 게이지는 운전석에서 전체적으로 앞 시야를 가리지 않는 선에서 센터에 위치시켜서 작업을 진행하여 튜닝해야 한다.

그림 2-13 게이지 튜닝

1.7 기어노브 튜닝(Gear Knob Tuning)

흔히 기어봉이라 부르는 기어노브는 차의 성능뿐 아니라 감촉이나 그립감, 디자인을 이유로 교체하는 경우도 많은데, 전문 업체의 도움 없이 혼자서도 가능한 튜닝 중 하나로, 간단하고 저렴하게 교체가 가능하면서도 조작력, 인테리어 등의 효과를 높일 수 있다. 노브가 짧을수록 조작력이 빠르고 효과적인 변속이 가능하며 혼자서도 가능한 튜닝 중 하나이다. 다양한 기어봉들이 있지만 센터페시아(Center Fascia, 대시보드 중에서 운전석과 조수석 사이에 있는 컨트롤 패널 부분)의 디자인을 해치지 않고 손에 착착 감기는 기어봉으로 튜닝해야 한다.

(a) 튜닝 전

(b) 튜닝 후

그림 2-14 기어노브 튜닝

1.8 스티어링 휠 튜닝(Steering Wheel Tuning)

스티어링 휠을 튜닝하는 가장 근본적인 목적은 바로 보다 간편한 조작으로 조작력 향상, 안전성 강화, 미적인 기능 등으로 크게 나눌 수 있다.

스티어링 휠의 지름이 크고 두꺼우면 운전자의 피로를 덜어줄 수 있지만, 주행감과 순발력이 떨어지는 단점이 있고 휠의 지름이 작고 가늘면 회전반경을 좁힐 수 있어 가고자 하는 방향으로 빠르게 움직일 수 있지만, 주행감이 예민해지기 때문에 운전자의 피로도 그만큼 더해진다고 볼 수 있다. 일반승용차는 스티어링 휠의 지름이 크고, 스포츠카는 스티어링 휠의 지름이 작은 것을 사용한다.

그림 2-15 스티어링 휠 튜닝

1.9 시트커버(Seat Cover) 교체

일반적으로 단색이나 2가지 컬러의 가죽으로 커버링된 자동차 시트커버를 자신의 원하는 질감과 컬러로 교체하는 것 또한 간단한 드레스업 튜닝에 해당된다. 좋아하는 패션 브랜드의 로고나 시그니처 패턴을 입히는 경우도 많다. 특히 시트커버 교체는 자동차 내부의 인상을 가장 명확하게 바꿔줄 수 있는 대표적인 인테리어 튜닝으로 손꼽힌다.

그림 2-16 시트커버 교체

1.10 흡기, 배기 튜닝(Intake and Exhaust Tuning)

흡기, 배기 튜닝은 드레스업 튜닝을 입문하는 사람들이 특히 많이 선택하는 튜닝 중 하나이다. 공기의 원활한 공급을 목적으로 하는 흡기 튜닝은 비교적 저렴한 비용으로 할 수 있기 때문에 많은 분들이 하는 편이며 보통은 흡배기 튜닝까지 같이해

줘야 출력, 가속 등 성능이 증가되는걸 체감할 수 있지만 소음이 증가하는 경우가 많다.

소음과 관련된 배기 장치 튜닝은 반드시 승인을 받아야 하는데 그런데도 가끔씩 도로 위에서 웅장한 소리를 내는 자동차들을 발견할 수 있는데 배기장치 튜닝은 배기 도면을 가지고 구조 변경 신청을 한 경우에만 가능하며, 소음 기준을 통과해야 하므로 이런 경우에는 불법 튜닝일 가능성이 크다.

(a) 흡기 튜닝

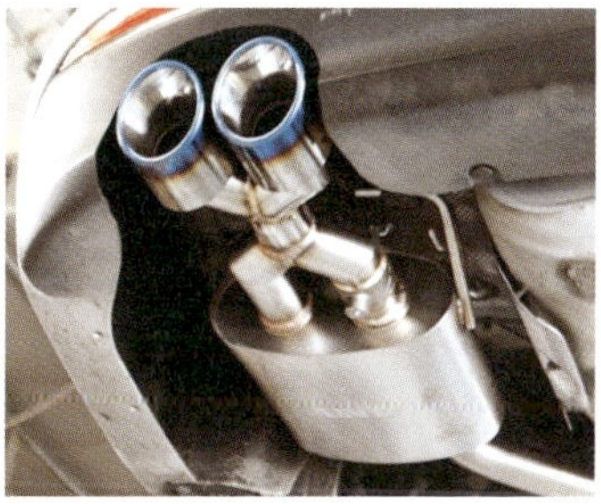

(b) 배기 튜닝

그림 2-17 흡기, 배기 튜닝

2 자동차 랩핑(Car Wrapping, Car Skin)

2.1 랩핑의 목적

자동차 랩핑은 도장(도색)처럼 색상 필름(차량 전용 특수 재질의 시트지)을 이용하여 차량의 일부 또는 전체적으로 색상을 바꿔주거나 꾸미는 걸 말한다. 카 스킨이라고도 불리며 그냥 랩핑이나 래핑으로 불린다.

자동차 래핑을 하는 이유는 여러 가지가 있다. 차량 랩핑에 사용되는 필름도 기술의 발전에 따라 내구성이 좋아지고, 랩핑 필름의 종류 및 기능이 다양해져 개인의 경우 내 차의 색상이 질린다거나, 좀 더 멋지고 예쁘게 꾸며주고 싶을 때 혹은 연식이 오래된 차량은 외관뿐만이 아니라 자동차 실내 인테리어에도 분위기를 바꾸거나 스크래치 및 변색된 부분을 가림으로써 좀 더 깨끗한 느낌을 주기 위해 랩핑을 하는 경우가 많다.

2.2 랩핑의 장점

랩핑은 광고연출이 가능하여 사업을 하는 사람들의 경우 상업적인 광고로 판매물품이나 브랜드 홍보를 위해 저렴한 비용으로 한 번 시공으로 추가 비용이 거의 없이 소비자에게 간접 또는 직접적인 광고를 할 수 있다. 그리고 도색은 본 도장 면을 갈아버리고 다시 칠하는 거라 비용 절감을 위해 랩핑을 택하기도 한다.

자동차 랩핑은 도색 작업으로는 할 수 없는 독창적인 외관을 얻을 수 있다. 필름지에 따라 다양한 색상, 광택, 세틴, 매트 등 다양한 질감도 존재하여 원하는 외관을 얻을 수 있고, 자동차 외장에 미세한 스크래치가 있으면 랩핑 필름으로 대부분 숨길 수 있다. 랩핑을 한 차량은 도색보다 유지 관리가 쉽다. 랩핑 필름이 차체 페인트를 보호하는 역할도 한다.

2.3 랩핑의 장점 및 단점

도색 같은 완벽한 퀄리티(Quality, 품질)가 나오기는 사실 힘들다. 아무래도 필름으로 랩핑을 하는 것이기 때문에 차문이나 트렁크, 보닛을 열었을 때 보이는 안쪽 부분까지 랩핑을 할 수 없고 굴곡이나 각이 심한 부분은 한 장으로 시공할 수 없기 때문에 두 장 이상으로 덧방 시공을 하는 경우가 대부분이다.

그리고 표면이 울퉁불퉁한 플라스틱 부품에는 랩핑 필름이 잘 안 붙기 때문에 시공이 불가능한 경우가 대부분이고 도색보다 수명이 짧고, 컬러가 한정적이다. 특히 랩핑 작업 시 필름의 종류에 따라 작업 특성이 틀리기 때문에 필름의 재질 특성에 맞게 작업을 해야 한다. 필름 재질의 특성을 모른 채 작업을 하면 재작업해야 하는 경우가 있다.

3 자동차 도장보호 필름 PPF(Paint Protection Film)

3.1 자동차 도장보호 필름 사용목적

자동차 도장면은 판넬, 프라이머, 페인트 투명층으로 구성되어 있다. 자동차 도장보호필름이라고 해서 페인트를 보호한다고 생각을 할 수도 있지만 실제로는 투명층(클리어층)을 보호하기 위해서 시공하는 것이다.

스크래치나 이물질 오염을 막아 주고 자외선으로부터 도장면을 보호하는데 PPF(자동차 보호필름)만한 게 없다. PPF는 우레탄 재질의 강력하고 질긴 보호필름으로 왠만한 물건으로 잘 안 뚫리기 때문에 주행 중 발생할 수 있는 스톤칩(Stone Chip, 돌빵)이나 이물질 오염, 가벼운 접촉사고로 인한 흠집 등을 대부분 방지해준다. 자동차 보호필름은 자체 발수력이 우수한 필름인데 물 때 등으로 흔적을 최소화할 수 있다. 요새 나오는 PPF는 복원 기능까지 있어 PPF 겉에 생긴 흠집에 따뜻한 물을 부으면 흠집이 사라진다.

① 외장 보호 : PPF는 차량 표면에 발생할 수 있는 긁힘과 오염 등의 손상을 최소화시켜 준다.

② 재판매 가치 보존 : 자동차 외관이 좋은 상태로 유지가 되기 때문에 판매 시 가치가 높아진다.

③ 도장면 유지 : 자외선으로부터 도장면을 보호하므로 투명층의 변색, 퇴색 등을 늦출 수 있으며 도장면을 보호하여 오래도록 유지할 수 있다.

④ 간편한 관리 : 스크래치로부터 완벽하게 보호하지는 못하지만 기존의 자동차 클리어층 위에 필름이 있기에 주기적인 광택 등을 할 필요가 없으며 세차 시에도 특별한 기술이나 방법 등이 필요 없으며, 간편히게 세차를 할 수가 있으므로 유지관리가 상당히 편하다.

⑤ 투명성 : 컬러 색상의 PPF도 나오고 있지만 대체적으로 투명한 필름을 시공하면 자동차 본연의 색상과 디자인을 보존하면서 외관을 보호할 수 있다.

⑥ 기술발전 : 많은 제조사들이 최근 몇 년 동안 좋은 제품들을 개발하게 되면서 더 나은 보호기능과 함께 내구성 등을 제공하게 되었으며, 이로 인해서 소비자들이 PPF에 대한 신뢰도 상승과 함께 인식도 높아졌다.

그림 2-18 PPF 시공

3.2 PPF(Paint Protection Film)

필름 소재는 폴리우레탄TPU(Thermoplastic Polyurethane), 열가소성 우레탄 필름으로써 무황변 열가소성 폴리우레탄 소재로 제작된 프리미엄 PPF 필름이다.

자동차 PPF 보호 필름에는 투명 보호 필름이면서 표면에 은은한 광택 느낌이 느껴지는데, PPF를 사용하게 되면 은은한 광택 느낌을 유지할 수 있는 장점이 있다. 또한 필름 표면에 오염물질이 묻었을 경우 간단한 세척이나 티슈로 제거가 가능하며, 타르 등의 오염이 묻었을 경우 알코올 솜으로 제거한다. 자동차 PPF는 TPU 소재로 열가소성이기 때문에 햇볕에 노출되는 것만으로도 실기스나 스크래치 복원에 탁월하다.

3.3 PPF 시공부위

PPF 시공부위는 생활보호 패키지, 프런트 패키지, 풀 패키지로 나누어져 있다.

[1] 생활보호 패키지

대표적으로 도어엣지, 도어컵, 트렁크리드 정도는 기본적으로 시공을 하고 있으며, 추가적인 생활보호 PPF 시공으로는 B필러 하이그로시, 사이드미러, 헤드라이트, 프런트 범퍼 사이드, 사이드스컷 등이 있다. 시공하는 부위는 일상생활을 하면서 스크래치가 잘 나거나 스톤칩 등의 발생 비율이 높은 곳을 중점적으로 시공을 한다.

[2] 프런트 패키지

정비공장에서 하는 도색의 경우 유성페인트를 사용하지 않고 수성페인트를 사용하게 되면서 도색 비용이 상당히 높아졌다. 이러한 이유로 인해서 고급차량의 경우 원하든 원하지 않든 생기는 스톤칩(Stone Chip, 돌빵)을 예방하기 위해서 프런트 패키지 시공도 많이 한다. 시공 부위는 보닛, 프런트 범퍼, 사이드미러, 프런트 양쪽 펜더, 헤드라이트까지 전체를 PPF로 시공하는 것을 말한다. 전면 유리의 경우에도 부득이하게 작은 돌이 날라 와서 유리에 금이 가거나 상처가 생기기도 하므로 유리 전용 PPF 시공을 하기도 한다.

[3] 풀 패키지

순서대로 시공을 많이 하는 것은 생활보호 그리고 프런트 패키지 시공을 많이 하며, 풀 패키지 시공의 경우에는 말 그대로 자동차 외관의 모든 부위에 PPF를 붙인다고 생각하면 된다.

3.4 PPF 시공 후 관리

① 시공 후에는 최소 1주일 동안은 세차를 하지 않는 것이 좋으며 필름이 완전히 부착되는 시간이 있으므로 주의해야 한다. PPF 시공 후에는 될 수 있으면 세차 시에 필름의 끝단 쪽은 고압수를 다이렉트로 계속적인 분사하지 않는 것이 좋다.
② 셀프힐링 기능이 있다고 해서 자동세차를 비롯해서 마구잡이식 세차를 하지 않는 것이 좋다. 필름이 붙어있는 동안 그 기능이 계속해서 유지가 되지는 않으므로 무리하게 필름에 손상을 일부러 주는 행위는 하지 않는 것이 좋다.

참고 셀프힐링(Self Healing)

뜨거운 물을 붓거나 강한 자외선을 받으면 미세하게 생겼던 스크래치를 원상복구시켜 주는 것을 말한다.

③ PPF 시공 후에는 세차에 대한 별다른 지식은 필요 없으며 기본적인 세차만으로도 편하고 쉽게 자동차 외장을 관리할 수 있다. 전용 코팅제를 사용하여도 좋지만 일반적인 퀵 디테일러 등을 사용해서 편하게 세차를 종료해도 된다.

3.5 손 커팅 & 재단 커팅

[1] 손 커팅

① 장점 : 시공자의 기술과 경험이 뛰어난 경우 매우 정밀하게 결과물을 만들 수 있다. 복잡하고 다양한 모양의 디자인이 많이 나오는 요즘 차량의 경우 차량의 모양에 맞게 맞춤형 시공을 할 수가 있다.

② 단점 : 시공 전문가의 기술 수준에 크게 좌우되며 미숙한 기술자의 경우, 필름의 마감 불량과 손 커팅 시 도장면에 손상을 줄 수도 있으며, 시간적인 부분이 오래 걸린다.

[2] 재단 커팅

① 장점 : 컴퓨터 재단은 정밀하게 재단이 되므로 일관된 결과물을 얻을 수 있으며, 빠르고 효율적이며 사람의 실수를 최소화할 수 있다. 도장면에 손상을 줄 가능성이 낮다.

② 단점 : 기계가 정밀하게 커팅을 하지만 자동차의 복잡한 곡선 디자인 그리고 모서리에 완벽하게 맞지 않을 수도 있다. 시공자가 추가 조정을 해야 결과물이 좋아질 수 있다.

4 자동차 랩핑용 필름 종류

자동차 랩핑용 필름은 여러 가지 종류가 있는데, 보통 유광(글로시), 무광(매트), 반무광(사틴)으로 나뉜다.

4.1 유광 필름

유광 필름의 경우 자동차 도장면처럼 스크래치에 매우 민감하다. 특히 검정색 필름의 경우 흠집이 잘생기지만 요즘에는 셀프힐링 기능이라고 해서 스크래치가 자연적으로 사라지는 신기한 기능을 갖춘 경우가 대부분이다. 그리고 유광 필름의 경우 자동차 본 도장면처럼 광택이 좋지가 못하다. 자동차 본 도장면에 있는 오렌지 필과 필름 자체 오렌지 필이 겹치다 보니 광택이 좋게 나오기가 매우 힘들다는 단점이 있다.

4.2 무광 필름

무광 필름 같은 경우 스크래치에 대한 부담이 유광보다는 훨씬 적지만 이물질 오염에 매우 취약하다는 단점이 있다. 어두운 색상은 흙먼지가 매우 잘 보이고, 밝은 색상은 때가 잘 탄다. 그래서 관리가 굉장히 힘든 것이 가장 큰 단점이라고 할 수 있다.

4.3 사틴(반무광) 필름

사틴(반무광) 필름의 경우 색감이 굉장히 매력적이기 때문에 어떤 필름으로 시공을 하던 퀄리티(Quality, 질(質))가 매우 잘 나온다. 다만 무광이기 때문에 밝은 컬러는 관리가 힘들지만 다른 컬러는 비교적 관리가 수월하고, 무엇보다 만족감이 가장 큰 필름이다.

그림 2-19 랩 필름(출처 : 3M Wrap Film)

4.4 자동차 랩핑 필름 권장 사용기간

자동차 랩핑 필름은 영구적이지 않다. 햇빛, 열 및 기타 환경 요인에 노출되면 자동차 랩의 접착제가 손상될 수 있다. 그렇게 되면 제거가 더 어려워지고 시간이 많이 걸린다. 보통 제조사에서 권장하는 기간은 보통 3~5년이다. 물론 관리에 따라 다를 수 있다.

① 메탈릭 : 2~4년

② 일반컬러 : 3~5년

③ 텍스처 필름(카본, 브론시 등) : 2~3년

④ 크롬 필름 : 1~2년

⑤ 보호 필름 : 3~5년

5 랩핑 시공 종류

5.1 전체 랩핑(Full Wrapping)

차량 원래의 색상 위에 색·패턴·질감 등이 있는 랩핑지를 사용해 차량 전체를 랩핑하는 방식으로 자신이 원하는 다양한 색상과 질감, 패턴 등을 선택하여 자신만의 개성을 나타낼 수 있다. 도색에 비해 언제든 원래 차량 색상으로 돌아가거나 색상을 변경할 수 있기 때문에 부담이 적고 PPF필름과 같이 차량의 원래 도색을 보호하는 역할도 한다.

그림 2-20 **전체 랩핑**

5.2 부분 랩핑(루프스킨 · 본네트스킨 · 포인트 랩핑)

원하는 부분에만 색 · 패턴 · 질감 등이 있는 랩핑지를 사용해 랩핑하는 방식이다. 풀랩핑과 같은 이점이 있으며, 원하는 부분에만 랩핑을 할 수 있다. 루프스킨(차량 지붕 랩핑)의 경우 가장 많이 하는 시공이다.

그림 2-21 **부분 랩핑**

5.3 실내 인테리어 랩핑

차량 외부가 아닌 차량 내부의 인테리어 랩핑이다. 외부 랩핑과 같은 이점이 있으며, 원하는 부분에만 랩핑을 하여 본인만의 개성을 나타낼 수 있나.

그림 2-22 실내 인테리어 랩핑

6 자동차 랩핑 작업 요령

6.1 올바른 자동차 랩 소재 선택

올바른 자동차 랩 재료를 선택하려면 내구성, 외관, 설치 용이성 및 예산과 같은 균형 요소가 필요하다.

[1] 내구성 및 수명

① 비닐 랩 : 비닐은 내구성으로 인해 가장 인기 있는 선택이다. 가혹한 기상 조건, 자외선 및 가벼운 마모를 견딜 수 있다. 고품질 비닐 포장은 최대 5~7년까지 지속된다.

② 캐스트 비닐과 캘린더 처리된 비닐 : 캐스트 비닐은 가격이 더 비싸지만 곡선과 가장자리 주위에 더 나은 적합성을 제공한다. 캘린더링 비닐은 경제적이지만 시간이 지남에 따라 줄어들 수 있다.

[2] 외관 및 마감

① 유광, 무광택 또는 새틴 : 유광 랩은 시선을 사로잡고 빛을 반사하는 반면, 무광택 마감은 매끄럽고 절제된 룩을 제공한다. 새틴은 두 가지 요소를 결합한다.

② 색상 일관성 : 고품질 랩은 패널 전체에서 일관된 색상을 유지한다.

[3] 설치 용이성

① 접착식 랩과 비접착식 랩 : 접착식 랩은 전문적인 설치가 필요한 반면, 비접착식 옵션(예 : 자석 랩)을 사용하면 DIY 적용이 가능하다.

② 공기 방출 기술 : 공기 통로가 있는 랩으로 설치가 더 원활해지고 기포가 발생할 위험이 줄어든다.

[4] 제거성 및 잔여물

① 이동식 vs 영구 : 임시 솔루션을 원하는지, 장기적인 솔루션을 원하는지 고려해야 한다. 제거 가능한 랩은 잔여물을 남기지 않는다.

② 열 및 용매 저항성 : 고온 저항성은 페인트를 손상시키지 않고 제거를 단순화한다.

[5] 예산 및 비용

① 프리미엄 대 경제 : 프리미엄 소재는 더 비싸지만 품질은 더 좋다. 경제적인 옵션은 예산에 민감한 고객에게 적합하다.

② 설치비용 : 전문 설치는 완벽한 마무리를 보장하지만 비용이 추가된다.

[6] 표면 호환성

① 부드러운 표면과 질감이 있는 표면 : 비닐은 매끄러운 표면에 더 잘 접착된다. 질감이 있는 표면(리벳 또는 주름 등)에는 특수 랩이 필요하다.

② 차량 유형 : 자동차, 트럭, 밴의 랩은 다양한 표면 모양으로 인해 다르다.

6.2 차량 포장 준비

차량 래핑을 준비하는 것은 차량 래핑을 하는 데 중요한 단계이다. 랩이 제대로 접착되고 매력적으로 보이도록 하려면 몇 가지 중요한 고려 사항이 필요하다.

① 표면을 철저히 청소한다. : 자동차 랩을 적용하기 전에 차량 표면을 철저히 청소하는 것이 중요하다. 순한 자동차 비누나 전용 표면 세척제를 사용하여 먼지, 기

름 또는 잔여물을 제거한다. 문 손잡이, 거울, 가장자리, 이음새, 틈새 등 랩이 적용될 부분에 특히 주의해야 한다.

② 오염 제거 : 점토 막대를 사용하여 나무 수액, 타르 또는 산업 낙진과 같은 내장된 오염 물질을 제거한다. 매끄러운 표면은 더 나은 접착력을 보장한다.

③ 기존 페인트 결함 제거 : 차량에 긁힘이나 칩과 같은 페인트 결함이 있는 경우 포장하기 전에 이를 해결하는 것이 좋다. 고운 사포로 사소한 결함을 해결하고 거친 부분을 사포질하고 흠집이나 찌그러진 부분을 바디 필러로 채운다. 이러한 결함을 수리하면 표면이 매끄러워 설치 시 기포와 주름이 발생할 위험이 최소화되고, 랩이 접착할 수 있는 매끄럽고 흠 없는 표면이 보장된다.

④ 랩 재료 측정 및 다듬기 : 차량의 특정 영역에 맞게 랩 재료를 조심스럽게 측정하고 다듬는다. 이 단계에서는 원활하고 전문적인 설치를 보장하기 위해 세부 사항에 대한 정밀성과 주의가 필요하다.

⑤ 적절한 기술로 랩 적용 : 랩을 적용할 때 권장 기술을 따르는 것이 중요하다. 한쪽 끝에서 시작하여 점차적으로 차량 전체를 가로질러 이동하면서 기포나 주름을 부드럽게 만든다. 적용 과정을 돕기 위해 스퀴지나 히팅건을 사용한다.

⑥ 설치 후 관리 : 랩을 적용한 후에는 랩의 외관과 수명을 유지하기 위해 적절하게 관리하는 것이 중요하다. 랩을 청소할 때 강한 화학 물질이나 연마재를 사용하지 말아야 한다. 대신 순한 비누와 물을 사용하고 부드러운 천이나 스펀지를 사용한다.

6.3 적절한 표면 청소 및 준비

[1] 표면 상태 평가

청소를 시작하기 전에 차량 표면을 자세히 살펴서 매끄러운가, 거친가, 아니면 질감이 있는가, 긁힘, 찌그러짐 또는 녹 반점과 같은 기존 결함이 있는지를 파악하여 표면 상태를 이해하면 청소 방법을 안내할 수 있다.

[2] 도구와 자료를 모은다.

올바른 도구와 제품을 준비하는 것이 필수적이다. 필요한 것은 다음과 같다.

① 이소프로필알코올(IPA) : IPA는 그리스, 왁스 및 기타 오염 물질을 제거한다.

② 극세사 천 : 이 보푸라기가 없는 천은 잔여물을 남기지 않고 표면을 닦는 데 적합하다.

③ 히팅건 또는 토치 : 청소 후 건조 및 비닐을 늘리고 모양을 맞추는 데 열원이 중요하다. 설치 중에 재료를 부드럽게 하려면 히팅건이나 프로판 토치를 주의해서 사용해야 한다.

④ 스퀴지 및 펠트 : 다양한 경도 수준을 지닌 다양한 스퀴지를 준비한다. 부드러운 스퀴지는 비닐을 매끄럽게 하고 기포를 제거하는 데 도움이 된다. 부드러운 펠트는 균일한 압력을 가하면서 긁힘을 방지한다.

⑤ 고운 사포(필요한 경우) : 사소한 결함을 해결하는 데 사용된다.

⑥ 나이프 없는 테이프 : 페인트를 손상시키지 않고 정밀하게 절단하려면 칼 없는 테이프가 깔끔한 가장자리와 복잡한 디자인을 만들 수 있다.

[3] 청소 과정

① 1단계 : 세차를 철저히 한다. 순한 세차 비누를 사용하여 먼지, 오물, 도로 잔해를 철저하게 씻어서 제거한다.

② 2단계 : IPA로 오염을 제거한다. IPA를 물(보통 IPA 70%~물 30%)과 혼합하고 표면 전체를 닦아낸다. 패널 가장자리나 이음새 등 오염되기 쉬운 부위에 집중적으로 오염을 제거한다.

③ 3단계 : 잔여 잔여물이 있는지 확인한다. 잘 지워지지 않는 얼룩이 발견되면 IPA 닦아내기를 반복한다.

④ 4단계 : 결함을 해결한다. 긁힌 자국이나 거친 부분이 있는 경우 고운 사포를 사용하여 부드럽게 만들고 조심스럽게 페인트를 손상시키지 말아야 한다.

⑤ 5단계 : 최종 IPA를 닦아낸다. IPA로 표면을 마지막으로 닦아서 깨끗한 상태인지 확인한다.

[4] 표면 준비에 대한 다양한 관점

① 전문 설치업체 : 인내심의 중요성을 강조한다. 표면 준비를 서두르면 접착 문제가 발생할 수 있다.

② DIY 매니아 : 일부는 초기 세탁 후 내장된 오염 물질을 제거하기 위해 점토 막대를 사용한다.

③ 페인트 보호 필름(PPF) 전문가 : PPF 설치 시 IPA 대신 전용 PPF 클리너 사용을 권장한다.

6.4 기본적인 기술

[1] 도포

① 습식 도포 : 비눗물로 표면을 적시면 비닐을 제자리에 밀어 넣는 데 도움이 된다. 특히 대형 패널에 유용하다. 남은 액체를 짜내면 비닐이 매끄럽게 접착된다.

② 건식 도포 : 건식 도포에는 비닐을 표면에 직접 위치시키는 작업이 포함된다. 작은 공간이나 실내에서 작업할 때 이상적이며 위치가 바뀌는 것을 방지하려면 정렬하는 동안 정확해야 한다.

[2] 릴리프 컷

복잡한 윤곽을 감싸는 경우 릴리프 컷(작은 절개)을 만들어 텐션을 풀어준다. 릴리프 컷을 통해 비닐이 주름 없이 잘 고정된다.

[3] 주름

비닐 랩을 씌울 때 주름이 생길 수 있다. 이러한 문제를 방지하는 방법은 다음과 같다.

① 표면 준비 : 먼저 자동차 표면을 철저히 청소한다. 랩을 적용하면 먼지, 부스러기 등의 결함이 주름으로 변환된다. 보푸라기가 없는 천과 순한 세척액을 사용하여 표면을 닦아낸다.

② 열 및 늘이기 : 비닐을 잘못 늘려서 주름이 자주 발생한다. 적용하기 전에 히팅

건이나 토치를 사용하여 비닐을 예열해서 자동차의 곡선과 가장자리 주위로 부드럽게 늘린다.

③ 스퀴지 기술 : 비닐을 다듬을 때는 가운데부터 바깥쪽으로 작업을 한다. 균일한 압력을 가해 주름을 제거하고 잘 지워지지 않는 부분이 있으면 비닐을 살짝 들어 올리고 좀 더 부드러운 동작으로 다시 주름을 제거한다.

④ 후가열 : 랩을 제자리에 놓은 후 히팅 건을 다시 사용하여 재료를 후가열한다. 이렇게 하면 접착력이 더 좋아지고 시간이 지남에 따라 주름이 생길 가능성이 줄어든다.

⑤ 접이식 방지 적용 : 비닐을 배치할 때 날카로운 접힘이나 주름을 피해야 한다. 이는 재료를 약화시키고 수명을 저하시킨다. 대신 랩을 늘리고 성형하여 부드러운 곡선을 만든다.

⑥ 가장자리 감싸기 : 가장자리와 모서리에 주름이 자주 발생하므로 이를 방지하려면 비닐을 필요한 것보다 약간 길게 자른다. 가장자리 위로 접어서 여분의 재료를 다듬고 히팅 건을 사용하여 랩을 매끄럽게 성형한다.

[4] 버블스

① 공기 배출 기술 : 공기 배출 채널이 있는 비닐 포장을 선택한다. 이 작은 채널을 통해 도포 중에 갇힌 공기가 빠져나갈 수 있다. 중앙에서 시작하여 바깥쪽으로 스퀴지를 사용하여 기포를 가장자리 쪽으로 밀어낸다.

② 찔러서 터뜨리기 : 잘 풀리지 않는 거품을 발견하면 가는 바늘이나 핀 또는 기포 제거 펜을 사용하여 가볍게 구멍을 뚫는다. 그런 다음 스퀴지로 눌러 해당 부위를 비닐이 손상되지 않도록 편평하게 만든다.

③ 온도 문제 : 극한의 온도로 인해 기포가 형성될 수 있다. 직사광선이나 영하의 추위를 피하고 통제된 환경에 랩을 실치해야 한다. 따뜻한 비닐은 더 유연하고 공기를 가둘 가능성이 적다.

6.5 일반적인 문제 및 문제 해결

① 기포 : 바늘이나 핀 또는 기포제거 펜을 사용하여 갇힌 기포를 풀어준다. 중앙에서 시작하여 바깥쪽으로 작업한다.

② 가장자리 들어올리기 : 가장자리가 들리면 해당 부분을 다시 가열하고 단단히 누른다. 적절한 결합을 보장하려면 추가 열을 가한다.

③ 심 정렬 : 특히 다중 패널 랩의 경우 솔기를 조심스럽게 정렬한다. 솔기가 고르지 않으면 전체적인 모양이 망가질 수 있다.

④ 과도하게 늘어나는 것을 방지 : 비닐을 과도하게 늘리면 조기 파손이 발생할 수 있다. 텐션과 유연성의 균형을 유지한다.

6.6 범퍼 · 거울 · 문손잡이 랩핑 기술

[1] 범퍼

범퍼는 곡선, 오목한 부분, 컷 아웃 등 다양한 모양과 크기로 제공되므로 매끄럽게 포장하려면 기교가 필요하다.

① 준비 : 범퍼를 깨끗이 청소하고 먼지, 부스러기, 왁스를 제거한다. 비닐 랩을 가열하면 좀 더 유연해진다.

② 늘이기 기술 : 히팅 건이나 토치를 사용하여 곡선 주변의 재료를 부드럽게 만들어 주름이나 주름이 생기지 않도록 비닐을 부드럽게 늘린다.

③ 겹침 방법 : 랩을 가장자리에서 겹쳐서 완전히 덮고 여분의 재료를 조심스럽게 다듬는다.

[2] 거울

거울은 작고 복잡하며 종종 빛을 반사하므로 완벽하게 포장하려면 인내와 정확성이 필요하다.

① 분해 : 가능하면 하우징에서 거울을 제거하고 이를 통해 접근성이 향상되고 우발적인 손상 위험이 줄어든다.

② 템플릿 생성 : 마스킹 테이프나 종이를 사용하여 템플릿을 만든다. 정확한 절단을 위해 템플릿을 비닐 랩에 옮긴다.

③ 열 성형 : 랩을 가열하여 거울 윤곽선을 따라 성형한다. 모서리와 가장자리에 주의한다.

[3] 문손잡이

문손잡이에는 움푹 들어간 부분이 있고 모서리가 날카롭다. 솔기가 보이지 않게 포장하는 것은 까다로울 수 있다.

① 부분 감싸기 : 손잡이 전체를 감싸는 대신 보이는 표면에 집중해야 한다. 내부 홈을 포장하지 않은 상태로 둔다.

② 나이프리스 테이프 : 칼날이 없는 테이프를 사용하여 가장자리를 깔끔하게 만들면 정밀한 칼 절단이 필요하지 않다.

③ 마무리 : 손잡이 틈에 랩을 깔끔하게 집어넣고 가열하고 눌러 접착력을 보장한다.

6.7 포장 후 관리 및 유지 관리

[1] 세탁 기술

① 부드러운 손세탁 : 자동세차 대신 손세탁을 선택한다. 순한 자동차 비누를 물과 섞어 사용하고 랩을 손상시킬 수 있는 강한 화학 물질이나 연마 브러시를 사용하지 말아야 한다.

② 2통 방법 : 한 통에는 비눗물을 채우고 다른 통에는 깨끗한 물로 채운다. 먼지가 옮겨지는 것을 방지하기 위해 매번 사용한 후 스펀지나 극세사 천을 깨끗한 물로 헹군다.

③ 고압 세척 : 고압 세척기를 사용하는 경우 최소 2피트 정도 안전거리를 유지하고 낮은 압력으로 세척을 한다. 고압으로 세척을 하면 랩 가장자리가 들릴 수 있다.

[2] 건조 및 경화

① 자연 건조 : 표면이 긁힐 수 있는 거친 수건이나 천을 사용하지 말고 세차 후 자

동차 랩을 자연 건조시킨다.

② 경화 기간 : 새 랩이 완전히 접착되려면 경화 시간이 보통 약 24~48시간이 필요하다. 랩을 비나 극한 상황에 노출시키기 전에 제조업체의 권장 사항을 따른다.

[3] 가혹한 요소 피하기

① 일광 노출 : 가능하면 그늘진 곳에 주차하거나 자동차 덮개를 사용한다. 자외선에 장기간 노출되면 랩이 퇴색될 수 있다.

② 극한의 온도 : 극한의 추위는 랩을 부서지게 만들 수 있고 높은 열은 접착력 저하를 일으킬 수 있기 때문에 극단적인 기상 조건에서는 차량을 차고에 보관한다.

[4] 얼룩 청소 및 얼룩 제거

① 새 배설물 및 나무 수액 : 긁거나 세게 문지르지 말고 부드러운 천과 따뜻한 비눗물을 사용하여 이물질을 즉시 제거한다.

② 연료 유출 : 연료가 유출되어 랩에 묻으면 랩이 손상을 입는다. 랩 손상을 방지하려면 즉시 연료를 닦아낸다.

[5] 연마성 물질을 피한다.

① 브러시 및 스펀지 : 랩을 긁을 수 있는 연마 브러시나 스펀지를 사용하지 말고 부드러운 극세사 천이나 장갑을 사용하여 청소한다.

② 얼음 긁는 도구 : 랩에 얼음 긁는 도구를 사용하지 말고 부드러운 털이 있는 스노우 브러시를 사용한다.

[6] 정기 검사

① 가장자리 및 솔기 : 가장자리가 들리거나 벗겨지는 부분이 있는지 확인하고 문제가 발견되면 즉시 해결하여 추가 피해를 방지한다.

② 거품이나 주름 : 히팅 건 또는 약한 불을 사용하거나 약한 압력을 가하여 거품이나 주름을 펴준다.

[7] 보호 코팅

① 세라믹 코팅 : 비닐 랩용으로 특별히 설계된 세라믹 코팅은 광택을 향상시키고 UV 차단 기능을 제공하며 청소를 더 쉽게 만든다.
② 페인트 보호 필름(PPF) : 충격이 심한 부분(앞 범퍼, 후드 등)에 PPF를 설치하여 암석 조각 및 긁힘으로부터 보호한다.

6.8 랩 제거

자동차 랩을 제거하려면 정밀함과 주의가 필요하다.

[1] 랩 제거 준비

랩을 제거하는 데는 시간이 많이 걸릴 수 있다. 특히 랩을 설치한지 오래되었다면 더욱 그렇기 때문에 랩을 벗기기 전에 시간을 내어 작업 공간을 준비하고 필요한 도구를 다음과 같이 준비한다.

① 히팅건 또는 스티머 : 제거하는 동안 열은 접착제를 부드럽게 하여 랩을 벗기기가 더 쉬워진다.
② 플라스틱 면도날 또는 부드러운 플라스틱 도구 : 자동차 페인트를 손상시키지 않지만 랩 가장자리를 들어 올리는 데 효과적이다.
③ 이소프로필알코올 또는 접착제 제거제 : 제거 후 남은 잔여물을 청소한다.

[2] 가장자리에서 시작

플라스틱 면도날을 사용하여 랩의 가장자리를 부드럽게 들어 올리는 것부터 시작한다. 금속 날을 사용하면 페인트가 긁힐 수 있으므로 사용하지 말고 열을 가하면서 접착제를 느슨하게 한다. 한 번에 한 섹션에 집중하면서 차량 전체를 둘러본다.

[3] 천천히 그리고 꾸준히 랩을 벗긴다.

서두르면 찢어지거나 접착제가 남을 수 있으므로 랩을 벗길 때 일정한 속도를 유지하고 잘 지워지지 않는 반점이 발견되면 더 많은 열을 가해서 계속 벗겨낸다.

[4] 까다로운 부분을 조심한다.

자동차의 특정 부분은 포장을 풀기가 더 어렵다.

① 모서리 및 곡선 : 모서리, 바퀴 아치 및 기타 곡선표면 주위에 각별히 주의하면서 여기서는 열과 부드러운 당김이 중요하다.

② 엠블럼 및 트림 : 엠블럼, 도어 핸들 및 트림 부분 주위의 랩을 조심스럽게 들어 올린다. 이러한 부위에는 종종 접착층이 더 두꺼워진다.

③ 바디 라인 : 페인트 손상을 방지하기 위해 자동차의 자연스러운 바디 라인을 따른다.

[5] 접착제 잔여물을 깨끗하게 닦아낸다.

섹션을 제거한 후 이소프로필알코올이나 접착제 제거제를 사용하여 접착제 잔여물을 닦아낸다. 표면이 깨끗해야 새 랩을 씌울 때나 원래 페인트로 되돌릴 때 접착력이 더 좋아진다.

[6] 손상 여부 검사

랩이 벗겨지면 밑에 있는 페인트를 검사하여 긁힌 자국, 칩 또는 결함이 있는지 찾아본다. 발견한 경우 즉시 해결하고 왁스나 광택제를 새로 바르면 페인트에 활력을 불어넣을 수도 있다.

[7] 마지막 손질

랩을 완전히 제거한 후 차량을 철저히 세척하여 남은 잔여물을 제거한다. 페인트를 보호하기 위해 보호용 왁스나 실런트를 바른다.

6.9 자동차 틴팅(Tinting, 선팅)

[1] 틴팅이란

가장 흔한 튜닝 중 하나가 바로 틴팅이다. 선팅이라고도 하지만 정확한 명칭은 "윈도우 틴팅(Window Tinting)"이 올바른 표현이다. 자동차 틴팅(선팅)이란 윈도우 필름을 자동차 유리에 부착하는 작업을 말한다. 틴트(Tint)라는 단어를 사용해 틴팅이라고 한다.

[2] 자동차 틴팅(선팅)을 하는 이유

① 자외선을 차단해 운전자와 동승자의 피부와 눈을 보호해 장시간 운전하는 경우 눈의 피로도도 낮춰 주는 역할을 한다. 또한 자외선으로부터 실내 내장재의 변색과 손상도 막을 수 있다.

② 차량의 연비 향상에 도움을 준다. 틴팅을 하게 되면 여름철 뜨거운 태양열을 줄여 차량 내부가 과열되지 않도록 조절해 주고, 겨울철에는 내부의 온기가 바깥으로 빠져나가는 것을 막아 내부 온도 유지에 도움을 준다.

③ 유리 파손을 보호하기 위함인데 틴팅을 하게 되면 유리에 필름이 씌워져 있기 때문에 창문이 부서져도 유리 파편이 날리지 않는다. 때문에 자동차 사고가 났을 경우 유리 파편에 의한 2차 피해를 방지할 수 있다.

④ 틴팅을 하지 않게 되면 밤에도 차량의 내부를 쉽게 들여다볼 수 있다. 그렇게 된다면 차량 내부의 귀중품을 도난당할 위험이 높아지고 개인의 프라이버시를 보호하고 범죄를 막는다.

[3] 틴팅의 농도

어떤 자동차는 내부가 전혀 보이지 않을 정도로 틴팅 농도가 짙은데, 자외선을 차단하면서 동시에 프라이버시를 지켜주는 틴팅 필름을 선택할 때는 법정 허용 기준을 따라야 한다.

① 색이 짙은 필름일수록 틴팅 기능이 좋을 것 같지만 색의 농도는 눈부심을 방지하는 가시광선 투과율에만 영향을 미친다. 오히려 틴팅의 농도가 짙으면 비가 오는 날이나 어두운 거리에서 시야 확보가 어려워 사고가 발생할 확률이 높아질 수 있다.

② 우리나라에서는 법적으로 틴팅의 농도를 규정하고 있다. 전면 유리는 70% 이상, 운전석과 동승석의 창유리는 40% 이상 그리고 뒷좌석과 뒷면 창유리는 따로 규

제 사항이 없는데, 보통 우리나라의 자동차 틴팅 농도 평균 수치는 전면 35%, 측후면 15%라고 한다.

[4] 틴팅 필름 선택 시 고려사항

필름의 농도와 함께 고려해야 하는 사항도 있다. 농도를 정했다면 적외선 차단율과 태양열 차단율을 함께 살펴봐야 한다. 이 두 수치가 높은 필름일수록 뜨거운 여름이 되더라도 차량 내부 온도 상승을 막는 효과를 얻을 수 있기 때문인데, 일반적으로 태양열 차단율 수치는 50 이상이면 준수, 70에 가까우면 우수한 성능을 가진 제품이라고 한다. 또한 열 차단 기능이 포함된 틴팅 필름은 비금속 필름 제품을 사용하는 것이 바람직하다. 금속 물질이 사용된 필름은 차량 내부의 전파 수신을 방해해 GPS나 내비게이션, 하이패스 등의 상황에서 인식이 제대로 되지 않는 문제가 발생할 수 있다.

[5] 틴팅하기 적합한 계절

자동차 틴팅 작업이 끝난 뒤에는 필름이 유리면에 완전히 안착될 때까지 일정 시간이 지나야 하는데, 봄과 가을의 온화한 날씨와 낮은 습도가 필름을 차량 유리면에 제대로 붙을 수 있게끔 만들어 준다.

CHAPTER 03

랩핑 작업

1 사이드 미러 커버

1.1 사이드 미러 커버 탈·부착

[1] 사이드 미러 커버만 탈거될 때

내장제 리무버를 이용하여 사이드 미러 커버를 틈새를 벌려가면서 탈거한다.

그림 3-1 사이드 미러 커버 탈거

[2] 사이드 미러 전체를 탈거 시

① 도어 트위터를 내장제 리무버로 화살표 부위에 넣고 제껴 탈거한다.

② 사이드 미러와 연결된 커넥터를 탈거한다.

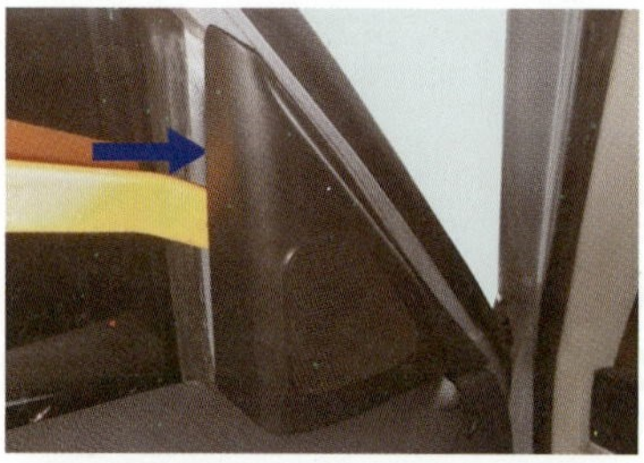

그림 3-2 도어 트위터 탈거

그림 3-3 커넥터 탈거

③ 너트 3개를 풀어서 탈거한다.

④ 사이드 미러가 탈거되면 나사 3개를 풀어서 탈거한다.

그림 3-4 너트 탈거

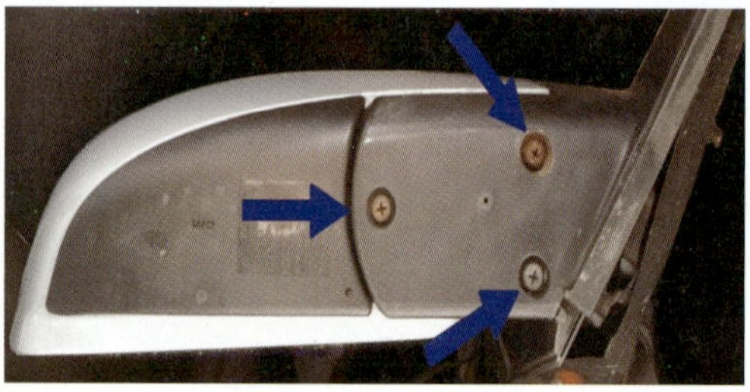

그림 3-5 나사 탈거

⑤ 커버를 제끼면 나사가 한 개 더 나온다. 나사를 풀어 탈거한다.

⑥ 화살표 부위의 거울을 꾹 눌러 아래쪽에 공간을 만든다.

그림 3-6 나사 탈거

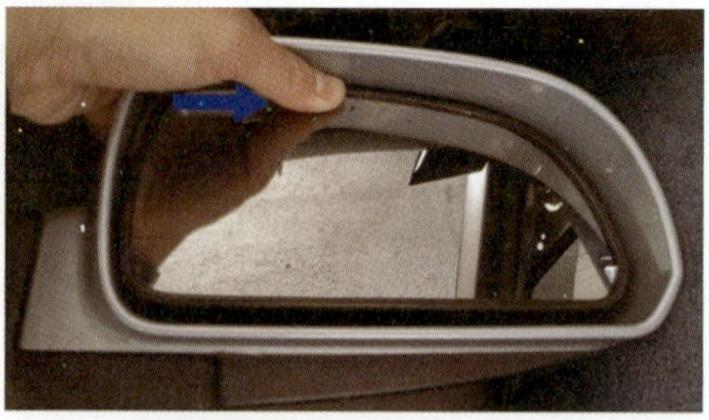

그림 3-7 공간 만들기

⑦ 손가락을 넣어 세게 잡아당겨 거울을 탈거한다.

⑧ 미러에 연결된 열선을 탈거한다.

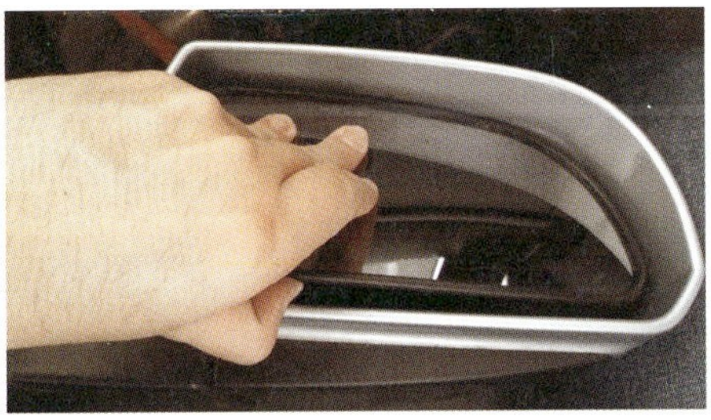

그림 3-8 거울 탈거

그림 3-9 열선 탈거

⑨ 모터 고정 나사를 풀어 모터를 탈거한다.

그림 3-10 모터 탈거

⑩ 1번 화살표 부위를 꾹 눌러준 상태에서 2번 화살표의 플라스틱 걸이를 하나씩 제거하고 밑에 커버를 탈거한다.

그림 3-11 밑 커버 탈거

1.2 사이드 미러 커버 랩핑

① 작업 전 사이드 미러 커버를 깨끗이 탈지하고 나이프 리스를 부착해 놓는다.

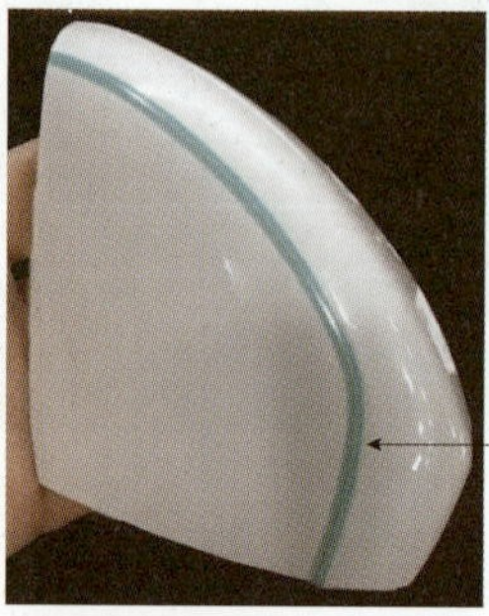

그림 3-12 나이프 리스 부착

② 필름은 사이드 미러 커버를 덮고도 남을 정도로 여유 있게 준비한다.

③ 필름의 이면지를 제거하고 준비된 필름에 히팅 건으로 열을 준 후 안쪽부터 필름을 부착한다. 필름을 웬만하면 너무 늘려서 붙이지 않는 게 좋다. 필름을 늘린다는 것은 그만큼 필름이 또 수축할 수 있기 때문이고 그러면 시간이 지났을 때, 필름이 수축하려는 힘이 너무 세면, 필름이 들뜬다.

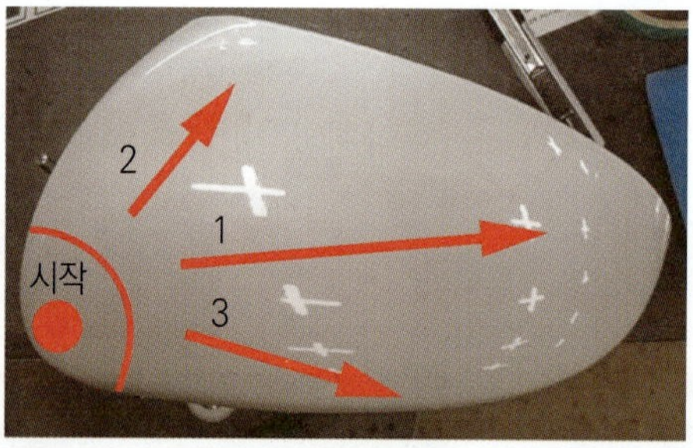

(a) 작업 순서

(b) 필름 부착

그림 3-13 안쪽부터 필름 부착

④ 히팅 건으로 필름에 열을 주고 시작점(고정점)을 잡은 상태에서 필름을 1번 방향으로 당긴 상태에서 2번 방향으로 필름을 잡아당기며 커버를 감아준다.

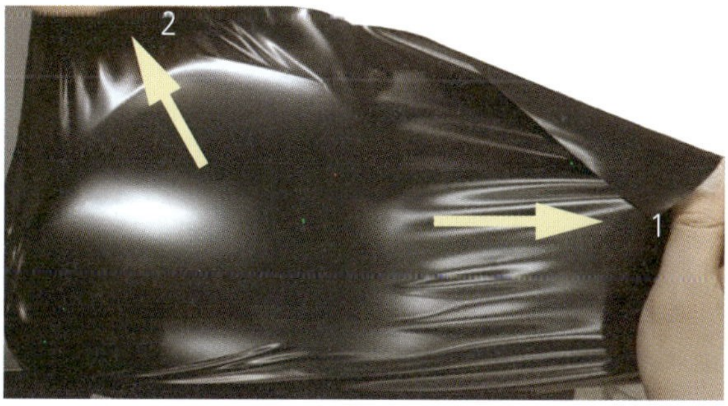

그림 3-14 2번 방향으로 감아주기

⑤ 히팅 건으로 필름에 열을 주고 1번 방향으로 필름을 잡아당기며 커버를 감아준다.

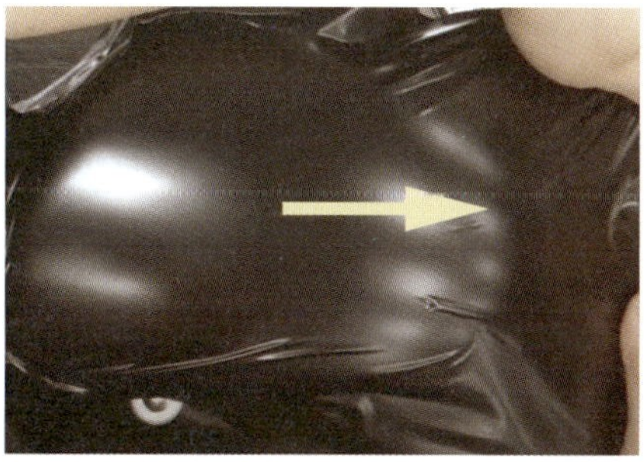

그림 3-15 1번 방향으로 감아주기

⑥ 히팅 건으로 필름에 열을 주면서 3번 방향의 주름을 수축시키며 필름을 잡아당기며 커버를 감아준다.

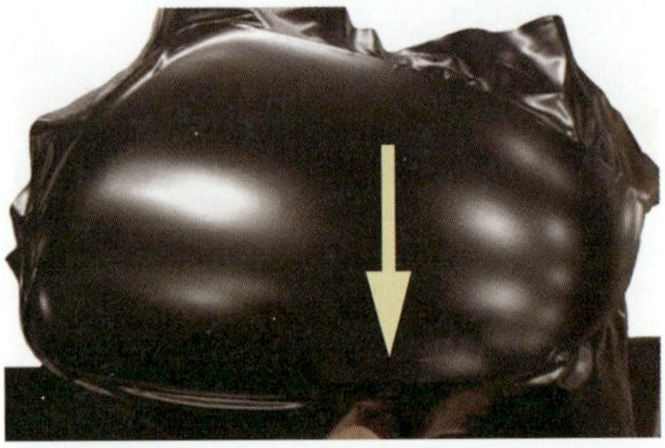

그림 3-16 **3번 방향으로 감아주기**

⑦ 꼭짓점은 당겨지지 않게 히팅 건으로 필름에 열을 주면서 수축을 시키고 안쪽으로 자리만 잡아준다.

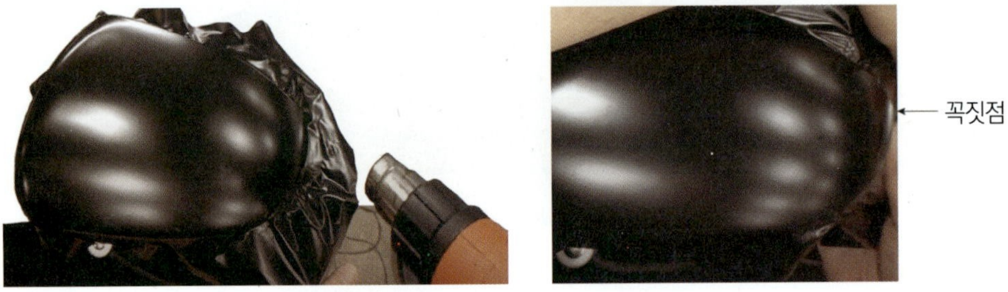

그림 3-17 **꼭짓점 자리 잡기**

⑧ 안쪽은 라인까지 필름이 넘어오면 되고 필름을 넘겨서 안쪽으로 감아 붙여준다.

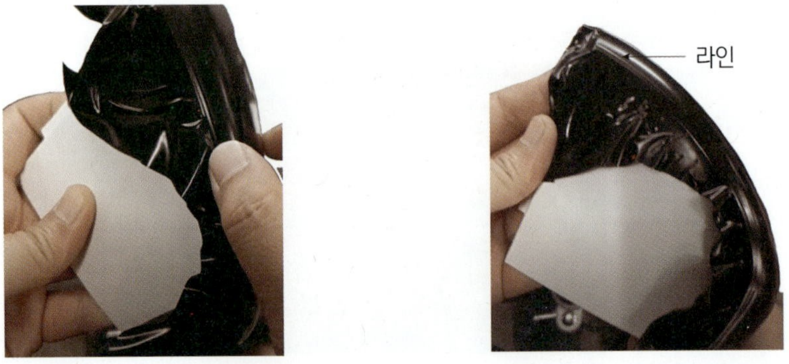

그림 3-18 **안쪽 필름 붙여주기**

⑨ 히팅 건으로 필름에 열만 주면 모양이 잡힌다. 작업을 잘못하면 열을 주었을 때 필름에 주름이 올라온다.

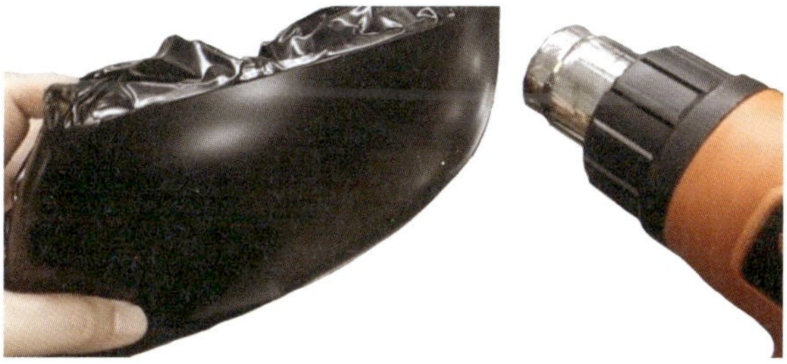

그림 3-19 열을 주어 모양 잡기

⑩ 마감 길이를 크게 안 넣어도 되고 약간의 여유만 두고 커터 칼로 커팅을 한다.

그림 3-20 필름 마감 커팅

⑪ 라인이 타고 들어가는 부분을 플라스틱 헤라를 이용하여 안쪽으로 넣어준다. 하단도 마감을 한다.

그림 3-21 안쪽으로 넣어주기

⑫ 나이프 리스를 당겨 필름을 잘라내고 필름을 제거한다. 나이프 리스를 설치하지 않았으면 라인 그대로 커터 칼로 커팅을 해야 한다.

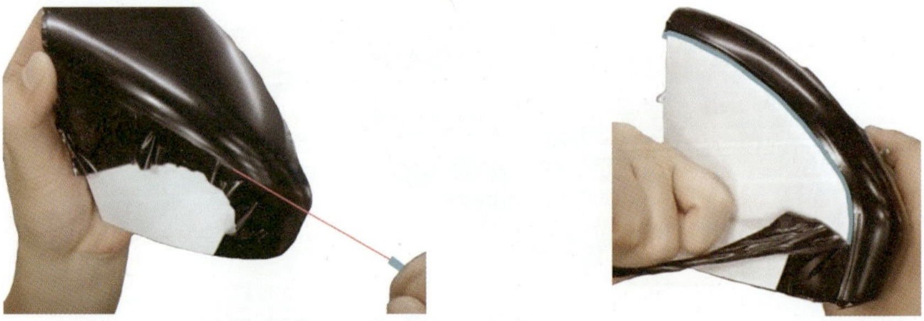

그림 3-22 필름 절단 및 필름 제거

⑬ 안쪽에 있는 나이프 리스 테이프를 제거한다.

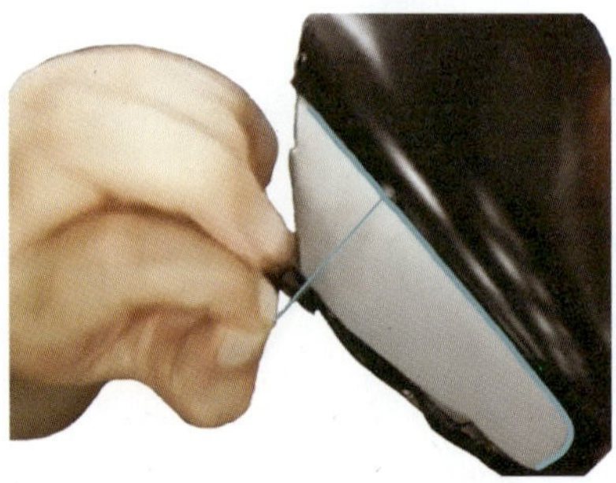

그림 3-23 나이프 리스 테이프 제거

⑭ 나이프 리스를 필름 위에 붙인다. 나이프 리스를 붙일 때는 필름 면에서 커팅 면과 거의 일치하도록 붙여준다. 나이프 리스를 붙이지 않을 때는 커터 칼로 오버랩 부분을 커팅해야 한다.

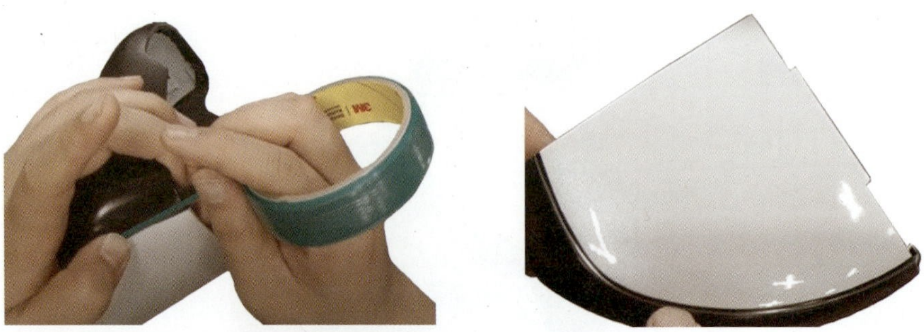

그림 3-24 나이프 리스 붙이기

⑮ 필름을 약간 당기면서 아래쪽으로 붙인다.

그림 3-25 필름 붙이기

⑯ 나머지 필름은 커터 칼로 커팅해주고 나이프 리스를 당겨 필름을 잘라낸다.

그림 3-26 필름 커팅

⑰ 필름을 마감 처리한다.

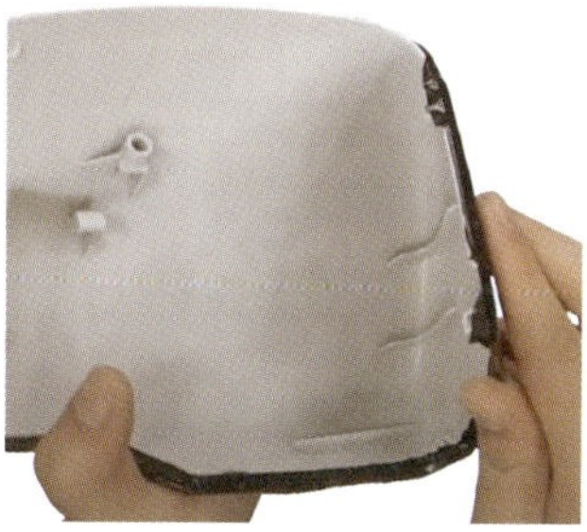

그림 3-27 필름 마감 처리

⑱ 랩핑이 끝난 사이드 미러 커버를 조립하고 사이드 미러를 차량에 조립한다.

그림 3-28 사이드 미러 조립

2 도어캐치

2.1 도어캐치 탈 · 부착

① 차량 문을 연다.

② 차량 문을 열면 도어캐치 옆으로 검은색 고무 도어캡이 있다.

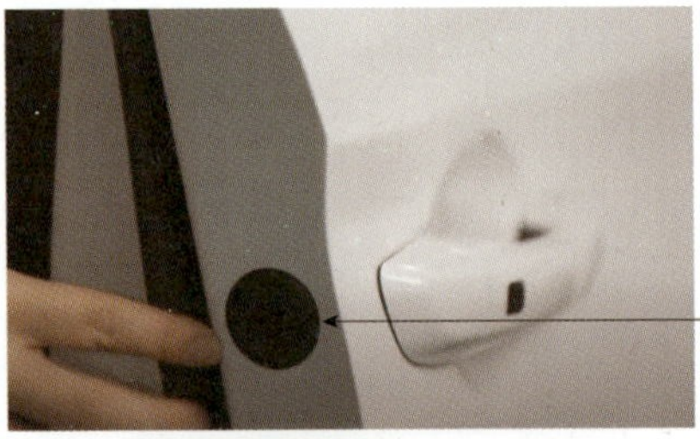

그림 3-29 도어 캡

③ 뚜껑을 열면 안쪽에 나사가 보인다.

그림 3-30 안쪽 나사

④ 나사를 시계 반대 방향으로 돌려준다. 돌리다 보면 어느 순간 멈추는 구간이 있는데 거기서 더 무리하게 돌리면 고장이 난다. 멈출 때까지만 돌려준다.

그림 3-31 나사를 시계반대 방향으로 돌린다.

⑤ 바깥쪽의 작은 도어캡을 잡아당기면 빠지는 차량도 있지만 SM6 같은 차량은 도어캐치 탈거 시 드라이버에 힘을 줘서 안쪽으로 밀어 넣고 그대로 누른 상태에서 바깥쪽의 작은 도어 캡을 잡아당기면 빠진다.

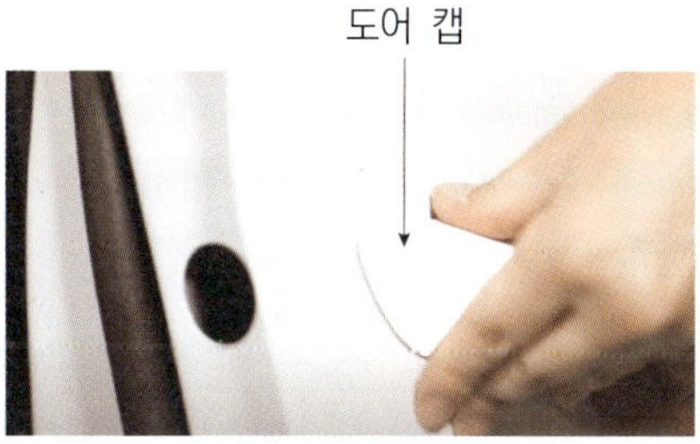

그림 3-32 바깥쪽 도어캡 탈거

⑥ 손잡이를 좌측으로 살살 밀어 당기면 빠진다.

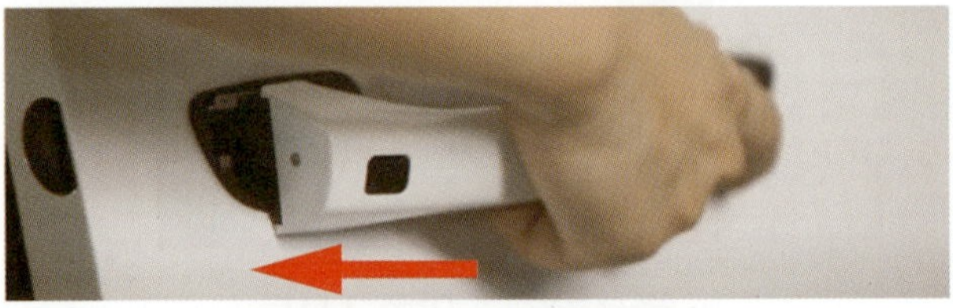

그림 3-33 **손잡이 탈거**

⑦ 도어캐치 커넥터를 탈거한다.

그림 3-34 **커넥터 탈거**

⑧ 조립은 탈거의 역순으로 한다.

2.2 도어캐치 랩핑

① IPA 이소프로필알코올 등으로 뿌려준 후 탈지를 한다. 세척할 때 면도 중요하지만 필름이 마감부위 안쪽 면까지 깨끗하게 탈지해 준다.

(a) 도어캐치 탈지

(b) 도어캐치 안쪽 면 탈지

그림 3-35 **세척**

② 세척이 완료되면 필름을 잘라준다. 필름을 자를 때 주름을 잡기 편하고 작업성을 좋게 하기 위해서 도어캐치보다 약 1.5배 정도 더 길게 자른다.

그림 3-36 필름 절단

③ 필름에 겉지와 후지를 제거한다.

그림 3-37 겉지 제거

④ 도어캐치를 필름 가운데 위치시킨다.

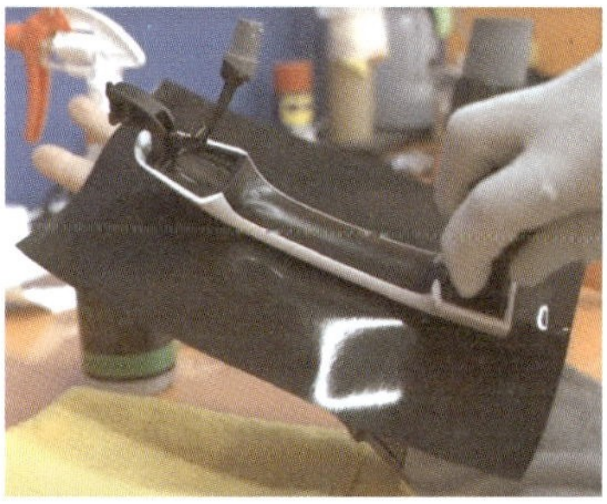

그림 3-38 도어캐치 필름 가운데 위치

⑤ 한쪽 끝을 잡고 시작점(고정점)을 설정한다.

그림 3-39 시작점 설정

⑥ 필름에 히팅 건을 이용하여 필름에 골고루 열을 준다.

⑦ 필름을 시작점을 잡은 상태에서 당겨 늘려서 감아준다.

그림 3-40 늘려서 감아주기

⑧ 늘려준 면을 손가락에 힘을 주면서 밀어준다.

그림 3-41 늘린 면 밀어주기

⑨ 옆면도 필름을 히팅 건으로 골고루 열을 준 후 모서리로 살짝 몰아준다.

(a) 모서리

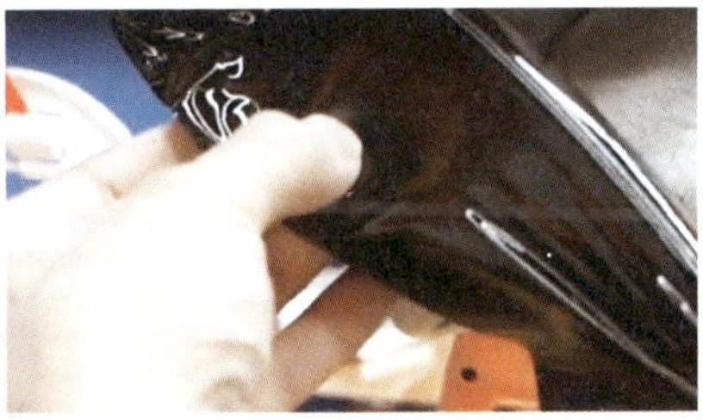

(b) 모서리로 몰아준다.

그림 3-42 **모서리로 몰아준다.**

⑩ 주름이 진 부위까지 필름을 들어서 열을 준 다음에 모서리를 이용해서 필름을 감아준다. 반대편도 같은 방법으로 작업을 한다. 반대쪽에 필름이 서로 엉켜있는 경우가 있는데, 히팅 건으로 열을 주고 필름이 물렁물렁할 때 살짝 잡아당긴다.

(a) 모서리

(b) 필름을 들어서 감아주기

(c) 필름 살짝 잡아당긴다.

그림 3-43 **필름 감아주기**

⑪ 2~3cm 정도 마감할 여유분의 필름을 남기고 커터 칼로 필름을 커팅해 준다.

그림 3-44 **필름 커팅**

⑫ 옆면 필름에 히팅건을 이용하여 열을 주고 필름을 아래 그림처럼 텐션을 줄이기 위해 안쪽으로 밀면서 텐션이 없는 것을 눈으로 확인한다. 또는 텐션이 있는지 없는지 손으로 만져본다. 텐션이 없는 상태에서 필름을 감아준다. 반대쪽도 같은 작업을 한다.

(a) 필름 밀기

(b) 필름 감아 넣기

그림 3-45 **필름 밀면서 감아 넣기**

⑬ 텐션이 있는 곳에 가운데를 커터 칼로 커팅 후 필름에 열을 주면 필름이 벌어진다. 필름이 벌어진 상태에서 아래 그림처럼 필름을 눌러준다.

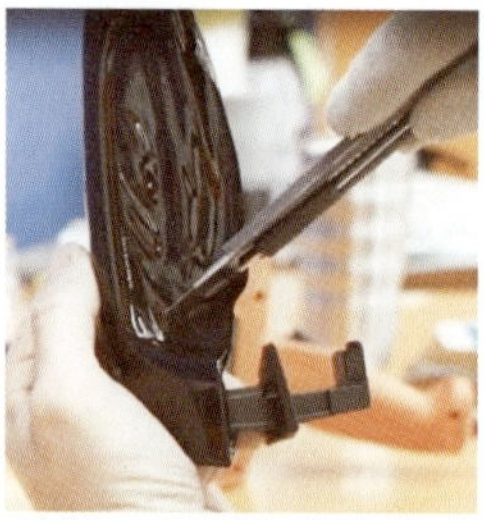

(a) 필름 커팅

(b) 필름 벌어짐

(c) 눌러준다.

그림 3-46 **필름 눌러준다.**

⑭ 필름을 텐션을 줄여서 안쪽을 넣어 주었으면 필름의 오버랩 라인을 만들고 필름을 반 커팅한다. 필름 오버랩이란 필름을 서로 겹쳐서 시공하는 것이다.

(a) 필름 커팅

(b) 오버랩 라인

그림 3-47 필름 커팅과 오버랩 라인

⑮ 크로스 마감을 위해서 크로스 마감되는 필름을 살짝 들어 올려 준다.

그림 3-48 크로스 마감 들어 올린다.

⑯ 수축을 위해서 필름에 열을 주어 필름에 힘을 풀어준다.

그림 3-49 **필름 수축**

⑰ 필름을 약간 식혀주고 각 부분을 손톱으로 필름을 각 안쪽으로 밀어 넣는다.

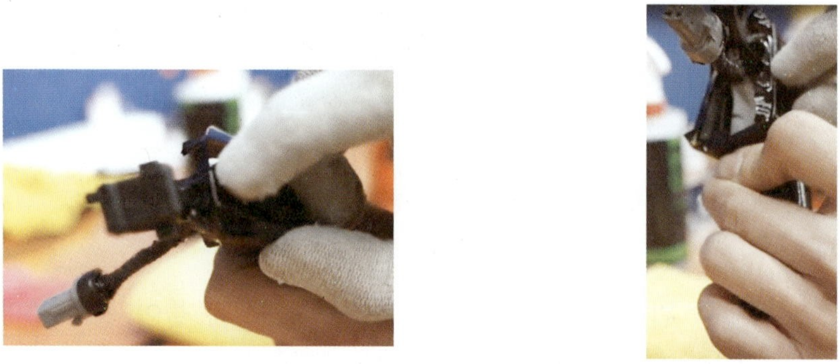

그림 3-50 **안쪽으로 밀어 넣기**

⑱ 필름을 들어서 마감해 준다. 주름이 시작되는 점(실점) 부위를 칼로 커팅해서 감아주어야 한다.

(a) 필름을 들어주기

(b) 주름 커팅

그림 3-51 **필름 마감**

⑲ 잘라서 갈라진 곳은 개별적으로 들어올린다.

그림 3-52 필름 들어올리기

⑳ 필름을 한 장 한 장씩 겹쳐서 안쪽으로 접어주어 포개준다. 다른 부분도 주름이 보이는 곳은 커팅하고 크로스 마감을 한다.

그림 3-53 안쪽으로 접어 포개주기

㉑ 마감된 부위는 후열처리를 진행해 준다. 크로스 마감을 한 상태에서 히팅 건을 이용하여 필름을 살짝 녹여준다.

그림 3-54 히팅 건을 이용한 후열처리

㉒ 오버랩 라인을 만들기 위한 세척을 한다.

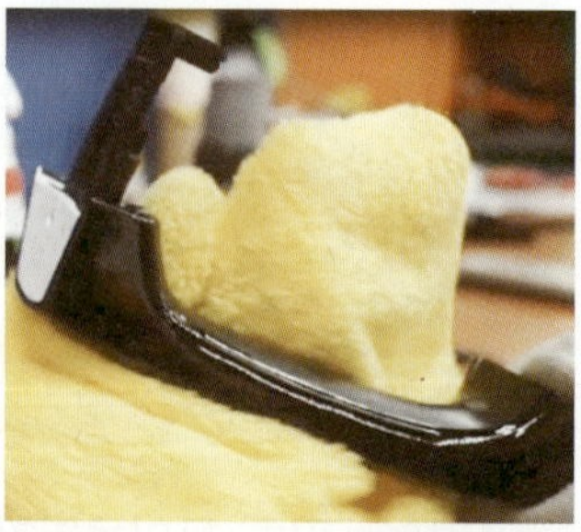

그림 3-55 **오버랩 라인을 위한 세척**

㉓ 안쪽부터 오버랩을 진행한다. 오버랩 필름을 붙여놓고 안쪽을 눌러준다.

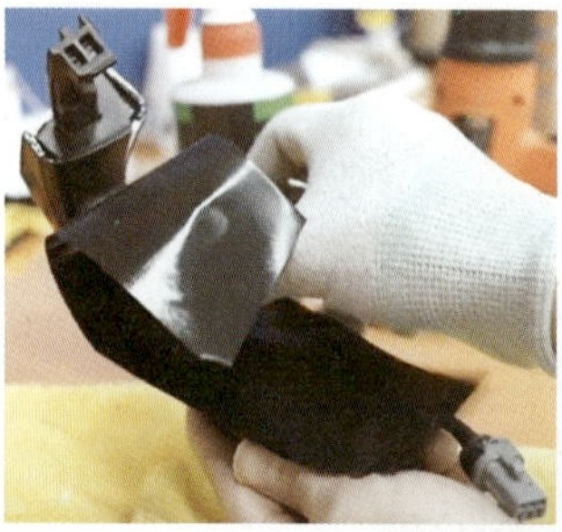

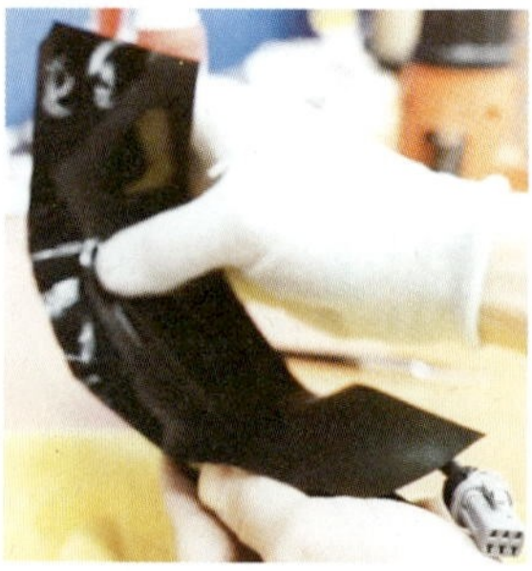

그림 3-56 **오버랩 진행**

㉔ 그냥 누르면 텐션이 생기는데 텐션이 생기는 곳을 부채꼴 형식으로 밀면서 들어간다.

(a) 텐션이 있는 곳

(b) 부채꼴 형식으로 밀기

그림 3-57 **오버랩 필름 붙이기**

㉕ 그래도 텐션이 생기면 오버랩 라인 바깥쪽으로 커팅을 해주고 부채꼴 방식으로 넣어준다. 남는 필름은 잘라낸다.

㉖ 오버랩 라인을 확인하고 필름을 커팅하고 후열처리를 한다.

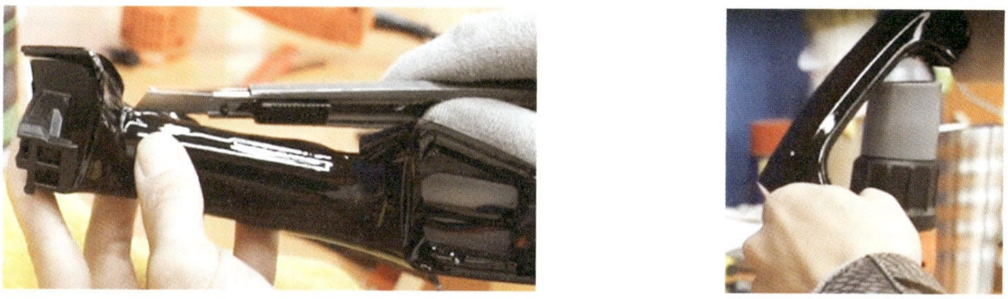

(a) 필름 커팅 (b) 후열처리

그림 3-58 오버랩 라인 커팅

㉗ 뒤쪽 부분도 필름을 부착하고 부착 부위를 눌러준다. 그리고 히팅 건을 이용하여 수축을 해준다.

(a) 필름 부착 (b) 필름 눌러주기

그림 3-59 뒤쪽 부분 필름 부착

㉘ 오버랩 라인을 확인해서 오버랩 조금 윗부분을 커팅해 주고 나머지 필름은 잘라낸다.

(a) 오버랩 라인

(b) 커팅 부위

그림 3-60 필름 커팅

3 샤크 안테나

3.1 샤크 안테나 탈·부착

① 탈거가 가능한 경우 뒷좌석 헤드레스트를 모두 탈거한다.

그림 3-61 헤드레스트 탈거

② 뒷좌석 쪽 내장재 안쪽에 핀이 장착되어 있는데 내장재를 잡아 당겨 좌측, 중앙, 우측 세 개의 핀을 모두 제거한다. 핀을 모두 제거하지 않는 경우 여유 공간이 부족해 내장재가 더 심하게 꺾이게 된다.

그림 3-62 내장재 핀 탈거

③ 스패너를 사용해 안테나 하단 너트를 탈거한다.

그림 3-63 너트 탈거

④ 샤크안테나 케이블은 커넥터에 표시된 부분을 눌러 탈거한다.

그림 3-64 커넥터 탈거

⑤ 샤크안테나를 탈거한다. BMW, 벤츠 같은 차량은 샤크안테나 접합부의 실리콘 마감을 제거해야 탈거된다.

그림 3-65 샤크안테나 탈거

⑥ 장착은 탈거의 역순으로 한다. 내장재는 핀이 끼워지도록 꾹꾹 눌러준다.

3.2 샤크 안테나 랩핑

① 탈거한 샤크 안테나 안쪽에 볼트를 전부 풀어준다.

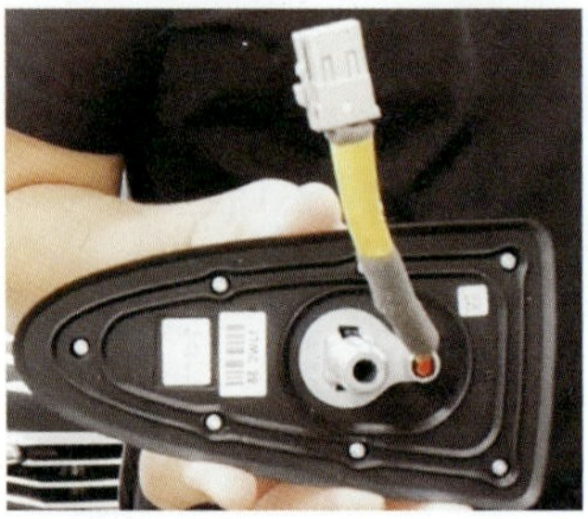

그림 3-66 볼트 탈거

② 샤크 안테나 안쪽에 있는 고무를 분리한다.

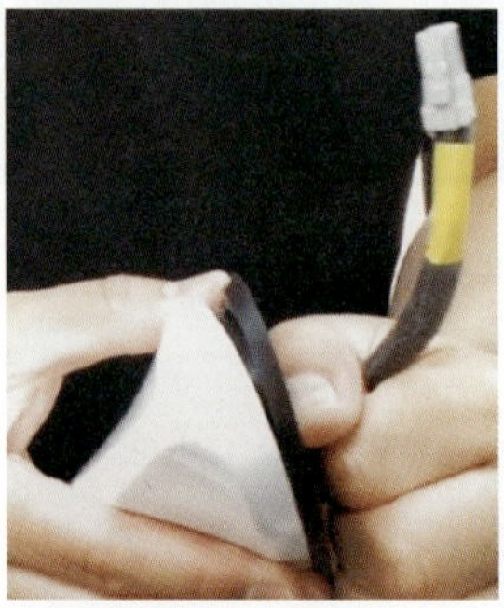

그림 3-67 고무 분리

③ 샤크 안테나의 랩핑할 면을 깨끗이 탈지해 준다.

그림 3-68 샤크 안테나 탈지

④ 필름에 이면지를 제거하고 필름을 올리게 되면 아래부위부터 먼저 기준을 잡아서 눌러준다.

(a) 아래부위

(b) 눌러주기

그림 3-69 아래부위 눌러주기

⑤ 필름을 기준 잡은 만큼 뗀 다음에 꼭짓점 부분까지 필름을 위로 올려준다. 그러면 ㄴ자로 만들어진다. 그 다음부터 손으로 필름을 밀면서 붙이면서 공기를 빼준다.

(a) 꼭짓점 부분

(b) 위로 올려주기

(c) ㄴ자로 형성

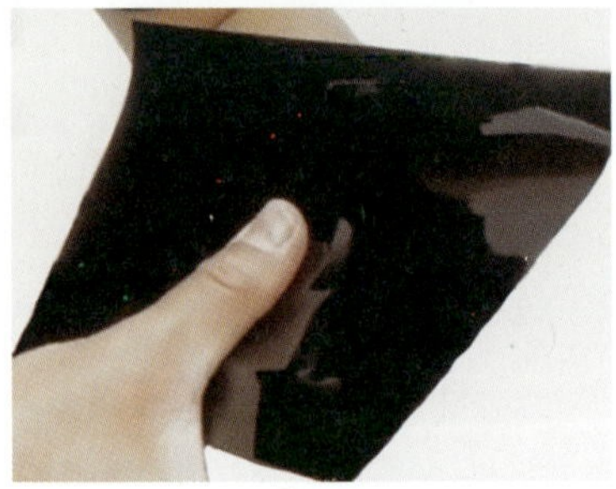

(d) 필름 붙여주기

그림 3-70 필름 부착

⑥ 필름에 열을 주고 필름을 살짝 당겨서 아래쪽으로 당겨 주면서 필름을 붙인다.

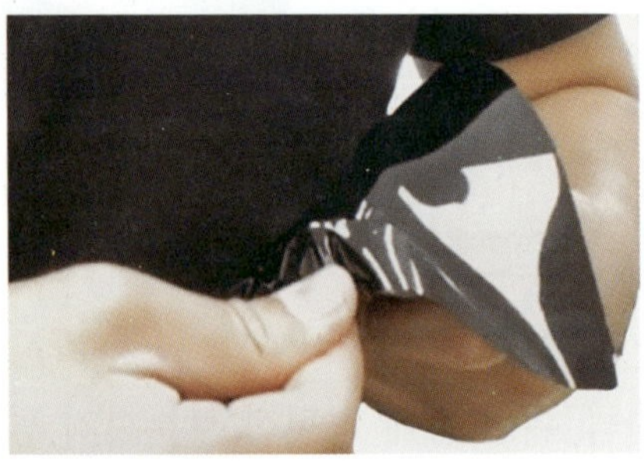

그림 3-71 아래로 당겨주기

⑦ 꼭짓점 부분에 살짝 열을 주고 필름을 너무 세게 당기지 말고 살짝 윗부분으로 당겨 필름을 붙여준다. 그러면 산이 생긴다. 그냥 산 쪽으로 필름을 늘려 붙이면 필름이 뜨게 된다.

(a) 꼭짓점 붙이기 (b) 산이 난 부분

그림 3-72 필름 붙이기

⑧ 산을 화살표 방향으로 옮겨 가면서 큰 산을 조그만하게 나눠 주어 분산을 시켜 조금씩 붙여준다.

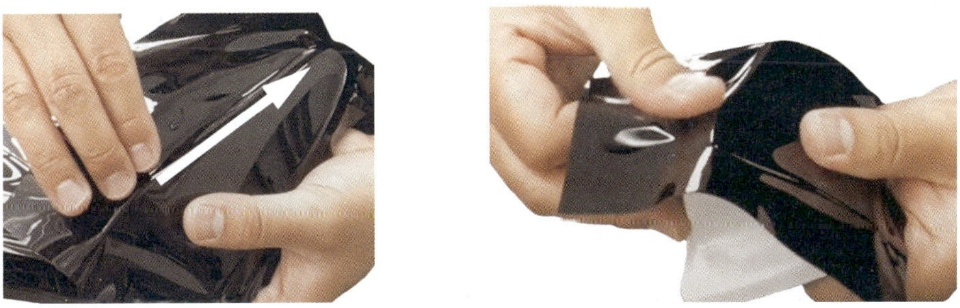

그림 3-73 산 부위 필름 부착

⑨ 커팅 라인이 산 부위에서 3분의 2 정도 칼날이 도장 면에 닿지 않는 커팅 기법인 반커팅으로 반듯이 잘라준다.

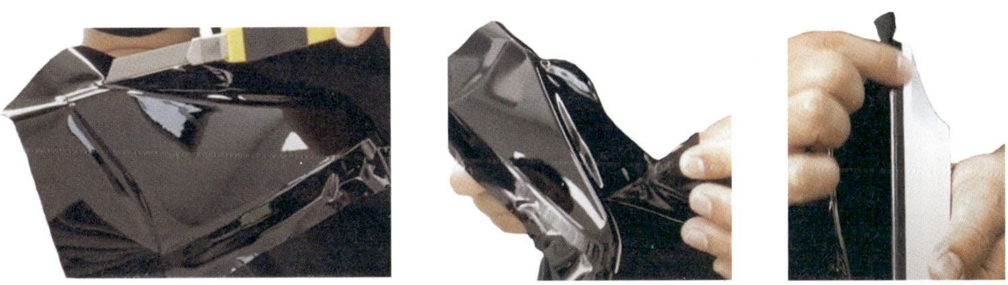

그림 3-74 필름 커팅

⑩ 한 번에 최대한 늘려서 한 살로 시공하는데 너무 늘려버리면 필름의 두께가 반절 이상 얇아져 버리기 때문에 필름 수명이 짧아진다. 지금 이 부분에서 중요한 라인이 커팅 라인인데, 커팅 라인은 최대한 꺾인 부분에서 뒷부분도 3분의 2지점에 맞춰서 커팅한다. 필름에 열을 가하고 필름을 눌러준다.

그림 3-75 최대한 꺾인 부분에서 3분의 2지점에 맞춰서 커팅

⑪ 아래 부분은 필요 없는 부위를 말아 넣을 정도로 적당하게 커팅하고 필름을 안쪽으로 말아 넣는다. 너무 필름을 적게 말아 넣으면 뜰 수 있기 때문이다.

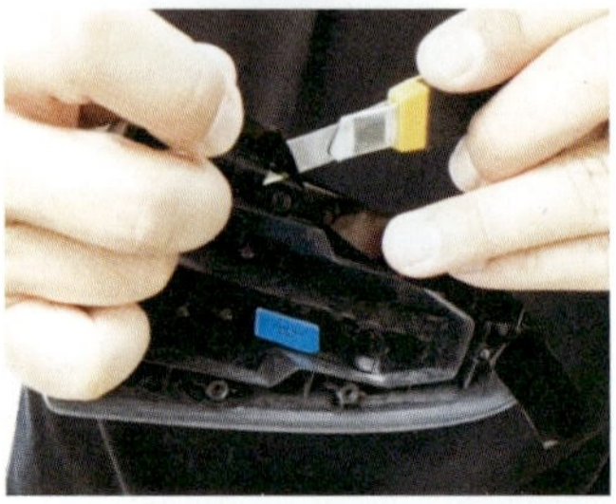

그림 3-76 여유 있게 커팅

⑫ 필름에 살짝 열을 주고 필름을 말아서 넣고 살짝 열을 주면서 필름을 눌러준다.

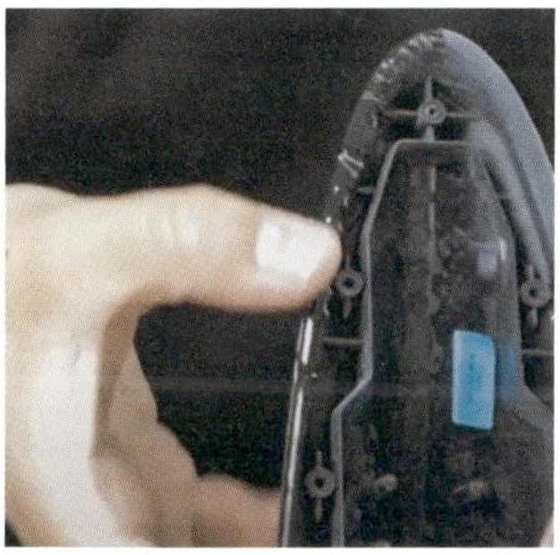

그림 3-77 필름 말아 넣고 눌러주기

⑬ 반대편도 필름에 올려주고 아래 면부터 기준을 잡아준다.

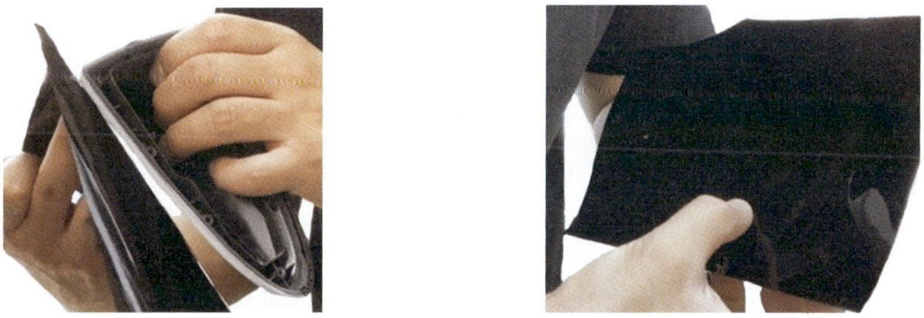

(a) 반대편 필름 올려주기 (b) 아래 면부터 기준 잡기

그림 3-78 반대편 필름 작업

⑭ 필름을 기준 잡은 만큼 뗀 다음에 꼭짓점 부분까지 필름을 위로 올려준다. 그러면 ㄴ자로 만들어진다. 그 다음부터 손으로 필름을 밀면서 붙이면서 공기를 빼준다.

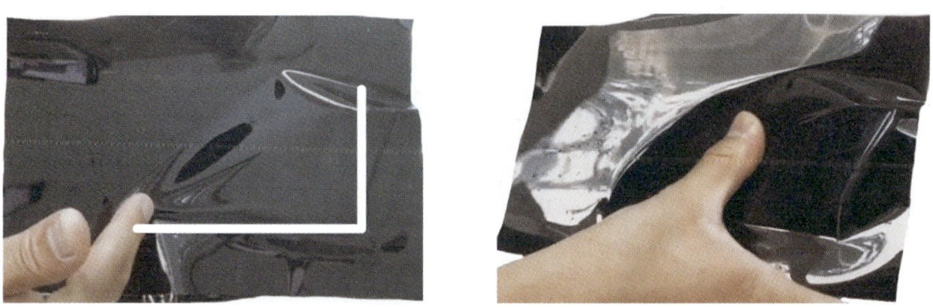

(a) ㄴ자로 형성 (b) 필름 붙이기

그림 3-79 꼭짓점 부분까지 필름을 위로 올려준다.

⑮ 아래 부분을 필름에 열을 주고 필름을 살짝 당겨서 아래쪽으로 당겨 주면서 필름을 붙인다.

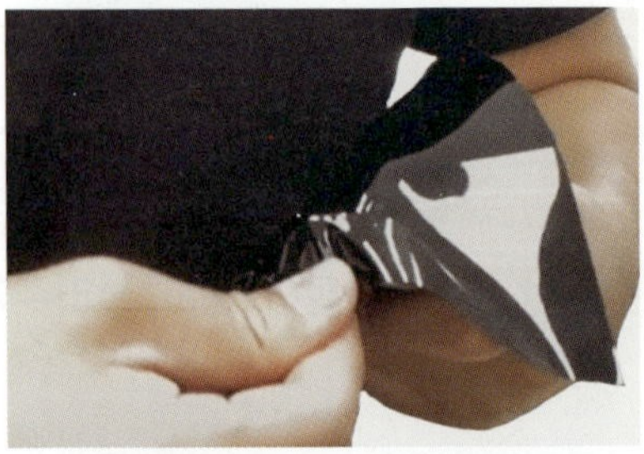

그림 3-80 아래로 당겨주기(1)

⑯ 앞 끝부분 필름에 살짝 열을 주고 필름을 아래쪽으로 당겨준다.

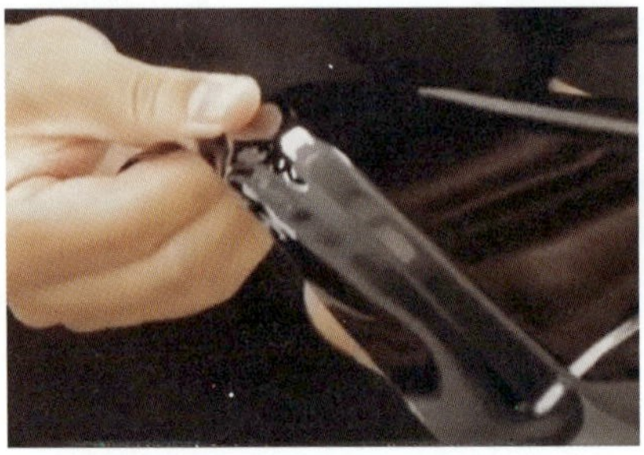

그림 3-81 아래로 당겨주기(2)

⑰ 꼭짓점 부분에 살짝 열을 주고 필름을 너무 세게 당기지 말고 살짝 윗부분으로 당겨 필름을 붙여준다. 그러면 산이 생긴다. 그냥 산 쪽으로 늘려 붙이면 필름이 뜨게 돼있다.

그림 3-82 꼭짓점으로 당기기

⑱ 산을 화살표 방향으로 옮겨 가면서 큰 산을 조그만 하게 나눠 주어 분산을 시켜 조금씩 붙여준다.

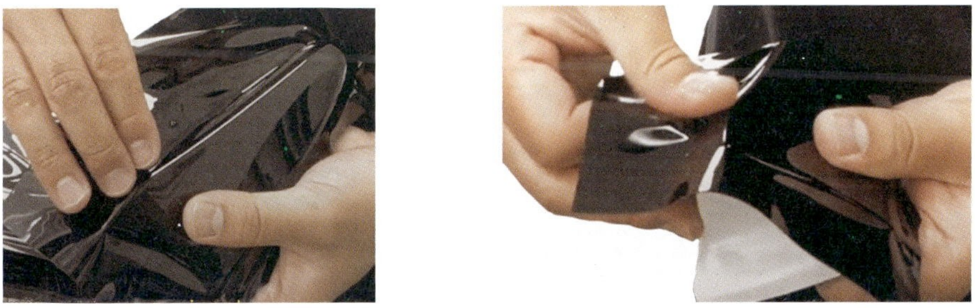

그림 3-83 산 부위 필름 부착

⑲ 필름 라인을 반 커팅한다.

그림 3-84 필름 커팅

⑳ 뒷부분도 커팅 라인은 최대한 꺾인 부분에서 3분의 2지점에 맞춰서 반커팅한다. 필름에 열을 가하고 필름을 눌러준다.

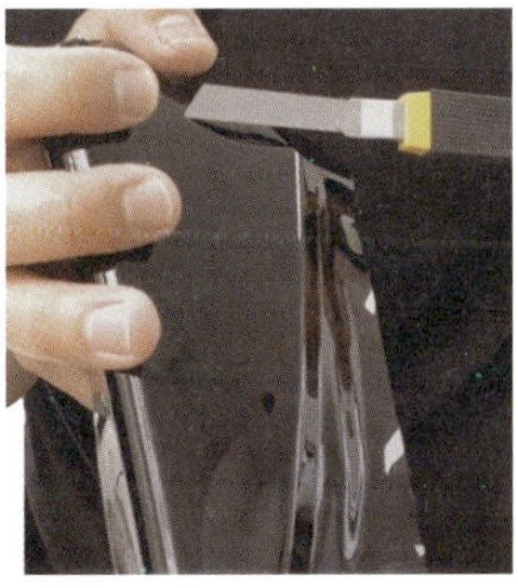

그림 3-85 뒷부분 필름 커팅

㉑ 아래 부분은 필요 없는 부위를 말아 넣을 정도로 적당하게 커팅하고 필름을 안쪽으로 말아 넣는다. 너무 필름을 적게 말아 넣으면 뜰 수 있기 때문이다.

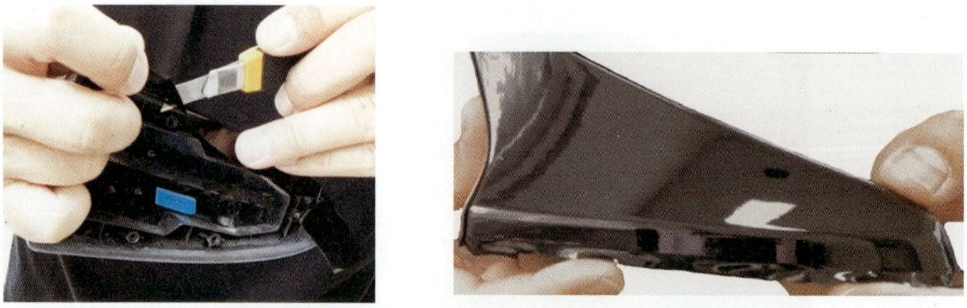

그림 3-86 여유 있게 커팅

㉒ 필름에 살짝 열을 주고 필름을 말아서 넣고 살짝 열을 주면서 필름을 눌러준다.

그림 3-87 필름 말아 넣고 눌러주기

㉓ 뒷부분도 필름을 아래부터 눌러주고 기준을 잡는다.

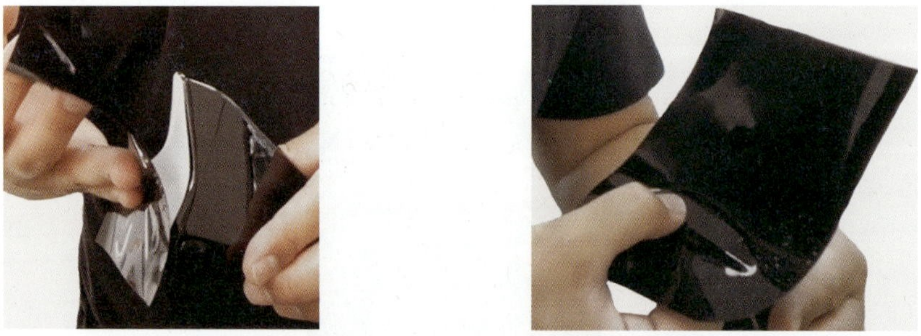

(a) 아래 눌러 주기 (b) 기준 잡기

그림 3-88 뒷부분 필름 기준 잡기

㉔ 필름을 살짝 떼서 가운데부터 조금씩 밀면서 쭉 올려 붙여준다.

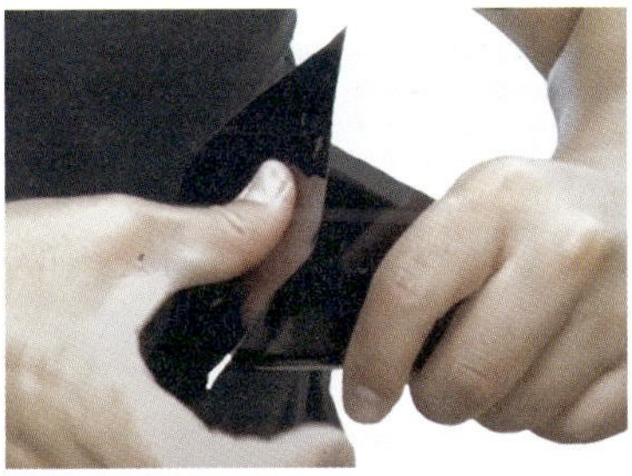

그림 3-89 밀면서 올려 붙이기

㉕ 필름에 열을 살짝 주고 라인을 좀 더 깊숙하게 넣고 필름을 살짝 잡아당기면서 눌러준다.

그림 3-90 필름 당기며 눌러주기

㉖ 끝에 라인을 3분의 2 정도 잡고 기존의 필름과 겹치게끔 하고 반커팅한다. 반대편도 마찬가지로 커팅한다.

그림 3-91 필름 커팅

㉗ 커팅하고 난 후 끝부분은 열을 가한 후 살짝 눌러준다.

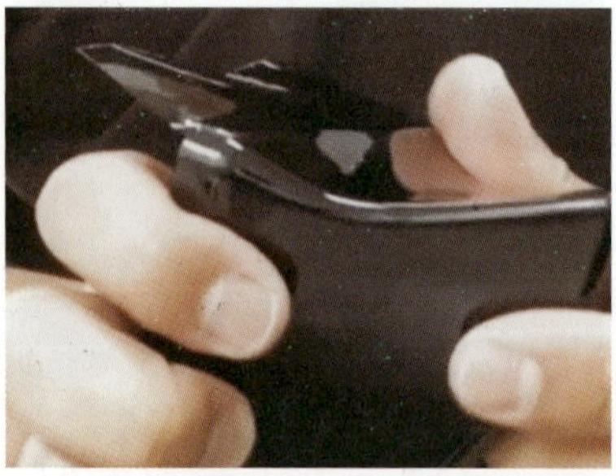

그림 3-92 필름 눌러주기

㉘ 마찬가지로 밑에 라인에 열을 줘서 라인을 꺾어주고 살짝 눌러준다.

그림 3-93 라인 꺾어주기

㉙ 아래 부분은 필요 없는 부위를 말아 넣을 정도로 적당하게 커팅하고 필름을 안쪽으로 말아 넣는다. 필름에 살짝 열을 주고 필름을 말아서 넣고 살짝 열을 주면서 필름을 눌러준다.

㉚ 조립은 탈거의 역순으로 한다.

4 보닛

① 보닛을 깨끗이 탈지한다.

② 일반적인 필름의 경우 한 뼘 정도 여유 있게 자른다. 크롬 또는 특수필름의 경우 더 남겨야 되는 경우도 있다.

③ 필름을 구겨지지 않게 보닛에 잘 펴준다.

④ 와이퍼 부분을 커팅한다.

그림 3-94 필름을 잘 펴준다.

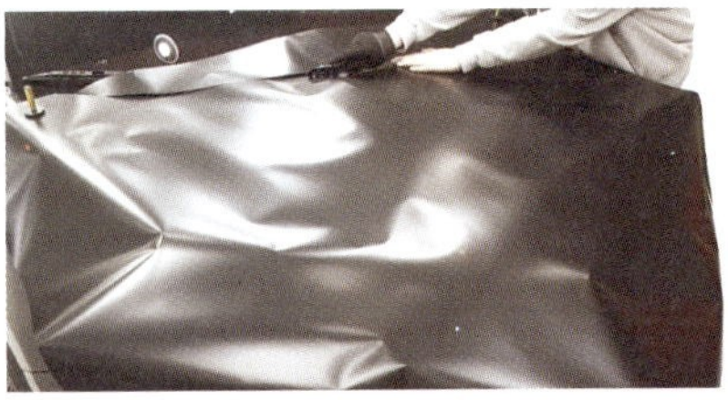

그림 3-95 와이퍼 부분 커팅

⑤ 프런트 부분도 필요가 없는 필름 부분은 커팅한다.

그림 3-96 필요 없는 필름 커팅

⑥ 보닛은 굴곡이 있는 편이기 때문에 굴곡을 보면서 필름을 안착시킨다.

⑦ 후지를 벗겨낼 때 후지가 접히지 않게 주의하면서 후지를 벗겨낸다.

그림 3-97 후지 탈거

⑧ 필름이 안착되어 올라가면 화살표 방향처럼 윗부분부터 필름을 잡아당기며 자리를 잡아준다.

그림 3-98 윗부분 자리 잡기

⑨ 반대편도 윗부분부터 필름을 잡아당기며 자리를 잡아준다.

그림 3-99 반대편 윗부분 자리 잡기

⑩ 가운데 부분도 윗부분 필름을 잡아당기며 자리를 잡아준다.

그림 3-100 가운데 부분 자리 잡기

⑪ 4분할로 나누었을 때 대각선 방향으로 필름을 약간 들었다 당기면서 주름이 펴지는걸 보면서 필름을 안착시킨다. 필름을 당길 때는 될 수 있는대로 넓은 면적을 잡고 당기는 것이 모양을 잡기 훨씬 쉽다.

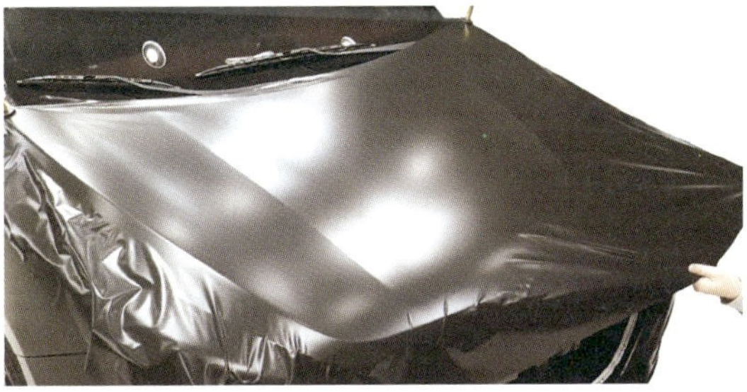

그림 3-101 대각선 방향으로 당기기

⑫ 중심을 먼저 잡는다.

그림 3-102 중심 잡기

⑬ 양옆으로 필름을 밀면서 공기를 빼주며 필름을 붙인다. 헤라는 끝에서 필름에 절반씩 걸쳐서 밀어주면서 덜 빠진 기포가 있는지 확인하면서 작업을 한다.

그림 3-103 양옆으로 공기 빼며 필름 붙여주기

⑭ 작업하기 적정 온도는 20~23℃ 정도이다. 절대로 보닛이 열 받은 상태에서 작업하면 필름이 들러붙어 안 된다.

⑮ 화살표 방향으로 공기를 빼주면서 작업을 한다.

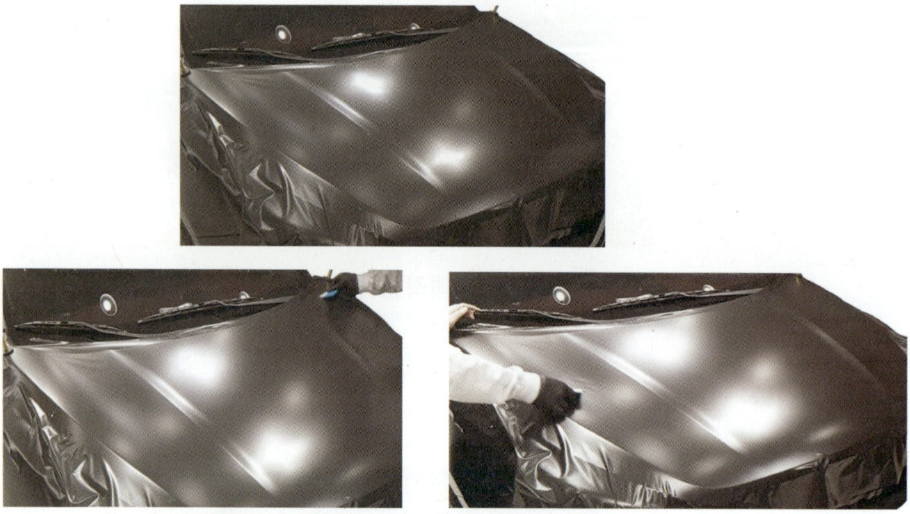

그림 3-104 공기 빼주는 방향 및 공기 빼주기

⑯ 초보자들은 주름 있는 상태에서는 절대 스퀴징하지 말아야 한다. 무턱대고 밀어버리면 필름이 씹히거나 기포가 되어 버린다.

⑰ 보닛 옆 부분은 히팅 건으로 필름에 열을 적당히 가하면서 살짝 잡아당기며 성형을 하면서 필름에 공기를 빼주며 자리를 잡는다. 반대편도 같은 작업을 한다.

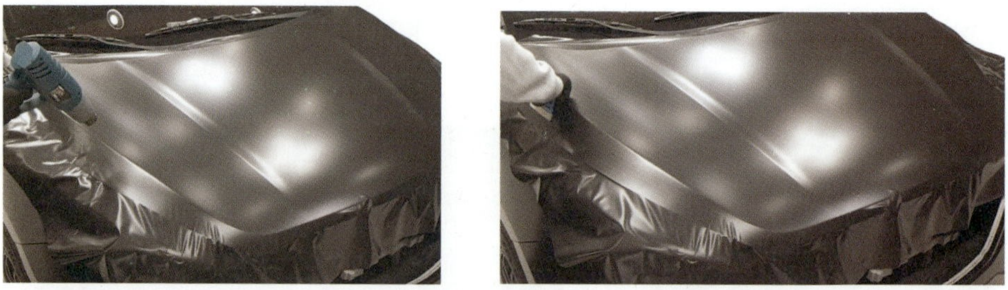

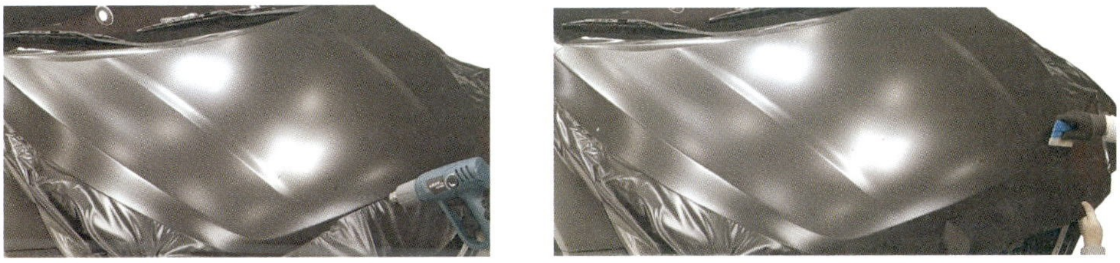

그림 3-105 필름 자리 잡기

⑱ 필요 없는 부분은 여유를 주고 필름을 커팅한다.

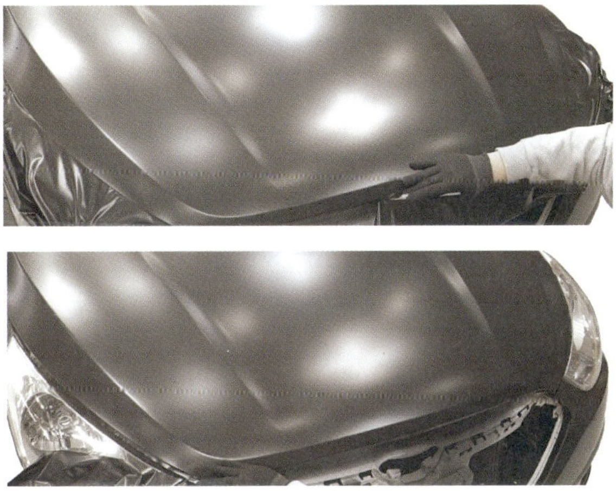

그림 3-106 필름 커팅

⑲ 마감 부위를 히팅 건으로 열을 주면서 필름을 일정한 간격으로 말아서 마감한다.

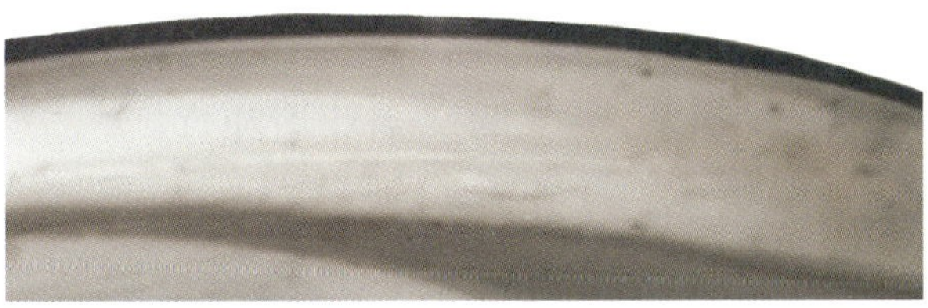

그림 3-107 필름 마감 부위

5 도어

① 도어캐치 및 몰딩과 사이드 미러를 탈거하고 도어를 깨끗이 탈지한다.

② 후지를 살짝 벗겨내서 필름을 도어에 붙여서 고정시킨다. 겉지가 있는 필름은 겉지를 제거한다.

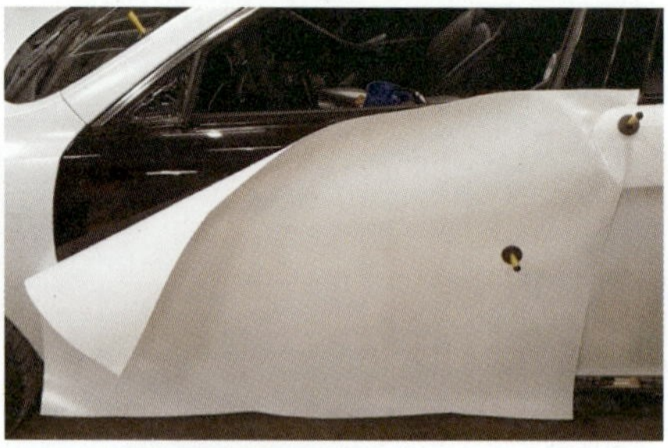

그림 3-108 필름 고정

③ 그림에 있는 선 있는 곳까지만 후지를 벗겨내고 필름을 가로로 당기며 붙이면서 위치를 잡는다. 위로 당기면 작업 실패할 확률이 크다.

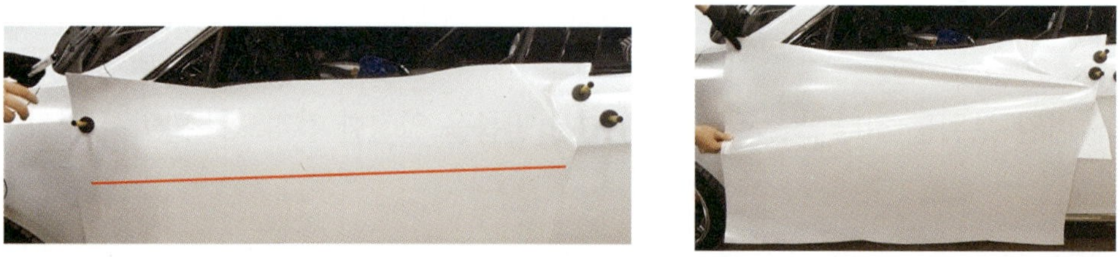

(a) 후지 벗겨내는 가상선 (b) 후지 벗겨내기

그림 3-109 필름 위치 잡기(1)

④ 반대쪽도 필름을 뜯어내어 다시 자리를 잡는다.

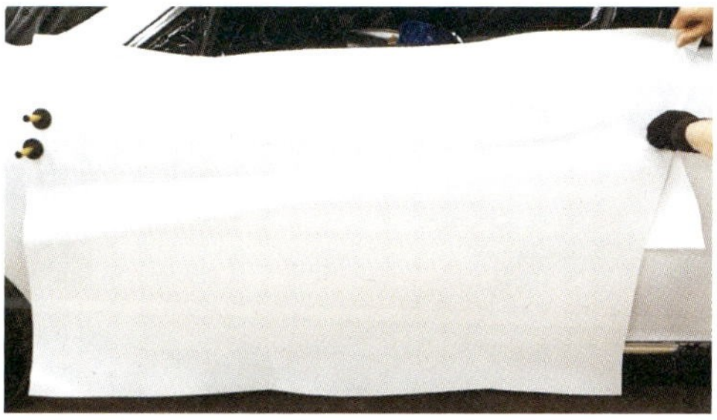

그림 3-110 필름 위치 잡기(2)

⑤ 헤라를 이용하여 후지를 벗겨낸 윗부분 필름을 밀면서 공기를 빼면서 고정시킨다.

그림 3-111 공기빼기

⑥ 후지를 조금씩 벗겨내면서 작업을 한다. 주의할 점은 주름이 보이면 필름을 살짝 당기면서 작업을 한다.

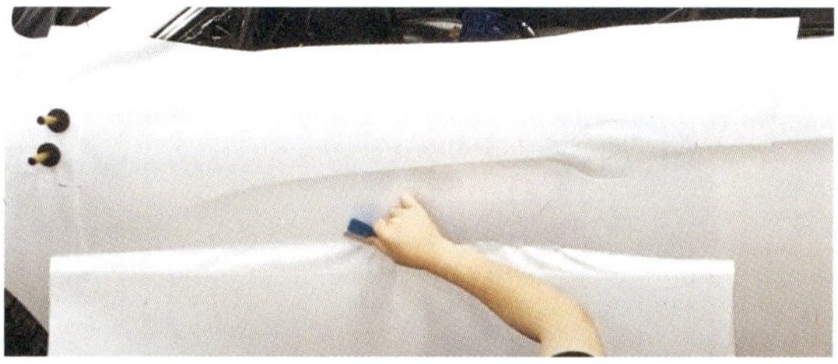

그림 3-112 필름을 살짝 당기며 작업

⑦ 필름에 주름이 안 잡히는 구간에는 히팅 건을 이용하여 성형할 정도의 적당한 열을 주면서 주름을 잡는다.

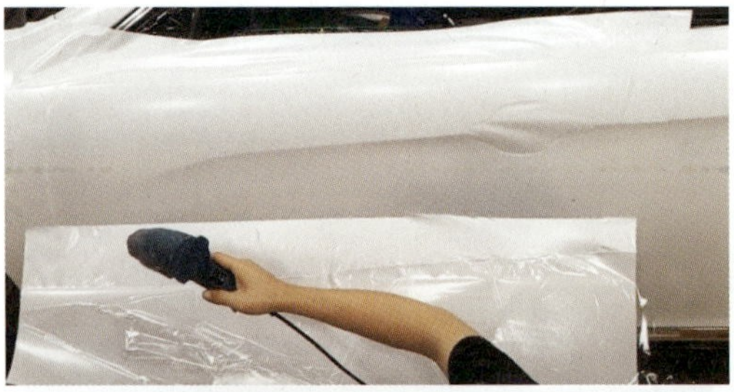

그림 3-113 주름 잡기

⑧ 주름이 잡히면 조금씩 밑으로 작업을 한다.

⑨ 끝단 마무리를 한다.

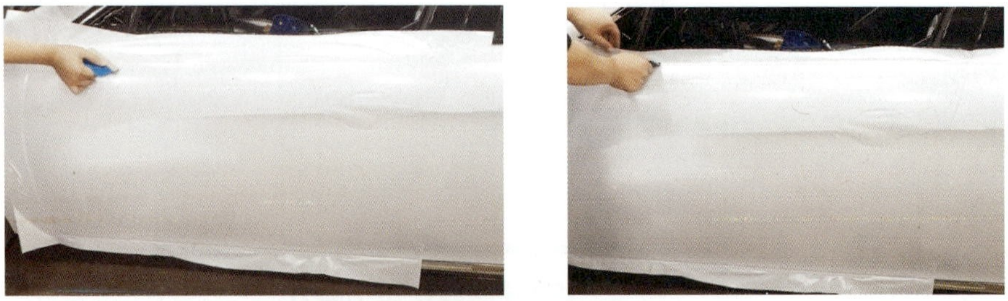

그림 3-114 끝단 마무리

⑩ 뒷문과 앞문 사이를 히팅 건으로 열을 주어 필름의 텐션을 줄이고 라인을 봐야 되기 때문에 손으로 한번 눌러준다.

그림 3-115 필름 텐션 줄이기

⑪ 뒷문 라인에 칼을 대고 그대로 내려오면서 커팅하고 필요 없는 부분의 필름을

제거한다. 칼날 쪽을 절대로 도장 쪽으로 대면 안 된다.

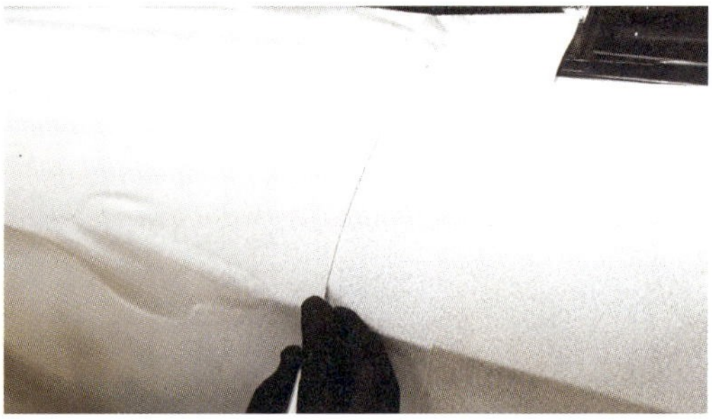

그림 3-116 필름 커팅

⑫ 앞쪽도 펜더 라인에 칼을 대고 커팅하고 필요 없는 부분의 필름을 제거한다.

⑬ 위쪽은 몰딩 안쪽으로 커팅하고 필요 없는 부분의 필름을 제거한다.

그림 3-117 윗부분 커팅

⑭ 도어캐치 부분을 히팅 건을 이용하여 열을 적당히 주어 주름을 펴준다.

그림 3-118 주름 펴기

⑮ 도어캐치 중심 잡아서 눌러준다.

그림 3-119 **도어캐치 눌러주기**

⑯ 나사 들어가는 부분을 커팅해 주고 히팅 건으로 적당히 열을 가하면 필름이 안으로 들어가면 손으로 눌러 붙여준다.

(a) 커팅

(b) 열 가하기

(c) 필름 붙이기

그림 3-120 **나사부위 커팅 및 필름 붙여주기**

⑰ 아래 부분도 여유를 두고 필름을 커팅하고 히팅 건으로 열을 주면서 필름을 일정한 간격으로 헤라 등을 이용하여 붙여서 마감한다.

⑱ 도어를 열고 마감 부위를 히팅 건으로 열을 주면서 필름을 일정한 간격으로 붙여서 마감하고 탈거한 부품을 조립한다.

6 펜더

① 사이드미러 등을 탈거하고 필름을 적당한 크기로 제단하고 펜더를 깨끗이 탈지한다.

② 필름 고정용 자석을 이용하여 필름을 펜더에 고정시키고 필름 후지를 제거한다.

그림 3-121 후지 제거

③ 필름을 적당히 잡아당기며 자리를 잡으며 필름을 붙여 큰면을 자리를 잡아준다.

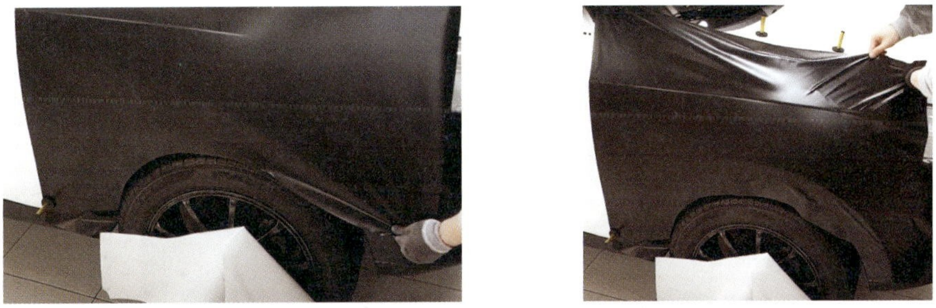

그림 3-122 필름 자리 잡기

④ 스퀴징은 헤라를 절반씩 걸쳐서 밀어준다. 될 수 있으면 헤라 각도를 조금 주면 좋고 모서리 부분으로 필름을 당기면서 작업을 한다.

그림 3-123 스퀴징

⑤ 위쪽은 히팅 건으로 열을 적당히 가하면서 필름을 잡아당겨 가면서 필름을 눌러 주어 자리를 잡는다.

그림 3-124 위쪽 작업

⑥ 보닛 마지막 라인을 따라 커팅하고 불필요한 필름은 제거한다. 도장에 칼날이 긁히지 않게 조심한다.

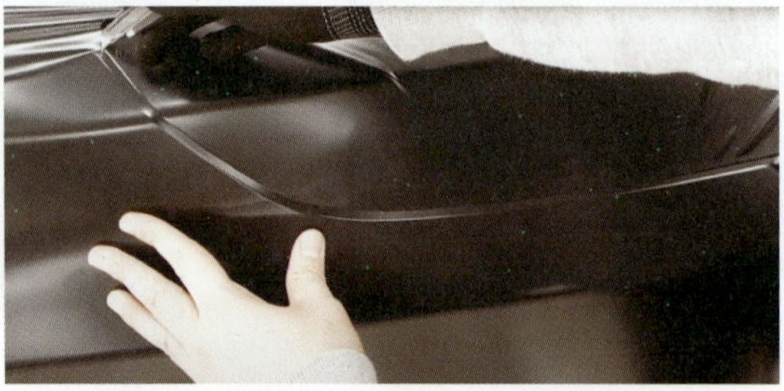

그림 3-125 보닛 라인 따라 커팅

⑦ 필러 쪽 바깥 라인을 따라 커팅하고 불필요한 필름은 제거한다.

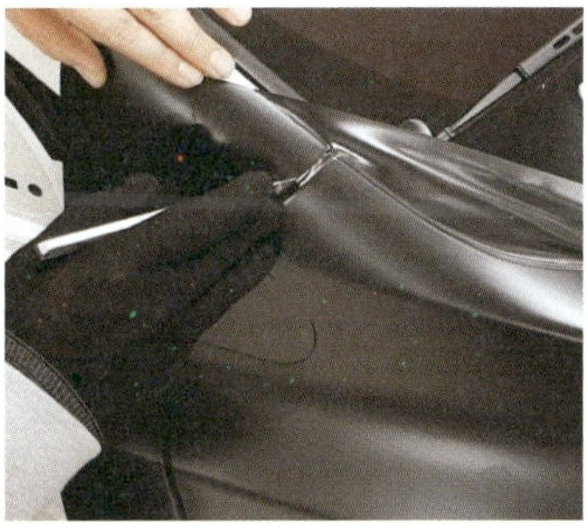

그림 3-126 필러 라인 따라 커팅

⑧ 도어 라인을 따라 커팅하고 불필요한 필름은 제거한다. 이 부분은 문을 열고 안쪽으로 필름을 붙여주면 된다.

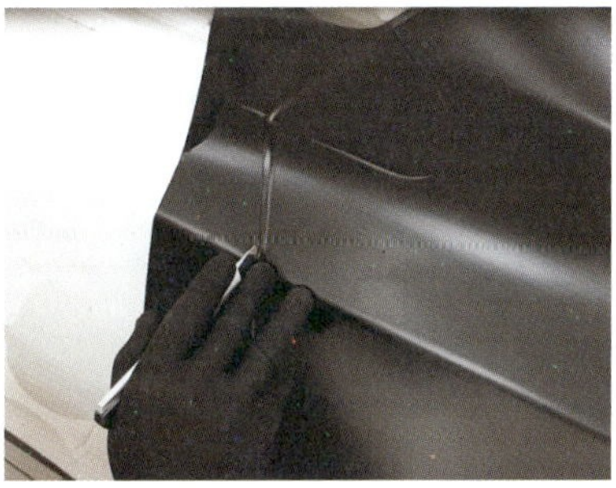

그림 3-127 도어 라인 따라 커팅

⑨ 모서리는 히팅 건으로 적당히 열을 주고 대각선 방향으로 살짝 잡아당기며 아래 방향으로 당겨준다. 하단부위도 같은 방법으로 작업을 한다.

그림 3-128 모서리 정리

⑩ 나머지 부분은 히팅 건으로 적당히 열을 주면서 성형을 고쳐주면 된다.

그림 3-129 나머지 부분 성형

⑪ 나머지 불필요한 필름을 히팅 건으로 적당히 열을 가하고 나서 커팅한다. 얼마나 커팅해야 될지 감이 안 오면 시간이 걸리더라도 조금씩 잘라가면서 작업을 한다.

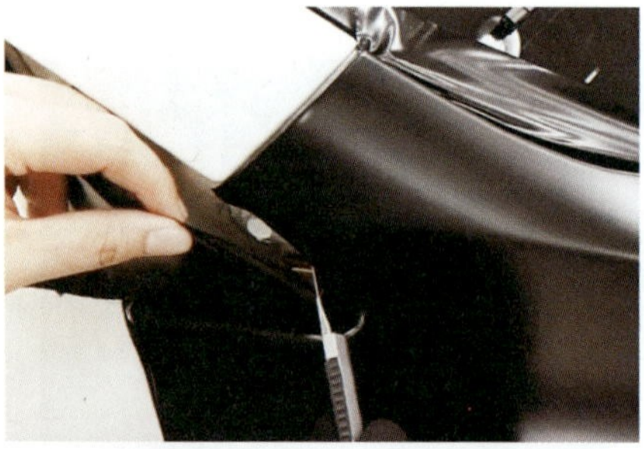

그림 3-130 불필요한 필름 커팅

⑫ 아래 부분도 여유를 주고 필름을 커팅하고 히팅 건으로 열을 주면서 필름을 일정한 간격으로 헤라 등을 이용하여 붙여서 마감한다.

⑬ 마감 부위를 히팅 건으로 열을 주면서 필름을 일정한 간격으로 헤라 등을 이용하여 붙여서 마감하고 탈거한 부품을 조립한다.

7 앞 범퍼

① 보닛을 열어놓고 범퍼에서 전조등, 안개등, 방향지시등, 라디에이터 그릴, 엠블럼 등 범퍼의 부착물을 탈거하거나 마스킹을 해 놓는다.

(a) 부품 탈거

(b) 마스킹 작업

그림 3-131 작업 전 준비

② 시공하기 전에 필름을 부착할 부위의 범퍼 표면을 이물질을 제거하고 깨끗하게 탈지한다. 작업할 주위에도 필름 부착 시 먼지가 들어가지 않게 청소도 해준다.

③ 필름을 센터를 기준으로 양옆으로 여유가 있게 커팅하고 후지를 제거하면서 차량에 필름을 고정시킨다.

그림 3-132 필름 고정

④ 센터를 붙여놓고 필름에 히팅 건으로 열을 적당히 가한 후 필름을 잡아당기면서 필름을 붙여준다.

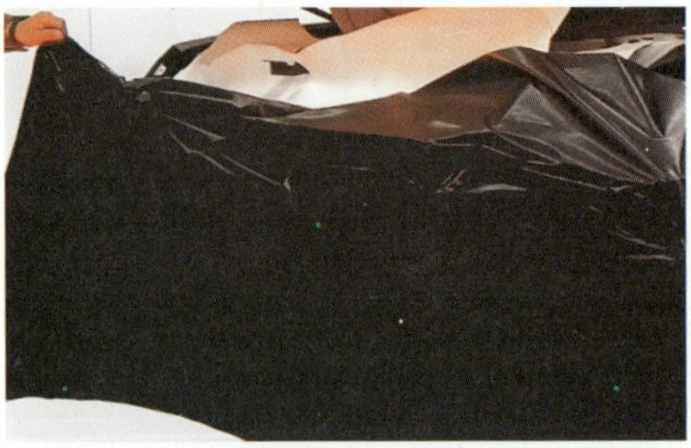

그림 3-133 필름 잡아당기며 붙이기

⑤ 코너 부분은 열을 충분히 주고 가로 방향으로 필름을 많이 늘려 붙여준다. 열을 주게 대면 가로 방향으로 늘렸기 때문에 주름이 없어지면서 수축을 하게 된다.
⑥ 반대편도 히팅 건으로 열을 적당히 가한 후 필름을 잡아당기면서 필름을 붙여준다.

그림 3-134 반대쪽 작업

⑦ 히팅 건으로 필름에 열을 대면서 디테일을 잡는다.

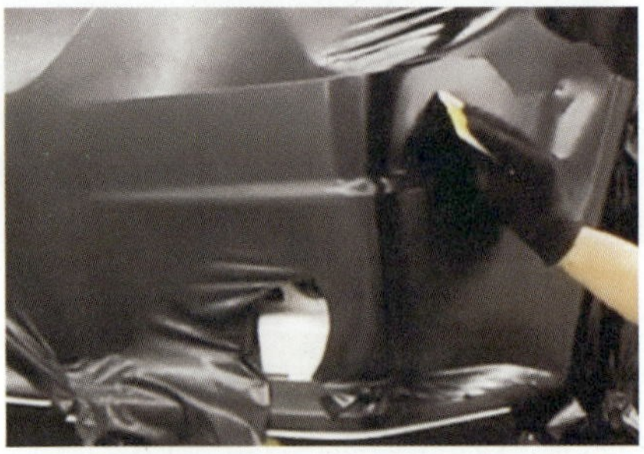

그림 3-135 디테일 잡기

⑧ 열을 대면서 항상 주름 방향을 확인해야 한다. 커팅할 방향과 주름이 일치하는가

항상 생각하고 확인을 한다.

⑨ 아래 부분 끝나는 부위에 꼭짓점을 찍어주면 오버랩되는 부위의 힘 방향이 일단은 맞는다. 그래서 항상 꼭짓점으로 힘 방향을 맞춰서 작업을 해야 한다.

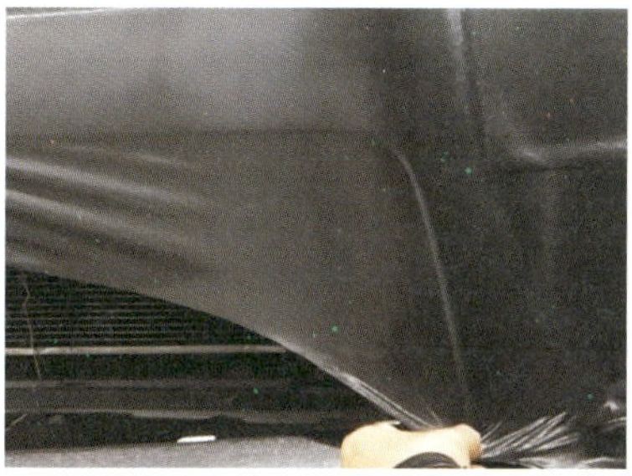

그림 3-136 꼭짓점 잡아주기

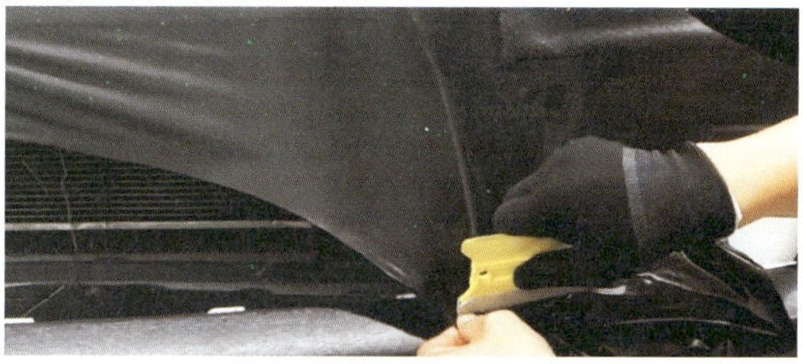

그림 3-137 힘 방향에 맞춰 작업

⑩ 안개등이 탈거된 자리의 필름에 히팅 건으로 적당히 가한 후 커팅을 하기 전에 주름의 모양을 봐야 한다. 커팅 방향으로 주름이 져야 된다. 힘 방향과 커팅 방향은 항상 일치해야 한다.

⑪ 오버랩 라인을 본다. 커팅하기 전에 충분히 오버랩 라인이 보이면 그 오버랩 라인에 맞춰서 반 커팅을 한다.

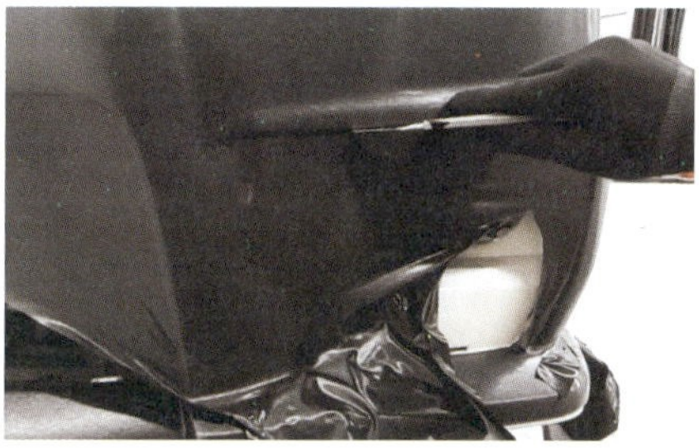

그림 3-138 오버랩 라인에 맞춰 커팅

⑫ 가로로 당겼기 때문에 세로로 주름이 진다. 그래서 여기도 모서리 부분으로 살짝 당기면서 전체적으로 열을 약하게 대고 모서리로 맞춰준다.

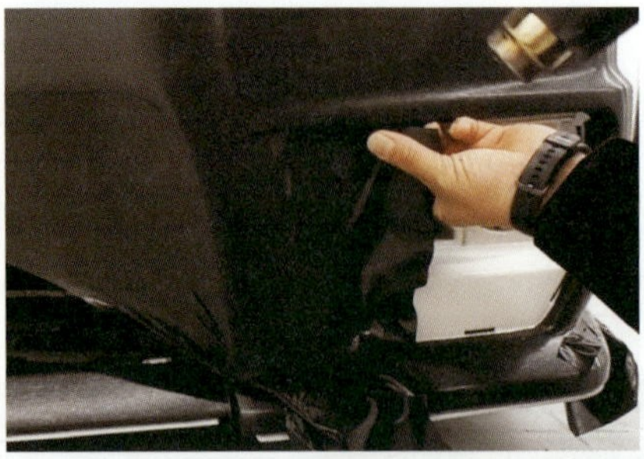 

그림 3-139 모서리로 맞춰주기

⑬ 모서리는 너무 깊어서 아무리 넣어도 필름이 뜬다. 이렇게 뜨는 거는 뜨는 부위를 들고 뜨는 부위의 앞을 커팅을 해서 필름이 앞으로 나갈 수 있게 하면 뜨는 것이 없다. 그리고 히팅 건으로 열을 대고 확인을 한다.

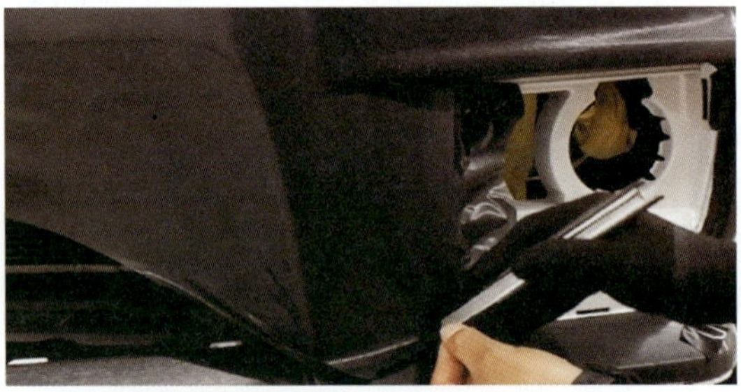

그림 3-140 뜨는 부위 앞을 커팅

⑭ 범퍼 아랫부분 오버랩 라인을 확인하고 커팅한다. 매 커팅마다 수축이 있는지 없는지 힘 방향이 맞는지 확인하고 커팅하는 습관을 들여야 한다.

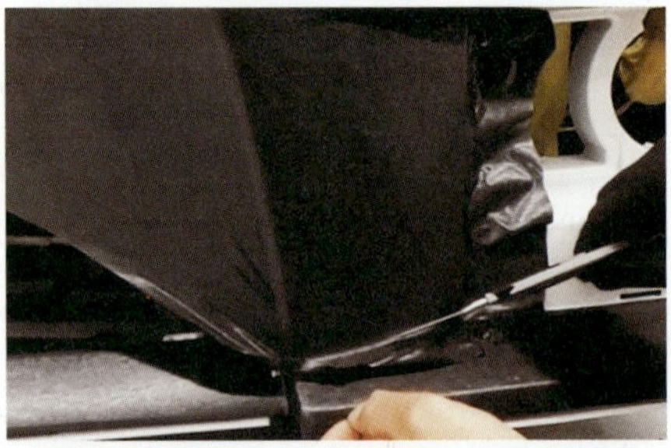

그림 3-141 오버랩 확인하고 커팅

⑮ 많이 잡아당긴 부분이라 필름이 벌어지는지 안 벌어지는지 확인은 히팅 건으

로 열을 적당히 가해 확인한다.

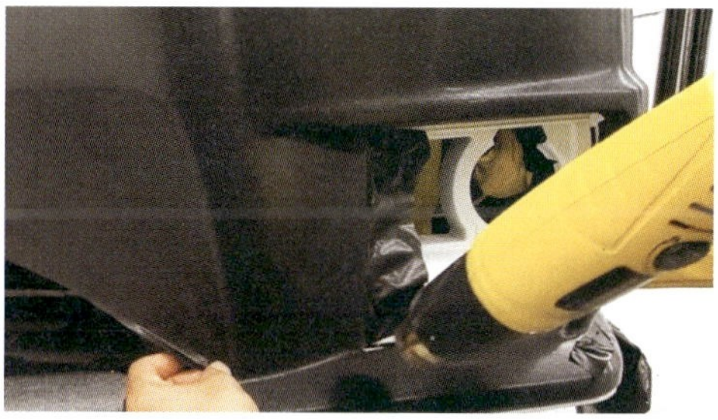

그림 3-142 필름이 벌어지는지 안 벌어지는지 확인

⑯ 라디에이터 그릴의 오버랩 끝보다 살짝 앞에서 커팅을 해준다. 가로로 늘렸으니까 세로 커팅할 때만 힘 방향을 잘 맞춰주면 된다. 필름의 결을 다 생각해서 오버랩을 해놔야 한다. 그래야 오버랩을 했을 때도 표시가 많이 안 난다.

그림 3-143 오버랩 끝보다 살짝 앞에서 커팅

⑰ 커팅을 하기 전에 오버랩 라인의 힘 방향을 다시 한 번 확인해 준다.

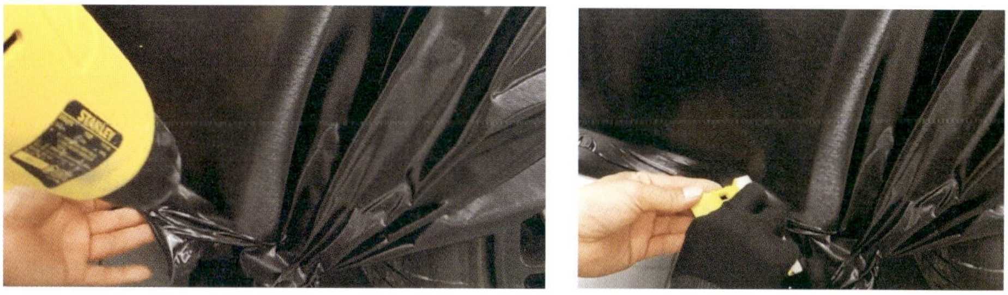

그림 3-144 오버랩 라인 확인

⑱ 오버랩 라인을 커팅을 한다.

그림 3-145 오버랩 라인 커팅

⑲ 하이라이트라는 게 빛이 비치는 라인인데 범퍼 위쪽 하이라이트 라인에 오버랩을 할 때는 바깥쪽과 안쪽에서 잘라서 붙이는 게 가장 이상적인 오버랩이라고 할 수 있다.

⑳ 하이라이트 라인을 커팅하고 필요 없는 부위의 필름을 조심스럽게 가재단한다.

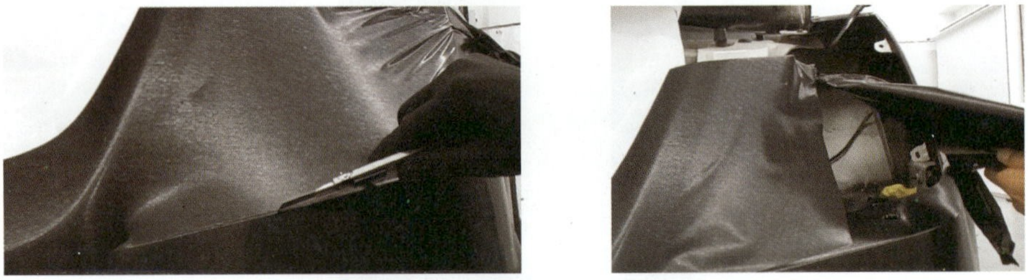

그림 3-146 하이라이트 라인 커팅

㉑ 꼭짓점을 당기면 양쪽으로 늘어나면서 힘 방향이 다 맞는다.

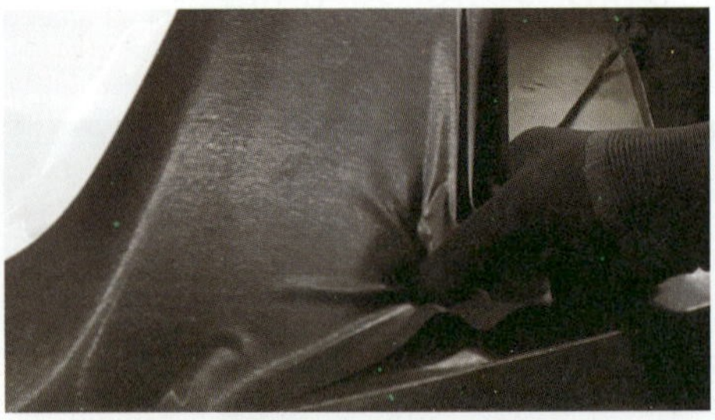

그림 3-147 꼭짓점 당기기

㉒ 손으로 누르는 부분과 심하게 당기는 부분은 열을 안 가게 하는 것이 좋기 때문

에 주변으로만 히팅 건을 이용하여 열을 적당히 주고 필름을 당긴다. 주름이 있으면 열로 수축을 시킨다.

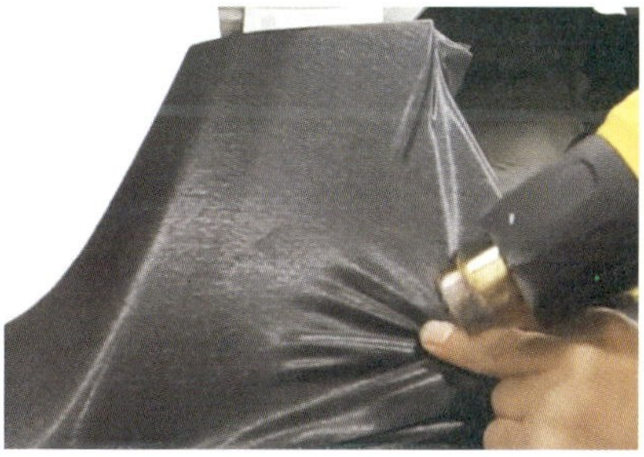

그림 3-148 주변에 열 주기

㉓ 헤라로 필름을 밀어준다.

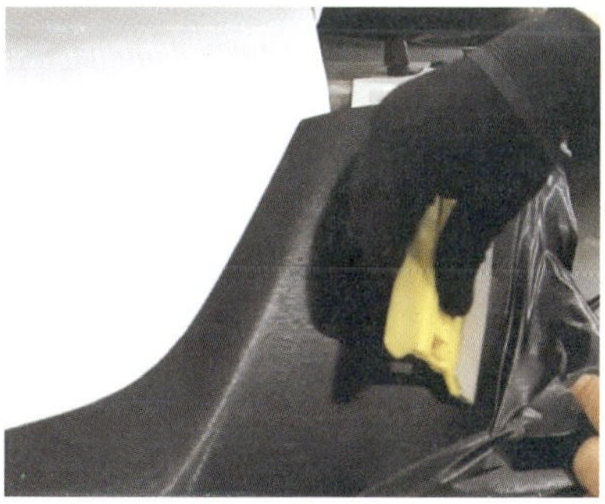

그림 3-149 필름 밀어주기

㉔ 오버랩 라인을 잘 보면서 필름을 커팅하고 필름을 말아 넣는다.

그림 3-150 필름 커팅

㉕ 반대편도 같은 방법으로 작업을 하고 마무리한다.

㉖ 탈거한 부품을 조립하고 마스킹을 한 것은 마스킹 테이프를 떼어낸다.

8 틴팅(선팅)

8.1 필름 설치

① 유리 틀에 맞춰 본을 떠서 필름을 재단 후 유리 굴곡에 맞게 상단 쉐이빙해 재단을 마친다.

② 시공하기 전에 필름을 부착할 부위의 유리 표면을 이물질을 제거하고 깨끗하게 닦아 준다.

그림 3-151 유리 표면 청소

③ 세제 10% + 물 90% 정도 섞은 희석된 세제를 충분히 뿌려준다. 거품이 나야 필름이 잘 미끄러져서 시공이 쉽다.

그림 3-152 희석된 세제 뿌리기

④ 보호 필름을 필름에서 떼어준다. 테이프를 보호 필름에 붙여 필름에서 보호 필름을 떼면 더 잘 떨어진다.

그림 3-153 **보호 필름 탈거**

⑤ 창문을 약간 내린 상태에서 필름을 낭기면서 창문 위쪽에 맞추고 고징면부터 살살 내려오면서 필름을 부착하고 유리창 틈새에 넣는다. 필름을 붙이면서 틈틈이 세제를 뿌려준다. 필름이 접히지 않게 하는 것이 중요하다.

(a) 필름 창문 위쪽에 맞추기

(b) 필름 안쪽으로 세제 뿌리기

그림 3-154 **필름 부착**

⑥ 헤라는 사포에 다듬어 면은 매끄럽고 끝은 둥글게 만들어 준다.

⑦ 헤라로 필름을 유리창 틈새에 꼼꼼하게 넣는다.

그림 3-155 유리창 틈새에 넣기

⑧ 고무 헤라로 상단부의 물기를 완전히 제거해야 나중에 하단 작업 시 필름이 내려오는 경우를 원천 차단한다. 필름에 히팅 건으로 열을 적당히 가하면서 고무 헤라로 가운데부터 수분을 밀어내면서 밀착시킨다.

그림 3-156 상단부 물기 제거

⑨ 상단부 물기를 제거했으면 상단 필름을 약간 누른 상태에서 창문을 닫아 주고 하단부에도 충분히 세제를 뿌리고 고무 헤라로 물기를 완전히 제거한다.

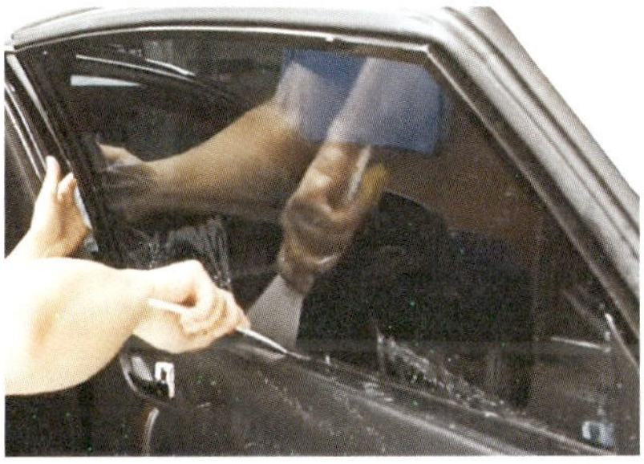

그림 3-157 하단부 물기 제거

⑩ 모서리부터 필름을 밀어서 넣는다. 틈새가 빽빽해도 외부에서 습식 성형을 해 물줄기가 올라오지 않고 밀착된다. 남은 물기까지 제거한다.

그림 3-158 하단부에 필름 밀어 넣기

⑪ 신문지나 이면지를 이용하여 문 틈새에 넣어주어 물기를 제거한다.

그림 3-159 문 틈새에 이면지 넣기

8.2 필름 제거

① 창문을 약 5cm 정도 내린다.

② 창문에 붙어있던 필름에 히팅 건으로 열을 적당히 주면서 서서히 필름을 떼어낸다.

그림 3-160 필름 탈거

③ PB-1이나 스티커 제거 스프레이를 유리에 뿌려준다.

그림 3-161 스티커 제거 스프레이 분무

④ 스티커 제거 스프레이를 뿌려주고 약 2분 정도 있다가 칼로 긁어 주면서 스티커 자국을 제거한다.

그림 3-162 스티커 자국 제거

⑤ 스티커 자국이 제거되면 유리를 깨끗이 닦아준다.